제 **4** 판

# Data Communication

# 데이터통신
# 길라잡이

**김창환, 이종두** 공저

D.B.Info

# 머리말

국 내 통신 서비스는 정보통신 기술의 진화, 고객 필요성의 고도화, 기업의 성장 전략에 힘입어 유비쿼터스 IT와 디지털 컨버전스라는 새로운 패러다임이 주도되고 있다. 이와 같이 산업사회를 이끌 수 있는 중요한 통신 기술은 하루가 다르게 발전하고 있으며 최첨단을 걷고 있다. 결국 텔레매틱스, 정보 가전, 홈네트워킹을 통하여 서비스와 서비스, 산업과 산업이 경계를 허물고 상호 융합하는 디지털 컨버전스는 우리의 생활양식을 크게 변화시킬 것으로 예측되고 있다. 이렇게 새로운 통신 서비스가 걷잡을 수 없이 진화되고 있으므로 이를 운영, 유지·보수해야 하는 우수한 인력이 원리와 기술을 이해하지 못한다면 현실에 적응하지 못하고 도태되고 말 것이다.

특히 데이터 통신과 네트워크는 통신 분야를 다루는 인력들에게는 상당히 중요한 학문이지만 종전에 발간된 교재 중에는 상당히 이해하기 어렵게 되어있는 부분이 많아 실무 서적을 선택하는 데 상당히 애로 사항이 많았다.

본서는 데이터 통신과 네트워크의 기본 이해를 중심으로 다양한 주제에 대하여 저자가 실무 경험과 강의를 토대로 독자들이 보다 쉽게 이해할 수 있도록 집필하였다.

이 책은 비교적 접근하기 쉬운 용어로 집필하였으며 독자들이 스스로 문제점을 해결할 수 있도록 다음과 같은 내용에 중점을 두었다.

1. 이론을 중심으로 체계적으로 정리하였으며, 통신을 전공하지 않은 독자들도 쉽게 이해 할 수 있도록 하였다.
2. 각 장마다 이해력을 높이기 위해 그림을 많이 실었으며 어려운 용어라고 생각하는 부분에는 '용어 설명'이라는 블록에서 설명을 더하였다.
3. 각 장의 끝 부분에 전체 요약을 제시하여 독자들에게 중요한 부분을 한 번 더 상기시켜 정리할 수 있는 기회를 가지도록 하였다.
4. 이해에 대한 폭을 넓히기 위하여 연습문제를 풍부히 제시하여 스스로 예습 및 복습도 할 수 있게 하였다.

그러나 이와 같은 노력에도 불구하고 만족스럽지 못함을 자인하지 않을 수 없다. 앞으로 계속하여 노력하여 학문의 발전에 순응시켜 보다 좋은 책으로 개정되기를 바라면서 선배 제현들의 사랑스런 관심과 충고를 바라는 바이다.

끝으로 이 책을 출간하도록 협력을 아끼지 않는 송광헌 사장님께 감사를 드리며 늘 관심을 보여준 지인들에게 감사를 드린다.

저자 씀

# 차례

## 제1장 데이터 통신의 기초

## 제2장 데이터 전송 방식 및 기술

## 제3장 OSI 참조 모델

# 제4장  인터넷 프로토콜

# 제5장  신호 해석

# 제6장  신호 변환 기술

# 제 10 장  이동통신 네트워크

# 제 11 장  위성통신 네트워크

# 제 12 장  네트워크 융합

# 제 13 장   유비쿼터스 네트워크

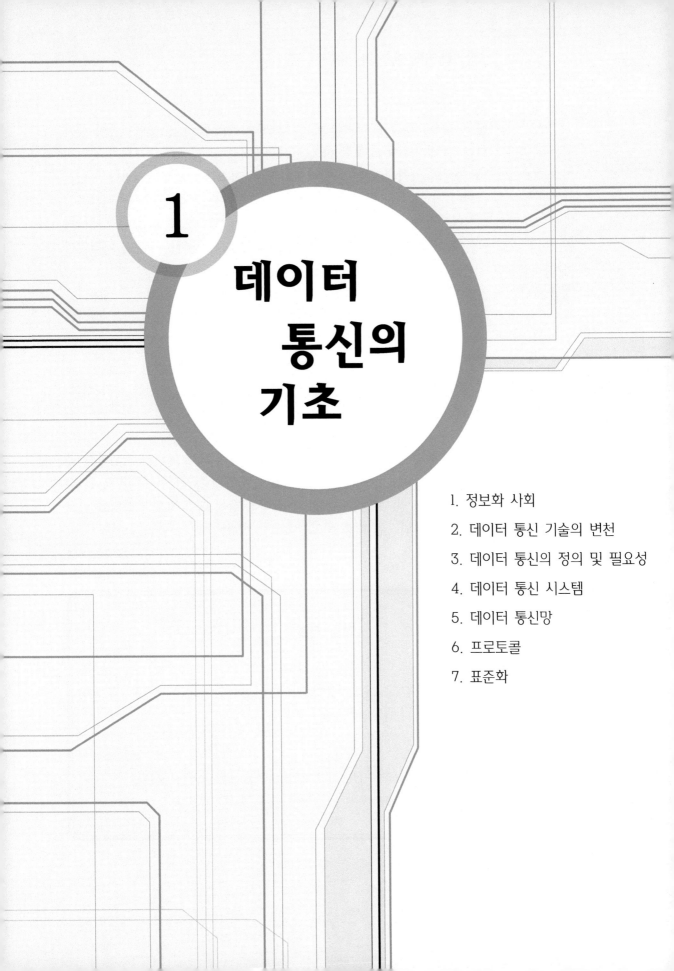

# 1 데이터 통신의 기초

정보화 사회(Information Society)란 정보, 지식 및 창조력 등의 정보화 비중이 증가되는 사회라고 말할 수 있다. 즉, 정보화 사회는 사회의 모든 분야에서 정보화가 발달되어 정보의 가치가 물질의 가치에 비해 상대적으로 높은 사회라고 말할 수 있다.

이런 정보화 사회에 기반을 둔 정보통신은 단말기와 단말기, 컴퓨터와 단말기를 통신망에 접속하여 데이터를 처리하고 전송하며 교환하는 통신체계이다. 좁은 의미로 데이터 통신이라고도 한다. 데이터 통신이라는 용어는 종전에는 특화된 분야로 성격을 가졌지만 이제는 인터넷 기술을 구현함으로써 일반인들에게는 보편적인 용어로 변모하였다.

현 사회는 수없이 많은 데이터가 발생하기 때문에 정보를 교환하기 위해서는 데이터를 신속하게 처리하여 전달하는 방법이 필요하며, 수단이 다양하게 사용됨에 따라 데이터 통신도 커다란 변혁을 가져왔다.

즉, 과거의 통신은 주로 음성 정보만을 전달하였으나, 2000년대 들어서 컴퓨터 기술이 하루가 다르게 경이적으로 발전을 거듭해가고 있으며 통신기술의 발전은 문자 정보, 음성 정보, 화상 정보 등 멀티미디어를 동시에 수용할 수 있는 방향으로 나아가면서 컴퓨터 기술과 통신기술의 접목된 데이터 통신망이 발전되었다.

데이터 통신망은 사용자 간에 의미를 부여할 수 있는 정보를 상호 교환하기 위하여 복잡하게 상호 연결된 물리적 장비 및 정보의 전송 계통의 집합체로 정의할 수 있다. 본 장에서는 정보화 사회에 필수적인 데이터 통신의 개념 및 구성에 대한 자세한 설명을 함으로써 데이터 통신에 대한 전반적인 내용을 고찰하고자 한다.

## 학습 목표

1. 정보화 사회의 탄생 배경 및 개념을 살펴본다.
2. 데이터 통신 기술의 변천 과정을 공부한다.
3. 데이터 통신의 정의 및 필요성을 고찰한다.
4. 데이터 통신 시스템의 구성요소 및 기능적 분류에 대하여 살펴본다.
5. 데이터 통신망의 개념 및 이용 분야에 대하여 알아본다.
6. 프로토콜의 개념, 구성 요소, 전송 방식 그리고 기능에 대하여 살펴본다.
7. 표준화의 필요성, 개념 그리고 표준화 기구에 대하여 설명한다.

# 1.1 정보화 사회

## 1.1.1 탄생 배경

인류 역사의 변천과정에서 크게 4가지 혁명(농업혁명, 산업혁명, 정보혁명, 유비쿼터스 혁명)이 일어났다. 기원전 약 1000년경에 농업혁명이 일어났고 이를 계기로 수렵사회에서 농업사회로 전환하였다. 반면 도시에서는 농촌과 다른 도시혁명이 일어났다. 18세기 말에서 19세기 초 영국에서는 급격한 공업화로 산업혁명이 일어났는데, 이것으로 인류 문명은 농업사회에서 산업사회로 진화하였다. 이후 프랑스, 미국, 독일에 이어 19세기 말에는 일본, 러시아에서도 산업혁명이 일어났으며, 20세기에는 우리나라도 공업화 대열에 합류했다.

산업혁명은 일종의 에너지 혁명으로서 석탄에서 석유로, 석유에서 현재는 원자력으로 새로운 에너지원이 등장하게 되었고, 인간의 육체적 노동이 기계로 대체되는 일대 혁명을 낳았다. 하지만 산업사회를 거쳐 오면서 물질적인 재화의 소유 여부가 행복의 기준이 되는 비인간화가 형성되었으며, 공업 제품의 대량생산으로 인한 자연파괴, 환경오염, 교통문제 등으로 인한 대기오염 등의 다양한 분야에서 새로운 사회 구조가 싹트기 시작하였다.

이 새로운 사회 구조는 탈공업화, 탈재량화, 지식정보 지향화 및 서비스 지향적인 사회로 이른 바 정보혁명 시대, 즉 정보화 사회를 예고하였다. 사회, 경제 및 모든 분야에서 정보, 지식 및 창조력의 소유 정도가 국력은 물론 기업 경영 등을 지배하는 정보화 사회가 도래한 것이다.

선진국들이 정보화 사회로 변천하는 이유는 다음과 같이 2가지로 생각할 수 있다.

첫째로 과학기술, 특히 마이크로일렉트로닉스 기술의 급격한 발전에 따라 컴퓨터와 그것을 응용한 산업용 로봇, 사무자동화(OA) 기기, 뉴미디어 등의 기기나 시스템이 차차 실용화되기에 이른 점이다. 그 결과 기존 산업분야의 생산성 향상은 물론 신제품이나 새로운 서비스의 가능성이 확대되었다.

둘째로 이 기술적 가능성을 현실화시키는데 있어서의 불가결한 사회적 욕구의 확대를 들 수 있다. 의식주에 대한 기본적 욕구가 충족되면 사람들의 욕구는 점차로 고도화, 다양화 그리고 개성화하게 되며, 그리하여 이런 변화에 대응한 상품이나 서비스를 기획하기 위해서는 많은 사람들의 창의가 필요하게 된다.

이러한 두 가지 요소가 서로 자극하여 상승작용을 불러일으키기 때문에 가속도적인 변화를 유도하게 되었다.

인류 역사가 변천하는 과정은 공간혁명의 역사와 비슷하다. 농업혁명이나 산업혁명은 물리공간(Physical Space)에서, 정보혁명은 전자공간(Electronic Space)에서 일어난 혁명이다. 그리고 유비쿼터스 혁명은 물리공간과 전자공간을 지능적으로 결합하여 제3공간을 창출하는 혁명이다.

공간혁명의 역사에는 산업혁명, 정보혁명 그리고 유비쿼터스 혁명이 있다. 산업혁명은 물리공간을 분화하고 공간의 생산성을 확대한 반면 정보혁명은 시간 제약을 극복하려고 물리공간을 컴퓨터에 집어넣는 개념이다. 그러나 유비쿼터스 혁명은 전자-물리공간을 통합하려고 컴퓨터를 물리공간에 집어넣는 개념이다.

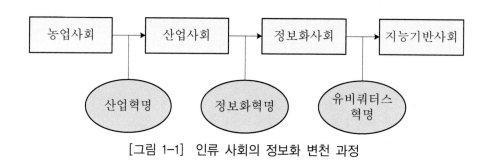

[그림 1-1] 인류 사회의 정보화 변천 과정

## 1.1.2 개념

정보화 사회(Information Society)라는 용어는 1962년 마흐루프가 미국 사회를 지칭하여 처음으로 사용한 것으로, 일상생활과 생산 및 소비 활동의 많은 부분이 정보의 활용과 유통에 직·간접적으로 영향받는 사회를 의미한다.

이 외에도 다양한 의미로 사용될 수 있는데 주로 다음과 같이 정리할 수 있다.

- 질과 양의 2가지 면에서 풍부한 정보가 생산되어 전달(유통)되는 사회
- 풍부한 정보의 생산·처리·전달·축적에 일정한 경제적 가치를 인정하고, 직접 또는 간접으로 그 비용을 부담하는 구조를 이룬 사회
- 정보의 생산·처리·전달·축적을 원활하고도 효율적으로 행하기 위한 정보기기나 정보 네트워크가 급격히 발달하여 보급되는 사회 등이다.

정보화 사회는 대다수 노동인구가 자동차 조립이나 강철생산과 같은 제조업에 종사하고 에너지가 중요 요소였던 산업사회로부터의 빠른 변화를 의미한다. 산업사회와 달리 정보분야 종사자들은 정보를 생산처리하며 분배하는 동시에 정보 테크놀로지의 생산을 주업무로 한다.

현재 정보매체의 기술혁신 및 텔레비전과 통신의 통합으로 화상통신을 활용한 재택근무 및 학습 등이 보편화되고 있으며, 향후 홈쇼핑(Home Shopping)이나 전자신문에 사용되는 정보에 대한 개발이 점점 증가할 것이다. 특히 미국의 부통령이었던 고어가 1993년에 정보고속도로(Information Super Highway)의 건설을 주창한 이후 정보사회에 대한 인식은 빠르게 확산되고 있다.

컴퓨터 시스템과 정보통신기술을 중심으로 이루어지는 정보화 사회는 국민의 가치관과 산업 사회의 성숙한 변화에 따라 정보의 중요성이 커지는 사회이다. 정보화 사회는 정보와 통신기술의 발달에 따라 정보의 전달과 처리 수단이 고도화 그리고 다양화되는 최첨단 사회라고 표현할 수 있으며 다음과 같은 특징이 있다.

① 정보와 지식이 중요한 자원으로 인식된다.
② 고도로 발달된 정보 기술로 정보의 이용이 보편화된다.
③ 정보의 생산, 전달, 가공, 축적이 활발해져 정보통신 시스템의 적용분야가 다양화, 광범위가 구현된다.
④ 정보통신의 발전은 새로운 문화와 사회, 경제를 이룩하게 된다.
⑤ 농업, 공업 등의 생산 노동 인구보다 지식, 정보산업 종사자의 수가 많아진다.
⑥ 전체 산업에서 컴퓨터와 관련된 정보산업의 비중이 높아진다.
⑦ 반도체 기술의 발달로 첨단기술과 기기들이 널리 활용된다.
⑧ 탈규격화(다양화, 개성화), 탈전문화, 탈동시화, 탈집중화, 탈극대화, 분권화 현상이 나타난다.

[표 1-1] 사회 변천에 따른 특징

|  | 농업사회 | 공업 사회 | 정보화 사회 |
|---|---|---|---|
| 생산 방식 | 토지 이용 | 기계 이용 | 정보 이용 |
| 생산 특징 | - 자연 현상 이용<br>- 인간 노동력 | - 자연현상+증식<br>- 기계적 노동력 | - 지식에 의한 생산성<br>- 두뇌 인력 |
| 인간 관계 | 구속적인 노동력 | 고용된 노동력 | 계약된 노동력 |
| 제품 유형 | 농업, 수공업 | 제조업, 공산품 | 정보 · 지식산업, 서비스업 |
| 사회 유형 | 폐쇄적 사회 | 집중화된 지역사회 | 분산된 네트워크 사회 |

## 1.2 데이터 통신 기술의 변천

기원전 600년경 호박을 비단이나 모피에 심하게 마찰시켜 조그만 실 조각을 끌어 붙일 수 있다는 사실을 발견한 것이 전기 발견의 최초로 알려져 있다. 전자라는 의미의 일렉트로닉스(electronics)라는 단어의 어원인 'electron' 역시 호박이라는 의미를 가지고 있으며 전기가 주로 관원 및 동력에 이용된 이후 통신에 이용된 것은 철도기술에 이용된 연락용이 최초이다.

대부분 정보혁명 때문에 전자공간과 유비쿼터스 공간이 탄생하고 발전했는데 정보 혁명의 원동력 중 가장 중요한 것은 정보기술(Information Technology, IT)이다. 정보기술은 정보처리기술과 정보 통신 기술로 다시 세분화 되는데 어느 시점부터는 하나로 융합하여 발전하고 있다.

본 장에서는 데이터 통신 기술의 시대적 변천과정을 살펴보고 기술적 발전과정을 고찰하기로 한다.

---

### 쉼터

X.25

X.25는 DTE와 DCE 사이의 접속 규격으로 패킷 교환망에 적용된다. 이것에 대한 구성도는 다음과 같다.

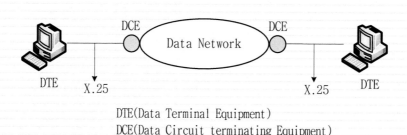

DTE(Data Terminal Equipment)
DCE(Data Circuit terminating Equipment)

---

## 1.2.1  시대적 변천과정

### (1) 1970년대

전통적인 컴퓨터 통신 환경이 호스트 위주로 중앙 집중적인 컴퓨터 환경으로 확립되는데 이것을 통해 터미널이 노드를 통해 호스트와 저속 연결되는 것으로 X.25에 의한 공중 패킷 교환망이 시작되었다.

고도의 조직적인 네트워크의 필요성이 등장하여 원거리 통신망(WAN)과 분산 처리 시스템의 체계가 확립되었고 컴퓨터를 통한 전자우편이나 파일 전송과 같은 통신망에 대한 기초가 제시되었다.

### (2) 1980년대

개인용 컴퓨터가 대량으로 보급되고 사무실, 공장, 실험실 등에서 다양한 정보처리 수요가 증가하며, 모든 기업, 관공서 등에 PC가 설치되고, 주변기기와 신속하고 쉽게 정보를 교환 할 수 있는 시스템의 필요성이 요구되어 IEEE에 의해 802.X 모델의 표준안이 발표되었다. 또한 전용회선의 표준규격이 발표되어 T1과 E1이 일반화되었다.

### (3) 1990년대

1990년대는 윈도우 환경으로 이동하며 그래픽 환경을 수용하기 위해 좀 더 빠른 백본(backbone)이 요구되며 사용자들은 점차적으로 넓은 대역폭을 원하게 되었다.

일반적으로 사용되는 통신기술은 낮은 지연과 넓은 대역폭을 갖는 전송방법인 ATM이 상용화되고 라우터, 모뎀, LAN 카드, 브리지, 리피터 등이 대표적인 장비들이다.

---

### 용어 설명

ATM(Asynchronous Transfer Mode)

사용자가 정보를 일정한 크기(53Byte)의 패킷으로 나누어 헤더 부분에 목적지 정보를 부가하여 고정크기의 셀 형태로 전달한 후 도착지에서 원래의 정보로 환원하는 방식으로 실제 데이터가 있는 부채널에만 시간 폭을 할당하므로 같은 시간에 더 많은 데이터의 전송이 가능하다.

### (4) 2000년대

1990년대에 이르러서는 망의 광대역화, 양방향화, 콘텐츠의 디지털화를 통해 본격적인 융합형 서비스가 나타났다면, 이후 2000년대 들어 망 통합과 더불어 서비스 융합이 본격적으로 진행되면서 점차 융합형 서비스를 제공하는 사업자들이 대두되고 있다. 이에 기업 간 M&A 및 전략적 제휴 그리고 공동 투자 등을 촉진시키면서 새로운 융합시대에 걸맞은 서비스를 제공하기 시작했다고 할 수 있다.

융합의 흐름은 마치 '야누스'처럼 보는 각도에 따라 다르고 변화무쌍하지만 그 종착역은 다름 아닌 '유비쿼터스(ubiquitous)'가 될 가능성이 크다. 유비쿼터스란 라틴어로 '언제 어디서나 있는'을 뜻하는 말로서 사용자가 컴퓨터나 네트워크를 의식하지 않는 상태에서 장소에 구애받지 않고 자유롭게 네트워크에 접속할 수 있다.

## 1.2.2 기술적 변천과정

데이터 통신의 발전과정은 전기통신 이전의 과정으로 거슬러 올라가는데 인류가 탄생하면서부터 시작되었다. 이때 인류는 몸동작이나 언어, 각종 물리적 도구를 이용해 통신했다.

### (1) 제 1 세대

제 1 세대에서는 전신이 최초의 전기통신이었는데 1837년 미국의 모스가 유선으로 연결된 두 지점 사이에서 데이터를 전기 펄스로 전송하였다.

### (2) 제 2 세대

제 2 세대에서는 전화가 주로 사용되었는데 이것의 원리는 음성을 전기적 신호로 변환하여 수신 단에 전달되는 것이다. 수신 단에 전달된 신호는 이것을 다시 기계적 에너지로 바꾸고 사람의 귀에 들을 수 있게 된다.

### (3) 제 3 세대

제 3 세대부터는 데이터 통신의 개념이 적용되는데 이 정의는 보는 시각에 따라서 여러 가지로 표현할 수 있으나, 언어적으로 해석하면 데이터의 통신을 말한다.

데이터 통신은 송신자가 무형의 형태를 수신자에게 주거나 저장하기 위해서 0과 1로 이루어진 2진 형태의 디지털 정보 단위로 변환하여 원격으로 전달되는 원격통신(tele-communication)을 말한다. 이때, 정보는 음성이나 그림, 동영상, 혹은 이들 모두가 결합된 멀티미디어로 표현되어야 하고 저장이나 전송이 가능해야 한다.

## (4) 제 4 세대

제 4 세대에서는 제 3 세대의 데이터 통신에서 진화하여 컴퓨터로 정보를 공유하는 시대가 되었다. 한 마디로 웹을 통한 통신과 컴퓨터 기술을 융합한 것이다.

Web 1.0에서는 정보 제공자에 의해서 정보를 제공 받은 사용자들이 직접 콘텐츠를 제작하는 행위가 없이 일반적으로 그냥 보기만 하는 커뮤니티이지만 Web 2.0에서는 개발자와 사용자가 함께 참여하고 공유하며 서비스를 발전시키는 웹을 통한 융합시대가 전개되고 있다.

이제 제 4 세대에서는 본격적인 융·복합의 시대가 오면서 전통산업에 IT를 융합하는 IT 융합 기술 및 산업에 대한 관심이 국내는 물론 세계적으로 점차 증대하고 있다.

### 쉼터

Web 2.0

Web 2.0은 제공된 데이터를 활용하여 사용자가 정보 생성에 참여하고 가치를 부여함으로써 누구나 다양한 신규 서비스를 생산해 낼 수 있는 "플랫폼으로서의 웹(The Web as platform)" 환경이다. 이때 '플랫폼'이란 어플리케이션 소프트웨어를 작동시킬 때 기반이 되는 운영체제의 종류를 말한다.

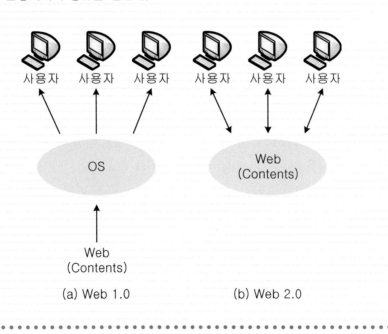

(a) Web 1.0          (b) Web 2.0

# 1.3 데이터 통신의 정의 및 필요성

## 1.3.1 정의

데이터란 임의의 형태로 형식화된 사실이나 의사 등을 컴퓨터가 처리할 수 있도록 숫자, 문자 그리고 기호 등으로 표시한 것을 말한다. 한편, 통신은 정보를 제공하는 자(source)와 정보를 제공받는 자(sink) 간의 정보의 이동현상을 의미하는데 물리적인 위치가 서로 멀리 떨어져 있어 신호의 전자기적인 변화에 의해 전달되는 원격통신의 개념을 주로 하고 있다.

ITU에서 데이터 전송을 '기계에 의하여 처리할 정보의 전송, 또는 처리된 정보의 전송'으로 규정하고 있다. 여기서, 기계라 함은 정보처리장치를 의미하며, 한편, 데이터 통신은 데이터 전송보다 넓은 의미로서, 통신 회선을 이용하여 중앙의 정보처리 장치와 원격지의 단말장치를 연결하여 정보를 전송, 처리, 그리고 교환하는 의미를 갖고 있다.

**쉼터**

ITU(International Telecommunication Union)
전기통신의 모든 분야에서 국제협력을 꾀할 목적으로 만든 국제연합의 전문기관

데이터 통신을 하기 위해서 데이터를 정보로 변환하기 위하여 컴퓨터를 이용하여 처리(processing)하는 정보처리기술이 필요하다.

데이터는 현실세계를 단순히 관찰하거나 측정하여 수집하고 생산하는 사실이나 측정치를 말한다. 어떤 현상을 표현하기는 하나 의미는 부여할 수 없는 상태이다. 예를 들면 "5월은 봄이고 6월은 여름이다"라는 사실은 단순히 계절을 월에 따라 분류한 것이다.

한편, 정보는 데이터를 가공하거나 변환하여 얻은 결과물을 말하며, 데이터 간의 상호관계를 부여하는 의미 있는 데이터이다. 예를 들면 '5월은 봄이라고 하더라도 여름같은 날이 많으므로 외출옷은 여름철에 입는 옷이어야 하며 6월은 여름이므로 외출옷은 5월에 입는 옷과 그다지 차이가 없다'는 의미도 들어 있기에 정보가 된다.

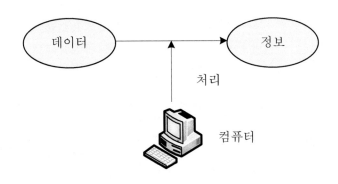

[그림 1-2] 정보 처리 기술

컴퓨터는 원래 빠르고 복잡한 계산에서 정확한 결과를 얻으려고 개발한 도구이다. 초기에는 단순히 계산 위주의 작업만 수행하였으나, 오늘날에는 사용자 저변이 다양하게 전개되어 정보화 사회의 모든 분야에서 영향을 미치므로 한마디로 정의하기가 어렵다. 방대한 양의 데이터를 처리하여 사용자에게 유용한 결과를 제공한다는 의미에서는 데이터 처리 시스템(Data Processing System)이며 지금은 유·무선 네트워크 접속 기능을 갖춘 컴퓨터뿐만 아니라 네트워크와의 교신 능력을 가진 초소형 칩을 TV, 냉장고 그리고 전자레인지 등 가전기기, 자동차 및 진열대 등 모든 기기 및 사물에 내장해 각종 정보를 손쉽게 송·수신, 생활을 보다 편리하게 해주는 유비쿼터스 컴퓨팅 시대에 들어섰다.

그러나 컴퓨터와 같은 IT 폐기물(e-waste)의 급속한 증가 그리고 폐기물의 독성과 유해물질은 점차 환경과 건강을 위협하고 있다. 그러므로 IT 기기는 기존의 제품 성능 중시에서 전력 소비량 감축, 이산화탄소 배출 규제 등 친환경적 요소 반영이 필수적이다.

## 1.3.2 필요성

데이터 전송을 위한 하드웨어와 소프트웨어의 조합으로 이루어진 데이터통신 시스템을 효과적으로 운용하기 위해서는 다음과 같은 3가지 요소가 필요하다.

### (1) 정확성

소포를 보낼 때 비용을 줄이기 위해서는 소포의 무게가 가벼워야 한다. 이를 위해서는 소포에서 불필요한 것을 버리는 작업이 필요한데 이것이 원천 부호화 과정이다. 그리고 이 소포를 도둑들이 가져가지 못 하도록 자물쇠를 채우는 작업이 필요하며 이때 소포를 함부로 다루어서 내용물이 손상되는 것을 방지하기 위해 잘 포장을 할 필요가 있는데 이 과정이 채널 부호화이다.

19

　　채널 부호화 과정을 거치게 되면 내용물(data)이 깨지지 않는 것은 아니고 data가 깨진 사실을 알게 해 주거나(Error Detection), 깨진 데이터를 깨지기 전의 상태로 복원(Error Correction)시켜준다.

　　채널 코딩은 데이터 전송에 있어서, 채널에서 발생되는 잡음에 의한 오류를 수신측이 검출 혹은 정정할 수 있도록 원래의 데이터에 새로운 데이터를 덧붙이는 방법을 말하며 에러 제어 코딩(Error Control Coding)이라고 하며 이 밖에도 동기 기술, 스위칭 기술, 어드레싱(addressing) · 네이밍(naming) 기술, 흐름 제어 기술 등이 데이터 전송의 정확성을 위해 사용된다.

## (2) 효율성

　　데이터 전송에 투자된 비용이 획득한 정보의 가치보다 크다면 데이터 통신에 대한 효율성은 그 의미를 상실하게 된다. 따라서 데이터의 전송은 정확히 그리고 효율적으로 이루어져야 한다. 통신 시스템의 이용 효율을 높게 할 목적으로 압축 부호화를 수행하는데 이것을 원천 부호화(Source Coding)라고 한다.

　　원천 부호화는 정보의 종류에 따라 음성 부호화와 영상 부호화로 구분되는 데 여기서는 음성 부호화에 대해서만 살펴보며 음성의 분석에 따라 다음과 같이 분류할 수 있다.

### 1) 파형 부호화(Waveform Coding)

　　파형 부호화 방식의 목적은 정보 목적지에서 복원된 신호가 정보 발생지에서의 원래 신호의 모양을 그대로 보존하도록 하는데 있으며 다음과 같은 종류가 있다.

　　① PCM(Pulse Code Modulation)
　　② DM(Delta Modulation)
　　③ ADPCM(Adaptive Differential PCM)

### 2) 음원 부호화(Vocoding)

　　음원 부호화에는 신호 파형의 모양을 재생해내는 것이 아니라 사람의 귀로 듣는데 있어서 원래의 신호와 차이가 없도록 소리(sound)만을 재생한다. 따라서 보코더의 성능평가에는 신호 대 잡음비가 적합하지 않으므로 주관적인 척도인 MOS(Mean Opinion Score)를 이용한다.

### 3) 혼성 부호화(Hybrid Coding)

파형 부호화와 음원 부호화법의 장점을 결합시킨 부호화 방식으로 분석할 때 파형 부호화를 사용한 후 예측 오차 신호를 최대한 그 모양을 유지하면서 그대로 전송하고자 방법이다.

### (3) 보안성

정보화 사회가 되어감에 따라 하루에도 수없이 많은 데이터들이 생성되고 이들 데이터가 한 곳에 존재하는 것이 아니라 다시 네트워크를 타고 여러 사람들에게 전달되고 있다. 이들 데이터는 컴퓨터가 처리할 수 있는 형태로 존재하기 때문에 가공작업을 할 수도 있다. 이때 데이터의 내용이 제 3자에게 노출되거나 변형되어서는 안 된다. 결국 시스템의 보안 문제 및 네트워크에 대한 문제가 등장하게 되었다.

## 1.3.3  정보 형태에 따른 정보통신 서비스

정보통신은 좁은 의미로 데이터 통신만을 뜻하나, 최근에는 음성 통신, 이미지 통신, 영상 통신 그리고 멀티미디어 통신까지 포함된다.

### (1) 음성 통신

일반적으로 전화망을 이용한 통신을 지칭하는 것으로, 음성 통신을 이용한 서비스로는 휴대폰에서의 음성 우편(Voice Mail)과 3자 통화가 그 예이다. 음성은 디지털 처리되어 전기 신호 및 광신호 등으로 2진 숫자의 형태로 전송된다.

### (2) 데이터 통신

PC 통신을 통해 파일을 주고받거나 필요한 데이터를 액세스하거나 e-mail 서비스를 이용하는 것이 데이터 통신의 한 형태이다. 원래 미국에서 빠른 정보전달이 필요한 군사 작전에서 사용되었으나 최근에는 정확하고 신속한 정보제공이 요구되는 금융, 유통 그리고 행정 등에서 활용되고 있다.

### (3) 화상(이미지) 통신

컴퓨터나 인공위성 등의 통신 수단을 이용하여 화면상으로 서로 얼굴을 보면서 그림이나 도표, 차트, 그래픽 등의 정보전송을 의미한다. 화상은 다른 형태의 정보보다 인간의 이해를 더욱 쉽게 접근시키는 이점을 갖고 있어, 최근 여러 분야에서 화상 통신의 이용이 급증하고 있는 추세이다.

팩스와 같이 종이를 이용해 화상 정보를 전달하는 방법을 하드 카피 화상 통신, 모니터를 이용한 통신 방법을 소프트 카피 화상 통신이라고 하는데, 일반적인 화상 통신의 개념은 소프트 화상 통신을 의미한다.

## (4) 영상 통신

주로 시각 정보를 전달하는 통신에서 일반적으로 가시적인 정보를 전기 신호로 변환, 전송하고 이것을 수신 측에서 시각 정보의 형태로 충실히 재현하는 전송 방식을 말한다.

## (5) 멀티미디어 통신

음성과 데이터 및 화상정보의 통합 형태인 컴퓨터를 이용한 원격회의나 원격교육 등이 멀티미디어 통신이라고 할 수 있다.

최근에는 IMS(IP Multimedia Subsystem)가 등장하여 인터넷과 유·무선 환경을 통합하여 All-IP 화하려는 경향이 뚜렷해졌다. 이제 통신 기술은 점차 유비쿼터스 IT와 융합이라는 새로운 패러다임 아래 진화되고 있다.

---

### 쉼터

#### 데이터 통신과 멀티미디어의 차이

데이터 통신은 디지털 신호를 전송하는 역할을 하며 baseband와 broadband로 나눈다. 이에 비해 multimedia 통신은 컴퓨터의 대용량화, 입출력 속도의 개선 및 컴퓨터의 보편화에서 생겨났으며 다음과 같은 주요 기능이 있다. 첫째는 Mutipoint인데 일대일, 일대 다수의 통신이 가능하며 둘째로 Multimedia인데 다양한 media를 모두 취급할 수 있도록 통신처리 기능이 확대되는 것을 말한다. 결론적으로 데이터 통신은 정보의 **전송**에 비중을 두고 있으며 multimedia 통신은 정보의 **전송**뿐만 아니라 **처리**에 비중을 두고 있다.

---

## 1.4 데이터 통신 시스템

### 1.4.1 구성 요소

데이터 통신은 보는 관점에 따라 조금씩 차이가 나겠지만 우리나라 전기통신법에서는 "전기통신회선에 전자계산기의 본체와 그에 부수되는 입출력장치 및 기타의 기기를 접속하고 이에 의하여 정보를 송신, 수신 또는 처리하는 통신이다."라고 정의되어 있다. 여기서 전기통신회선이란 전기적 신호에 의해 임의의 한 지점에서 다른 지점으로 정보를 나르는 통로를 말하는 것으로 음성신호를 전송하는 전화회선이나 데이터만을 취급하는 데이터 전용선이 여기에 해당한다.

일반적으로 통신 시스템은 다음과 같이 구성되어 있다.

[그림 1-3] 통신 시스템의 기본 구성 요소

① 메시지 : 메시지(message)는 통신의 대상이 되는 정보, 즉 데이터이다. 텍스트, 숫자, 그림, 소리, 화상 또는 이들의 조합으로 이루어진다.

② 송신자(sender) : 데이터를 보내는 장치로서 컴퓨터, 전화기, 비디오카메라 등이 될 수 있다.

③ 수신자(receiver) : 데이터를 수신하는 장치로서 컴퓨터, 전화기, TV 등이 될 수 있다.

④ 전송매체(medium) : 전송매체는 메시지가 전송자로부터 수신자에게까지 이동하 는 물리적인 경로이다. 전송매체에는 트위스티드 페어 케이블, 동축 케이블, 광섬유 케이블, 레이저 그리고 무선파 등이 있다.

⑤ 프로토콜(protocol) : 데이터 통신을 통제하는 규칙의 집합으로서 통신하고 있는 장치들 사이의 상호합의를 나타낸다. 프로토콜이 없다면 마치 프랑스어로 이야기하는 것을 일본인이 이해하지 못하는 것처럼, 통신 장비가 연결되어 있어도 서로 통신할 수 없다.

### 1.4.2 기능적 분류

데이터 통신 시스템은 컴퓨터와 원거리에 있는 터미널 또는 다른 컴퓨터를 통신 회선으로 결합하여 정보를 처리하는 시스템을 말하며 지리적으로 원거리에 위치하는 복수의 최종 사용자 간의 데이터통신 서비스를 제공하는 전송 설비, 전송 설비와 결합되어 있는 교환기기, 데이터 단말 장치, 데이터 회선 종단 장치로 되어 있다.

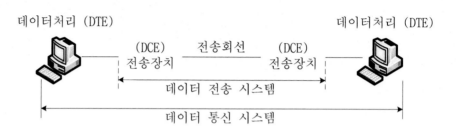

[그림 1-4]  데이터 통신 시스템의 분류

원격지의 데이터 단말 장치에서 보내온 데이터를 신속히 중앙처리장치로 보내어(데이터 전송) 처리(데이터 처리)하는 데이터 통신 시스템을 기능적으로 간략하게 분류하면, 정보의 이동을 담당하는 데이터 전송계와 정보의 가공, 처리 및 보관 등의 기능을 수행하는 데이터 처리계로 나누어진다.

데이터 전송계는 데이터를 중앙 처리 장치에 보내주는 역할을 하고 있으며 데이터 처리계는 운반되어 온 데이터를 처리하는데, 처리 방식은 보내온 데이터를 즉시 처리하는 즉시 처리 방식과 보내온 데이터를 저장하여 주었다가 어느 정도 양이 찬 뒤에 처리하는 배치 처리 방식 두 가지가 있다.

**쉼터**

자료 처리 방식(데이터 통신에서의)

(1) 즉시 처리 방식(real time system)
원하는 시간 내에 컴퓨터에 의한 처리 결과를 받아볼 수 있는 방식

(2) 배치 처리 방식
일정한 시간동안 데이터를 수집한 후에 일괄적으로 처리하는 방식

(3) 온라인 방식(on-line system)
데이터의 전송과정에 있어서 사람이 직접 개입하지 않고 컴퓨터와 단말기가 통신회선
으로 연결되어 처리하는 방식

(4) 오프라인 방식(off-line system)
컴퓨터와 단말기 사이에 통신 회선 없이 직접 사람이 전송과 작업처리에 개입하는
방식

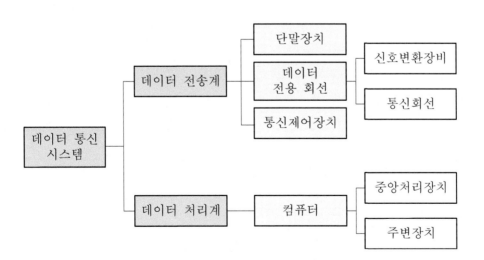

[그림 1-5] 데이터 통신 시스템의 구성

## (1) 데이터 단말 장치(Data Terminal Equipment)

통상 DTE라고 하며 전송할 데이터를 부호로 변환하거나 처리하는 장치로서 컴퓨터나 프린터 또는 터미널과 같은 디지털 장비를 말한다.

DTE의 중요 기능은 다음과 같다.

① 입출력 기능
② 데이터의 수집과 저장 기능
③ 데이터의 처리기능
④ 통신기능
⑤ 통신 제어 기능

## (2) 데이터 회선 종단 장치(Data Circuit terminating Equipment)

데이터 전송 장치(Data Communication Equipment, DCE)라고도 하며 DTE에서 처리된 신호를 변환하거나, 통신 회선 상에 놓여 있는 신호를 변환하는 장치로서 모뎀(modem)과 DSU(Digital Service Unit) 등이 해당된다.

DCE는 DTE로부터 나오는 2진 신호를 통신 회선에 적합한 신호로 변환하거나, 반대로 통신회선에서 들어온 신호를 컴퓨터에 적합한 원래의 2진 신호로 변환해주는 장치이다.

### 1) 변복조기(MODEM)

데이터 통신을 하는 경우 컴퓨터나 단말 등의 데이터 통신용 기기를 전화 회선과 같은 아날로그 통신 회선과 접속하기 위해서 사용하는 장치로 변조기(modulator)와 복조기(demodulator)를 혼합한 변·복조 장치를 말한다.

### 2) DSU(Digital Service Unit)

디지털 회선용의 회선 종단 장치로서 주 컴퓨터나 각종 DTE를 고속 디지털 전송로에 접속하여 데이터 통신을 하는 데 필요한 장치이다.

## (3) 통신 회선

단말장치와 정보처리 시스템, 단말기기 상호간 그리고 컴퓨터 상호간의 물리적인 통신로를 말한다.

## (4) 통신 제어 장치(Communication Control Processor)

원래의 통신 처리 장치는 통신 제어 장치와 데이터의 축적 및 교환 등의 통신처리를 담당하는 소형의 프로세서를 내장한 미니 컴퓨터였으나, 최근 컴퓨터 기술의 발달로 초소형이면서 여러 가지의 통신 제어 기능 및 메시지 처리 기능을 담당하는 통신전용 컴퓨터로 발전하였다. 이렇게 함으로써 주 컴퓨터의 부하를 덜어주게 되어 데이터 처리 능력 및 통신 속도를 향상시킬 수 있게 되었다. 통신 처리 장치는 사용되는 위치에 따라 담당하는 역할과 명칭이 달라진다.

### 1) 기능

컴퓨터와 단말기의 통신을 제어하는 부분으로서 다음과 같은 역할을 한다.

① 데이터를 송수신하는 일
② 다양한 제어 기능을 행하는 일
③ 오류 검출과 제어를 행하는 일
④ 자원의 효율적 이용을 행하는 일

### 2) 종류

(가) 원격 처리 장치(Remote Processor, RP)

단말기와 접속하여 복수단말 회선의 집선 역할과 동시에 단말기 제어, 정보량의 제어 및 전송 메시지의 부분 처리 기능 등을 수행한 다음, 이를 한 가닥의 고속 통신 회선에 의해 주 컴퓨터에 송신하는 역할을 한다.

(나) 전단 처리 장치(Front End Processor, FEP)

주 컴퓨터와 통신망 사이에 설치되어 마이크로프로세서를 내장하고 있다. 통신회선 및 단말기의 제어뿐만 아니라 전송 메시지의 검사 및 형식 변환을 행한다.

(다) 후 처리 장치(Back End Processor, BEP)

주 컴퓨터 후단에 설치되어 주 컴퓨터가 수신한 데이터 중에서 별도로 처리할 필요가 있을 때 사용되는 장치이며, 자기 디스크 기억 장치에 대규모 데이터베이스(DB)를 구성하는 디스크 처리 전용 컴퓨터이다.

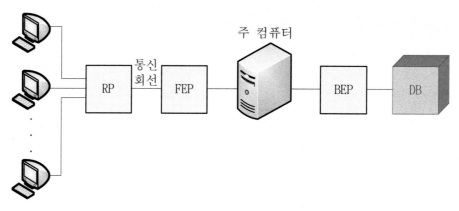

[그림 1-6] 통신 제어장치의 분류

---

### 쉼터

**통신 제어 장치의 종류**

(1) 단일 방식

하나의 통신 제어 장치만 이용하는 방식으로서 수용가능 회선수와 신뢰성의 문제가
있으나 시스템의 중단가동이 심각한 영향은 미치지 않는 경우에 널리 사용된다.

(2) 분할 방식

회선수가 많은 경우 또는 예비회선이 준비되어 있는 경우, 복수의 통신제어 장치를
설치하여 수용할 통신 회선을 각 통신 제어 장치에 분할하는 방식이다.

(3) 대기예비방식

현재 사용 중인 장치가 고장 나면 통신 회선을 예비 장치로 바꾸어 시스템을 정상
가동할 수 있게 하며 높은 신뢰성이 요구되는 데이터 통신 시스템에 사용된다.

---

## (5) 중앙 처리 장치

가입자의 access 요구에 대해 정보처리 및 판단, 제어를 행하는 곳으로서 제어 장치,
연산 장치로 되어 있다.

### (6) 기억 장치

주기억 장치 및 보조 기억 장치로 되어 있으며 주기억 장치는 프로그램 정보 및 가입자 데이터를 저장하는 곳이며 보조 기억 장치는 주기억장치에서 기억할 수 없는 용량을 일시적으로 저장하는 곳이다.

## 1.5 데이터 통신망

### 1.5.1 개념

데이터 통신망은 단말기를 컴퓨터와 서로 밀접하게 결합한 형태로, 컴퓨터 네트워크라고도 한다. 데이터 통신망은 멀리 떨어져 있는 컴퓨터 혹은 다수의 이 기종간 컴퓨터를 상호 연결된 물리적 장비 그리고 정보의 전송 계통을 가진 집합체라고 정의할 수 있다.

통신망의 전형적인 기능을 수행하기 위해서는 다음과 같은 사항이 요구된다.

① 전기적인 신호가 전송될 수 있는 경로(path, channel)
② 다른 형태를 갖는 신호간의 상호 변환
③ 비트열의 그룹화로 프레임 또는 패킷의 구성
④ 잘못 전송된 전기적인 신호의 검출 및 복구
⑤ 경로의 유지 및 선택 기능

### 1.5.2 도입 배경

① 송·수신 장치가 멀리 떨어져 있는 경우에, 두 장치 사이에 전용회선을 설치하려면 상당한 비용이 든다.
② 많은 장치가 있고, 그들이 서로 여러 시간대에 여러 장치와의 링크(link)를 요구하는 경우에, 각 장치가 매우 적은 경우가 아니라면 각 장치 쌍에 대해 전용회선을 설치하는 것은 바람직하지 못하다.

### 1.5.3 이점

① 필요한 자원을 공유할 수 있다.
② 부하를 분산할 수 있다.
③ 신뢰성이 좋아진다.

④ 고장에 대한 복구가 용이해진다.

⑤ 병렬처리가 가능해진다.

⑥ 시간적, 공간적으로 제약이 적다.

## 1.5.4 구조화 기법에 따른 분류

구조화 기법에 따라 방송망(Broadcast Network), 교환망(Switched Network) 그리고 하이브리드 통신망(Hybrid Network)으로 구분할 수 있다. 방송망은 한 명의 사용자에게 발생된 신호가 통신망에 접속된 모든 사용자에게 전송되는 방식이고, 교환망은 임의의 사용자가 전송한 정보가 스위치를 통해서 원하는 사용자에게만 전송되는 방식이다. 하이브리드 통신망은 위 두 가지 방식이 혼용된 통신망의 구성 방식이다.

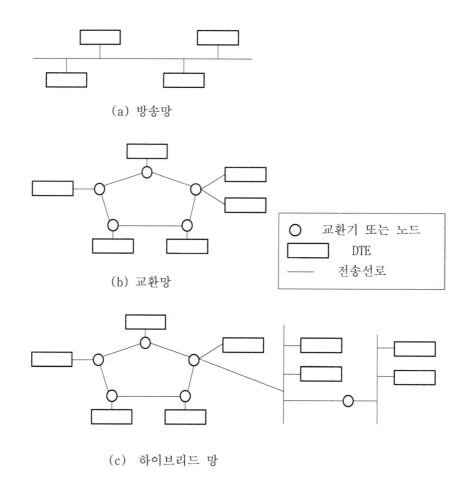

(a) 방송망

(b) 교환망

| | |
|---|---|
| ○ | 교환기 또는 노드 |
| ☐ | DTE |
| — | 전송선로 |

(c) 하이브리드 망

[그림 1-7] 통신망의 형태

## (1) 방송망

### 1) 근거리 통신망(Local Area Network)

단일 기관이 동일한 지역 내(수 [km] 이내의 좁은 지역)에 컴퓨터와 사무자동화기기 등을 고속 전송로를 이용하여 접속해 놓은 통신망으로 하드웨어적인 특성과 소프트웨어 적인 특성으로 다음과 같이 분류할 수 있다.

(가) 하드웨어적인 특성
 ① 꼬임선, 동축 케이블, 광섬유 케이블, 무선 매체
 ② 전송 선로를 통한 정보 전송의 제어 방식
 ③ 통신망과 통신 장비간의 인터페이스

(나) 소프트웨어적인 특성

통신 프로토콜의 집합 부분으로서 통신망에 존재하는 하드웨어를 통해서 정보를 전송 하는 전송 제어 순서 등이 이에 속한다. 통신망 구성의 가장 근본적인 문제는 통신 효율 의 향상으로서 전송 대역폭의 확장과 전송 선로의 공유 등을 들 수 있다.

LAN의 표준 프로토콜로는 CSMA/CD(Carrier Sensing Multiple Access with Collision Detection), 토큰 버스(Token Bus) 그리고 토큰 링(Token Ring) 등이 있다.

### 2) MAN(Metropolitan Area Network)

대도시 내의 근거리 통신망들과 인터넷 백본(backbone)을 연결해주는 네트워크이다. 즉 근거리 통신망의 범위가 확대되어 네트워크가 전체 도시로 확장된 것이라고 할 수 있 다.

### 3) WAN(Wide Area Network)

지리적인 제한이 없으며 지방이나 전국, 혹은 국제적으로 전개되는 광역 통신망

### 4) 무선 통신망

라디오(radio) 통신망이라고 불리는 무선 통신망은 산, 바다 등의 통신 장애물을 극복 하여 통신을 할 수 있는 장점을 가지고 있으며 사용자가 이동 중이라도 양질의 서비스를 제공할 수 있다.

무선 통신망은 단일 홉(single-hop)과 다중 홉(multi-hop) 통신망으로 분류할 수 있 다. 전자는 모든 통신 시스템들이 가시권 내에 존재하는 방식으로서 임의의 한 개 통신

시스템이 전송하는 정보는 가시권(Line of Sight) 내에 존재하는 모든 통신망에 전송될 수 있다. 후자는 가시권 내의 시스템을 통하여 다른 시스템으로 정보를 전송하는 릴레이(relay) 방식을 사용하게 된다. 현재 존재하는 무선 통신망은 모두 다중 홉 방식을 사용하고 있다.

### 5) 위성 통신망

위성 통신망은 통신 위성을 이용해서 지상의 중계점과 위성간의 전파를 중계하는 무선 통신 시스템으로 중계점이 우주에 있으므로 규모가 매우 큰 통신망의 형태이다.

각 중계구간별로 분류하면 우주국과 지구국과의 통신, 우주국 상호간의 통신, 우주국을 중계로 하는 지구국과의 통신으로 나눌 수 있는데, 특히 우주국을 중계로 한 지구국 간의 통신을 위성통신라고 한다. 위성을 궤도별로 분류하면 정지궤도 위성과 극궤도 위성으로 나눌 수 있다.

## (2) 교환망

### 1) 회선 교환망(Circuit Switched Network)

두 사용자 사이에 전용의 통신로가 노드를 통하여 설정되어 있으므로 다른 사용자가 침범하지 못하며 전화망(Public Switched Telephone Network, PSTN)이 여기에 속한다.

### 2) 패킷 교환망(Packet Switched Network)

전송로가 전용으로 할당되지 않기 때문에 여러 사용자가 데이터를 공유할 수 있는 데 이때 데이터를 조그마한 패킷 조각으로 나누어서 전송한다.

각 노드에서는 각 패킷의 수신을 완료하면 잠시 저장한 후 다음 노드로 전송하며 터미널-컴퓨터, 컴퓨터-컴퓨터 사이의 통신에 흔히 사용된다.

## 1.5.5  이용 분야

네트워크의 효과적이고 효율적인 구성 형태를 구현함으로써 기업 및 산업 전반에 지대한 영향을 미쳤는데, 다음과 같이 다양한 분야에 응용이 되고 있다.

## (1) 정보 검색

가장 많이 사용되는 WWW(World Wide Web)에서 디지털화된 자료를 검색하며 뉴스 검색, 자료 찾기 등이 그 예이다.

## (2) 금융 서비스

대부분의 금융 서비스들은 네트워크를 기반으로 하는데 신용 조회나 계좌 이체를 예로 들 수 있는 데 일상 생활에 밀접한 여러 가지 행위들이 IP(Internet Protocol)를 통해 이루어지므로 네트워크 보안을 소홀히 할 경우 유·무선 손실이 막대하다.

## (3) 상업적 행위

전 세계적 고객의 수요 및 제품 개발에 대한 데이터를 수집, 분석하여 제품 생산에 참고할 수 있으며, 상품 및 회사 등에 대한 충분한 정보와 효과적인 광고를 제공한다.

지금까지는 정보 제공자에 의해서 정보를 제공 받은 일반 고객들이 그냥 직접 콘텐츠를 제작하는 행위가 없이 일반적으로 그냥 보기만 하는 Web 1.0이 주도적이었지만 최근 Web 2.0이 등장하여 정보 제공자와 사용자가 함께 참여하고 공유하며 서비스를 발전시키는 상업적 행위가 다양한 분야에 응용되고 있다.

## (4) E-mail

디지털화된 정보의 의사소통 방법으로 가장 많이 사용되는 네트워크 응용 방법이다. 그러나 안전한 전송을 위해서는 개인 정보에 대한 인증이 반드시 뒷받침되어야 한다.

## (5) 자료 전송

응용 계층에 있는 서비스 요소를 통하여 네트워크상에서 서로 원하는 정보에 대한 내용을 주고받을 수 있다.

---

### 쉼터

**통신의 역사**

미국의 모스(Morse)가 1845년 워싱턴과 볼티모어 간 64[km]에 전신선을 개설 개통한 것이 세계 최초 통신 서비스의 시작이다. 지난 100여 년 동안 한국은 전기통신 후진국 신세를 면치 못했다. 그러나 한국은 지금 세계에서 가장 앞선, 정보화된 통신 네트워크 국가로 정평이 나있다.

그런 한국이 불과 20여년 만에 세계수준의 통신 네트워크를 구축한, 정보화 선진국 대열에 끼게 된 것은 무엇 때문일까. 여기에는 국력이나 정부의지보다 몇 걸음 앞서, 뚜렷한 확신에 신명을 바쳐온 몇몇 선각자의 도전의식이 국민적 공감대를 불러일으켜 왔기 때문이다.

우리나라 통신의 역사를 뒤돌아 볼 때 홍철주(1834~?)는 빼놓을 수 없는 핵심인물이다. 늦게나마 조선정부가 정신을 차려 정부직제 상 통신전담 부서를 만들고 자주적인 전선가설계획 등 통신 주권을 행사하게 된 것은 1887년 3월 1일부터이다. 정부조직 안에 '조선전보총국'이란 통신전담 관서를 창설한 것이다. 이 기관 최초의 수장자리인 총판으로 임명된 사람이다.

---

## 1.6 프로토콜

### 1.6.1 개념

컴퓨터들 간의 정보 교환을 위해서는, 어떻게 정보를 구조화하고 각 컴퓨터에 정보를 보내고 받을 것인가에 대한 사전 약속이 있어야 한다. 프로토콜은 통신을 원하는 두 개체 간에 무엇을, 어떻게, 언제 통신할 것인가를 서로 약속하여 통신상의 오류를 피하도록 하기 위한 통신 규약이다. 만약 이런 프로토콜이 없다면, 정보를 보내는 컴퓨터는 8비트 패킷으로 데이터를 보내고, 정보를 받는 컴퓨터는 16비트 패킷의 데이터를 수신하는 상황이 벌어질 수도 있다.

프로토콜을 전화 통화의 예로 들면 발신자가 착신자의 전화번호를 확인한 다음 송수화기를 들고, 착신자의 전화번호를 입력하여 착신자와의 접속을 시도한다. 이때 전화 교환망은 발신자로부터 입력되는 전화번호를 해석하여 착신자의 상태를 확인하고, 통화중이 아니면 착신자를 호출하는 호출음을 발신한다. 만약 착신자가 통화중이면 발신자에게 통화음을 송출하여 통화의 불가능을 알린다. 통화중이 아닌 착신자가 발신자와 연결되었을 경우 발신자는 상대가 통화하고자 하는 대상자인가를 확인한 뒤 통신이 성립되고 데이터 교환이 이루어진다.

이와 같이 정보의 정확한 교환을 위해서는 프로토콜의 사용이 필수적이라고 할 수 있으므로 그 자체의 의미로 해석할 때 물리적인 의미보다는 통신에 관한 제반 절차로 정의되는 논리적인 의미를 갖는다. 통신 프로토콜은 여러 계층으로 나누어진 네트워크에서 동위(peer-to-peer) 계층에서 사용하는 표준화된 통신 규약으로, 네트워크 기능을 효율적으로 발휘할 수 있도록 해야 한다. [그림 1-8]에서 이메일을 송수신하는 절차와 관련된 프로토콜의 순서를 보여준다.

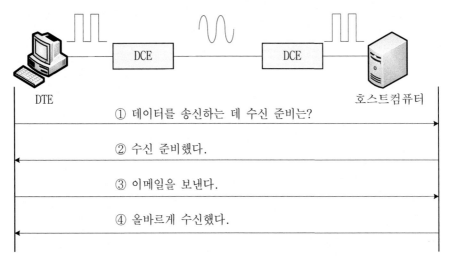

[그림 1-8] 정보 전송에 대한 프로토콜

---

**쉼터**

**프로토콜의 유래**

프로토콜 본래의 의미는 외교에서 의례 또는 의정서를 나타내는 말이다. 외국의 국빈이 우리나라를 방문하였을 때 그 방문기사에 등장하는 프로토콜이란 단어는 국빈을 대접하는 의전절차라는 의미로 쓰인 것이다. 이러한 프로토콜의 의미를 통신에 적용한 것이 통신에서의 프로토콜이다.

---

## 1.6.2 구성 요소

### (1) 구문(syntax)

데이터의 형식(format), 부호화(encoding) 그리고 전압레벨 등 데이터의 물리적인 성질에 대하여 규정하는 영역이다. 예를 들면 어떤 프로토콜에서 데이터의 처음 16비트는 송신지의 주소를 나타내고, 다음 16비트는 수신지의 주소를 나타낸다.

### (2) 의미(semantics)

각 비트가 가지는 의미를 나타내는 영역으로 데이터에 대한 오류 제어, 동기 및 흐름 제어 등에 대한 각종 제어 절차에 대한 제어 정보를 규정한다. 예를 들면 어떤 프로토콜의 프레임 형식에서 플래그 필드는 프레임의 시작과 끝을 나타내며 제어 필드는 데이터 흐름을 제어하기 위한 필드이다.

### (3) 타이밍(timing)

송수신단간 또는 양단의 통신 시스템과 교환망 간의 통신 속도 및 시퀀스 등에 대하여 정의하며 송신자가 데이터를 20[Mbps]의 속도로 전송하고 수신자가 1[Mbps]의 속도로 처리한다면 타이밍이 맞지 않아 데이터 손실이 발생할 수 있다.

## 1.6.3 전송 방식

프로토콜은 원격지에 위치한 송수신자 사이의 정보를 주고받을 때 전송 방식에 대한 정의를 필요로 한다. 데이터 링크 프로토콜의 경우 크게 문자 전송 방식과 비트 전송 방식으로 나누어 볼 수 있다.

### (1) 문자 전송 방식

정보의 처음과 끝, 데이터 부분 등을 나타내기 위하여 문자를 사용하는 것을 말하는데 예를 들면 문자 제어 프로토콜인 BSC(Binary Synchronous Communication)에서 프레임은 2개 이상의 동기문자(SYN)로 시작되며 이 뒤에는 시작문자(STX)가 뒤따른다. 데이터의 뒤에는 종료문자(ETX)가 오며 BCC(Block Check Character)로 프레임이 끝나게 된다.

### (2) 비트 전송 방식

특수 문자 대신에 임의의 비트열로써 정보의 처음과 끝을 나타내고 그 사이에 비트 메시지를 넣어 전송하는 방식으로 신뢰성이 높은 성능을 제공하며 HDLC, SDLC 등이 속한다.

## 1.6.4 기능

프로토콜은 여러 가지 복합적인 기능의 종합으로 이루어지며, 모든 프로토콜에 모든 기능이 있는 것은 아니다. 언급한 세 가지 구성 요소는 정보 교환을 위해서 수행되는 기능에 따라 아래와 같은 구체적인 프로토콜의 기능으로 분류할 수 있다.

### (1) 단편화와 재결합(Fragmentation and Reassembly)

송신기에서 발생된 정보에 대한 전송 효율을 증가시키기 위해서 적절한 크기로 분할하여 전송하는 것을 단편화라고 하며 패킷 교환망의 가상 회선이나 데이터 그램에서 구현되고 있다. 송신기에서 분할된 정보는 다시 원래의 정보로 재결합되어 최종적으로 사용자에게 전달된다.

### (2) 정보의 캡슐화(Encapsulation)

송신기에서 발생된 정보를 정확하게 전송을 위해서 헤더(header)와 트레일러(trailer)를 각각 앞부분과 뒷부분에 부가하는 과정으로서 이것을 캡슐화라고 한다.

### (3) 연결 제어(Connection Control)

한 개체에서 다른 개체로 데이터를 전송하는 방법에는 두 시스템이 서로 데이터를 교환할 때 연결 설정을 하는 연결 지향형 데이터 전송과 연결 설정을 하지 않는 비연결 지향형 데이터 전송이 있다.

전자는 데이터를 송수신하는 개체 간에 연결 설정, 데이터 전송 그리고 연결 해제의 3단계로 구성되며, 데이터 전송 중 연결에 대한 지속적인 관리를 하게 된다. 한편, 후자에서는 두 개체가 논리적인 연결 없이 데이터를 보내는 방식을 취하게 된다.

### (4) 흐름 제어(Flow Control)

어떤 데이터를 송수신하는 두 개체 간에 처리속도가 다르면 데이터가 상실될 수 있다. 이러한 경우를 방지하기 위하여 흐름 제어를 한다. 흐름 제어 기법으로는 정지–대기(stop and wait) 흐름 제어로 수신 측의 확인 신호를 받기 전에는 데이터를 전송할 수 없게 하는 기법과 확인 신호를 수신하기 전에 일정양의 데이터를 송신할 수 있는 슬라이딩 윈도우(Sliding Window) 기법 등이 있다.

### (5) 오류 제어(Error Control)

정보를 전송하는 과정에서 회선의 단절, 잡음, 감쇠, 혼선 등 여러 가지 원인으로 송신 측에서 보낸 정보와 수신측에서 수신된 정보가 동일하지 않을 때 이를 검출하여 정정하는 기법을 말한다.

오류 제어는 오류 발생만을 검출하는 방식과 오류를 검출하여 정정하는 두 가지 방식이 있다. 전자에는 CRC(Cyclic Redundancy Checking), 패리티 비트 코드 등이 있으며 오류 정정 코드에는 해밍 코드(Hamming Code), 길쌈 코드(Convolutional Code)가 있다.

### (6) 순서 지정(Sequencing)

순서 지정은 패킷 교환망에서 사용되는 방식으로서 정보가 분할되어 캡슐화 과정을 거쳐 전송될 때 통신 개시에 앞서 논리적인 통신 경로인 데이터 링크를 설정하고 순서에 맞는 전달 흐름 제어 및 에러 제어를 결정한다.

### (7) 주소 지정(Addressing)

송수신 측의 주소를 명시함으로써 정확한 목적지에 데이터가 전달되도록 하는 기능으로 인터넷에서 각각의 호스트 및 터미널 등이 할당받은 IP 주소 등이 이에 속한다.

### (8) 이름 지정(Naming)

전화망에 가입된 모든 전화에 각각의 고유한 번호와 가입자의 이름이 부여되듯이 통신망에 접속된 통신기기에도 고유한 주소와 함께 정보 통신 시스템의 명칭, 즉 이름이 부여되어야만 한다. IP 주소와 함께 부여되는 고유한 이름이다.

### (9) 다중화 및 역다중화(Multiplexing and Demultiplexing)

다중화(multiplexing)라는 용어는 두개 이상의 저수준의 채널들을 하나의 고수준의 채널로 통합하는 과정을 말하며, 역다중화(demultiplexing) 과정을 통해 원래의 채널 정보들을 추출할 수 있다.

기본적인 형태는 시분할 다중화 방식(Time Division Multiplexing, TDM), 주파수 분할 다중화 방식(Frequency Division Multiplexing, FDM) 그리고 코드 분할 다중화 방식(Code Division Multiplexing, CDM)이 있다. 광통신 분야에서는 FDM은 광파장 분할 방식(Wavelength Division Multiplexing, WDM)으로 취급된다. 시분할 다중화 방식은 동기식이나 비동기식 중의 하나가 된다.

**(10) 전송 서비스(Transmission Service)**

전송 서비스는 위에서 언급한 다수의 전송 절차가 전체적으로 원활히 수행하기 위한 제반 조건 등을 나타내는 서비스이다.

## 1.7 표준화

### 1.7.1 필요성

초기에는 프로토콜의 변환을 고려하지 않고 다른 기종 간에 정보를 교환하고 통신하기가 어려웠으며, 효율적으로 이용하는 데도 한계가 있다. 그러므로 상호 접속을 위한 프로토콜의 표준화는 더욱 절실히 요구되는데 1976년 국제전신전화자문위원회(CCITT)에서는 여러 가지 프로토콜을 하나로 통합하여 제정할 것을 권고하였고, 국제표준화기구(ISO)에서 OSI(Open Systems Interconnection) 참조모델을 발표하였다. 이후 여러 가지 표준화된 프로토콜을 개발하여 발표하였고, 인터넷이 발전하면서 프로토콜의 근간인 TCP/IP도 많이 사용하였다.

이러한 표준안을 따름으로서 여러 업체에 의해 만들어진 상이한 장비일지라도 다른 부가적인 장비 없이 서로 간에 통신이 가능할 뿐 아니라 제품에 대한 대규모 시장을 형성함으로써 생산성 향상에도 영향을 끼치고 있다. 또한 정확하고 효율적인 통신을 위해서는 여러 가지 동기화해야 할 요인이 많기 때문에 네트워크 간에 여러 가지 조정이 필요하다.

그러면 표준화의 개념과 분류 그리고 기구에 대하여 살펴보면 다음과 같다.

### 1.7.2 개념

표준(standards)은 정보통신망과 정보통신 서비스를 제공하거나 이용하는 주체끼리 합의된 규약의 집합이다. ISO에서는 표준은 "사회이익의 증진을 목적으로 해서 과학 기술 및 경험의 종합적 이론이나 이해 관계자의 협력과 모든 의견, 대다수의 승인에 의해서 작성된 기술 사양서(Technical Specification) 또는 그 외의 문서이고 국가, 지역 또는 국제 레벨에서 인정된 단체에 의해서 승인된 것이다"라고 정의하고 있다.

표준화(standardization)는 표준이 되는 규약의 집합을 정립하는 활동과 조직적인 행위를 말하는데 공식 표준화와 사실 표준화로 구분된다. 전자는 ISO와 같은 국제 표준화 기구, 유럽의 ETSI와 같은 지역 표준화 기구 그리고 일본의 TTA와 같은 지역 표준화 기구가 있다. 공식 표준화 기구 간에는 표준화 절차상 수직관계가 형성되어 국가나 지역의 표준화 활동 결과를 국제 표준화 활동에 반영하거나, 국제 표준화 결과를 국내 표준화 활동과 산업체에 반영한다. 한편, 후자는 일부 업계, 포럼, 컨소시엄 등에서 만든 규격으로, 특정 기술 분야에 이해관계가 있는 통신 사업자, 방송업체, 제조업체에서 사용하고 있다.

## 1.7.3 표준화 기구

대표 표준화 기구에는 국제표준화기구(ISO), 전기전자기술자협회(IEEE), 국제전기통신연합(ITU) 등이 있다. 이종 산업 간의 융합 서비스가 등장하여 독자적인 영역에 대한 표준화가 희석되고 있어서 각 기구의 고유한 업무 경계가 거의 없어지고 있다.

### (1) ISO(International Standards Organization)

1926년 ISA(International Federation of the National Standardizing Associations)를 설립해 표준화를 시작하였다. 1946년 런던에서 25개국이 참가한 가운데 모임을 재개하고 1947년 2월 23일 현재의 이름으로 공식적인 업무를 시작하였다.

주로 각국의 공업규격을 조정·통일하고, 물자와 서비스의 국제적 교류를 유도하며, 과학적·지적·경제적 활동 분야의 협력을 증진하는 것을 목적으로 활동한다. 한 나라에서 한 기관만 회원으로 가입할 수 있으며 본부는 스위스 제네바에 있다. 한국은 1963년에 가입하였다.

ISO는 1980년 말경에 네트워크를 이용하여 서로 다른 기종의 통신시스템 간에 상호 접속을 할 수 있도록 정보교환을 위해 필요한 최소한의 네트워크 구조를 정의하는 OSI(Open Systems Interconnection) 참조모델을 제안했으며 뿐만 아니라 프로그래밍을 하는 과정에서 순서도를 작성할 때 기호의 의미나 사용법이 통일되지 않으면 잘못 해석될 수 있으므로 기호의 표준화가 필요한 데 30가지의 순서도 기호를 추천 규격 안으로 제정하였다.

**쉼터**

OSI(Open Systems Interconnection)

네트워크상에 있는 단말들이 다른 회사에 속해있더라도 통신의 신뢰성을 위해서 네트워크 사용의 효율성을 높이고 컴퓨터 네트워크 구조를 표준화시키는 것이 필요하게 되었다. 이러한 문제를 해결하기 위해 ISO에서 OSI 7계층을 발표하게 되었다.

## (2) ITU-T

**(International Telecommunications Union-Telecommunication Standards Sectors)**

1993년 7월부터 데이터 전송과 국제 전신전화의 표준화를 담당했던 CCITT의 명칭을 ITU-T로 바꾸었다. 원래 CCITT는 서로 다른 국가 간에 원활하게 전기통신을 체결하려고 ITC(국제 전기통신 협약)로 제정한 ITU 내에 설치한 자문위원회 중 하나로, 1956년에 발족되었다.

ITU-T는 전기 통신에 관련된 국제 협약, 표준 제정 등을 목적으로 국제 표준화 활동을 하고 있으며 몇 개의 연구 그룹으로 나누고 있는 데 전화와 전신에 대한 여러 측면에서의 권고안을 만들어 내고 있다. 예로 전화전송, 전화교환, 신호방법, 잡음 등에 관한 여러 표준을 권고하고 있다.

사용하는 통신 회선의 종류, 전압, 타이밍, 커넥터 모양 등의 조건을 약속하여 표준화한 것으로 DTE-DCE 인터페이스라고 하는 데 ITU-T는 데이터 통신에서 V 시리즈, X 시리즈, 그리고 I 시리즈에 대한 권고안을 발표하였다.

## (3) IEEE(Institute of Electrical and Electronics Engineers)

IEEE는 전기전자공학 전문가들의 국제조직으로서 'I-Triple-e'(아이트리플이)라고 발음하며, 미국의 뉴욕에 위치하고 있다. 2004년 현재 150개국 35만 명의 회원으로 구성된 전기전자공학에 관한 최대 기술 조직으로 주요 표준 및 연구 정책을 발전시키고 있다.

IEEE는 1963년 전파공학자협회(IRE, Institute of Radio Engineers, 1912년 설립)와 미국 전기공학자협회(AIEE, American Institute of Electrical Engineers, 1884년 설립)를 합병하여 설립되었다. 대부분의 IEEE 회원들은 전기전자, 컴퓨터과학뿐만 아니라 물리학, 수학 같은 기초과학 전공자들도 있다.

IEEE의 802 위원회에서 제시되고 현재 널리 사용되고 있는 LAN 관련 표준안을 살펴보면 다음과 같다.

[표 1-2]  IEEE LAN 관련 위원회

| 구 분 | 내 용 |
|---|---|
| IEEE 802.2 | LLC(Logical Link Control) |
| IEEE 802.3 | CSMA/CD(Carrier Sensing Multiple Access/Collision Detection) |
| IEEE 802.4 | Token Bus |

| IEEE 802.5 | Token Ring |
|---|---|
| IEEE 802.6 | MAN(Metropolitan Area Network) |
| IEEE 802.11 | Wireless LAN |
| IEEE 802.15 | WPAN(Wireless Personal Area Network) |
| IEEE 802.16 | Broadband Wireless Access |

### (4) ANSI(American National Standards Institute)

미국표준협회(ANSI)는 미국의 산업 표준을 제정하는 기구이며, 여기서 제정된 표준을 또한 ANSI라고 부르기도 한다. 미국 내의 규격이지만, ISO에 앞서서 제정되는 경우도 많으며, ANSI 표준이 ISO 표준이 되기도 한다.

1972년 벨 연구소에서 C 언어가 보급된 이후로 많은 프로그래머들이 사용하였는데 C 언어로 작성된 프로그램들 사이에 차이가 생기게 되어 프로그램의 호환성이 떨어지게 되었다. ANSI에서는 이러한 문제점을 해결하기 위해 1983년 위원회를 결성하여 C 언어에 대한 표준안을 만들었다.

### (5) EIA(Electronic Industries Association)

미국전자산업협회 (Electronic Industries Alliance, EIA)는 전자 산업계 단체로 각종 조사, 제안, 규격 제정 등의 일을 하고 있다. 회원 기업으로 전자 부품 생산자에서부터 항공, 군사 산업 등 복합 시스템 메이커까지 약 300여 사가 있다.

EIA가 제정한 규격의 예로 시리얼 통신에 사용되는 RS-232C, EIA-574, LAN용 트위스트 케이블 규격인 EIA/TIA-568B 등이 있다.

# 쉼터

RS-232C

1. 정의

　패킷 교환망에서 전화선을 이용하고자 할 때 modem을 사용하는데 이때 DTE와 DCE 사이의 접속규격을 RS-232C에서 정의하고 있다.

2. 특성

　① DTE와 DCE 사이에 serial 통신으로 데이터를 보내고 있다.

　② 비동기식으로 데이터를 보내고 있다.

　③ 쌍방향식이다.

　④ 비트 레이트는 송수신 측이 모두 같은 값으로 한다.

　⑤ 8비트 길이로 전송하고 있다.

## 요 약

1. 유비쿼터스 혁명은 물리공간과 전자공간을 지능적으로 결합하여 제3공간을 창출하는 혁명이다.
2. 정보화 사회는 일상생활과 생산 및 소비 활동의 많은 부분이 정보의 활용과 유통에 직·간접적으로 영향 받는 사회이다.
3. Web 2.0은 개발자와 사용자가 함께 참여하고 공유하며 서비스를 발전시키는 웹을 통한 융합 환경을 말한다.
4. 데이터란 임의의 형태로 형식화된 사실이나 의사 등을 컴퓨터가 처리할 수 있도록 숫자, 문자 그리고 기호 등으로 표시한 것을 말한다.
5. 정보는 데이터를 가공하거나 변환하여 얻은 결과물을 말하며, 데이터간의 상호 관계를 부여하는 의미 있는 데이터이다.
6. 통신 시스템의 이용 효율을 높게 할 목적으로 압축 부호화를 수행하는데 이것을 원천 부호화 (Source Coding)라고 한다.
7. 데이터 통신 시스템은 컴퓨터와 원거리에 있는 터미널 또는 다른 컴퓨터를 통신 회선으로 결합하여 정보를 처리하는 시스템을 말한다.
8. 데이터 통신 시스템은 일반적으로 메시지, 송신자, 수신자, 전송매체 그리고 프로토콜로 구성되어 있다.
9. 데이터 단말 장치(Data Terminal Eqipment, DTE)는 전송할 데이터를 부호로 변환하거나 처리하는 장치로서 컴퓨터나 프린터 또는 터미널과 같은 디지털 장비를 말한다.
10. 데이터 회선 종단 장치(Data Circuit terminating Equipment, DCE)는 DTE에서 처리된 신호를 변환하거나, 통신 회선 상에 놓여 있는 신호를 변환하는 장치로서 모뎀과 DSU(Digital Service Unit) 등이 해당된다.
11. RP(Remote Processor)는 단말기와 접속하여 집선 역할과 동시에 단말기 제어, 정보량의 제어 및 전송 메시지의 부분 처리 기능 등을 수행한 다음, 이를 한 가닥의 고속 통신회선에 의해 주 컴퓨터에 송신하는 역할을 한다.
12. FEP(Front End Processor)는 통신회선 및 단말기의 제어뿐만 아니라 전송 메시지의 검사 및 형식 변환을 행한다.
13. BEP(Back End Processor)는 주 컴퓨터 후단에 설치되어 주 컴퓨터가 수신한 데이터 중에서 별도로 처리할 필요가 있을 때 사용되는 장치이다.
14. MAN(Metropolitan Area Network)은 대도시 내의 근거리 통신망들과 인터넷 백본(backbone)을 연결해주는 네트워크이다.
15. WAN(Wide Area Network)은 지리적인 제한이 없으며 지방이나 전국, 혹은 국제적으로 전개되는 광역 통신망이다.

16. 프로토콜은 통신을 원하는 두 개체 간에 무엇을, 어떻게, 언제 통신할 것인가를 서로 약속하여 통신상의 오류를 피하도록 하기 위한 통신 규약이다.

17. 프로토콜의 구성 요소는 형식(syntax), 의미(semantics) 그리고 타이밍(timing)으로 구성되어 있다.

18. 송신기에서 발생된 정보에 대한 전송 효율을 증가시키기 위해서 적절한 크기로 분할하여 전송하는 것을 단편화라고 하며 분할된 정보는 다시 원래의 정보로 재결합되어 최종적으로 사용자에게 전달된다.

19. 송신기에서 발생된 정보를 정확하게 전송을 위해서 헤더(header)와 트레일러(trailer)를 각각 앞부분과 뒷부분에 부가하는 과정으로서 이것을 캡슐화라고 한다.

20. 연결 지향형 데이터 전송은 데이터 전송 중 연결에 대한 지속적인 관리를 하게 되며 비연결 지향형 데이터 전송은 두 개체가 논리적인 연결 없이 데이터를 보내는 방식을 취하게 된다.

21. 어떤 데이터를 송수신하는 두 개체 간에 처리속도가 다르면 데이터가 상실될 수 있다. 이러한 경우를 방지하기 위하여 흐름 제어를 한다.

22. 오류 제어는 송신측에서 보낸 정보와 수신측에서 수신된 정보가 동일하지 않을 때 이를 검출하여 정정하는 기법을 말한다.

23. 다중화(multiplexing)는 두 개 이상의 저수준의 채널들을 하나의 고수준의 채널로 통합하는 과정을 말하며, 역다중화(demultiplexing) 과정을 통해 원래의 채널 정보들을 추출할 수 있다.

24. 표준(standards)은 정보통신망과 정보통신 서비스를 제공하거나 이용하는 주체끼리 합의된 규약의 집합이다.

# 연습문제

1. 정보화 사회의 개념과 특징에 대하여 설명하고 구현되는 서비스 종류에 대하여 열거하시오.

2. 데이터 통신의 기술적 변천 과정을 자세히 설명하시오.

3. 데이터 통신의 정의 및 필요성에 대하여 요약하여 살펴보시오.

4. 데이터 통신 시스템의 구성 요소 및 기능적 분류에 대하여 설명하시오.

5. 데이터 통신망의 도입 배경과 구조화 기법에 따른 분류에 대하여 설명하시오.

6. 프로토콜의 개념과 기능에 대하여 열거하여 설명하시오.

7. 정보통신 표준화(공식 표준화와 사실 표준화)를 기술하시오.

## 약 어

IT(Information Technology)

ATM(Asynchronous Transfer Mode)

ITU(International Telecommunication Union)

PCM(Pulse Code Modulation)

DM(Delta Modulation)

ADPCM(Adaptive Differential PCM)

IMS(IP Multimedia Subsystem)

DTE(Data Terminal Equipment)

DCE(Data Circuit terminating Equipment)

DSU(Digital  Service Unit)

RP(Remote Processor)

FEP(Front End Processor)

BEP(Back End Processor)

MAN(Metropolitan Area Network)

WAN(Wide Area Network)

BSC(Binary Synchronous Communication)

CRC(Cyclic Redundancy Checking)

ISO(International Standards Organization)

ITU(International Telecommunications Union)

IEEE(Institute of Electrical and Electronics Engineers)

ANSI(American National Standards Institute)

EIA(Electronic Industries Association)

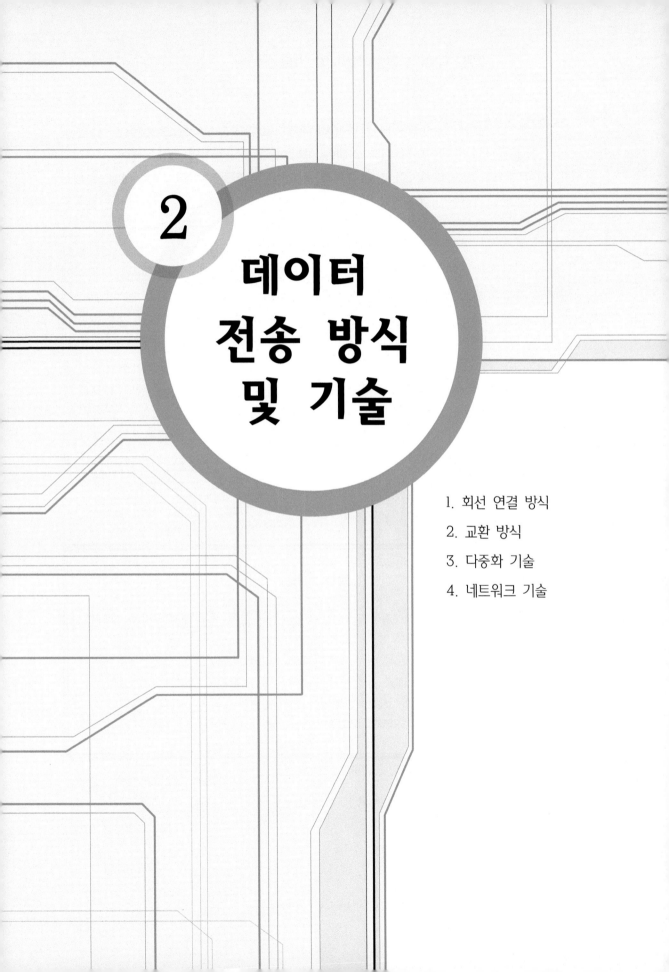

# 2

# 데이터 전송 방식 및 기술

네트워크는 데이터 통신의 기본 개념인 한 지점으로부터 다른 지점으로 데이터를 전송하기 위해 존재하며 데이터 통신 시스템은 여러 가지 하드웨어와 소프트웨어로 구성된다. 서로 떨어져 있는 당사자들 간의 데이터 통신은 컴퓨터들의 연결, 전송 매체 및 네트워킹 장치들로 이루어진 네트워킹이라는 과정을 통해 이루어진다. 네트워크는 근거리 통신망(LAN)과 광역통신망(WAN)이라는 두 영역으로 나뉜다. 이 두 가지 네트워크는 서로 다른 특성과 기능을 갖는다.

데이터 통신 시스템에서 반드시 필요한 컴퓨터의 발전은 업무, 산업, 과학 및 교육에 있어서 지대한 변화를 가져온 후 통신 링크를 통하여 더 많은 양의 데이터를 더 빠르게 전송할 수 있게 되었다. 그 결과, 다자 간 통신, 통화 대기, 음성 메일 및 발신자 번호 확인과 같은 전화 서비스를 포함한 추가적인 기능을 사용할 수 있도록 진화하고 있다.

한편, 전송 매체를 이용해 데이터를 전송할 때는 한꺼번에 많은 사용자가 제한된 전송 선로를 사용하므로 이것을 효율적으로 사용할 수 있는 정보 전송 기술이 필연적이다. 또한 전송할 때 발생하는 감쇄, 잡음 등 손상을 최소화하는 정보 전송 기술도 필요하다.

본 장에서는 네트워크 실무에 적응하기 위해서 물리적인 네트워크 구성요소들과 회선 연결 방식을 이해해야 한다. 그러므로 회선 구성 방식과 필요한 전송 기술에 대해서 살펴본 뒤 인터네트워킹 기술에 대해서 이해하도록 한다.

---

## 학습 목표

1. 회선 연결 방식을 통신회선의 개수, 통신회선의 접속, 전송방향 그리고 캐스팅 모드에 따라 이해하도록 한다.
2. 회선 교환망의 구성 원리 및 신호방식에 대하여 살펴본다.
3. 패킷 교환망의 도입 배경, 구성 원리 및 회선 설정 방식에 대하여 공부한다.
4. 다중화 방식의 개념과 기술적 방법에 대해서 설명한다.
5. 인터네트워킹 기술의 의미와 구현 방법에 대해서 공부한다.

## 2.1 회선 연결 방식

### 2.1.1 통신회선의 개수

통신회선은 물리매체(전송회선)와 모뎀에 연결하는 통신회선의 개수에 따라 2선식과 4선식으로 분류된다.

#### (1) 2선식(2 Wire)

2선식은 신호선과 공통 접지선이 선 2개로 구성되며, 양방향 통신에서는 동일한 전송로를 사용하여 신호를 전송한다.

#### (2) 4선식(4 Wire)

4선식은 신호선과 공통 접지선이 선 4개로 구성되며, 2선식과 달리 양방향 통신에서는 신호의 전송 방향에 따라 전송로를 분리하는 방식을 사용하기 위해서는 별도의 전송로를 사용한다.

4선식에서는 평형 선로와 불평형 선로로 나뉘는데 전자는 후자와 달리 서로 신호 세기가 같고 위상이 서로 180[°]차이가 난다.

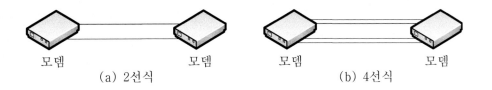

|  (a) 2선식  |  (b) 4선식 |

[그림 2-1] 통신회선의 개수에 따른 방식

### 2.1.2 통신회선의 접속

#### (1) 점대점(point-to-point) 방식

중앙의 컴퓨터와 터미널이 일대일로 연결되는 가장 단순한 방식으로 컴퓨터와 터미널 사이에 언제든지 통신이 가능하며 통신회선으로서 전용회선과 교환회선 모두 가능하다. 전송되는 정보량이 많은 경우에 유리하고 고장 발생시 보수가 유리한 장점이 있다.

가장 널리 사용되는 점대점 프로토콜은 PPP(Point-to-Point Protocol)이다. 오늘날 많은 인터넷 사용자들은 서버에 자신들의 컴퓨터를 PPP를 통해 연결된다. 대부분의 사용자들은 모뎀을 사용하여 전화선을 통해 인터넷에 연결된다.

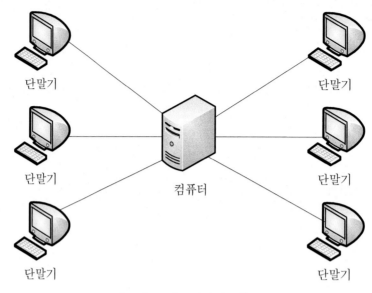

[그림 2-2] 점대점 방식

**쉼터**

PPP(Point-to-Point Protocol)

PPP는 두 대의 컴퓨터가 직렬 인터페이스를 이용하여 통신을 할 때 통신 데이터를 송수신하는 데에 사용하는 프로토콜로서, 특히 전화회선을 통해 서버에 연결하는 PC에서 자주 사용된다. PPP는 비동기식통신뿐 아니라 동기식 통신까지도 처리할 수 있기 때문에 SLIP(Serial Line Internet Protocol)보다 낫다고 평가되고 있다. 또한 PPP는 다른 사용자와 하나의 회선을 공유할 수 있으며, SLIP에는 없는 기능인 에러검출 기능까지 가지고 있다.

## (2) 분기(multipoint, multidrop) 방식

컴퓨터 시스템에 연결된 하나의 전용회선에 단말기가 여러 대 연결되어 컴퓨터에서 데이터를 수신할 때는 동시에 수신한다. 컴퓨터가 주국이 되고 터미널이 종국이 되며 데이터의 전송은 폴링(polling)과 셀렉션(selection)에 의해 수행된다.

컴퓨터는 방송하는 형태로 한 회선에 연결된 모든 단말기에 데이터를 전송하게 되나 점대점 방식과는 달리 단말기는 주소를 판단하고, 블록을 기억하는 버퍼 기억 장치를 가지고 있어서 수신된 모든 고유한 주소와 단말기 자신의 주소를 비교하여 주소가 일치된 단말기만 데이터를 수신하게 된다.

　　데이터 전송방식은 분산 처리형과 중앙 처리형이 있으며, 전자는 컴퓨터와 단말기 및 단말기와 단말기 사이에 데이터 전송이 가능하고 후자는 컴퓨터와 단말기 사이에만 데이터 전송이 가능하다.

　　비교적 적은 양의 데이터가 분산되거나 동일한 방향으로 회선 사용률이 낮은 터미널이 분산되어 있을 경우에는 매우 효과적이지만 동일한 지역에 데이터가 집중되어 있는 경우에 비효율적이다.

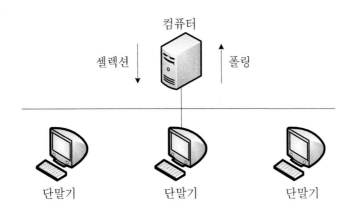

[그림 2-3]  분기 방식

## (3) 집선(concentration) 방식

　　일정한 지역 내에 여러 대의 단말기가 설치되어 있는 경우에 지역 중앙에 집선 장치를 설치하여 여러 대의 터미널로부터 전송되는 비교적 낮은 속도의 데이터를 일단 집선 장치에 축적한 다음 데이터를 모아 고속으로 컴퓨터에 보내는 방식으로 분기 방식처럼 단말기의 회선 사용률이 낮을 때 적합하다. 여기서 집선이란 집선 장치의 입구보다 출구 개수를 적게 하는 것이다.

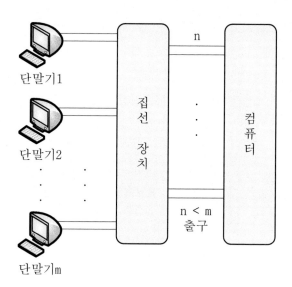

[그림 2-4] 집선 방식

## (4) 다중화(multiplexing) 방식

다중화 방식이란 몇 개의 저속 신호 채널들을 결합하여 하나의 물리적 통신 회선을 통하여 전송하고, 이를 수신측에서 다시 본래의 신호 채널로 분리하여 전달하는 방식을 말한다.

회선 다중 방식은 집선 회선 방식과 사용방법이 비슷한데 분할된 각각의 통신 회선을 여러 대의 터미널이 공유하지 않으므로 회선 사용률이 높은 단말기에 적용 가능하며, 통신 용량이 클수록 단위 통신 용량당 가격이 저렴하다.

---

### 쉼터

**집선 방식과 다중화 방식의 차이**

집선 방식은 집선 장치의 입구보다 출구 개수를 적게 하는 것이며 단말기의 회선 사용률이 낮을 때 적합하다. 한편, 다중화 방식은 몇 개의 저속 신호 채널들을 결합하여 하나의 물리적 통신 회선을 통하여 전송하고 회선 사용률이 높은 단말기에 적용 가능하다.

---

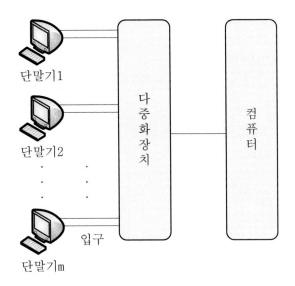

[그림 2-5] 다중화 방식

한편, 역다중화(demultiplexing, Inverse Multiplexing)는 고속 신호 채널을 여러 개의 저속 신호 채널로 변환하여 전송하고 수신 측에서 본래의 고속 신호 채널로 만들어 사용한다. 즉, 다중화는 '조립'하는 것이고, 역다중화는 '분해'하는 것이다.

전화 24대를 선로 1개로 내보내려면 모으는 작업인 조립(다중화) 과정을 거쳐 선로 1개에 모은 전기적 신호를 다시 24개로 분해(역다중화)해 주어야 한다. 이 과정에서 각각 다른 채널을 통해 전송된 데이터의 지연에 민감할 수 있고 각 채널의 호 설정 기능이 요구된다. 따라서 이런 지연에 대한 처리와 재조립된 비트 스트림의 재동기를 수행하며 각 채널에 적절한 대역폭의 호 설정 및 해제를 통해서 역다중화를 수행한다.

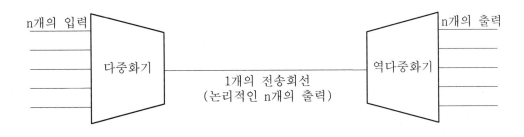

[그림 2-6] 다중화 및 역다중화기

### 2.1.3 전송 방향

### (1) 단방향 전송 방식(simplex)

오직 한 방향으로만 신호 전송이 가능한 방식으로서 일반적인 데이터 전송 방법으로는 잘 사용되지 않는다.

데이터 전송은 컴퓨터에 의해 제어를 받는 장비측으로만 행해지며 제어를 받는 장비 측에서 컴퓨터 측으로 데이터가 전송되는 경우는 없다. 이 경우 데이터 전송 방향은 한 쪽으로만 고정되므로 단방향 통신이 이루어지고 있다.

[그림 2-7] 단방향 전송방식

### (2) 양방향 전송 방식(duplex)

단방향 전송 방식과 달리 송수신측이 미리 결정되지 않고 방향의 전환에 의해 데이터의 전달 방향을 바꾸어 전송하는 방식이다. 양방향 전송 방식은 다시 반이중 전송 방식과 전이중 전송 방식으로 구분할 수 있다.

### 1) 반이중(Half Duplex) 방식

데이터를 모두 양방향으로 모두 전송할 수 있으나 동시에 양방향으로 전송할 수 없다. 단말기에서 데이터를 입력하는 동안에는 컴퓨터에서 단말기로 데이터를 보낼 수 없으나 그 반대로는 보낼 수 있다.

무전기가 대표적인 반이중 방식인데 송신자가 음성을 보내고자 할 때 무전기에 속해있는 키(key)를 누르는데 이때 수신측에서는 동시에 송신자에게 음성을 보낼 수 없다.

[그림 2-8] 반이중 전송방식

### 2) 전이중(Full Duplex) 방식

양방향으로 동시에 정보전송이 가능하여 가장 효율이 높은 방식으로 정해진 시간에 많은 전송량이 송수신되어야 할 때 사용되며 대표적으로 전화망을 들 수 있다.

[그림 2-9]  전이중 전송방식

---

**쉼터**

생활 속에서 보는 단방향과 전방향

단방향과 전방향 전송은 일반적으로 도로에서 볼 수 있는데 좁은 도로에서 차량 정체 현상을 막기 위한 일방통행을 단방향 전송이라고 할 수 있다. 한편, 중앙분리대를 기준으로 양방향으로 차량이 통행할 때를 전방향 전송이라고 할 수 있다.

---

## 2.1.4  캐스팅(Casting)

캐스팅 모드(Casting Mode)는 통신에 참여하는 송신자(송신 노드)와 수신자(수신 노드)의 수를 말한다. 캐스팅 모드에는 유니캐스트, 브로드캐스트, 멀티캐스트 그리고 애니캐스트가 있다.

### (1) 유니캐스트(unicast)

송신 노드 하나가 수신 노드 하나에 데이터를 전송하며 목적지 주소는 오직 하나의 수신자를 정의하며 따라서 송신자와 수신자 사이의 관계는 일 대 일이다.

### (2) 브로드캐스트(broadcast)

네트워크에서 송신처가 지정되지 않아서 같은 세그먼트상의 모든 노드가 수신하는 통신 패킷 방식으로 송신 노드 하나가 동일한 서브 네트워크의 모든 수신 노드에 데이터를 전송하는 일대 모두 방식이다.

여기서는 하나의 발신지만 있고 모든 다른 호스트들은 목적지이다. 인터넷은 인터넷이 만들어내는 엄청난 양의 트래픽과 필요 대역폭 때문에 명시적으로 브로드캐스팅을 지원하지 않는다.

### (3) 멀티캐스트(multicast)

멀티캐스트 방식에서는 하나의 발신지와 하나의 목적지 그룹이 있다. 관계는 일대 다수이다. 이러한 형태의 통신에서는 발신자 주소는 유니캐스트 주소지만 목적지 주소는 그룹 주소로 하나 또는 그 이상의 목적지를 정의한다.

예로 모바일 방송 서비스(Mobile Broadcasting Service, MBS)를 들 수 있는데 이동전화기에 특정 수신 ID를 입력시켜 기지국에서 일방적으로 송출하면 주위에 있던 이동전화기중 모바일 방송 서비스에 가입한 가입자 전부에게 데이터를 수신하게 하는 서비스를 말한다. 즉 CBS(Cell Broadcasting Service) 방식을 이용해 실시간으로 뉴스, 증권정보, 자격정보 및 각종 엔터테인먼트 정보 등을 이동전화 가입자에게 뿌려주는 서비스로서 동일 기지국내의 셀 커버리지 안에 있는 모든 이동전화 단말기는 동시에 동일한 데이터를 수신할 수 있다.

| 구 분 | CBS | SMS |
|---|---|---|
| 개념도 |  | 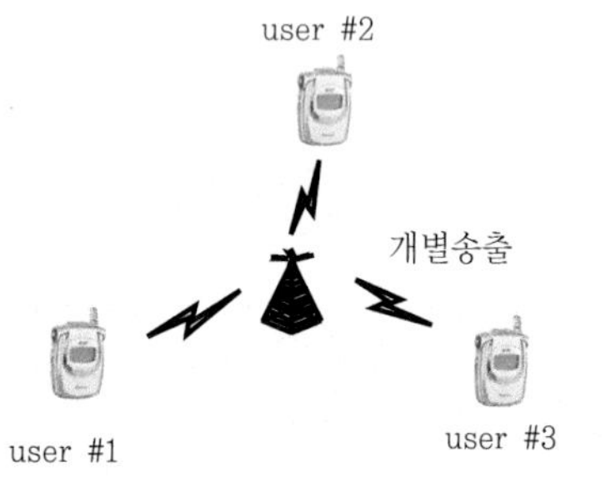 |
| 차이점 | - Point to Multi<br>　(동시송출-Multi casting)<br>- 전달 확인 불가능 | - point-to-point<br>　(개별송출-Polling방식)<br>- 전달 확인 가능 |
| 장 점 | - SMS 대비 네트워크 부하 경감<br>- 실시간 정보 서비스 가능<br>- Location Based(기지국별)<br>　정보 서비스<br>- Mass Marketing Tool 활용용이 | - 100%에 가까운 정보 도달율<br>- One to One Marketing 용이 |
| 단 점 | 개인별 정보 도달율 낮음 | - 30만 명이상 가입자<br>　실시간 방송 불가<br>- 개인별 송출원가 고가 |

[그림 2-10] CBS와 SMS의 장단점 비교

### (4) 애니캐스트(anycast)

IPv6에서 단일 송신자와 그룹 내에서 가장 가까운 곳에 있는 일부 수신자들 사이의 통신을 말하며 한 호스트가 호스트 그룹을 위해 라우팅 테이블을 효과적으로 갱신할 수 있도록 하기 위해 설계되었다.

IPv6은 어떤 게이트웨이 호스트가 가장 가까이 있는지를 결정할 수 있으며, 마치 유니캐스트 통신인 것처럼 그 호스트에 패킷을 보낼 수 있다. 그 호스트는 모든 라우팅 테이블이 갱신될 때까지, 그룹 내의 다른 호스트에게 차례로 애니캐스트 할 수 있다.

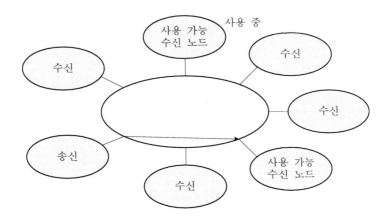

[그림 2-11] 애니캐스트 방식

## 2.2 교환 방식

네트워크는 서로 연결된 장치들의 모임이다. 여러 장치를 보유하고 있을 때에는 그 장치들 간에 일대일 통신이 가능하도록 연결하는 방법에 대해 고려해야 한다. 그러나 링크의 수와 길이에 있어 너무 많은 하부구조를 필요로 하기 때문에 비용 면에서 효율적이지 못하고, 대부분의 시간에는 링크의 대다수가 비어있게 되는 경우가 있다.

이때 보다 나은 해결책으로 교환을 이용하는 방법이 있다. 교환망은 교환기라 불리는 상호 연결된 노드의 열들로 구성된다. [그림 2-12]에서 종단 시스템은 각각 A, B, C, D 등으로 표시되어 있으며 교환기는 1, 2, 3, 4, 5 등으로 나타내어져 있다. 각 교환기는 다수의 링크에 연결되어 있다.

전통적으로 회선 교환(Circuit Switching), 패킷 교환(Packet Switching) 그리고 메시지 교환(Message Switching) 방식이 있다. 전자의 두 가지가 오늘날 사용되는데 그 내용은 다음과 같다.

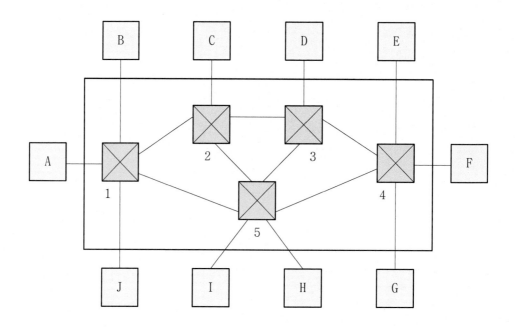

[그림 2-12] 교환 네트워크

## 2.2.1 회선 교환망

### (1) 구성 원리

회선 교환 방식은 정보 전송의 필요성이 생겼을 때 상대방을 호출하여 물리적으로 연결하고 이 물리적인 연결은 정보전송이 종료될 때까지 계속된다. 일단 물리적인 연결이 이루어진 후 그 회선은 다른 사람과 공유하지 못하고 배타적으로 두 사람 사이에만 이용이 가능하다.

이때 교환망은 다수의 선택된 노드(교환국 또는 중계국)들이 접속된 망으로서 통신망 내의 노드들을 통해 송신기와 수신기간의 데이터 전송을 수행한다.

송신기에서 발생한 데이터는 통신망 내로 전송되고, 통신망 내의 노드를 통해 경로의 설정이 이루어진 후 수신기로 전송된다. 이때, 임의의 노드는 다른 노드와 접속을 시도한다. 노드의 기본적인 기능은 통신망에 대해서 내부적인 데이터의 교환을 수행하는 것으로 한 개의 노드는 한 개 또는 그 이상의 스테이션에 접속될 수 있다.

회선 교환 방식으로 이루어지는 통신은 다음 3가지 상태를 고려하여야 한다.

① 어떤 데이터가 전송되기 전에 임의의 스테이션에서 스테이션간의 물리적인 회선이 만들어져야 한다.

② 노드간의 링크는 일반적으로 FDM(Frequency Division Multiplexing) 또는 TDM (Time Division Multiplexing)과 같은 다중화 기술을 이용한다.

③ 데이터 전송이 수행된 후 얼마만큼의 시간이 경과되면 한 스테이션에 의하여 연결이 단락되고 물리적인 회선은 유지한 채 원상태로 복귀시켜야 한다.

디지털 데이터 전송을 위주로 하는 정보 통신망에 이용되는 회선 교환 방식은 통신을 요구할 때마다 통신 회선을 매번 설정하는 불편함이 있음에도 전송 제어 절차, 정보의 형식 등의 제약이 다른 교환 방식에 비해서 매우 적으므로 비교적 전송하고자 하는 정보의 길이가 길고, 트래픽이 많은 환경에 유리하게 사용될 수 있다.

## (2) 신호 방식

### 1) 개념

단말과 교환기, 교환기와 교환기간에 교환접속을 이루기 위해 주고받는 다양한 제어신호에 대한 규약과 방법을 말한다.

### 2) 종류

(가) 개별선 신호 방식(Channel Associated Signalling, CAS)

개개의 트렁크에 신호 송·수 기능을 부가하여 통화회선을 통해 그 통화에 관한 국간 신호를 개별로 전송하는 방식이며 종래의 방식에서 널리 사용되고 있다. 이와 같은 방식은 제어 신호 전송을 위한 별도의 전송 기능을 요구하지 않으며 음성 정보가 제어 신호와 함께 통신 장비 및 기능을 공유하는 장점을 갖는다.

이 방식에서는 전진 신호가 끝나면 수신측에서 이에 대한 인지신호(ACK 또는 NAK)를 보낸 뒤 다음 전송 행위를 수행하기 때문에 전송지연이 생기는 것은 불가피한 사실이다. 뿐만 아니라 통화 내용과 신호 내용이 같이 존재하므로 혼선 방해에 대한 대책이 마련되어야 한다.

(나) 공통선 신호 방식(Common Channel Signalling, CCS)

개별선 신호 방식의 문제점인 제어 신호 대역 분리와 지연 시간 감소를 위해 개발된 신호 방식이 공통선 신호 방식이다. 공통선 신호 방식에서는 제어 신호와 음성 정보가 완전히 독립된 물리적인 전송 경로를 통해서 전송된다. 독립된 제어 신호 전송 채널에서는 통신망에 가입된 사용자에게서 발생된 모든 제어 신호를 전송한다.

공통선 신호 방식의 특징을 설명하면 다음과 같다.

① 신호 정보의 다양화를 실현시킬 수 있다.

② 에러 검출 및 회복이 용이하다.

③ 처리 시간이 짧다.

④ S/W의 추가로 인해 신호 내용의 추가를 실현할 수 있다.

⑤ 중계선의 효율이 개선된다.

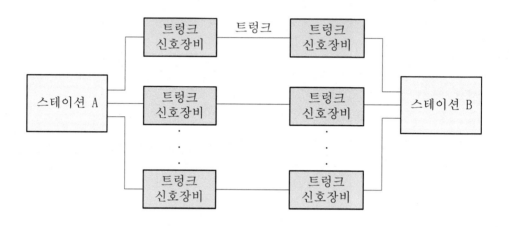

(a) 개별선 신호 방식

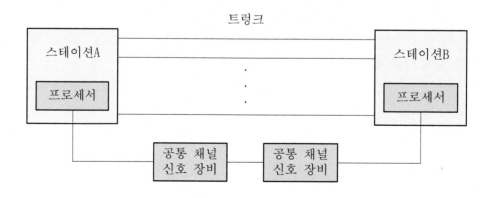

(b) 공통선 신호 방식

[그림 2-13] 신호 방식의 종류

## (3) PSTN(Public Switched Telephone Network)

### 1) 개념

회선 교환망들이 얽혀있는 전화망으로 세계의 공공 IP 기반 패킷 교환망인 인터넷과 방식이 매우 닮아있다. 원래 고정 전화의 아날로그 전화망이었던 PSTN은 이제 거의 완전히 디지털이 되었으며 현재 고정 전화뿐 아니라 휴대 전화를 아우른다. 따라서 현재에 이르러 단순히 '고정 전화 회선의 전화망'이라고 정의하는 것은 잘못된 것이다.

PSTN은 전화기를 사용하여 음성 통신망을 통하여 음성 데이터를 송수신할 수 있도록 설치된 통신망이므로 이를 이용하는 정보 통신은 음성급 모뎀을 이용하여 상호간에 정보를 전송할 수 있으며, 이때 모뎀은 자동 및 수동 호출, 응답 등의 내부 기능을 필요로 하게 된다.

### 2) 구성

(가) 시내 전화망

① 가입 구역(Local Service Area) : 전화 가입 신청의 최소 단위가 되는 구역
② 단국지(Single Office Area) : 지방 소도시와 같이 가입자가 적은 국에서 1국으로 가입 구역이 구성되는 지역
③ 복국지(Multi-Office Area) : 가입 구역에 2국 이상 포함되는 지역

(나) 시외 전화망

시외 전화망은 일반적으로 단국, 집중국, 중심국 및 총괄국의 4계층이나 우리나라에서는 단국, 중심국, 총괄국의 3계층으로 운용되고 있다.

① 총괄국(Regional Center, RC) : 최상위국으로 중심국군의 중심이 되는 국으로 상호간 망형으로 구성되어 있으며 양질의 전송 품질이 요구된다.
② 중심국(District Center, DC) : 총괄국과 집중국 사이에 위치하는 국으로 우회 중계기능을 가지고 있으며 도청 소재지 및 여기에 준하는 대도시에 설치된다.
③ 집중국(Toll Center, TC) : 가입 구역의 지역적인 집합으로 집중 구역을 설정하고 이 지역의 중심이 되는 국으로 회선망, 번호 계획, 요금 산정의 기초가 되는 국이다.
④ 단국(End Office, EO) : 시내국과 일치하며 최말단국이다.

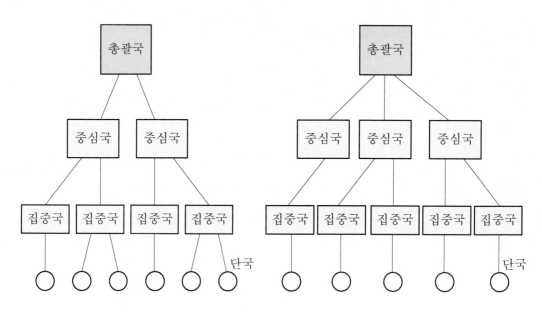

[그림 2-14] 시외 통신망

## 2.2.2 패킷 교환망

### (1) 도입 배경

회선 교환 방식의 큰 특징은 통신망 내에 존재하는 자원들이 특정한 호(call)에 대해서만 동작한다. 그러므로 음성을 전송하는 경우 높은 이용률을 얻을 수 있다. 그러나 데이터 통신 시스템이 발전하여 회선 교환 통신망이 데이터만을 전송하는 경우 다음과 같은 문제점이 발생하게 되었다.

① 회선 교환망은 연결 도중 전체 시간 내내 자원이 전적으로 할당하기 때문에 비효율적이라고 할 수 있다. 할당된 자원은 다른 연결에는 사용할 수 없다. 전화망에서는 장시간 아무런 통신이 없어도 한 컴퓨터가 다른 컴퓨터에 연결되어 있을 수 있다. 그러므로 전용된 자원은 다른 연결을 하지 못하게 되는 것을 말한다.
② 회선 교환망에서 송신기와 수신기의 정보 처리 속도는 일정하지만 여러 종류의 호스트 컴퓨터와 단말기 등이 접속된 광대역 통신망에서는 전송 효율을 저하시키는 요소가 된다.

위에서 설명한 회선 교환 방식의 문제점을 해결할 수 있는 통신 방식은 바로 패킷 교환방식이다.

> **쉼터**
>
> **패킷의 정의**
>
> 한 개의 송신기에서 발생된 정보를 메시지(message)라고 하며 발생된 메시지를 일정한 크기의 단위로 나누어 구성한 정보를 패킷(packet, 소포)이라고 한다. 데이터가 패킷으로 형식이 바뀔 때, 네트워크는 장문 메시지를 더 효과적이고 신뢰성 있게 보낼 수 있다.
>
> 또한 패킷이라고 하는 것은 사용자가 발생시킨 정보 이외에 발생된 정보를 수신기까지 정확하고 빠르게 전송하기 위해 정보에 부가시킨 제어 정보까지를 말한다.
> 부가되는 제어 정보에는 기본적으로 통신망 내의 수신기 주소와 통신망 내에서 수신기를 찾기 위한 경로 제어 정보 등이 담겨진다.

## (2) 구성 원리

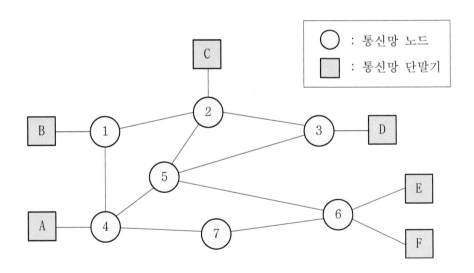

[그림 2-15] 패킷 교환망 구조

패킷 교환 방식은 패킷마다 발신지와 수신지의 주소를 넣어서 패킷 교환기가 그 주소를 보고 최종 목적지까지 패킷을 전달해 주는 교환방식이다. 회선 교환의 단점을 극복하면서 데이터 트래픽의 휴지 기간 동안에 낭비되는 대역폭을 효율적으로 이용하는 방식이다.

회선 교환망에서는 단말기 A가 단말기 F로 전송하기 위해서 노드 4를 통해 노드 5와

6 또는 7과 6을 통해야만 한다. 반면, 패킷 교환망에서는 단말기 A에서 단말기 E로 정보를 전송하기 위해서 노드 4의 출력 단에서 노드 7로 가는 링크가 휴지 상태이면 노드 7로 패킷을 전송한 후 노드 6으로 패킷을 전송한다.

이때, 패킷 교환기는 컴퓨터 그 자체이며 교환 행위는 컴퓨터 메모리의 어떤 부분에 있는 데이터를 다른 메모리 위치로 옮기는 컴퓨터 명령어에 의해 수행되므로 패킷 교환 방식은 소프트웨어에 의한 교환이라고 할 수 있다.

지금까지 설명한 패킷 교환 방식의 특징을 요약하면 다음과 같다.

① 패킷 단위로 통신 경로를 선택하기 때문에 우회전송이 가능하며 회선 효율도 높다.
② 전송 에러 검사를 하여 에러가 있을 경우 재전송을 함으로 고품질의 정보 전송이 가능하다.
③ 프로토콜 및 전송속도가 다른 이 기종 단말기 상호간의 통신이 가능하다.
④ 임의의 노드에서 전송하기 위한 많은 노드를 저장하고 있다면 노드는 가장 우선순위가 높은 패킷을 전송할 수 있다.
⑤ 여러 가지의 부가 서비스를 제공할 수 있을 뿐 아니라 교환기 자체의 비용을 현저하게 낮출 수 있다.

---

### 쉼터

**메시지 교환 방식**

(1) 정의
  임의의 단말기에서 전송될 메시지에는 목적지 단말기의 주소를 부가하여 전송되며, 각 노드에서는 모든 메시지를 받아 버퍼 속에 저장하였다가 다음 노드로 전송하는 방식이다.

(2) 특징
  ① 메시지를 축적한 후 전송하므로 전송로를 효율적으로 이용할 수 있다.
  ② 데이터 전송량이 폭주하는 경우 회선 교환 시스템에서 발생하는 교환 시스템의 혼란 상태를 피할 수 있다.
  ③ 코드와 속도가 서로 다른 단말기끼리도 메시지 교환이 가능하다.
  ④ 실시간 처리에 적합하지 않다.

## (3) 회선 설정 방식

### 1) 가상회선(Virtual Circuit, VC)

데이터 통신에 앞서 미리 정해진 시작 순서에 따라 논리적인 통신 회선을 설정하고 통신이 끝나면 통신 회선을 절단하는 방식으로 이때 설정된 경로는 회선 교환 방식에서의 회선과 유사한 개념으로 볼 수 있으며, 이러한 측면을 고려하여 이 경로를 가상회선이라고 지칭한다. 이 경우 각 패킷은 데이터 정보뿐만 아니라 가상회선 식별자(identifier)를 포함하게 된다.

가상회선 방식을 연결 지향 서비스라고도 하는데, 데이터를 전송하면 반드시 목적지에 도착시킨다. 패킷을 전송하기 전에 가상회선을 먼저 만들고, 해당 호를 종료할 때까지는 선택한 경로만을 따라 패킷을 순서대로 전송하기 때문에 패킷을 다시 순서화할 필요가 없다.

가상 회선 방식은 데이터를 전송할 때 먼저 경로를 만들고 전송이 끝나면 경로를 해제하나, 회선 교환 방식은 데이터 전송 여부와 상관없이 경로를 만든다. 또 가상회선은 여러 노드가 동시에 가상회선을 가질 수 있지만, 회선 교환 방식은 여러 노드가 동시에 가상회선을 가질 수 없다.

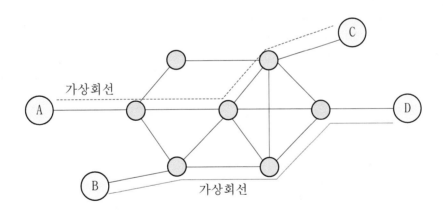

[그림 2-16] 가상회선 방식

이러한 가상회선 방식의 특징은 다음과 같다.

① 충돌이 일어날 경우 미리 설정된 경로에 의하여 보내기 때문에 신뢰성이 없다.
② 패킷을 보다 신속하게 전송한다. 이는 각 노드에서 각 패킷별로 별도의 주소지에 대한 경로 설정을 하지 않아도 된다.
③ 패킷 수가 많은 경우에 유리하다.

### 2) 데이터그램(Datagram)

단말 상호간에 논리적인 통신 회선을 설정하지 않는 방식이며 송신측 단말기는 패킷에 수신측 번호를 부여하여 전송하면, 패킷 교환망은 각 패킷의 수신측 번호를 인식하여 수신측 단말에 패킷을 전달한다.

패킷을 전송하기 전에 반드시 가상회선을 먼저 만들지 않아도 되므로 비연결 지향 서비스에 해당한다. 이때, 각각의 패킷이 이전에 전송된 패킷에 독립적으로 전송되는데 동일한 수신기의 주소를 가지고 있다 할지라도 전송되는 경로가 다를 수 있다. 이와 같이 전송되는 경로가 달라짐에 따라 패킷이 발생된 순서대로 목적지로 전송되지 않는 경우가 발생할 수 있다. 그러므로 송신할 때 패킷의 제어 부분에는 발생 순서에 따른 일련번호가 기입되고, 수신기에서는 일련번호에 의해 수신된 패킷의 순서를 재조립하는 기능을 수행해야 한다.

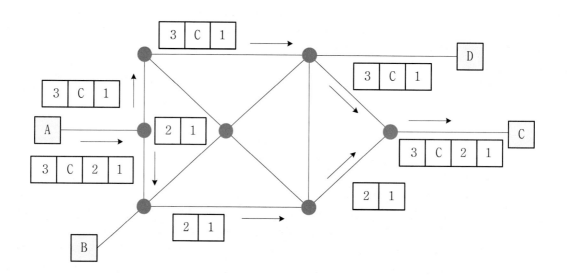

[그림 2-17] 데이터그램 방식

이러한 데이터그램 방식의 장점은 다음과 같다.

① 호출 설정 단계를 하지 않아도 된다.
② 충돌이 발생할 경우 우회경로를 통하므로 신뢰성이 있다.
③ 패킷 수가 적을 경우에 유리하다.

3) 데이터그램 방식과 가상회선 방식의 비교

① 가상회선 방식은 각 노드에서 경로를 설정할 필요가 없기 때문에 패킷의 전송속도가 데이터그램 방식에 비해서 빠르다.

② 데이터그램 방식은 유연한 특성을 가지므로 특정한 링크에서 트래픽이 증가하여 폭주상태가 되면 패킷의 전송경로를 바꿀 수 있지만 가상회선 방식은 한번 설정된 경로는 끝까지 유지되어야 하기 때문에 폭주상태에 대한 대비책이 없다.

③ 데이터그램 방식은 통신망 내의 노드가 고장이 발생하면 고장 난 노드를 피해서 각각의 패킷을 전송할 수 있지만, 가상회선 방식은 한번 설정된 경로의 노드에 고장이 발생하면 모든 패킷의 전송이 불가능해진다.

---

### 쉼터

**생활 속에서 보는 가상회선과 데이터그램방식**

가상회선은 마치 서울에서 부산까지 가는 고속버스표를 구입한 후 일단 타면 고속도로가 정체가 된다 하더라도 목적지까지 가야하는 방식과 동일하다. 그러나 부산까지 가더라도 도로 상황에 따라 중계지역에서 전철이나 시외버스로 환승하여 이동수단을 변경하여 목적지까지 갈 경우 미리 운송수단을 택할 필요가 없게 되는 방식은 데이터그램 방식과 일치한다.

---

## 2.3 다중화 기술

전송로 하나에 데이터 신호 여러 개를 중복시켜 고속 신호 하나를 만들기 위해서 다중화 기술을 사용하며 전송로의 이용 효율이 높다. 이때, 사용하는 장비를 다중화기(Multiplexer, MUX) 또는 다중화 장치라고 한다. 다중화기를 사용하지 않으면 단말기 개수만큼 필요하므로 비용은 높아지고, 효율성은 떨어진다.

한편, 송신측에서 수신측으로 데이터를 전송할 때 각 채널들은 하나의 회선을 공유하므로 회선을 통과하는 데이터들을 구별하기 위한 기준이 있어야 하는데 데이터 신호를 어떤 영역에서 다중화 하는 가에 따라서 다음과 같이 구분할 수 있다.

① 주파수 분할 다중화 방식 : 하나의 회선을 다수의 주파수 대역으로 분할하여 다중화한다.

② 시분할 다중화 방식 : 하나의 회선을 다수의 아주 짧은 타임 슬롯(Time Slot)으로 분할하여 다중화한다.

③ 코드 분할 다중화 방식 : 하나의 회선을 FDM과 TDM을 복합한 방식으로 일종의 확산 대역(Spread Spectrum)을 이용하여 다중화한다.

---

**쉼터**

**다중화 기술과 다원 접속 방식의 비교**

다중화(multiplexing)는 몇 개의 신호 채널들이 하나의 통신 회선을 통하여 저속 채널들이 결합된 형태로 전송하고 이를 수신 측에서 다시 몇 개의 신호 채널로 분리하여 전달할 수 있는 기술이며 다원 접속(multiple access)은 multiplexing 기술과 switching 기술이 합해진 기술이다.

---

## 2.3.1 주파수 분할 다중화 방식(Frequency Division Multiplexing, FDM)

### (1) 개념

전송로에 할당되어 있는 주파수 대역폭을 몇 개의 작은 대역폭으로 나누는 방식으로 신호 파형을 변형시키지 않고 각 채널의 주파수를 조금씩 겹치지 않도록 분할하여 다수의 터미널이 동시에 이용할 수 있도록 하는 방식이다.

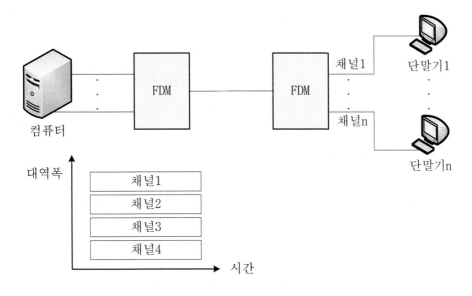

[그림 2-18]  FDM 방식

채널과 채널 간 상호 간섭을 막기 위해서 각 신호들의 대역폭이 겹치지 않도록 일정한 간격의 보호대역(Guard Band)을 사용하므로 전송 대역폭에서 유효 대역폭이 각 채널의 대역폭보다 클 때만 가능한 방식이다. 이렇게 보호 대역을 만들어 두어도 상호 변조 잡음(Intermodulation Noise)은 여전히 극복해야 할 문제이며 주로 아날로그 전송 매체에서 사용하는 방식이다.

예를 들면, 라디오에서 같은 안테나로 수신하면서 여러 방송을 선택할 수 있는 것은 각 방송국의 프로그램이 주파수 분할 다중화 되어 송신하고, 수신측에서 채널장치에 의해 원하는 채널의 주파수만 필터링(filtering)하여 들려주기 때문이다.

## (2) 특징

① 동기의 정확성이 필요 없으므로 비동기 방식에 주로 사용된다.

② 변복조 기능이 포함되어 있으므로 모뎀이 필요 없다.

③ 변복조가 간단하고 가격이 저렴하다.

④ 인접 신호 간에 주파수 스펙트럼이 상당히 겹쳐질 때 누화 현상이 발생할 수 있다.

⑤ 임의의 한 채널에서 신호에 대한 증폭기의 비선형적 영향이 다른 채널에서 새로운 주파수를 발생시킬 수 있으므로 상호 변조 잡음이 우려된다.

### 2.3.2 시분할 다중화 방식(Time Division Multiplexing, TDM)

#### (1) 개념

시분할 다중화란 전송로에 할당되어 있는 시간대역을 각 채널별로 시간단위로 나누어 할당하는 방식으로 회선 교환에 속한다. 이때, 각 채널들은 고속통신 선로를 독점한 것처럼 보이나 실제로 분배된 시간만 이용한다.

다중화기 내부는 고속 전송이므로 저속도의 각 단말 데이터를 완충시켜주기 위한 임시 기억장치인 버퍼(buffer)가 필요한데 각 채널들의 총합 속도는 고속회선의 시분할 속도를 넘지 못한다.

시분할 다중화 방식의 특징은 다음과 같이 설명할 수 있다.

① 고속 단말의 전송인 경우에는 동기 전송을 이용함으로 정확한 시간 동기가 필수적이다.
② 위치다중이므로 전송 정보가 없더라도 속해있는 시간 대역을 그대로 차지하므로 전송 효율이 약화될 수 있다.
③ 가용 주파수 대역을 최적으로 사용하기 위해 지속적으로 시간 간격을 조절하므로 융통성이 있다.

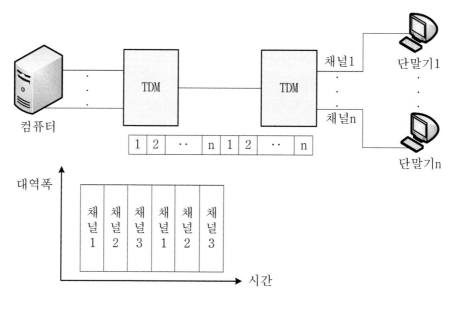

[그림 2-19]  TDM 방식

## (2) 분류

각 채널에 시간 폭을 할당하는 방법에 따라 동기식 시분할 다중화(Synchronous TDM) 방식과 비동기식 시분할 다중화(Asynchronous TDM, ATDM) 방식으로 분류할 수 있으며 비동기식 시분할 다중화 방식은 통계적 시분할 다중화(Statistical TDM, STDM) 방식 또는 지능형 다중화(Intelligent TDM) 방식이라고도 한다.

### 1) 동기식 시분할 다중화

'동기'라는 의미는 신호를 전송할 때 동기를 맞춘다는 의미가 아니라 각각의 채널에 할당된 시간 슬롯(slot)이 점유할 수 있는 대역폭이 미리 할당된 것을 의미하는 것으로서 전송할 데이터가 없을 경우에도 임의의 한 개의 채널에 할당된 대역폭을 다른 채널이 점유할 수 없다.

이와 같은 동기식은 다중화기의 하드웨어적 구성은 용이하지만, 대역폭을 낭비하는 결과를 초래하여 전송 시스템의 성능이 매우 감소한다. 이에 대한 보완책으로 입력장치마다 차별화하여 슬롯을 할당하거나, 느린 장치에는 상대적으로 적은 슬롯을 할당하고 빠른 장치에는 여러 개의 슬롯을 할당한다.

### 2) 비동기식 시분할 다중화

대역폭의 낭비를 초래하는 동기식 시분할 다중화의 문제점을 보완한 것이 비동기식 시분할 다중화이다. 비동기식 시분할 다중화는 동적으로 대역폭을 각각의 채널에 할당하는 것으로서 데이터가 없는 빈 시간 슬롯이 전송되는 경우가 없다. 대역폭이 각각의 채널에 사전에 할당되어 있지 않으므로 임의의 입력 채널에서 정보가 전송되지 않으면 대신에 다른 채널에서 빈 시간 슬롯을 이용하여 정보를 전송하게 된다.

비동기식 시분할 다중화 방식의 특징은 다음과 같다.

① 전송 과정에서 발생하는 오류에 대하여 통계적인 추측이 가능하여 시스템을 확장할 때 이를 이용하여 오류를 줄일 수 있다.
② 전송 회선을 효율적으로 이용할 수 있으므로 일반 다중화기보다 더 많은 데이터의 전송이 가능하다.
③ 지능형 다중화기를 상호 연결하여 시스템 구성이 간단하고, 주소 제어, 흐름 제어 및 메시지 보관 등이 가능하지만 가격이 비싼 것이 단점이다.

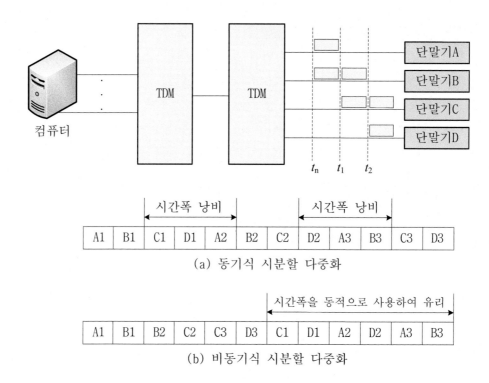

(a) 동기식 시분할 다중화

(b) 비동기식 시분할 다중화

[그림 2-20] 시분할 다중화 분류

## (3) 전송 시스템

TDM 전송 시스템은 음성 전송을 기본으로 하는 디지털 전송 시스템이다. 다수의 음성을 한 개의 채널로 전송하는 TDM 시스템은 한국, 미국 및 일본 등에서 사용하는 T1(DS-1)과 유럽 등지에서 사용하는 E1 시스템이 있다.

이들 디지털 시스템들은 약 4[kHz]의 대역폭을 갖는 음성을 8[kHz]로 표본화하고 각각의 표본을 8비트로 부호화시키는 PCM(Pulse Code Modulation) 시스템이다. 참고로 T1은 ITU-T 표준안 G.733에서 권고되었으며 E1은 G.732에서 권고되고 있다.

## 1) T1 디지털 시스템

T1 디지털 시스템은 24채널의 음성을 다중화 하는 전송 장비로서 24개의 타임 슬롯(채널)이 다중화되어 한 개의 프레임(frame)을 구성하고 각각의 슬롯은 8비트로 부호화된다.

신호 정보는 6번째와 12번째 슬롯의 첫 비트를 사용하여 전송되며, 이로 인해 데이터 비트는 7비트가 된다. 또한 프레임간의 동기화를 위한 프레임 동기 비트가 1비트 추가되어 결국 T1 디지털 시스템의 전송속도는 $(24 \times 8 + 1)/125[\mu sec] = 1.544$ [Mbps]가 된다.

이와 같이 1.544[Mbps]의 전송 속도를 갖는 프레임의 구조를 T1 또는 DS-1(Digital Signalling 1)이라고 한다. T1 구조는 디지털 계층화의 가장 기본적인 형태를 구성한다.

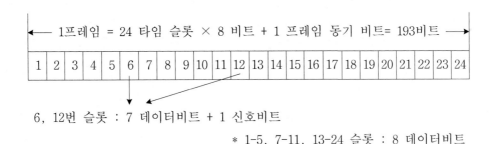

6, 12번 슬롯 : 7 데이터비트 + 1 신호비트

\* 1-5, 7-11, 13-24 슬롯 : 8 데이터비트

[그림 2-21] T1 디지털 시스템의 프레임 구성도

## 2) E1 디지털 시스템

E1 디지털 계층은 30개의 데이터 채널을 그룹화해서 사용하고 있다. 동기화 채널과 신호 채널을 포함하여 32개의 타임 슬롯으로 구성되는데 동기화 채널은 0번 타임 슬롯이며 수신기가 프레임의 경계를 해석할 수 있게 해주므로 프레임 정렬이라고 한다. 신호 채널은 16번째 타임 슬롯에 의해 전송된다. 이때, E1 디지털 시스템의 전송속도는 $32 \times 8/125[\mu sec] = 2.048[Mbps]$가 된다.

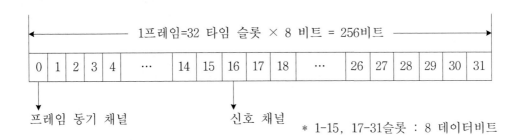

프레임 동기 채널          신호 채널

\* 1-15, 17-31슬롯 : 8 데이터비트

[그림 2-22] E1 디지털 시스템의 프레임 구성도

[표 2-1] 북미 방식과 유럽 방식의 PCM 방식

| 구 분 | | 북미 방식 | 유럽 방식 |
|---|---|---|---|
| 기본 특성 | 전송속도 | 1.544[Mbps] | 2.048[Mbps] |
| | 프레임 당 비트수 | 24×8+1=193 | 32×8=256 |
| | 멀티프레임수 | 12 | 16 |
| | 프레임 당 타임슬롯/통화로수 | 24/24 | 32/30 |
| 통화로 특성 | 표본주파수(주기) | 8[kHz](125$\mu$sec) | |
| | 압신법칙 | $\mu$−law($\mu$=255) 15절선 근사 | A−law(A=87.6) 13절선근사 |
| 전송 특성 | 선로부호 | AMI 또는 B8ZS | HDB3 |
| | 케이블손실 허용치 | 7~35[dB] | 8~42[dB] |

## 2.3.3 코드 분할 다중화 방식(Code Division Multiplexing, CDM)

### (1) 개념

코드 분할 다중화 방식은 전송하고자 하는 정보를 필요한 대역폭으로 전송하는 것이 아니라 잡음과 다중 경로에 대한 면역성 등을 위해서 의도적으로 원래의 대역폭보다 훨씬 넓은 주파수 대역폭을 사용하는 확산 대역 기술을 사용하여 정보를 전송한다.

이동통신은 고정 통신과는 달리 전송 채널에 많은 변화가 발생하게 된다. 수신 경로가 다양한 이동 통신 환경에서는 디지털 변조 방식을 통해 원하는 성능을 만족하는 것이 곤란하기 때문에 다중 경로 수신 환경에 적합한 변조 방식으로 제안된 방식이 확산 대역 기술이다.

코드 분할 다중화 방식에서는 각 송신측이 동시에 송신을 하더라도 수신측에서 서로 다른 코드를 갖고 있으므로 자신의 코드에 해당하는 코드만 읽어 들일 수 있다. 신호를 송수신하는 과정에서 확산 대역은 광대역을 사용하고 잡음과 유사한 신호를 사용하는 특성 때문에 다른 사람이 감지하기 상당히 어려울 뿐만 아니라 가로채거나 복조하기 어렵다.

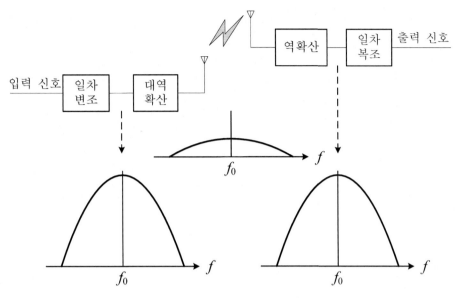

[그림 2-23] 대역 확산 방식

## (2) 특징

① 낮은 신호 스펙트럼으로 인해 다경로 페이딩(Multipath Fading)에 강하다.

② 도청이나 간섭에 상당히 강하므로 보안에 사용된다.

③ 수신부에서 인코딩에 사용되는 코드를 알아야 하므로 장치가 복잡하다.

---

**쉼터**

대화 속에서 보는 다원 접속 방식

주파수 분할 다중화 방식은 모임 장소를 각각 작은 구역으로 나누어서 대기 장소에서 차례를 기다렸다가 순서대로 들어가서 모든 사람이 같은 언어로 이야기를 하는 것이고 시분할 다중화는 각각 이야기하는 시간을 할당받아서 동일한 언어로 대화를 하는 것이다. 그러나 코드 분할 다중화 방식은 모든 사람이 같은 장소에서 이야기를 하는 것과 같지만 서로 다른 언어를 사용하므로 알아들을 수 없다.

---

## 2.3.4 파장분할 다중화 방식(Wavelength Division Multiplexing, WDM)

### (1) 개념

서로 다른 파장으로 발생된 광 멀티플렉서(multiplexer)에 의해 하나의 광신호로 합쳐질 수 있고, 다시 광 디멀티플렉서(demultiplexer)에 의해서 각각의 파장의 광신호로 분리해 낼 수 있는 기술로서, 통신 용량과 속도를 향상시켜 주는 광전송 방식이다. 각 데이터들은 고유한 광 파장으로 전송되는데, 광섬유 하나에 최고 80개의 파장이나 데이터 채널을 실을 수 있다.

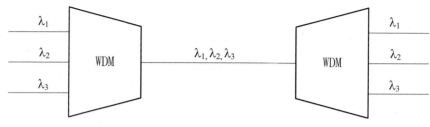

[그림 2-24]  WDM 방식

## (2) 특징

① 선로의 증설이 없이 회선의 증설 효과가 있다.

② 대용량화가 가능하다.

③ 이종 신호의 다중화가 가능하다.

④ 쌍방향 통신이 가능하다.

# 2.4  네트워크 기술

네트워크는 지역적으로 분산된 다수의 가입자들 중 둘 이상의 가입자 간을 결합시켜 상호간의 정보 전달을 가능케 하는 전달매체로서 노드(node)와 링크(link)의 집합이다.

컴퓨터 네트워크의 성능이란 요구되는 서비스 조건을 경제적으로 실현하기 위해 각 구성 요소 및 시스템 방식을 선택하고 이들에 대한 신뢰성을 배분하는 것이다.

예를 들어 사무실에서 프린터를 공유하기 위하여 다수의 컴퓨터가 매체를 이용하여 연결되었다면 이들 사이에 네트워크가 구성된 것이다. 네트워크가 구성된 경우 각 컴퓨터 간에 프로토콜을 통하여 데이터를 공유함으로써 정보 처리의 효율성을 개선시킬 수 있다.

## 2.4.1  성능 결정 요소

### (1) 신뢰성(reliability)

신뢰성은 시스템의 각 구성 요소가 정한 조건으로 소정의 기간 중 필요한 기능을 완수한 능력이며, 신뢰도는 그의 확률이다. 여기서 각 구성의 기능과 구성된 시스템의 정해진 기능을 잃는 것을 고장(fault)이라고 하며 그 확률을 고장율(Fault Rate)이라고 한다.

## (2) 가용성(availability)

가용성은 어느 특정 시점에서 소정의 기능을 완수하고 있는 비율을 나타내며 그 확률을 가용성이라고 한다. 이때, 가용율(Availability Rate)은 동작가능한 정도와 동작 불가능한 정도를 정해진 시간으로 평가하는 비율을 말한다.

## (3) 보전성(serviceability)

보전성은 시스템의 각 구성 요소에 장애가 발생하였을 때 회복을 위한 수리의 간편도, 정기적인 점검, 대체의 간편성을 말하는 것으로 정하여진 시간 내에 보전이 종료되는 확률을 보전도라고 한다. 이때, 보전율은 시스템 상에서 발생 또는 존재하는 장애에 대한 회복을 위한 시간을 말한다.

## 2.4.2 인터네트워킹(Internetworking) 장비

여러 개의 네트워크가 존재하며 이들 간의 정보 교환이나 자원 공유, 서비스의 상호 이용이 필요한 경우 네트워크와 네트워크를 접속해서 복수의 네트워크를 구성할 수 있는 기술을 인터네트워킹 기술이라 한다.

[표 2-2] 인터네트워킹 장비

| 트랜스포트 계층 ~ 응용 계층 | | | | | | | | | 게이트웨이 |
|---|---|---|---|---|---|---|---|---|---|
| 네트워크 계층 | | | | | | | 라우터 | 계층3 스위치 | |
| 데이터링크 계층 | LLC | | | | | 스위칭 허브 (계층2 스위치) | | | |
| | MAC | | | | 브리지 | | | | |
| 물리 계층 | | 트랜시버 | 중계기 | 중계기 (허브) | | | | | |

## (1) 허브(hub)

허브는 한 가운데에 있는 제어 장치를 중심으로 DTE가 있는 지점 간에 트리 구조로 연결하는 장비이다. 허브는 수신한 신호를 정확히 재생하여 다른 쪽으로 내보내는 역할을 한다. 가격이 아주 저렴하기 때문에 널리 사용되고 있으나 네트워크의 규모에 의해서는 프레임의 충돌이 빈번하기도 하고 목적지 이외의 네트워크에 쓸모없는 프레임도 내보내게 된다.

최근에는 데이터의 규모도 커지고 있어 화상 등의 대용량 데이터가 항상 네트워크를 흐르고 있기 때문에 네트워크상을 흐르는 데이터 중계기의 기능만으로 네트워크의 전송 효율을 저하시키게 된다.

## (2) 리피터(repeater)

OSI 1계층 간을 연결하는 기기로 네트워크의 세그먼트를 연장하기 위한 기기이다. 스테이션에서 발신되는 신호는 전송거리가 길어지면 이 신호는 열화되어 규격에 따르지 않기 때문에 수신측에서 원래의 정보로 재생할 수 없다.

예를 들어, 10Base2 세그먼트를 이용해 연결할 수 있는 최대거리는 200[m]이다. 그러나 실제로 연결하려는 장비인 DTE가 그 이상 분산되어 있으면 세그먼트 하나로 전체 LAN을 구성할 수 없다. 이때, 리피터를 이용해 전체 망 길이를 연장하면 된다.

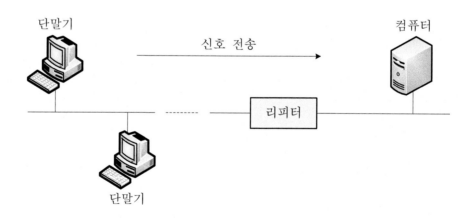

[그림 2-25] 리피터

## (3) 브리지(Bridge)

동일한 네트워크에서 물리적인 구조가 다른 세그먼트끼리 브리지를 사용하면 서로 연결할 수 있으므로 하나의 세그먼트에 제한된 최대 길이, 최대 연결 노드 수 등 물리적인 제약을 극복할 수 있다. 주소에 관한 정보를 얻으려면 패킷을 브로드캐스트 모드로 전송해야 하는데, 이것은 전체 망에 심한 오버헤드를 줄 수 있어 노드가 50개 이하인 소규모 망에서만 주로 사용한다.

OSI 계층에서 보면 데이터링크 계층에서 망을 연결하는 장비이다. 다시 말하면, 물리적 계층이 서로 다른 망을 접속하는데 망 A와 브리지 간에 데이터 링크 기능을 수행한 후 이에 대한 결과를 망 B에 전송한다.

브리지는 프레임의 매체접속제어(Media Access Control, MAC) 어드레스를 살펴서 프레임의 통과를 허가하거나 허가하지 않는 판단을 하는 필터링 기능을 갖고 있지만 리피터는 물리 계층에 해당하므로 단순히 증폭하고 재생시키는 기능만 제공하고 있다.

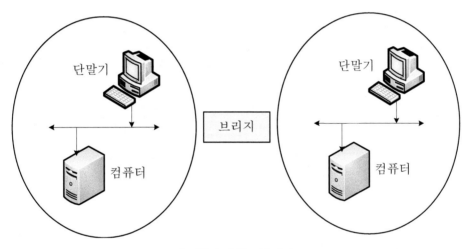

[그림 2-26] 브리지

### (4) 라우터(Router)

동일한 전송 프로토콜을 사용하는 분리된 네트워크를 연결하는 장비로 OSI 계층에서 보면 네트워크 계층에서 망을 연결하는 장비이다.

브리지가 MAC 어드레스를 보고 그 프레임을 중계할지를 판정하는 것에 비해 라우터는 라우팅 프로토콜에 의해 네트워크 중에 접속되어 있는 목적의 터미널을 발견해내는 경로를 결정한다.

송수신에 사용되는 IP(Internet Protocol) 패킷 중의 IP 어드레스를 인식하기 때문에 브리지의 경우에 흘린 쓸모없는 프레임을 라우터에서는 흘리지 않을 수 있기 때문에 라우터는 서로 독립성이 높은 네트워크 간을 상호 접속하기 위해 사용되고 있다.

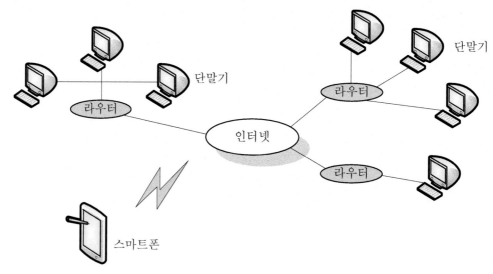

[그림 2-27] 라우터

## (5) 게이트웨이(Gateway)

OSI 참조 모델의 상위 계층을 포함한 전 계층에서 정합 기능을 제공하고 있다. 즉, 네트워크 A가 게이트웨이와 1~7 계층까지 peer-to-peer protocol을 행한 후 이에 대한 결과를 gateway에 저장한 후 네트워크 B와 peer-to-peer protocol을 행한다.

여러 계층의 프로토콜 변환 기능 때문에 네트워크 내에서 병목 현상을 일으키는 지점에 설치한다. 예를 들면 PSTN과 패킷교환망을 연결하거나 프록시 서버(Proxy Server)나 방화벽(firewall) 서버의 역할을 함께 수행하는 경우도 있다.

## 2.4.3  네트워크 구성 방식

### (1) 동등 계층(peer-to-peer) 방식

#### 1) 개념

네트워크에 연결된 자원에 특정 규약 없이 접근할 수 있는 형태의 네트워크를 의미한다. peer란 사전적 의미로는 동료 또는 대등한 사람을 뜻하는 것으로서 서버 혹은 클라이언트의 의미와는 상반되는 개념이다. 즉, 서버와 클라이언트의 구분이 없으므로 네트워크에 연결된 컴퓨터는 서버도 될 수 있고 클라이언트도 될 수 있다. 일반적으로 소규모의 네트워크를 구축할 때 많이 사용되는 모델이다.

## 2) 장점

① 설치 및 관리가 간편하고 고가의 서버 등을 구입할 필요가 없으므로 구축에 많은 비용이 소요되지 않는다.

② 작업의 수행에 있어서 다른 컴퓨터에 대한 의존이 덜하다.

③ 네트워크 관리를 위한 관리자를 따로 고용할 필요가 없고 중앙 서버의 제어 없이 독자적으로 운영된다.

## 3) 단점

① 연결되는 컴퓨터의 수가 늘어날수록 관리가 어려워지고 네트워크의 성능도 현저하게 떨어진다.

② 중앙에서 보안을 관리할 서버가 없으므로 다른 컴퓨터에 있는 리소스를 사용하기 위하여 여러 개의 암호와 사용자명을 기억하고 있어야 한다.

③ 데이터가 여러 컴퓨터에 흩어져 있으므로 백업 작업이 상당히 복잡해진다.

④ 중앙 관리가 불가능하며 peer 컴퓨터의 사용자 관리를 필요로 한다.

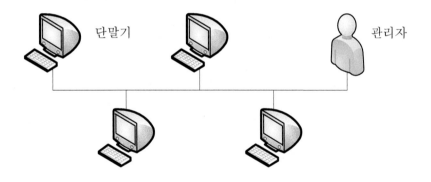

[그림 2-28] 동등 계층(peer-to-peer) 방식

## (2) 클라이언트/서버 방식

### 1) 개념

클라이언트/서버 방식이란 클라이언트를 서비스에 대한 요구자로, 서버를 서비스에 대한 제공자의 형태로 네트워킹하여 자원을 공유하는 분산처리기법을 말한다. 대개의 경우 클라이언트는 서버에게 자신이 원하는 자료를 요청하고, 서버는 클라이언트에서 요청된 자료를 보내주는 형식을 갖는다.

## 2) 장점

① 중앙 집중적으로 서버에 의해서 모든 사용자명과 암호가 관리되며, 어떤 사용자라도 자원에 접근하기 전에 접근 허가를 얻어야 한다.

② 서버에 의해서 집중 관리되므로 클라이언트가 추가되더라도 관리 측면에서 별다른 문제가 발생하지 않는다.

③ 하나의 네트워크와 계정으로 도메인 내의 자원을 이용할 수 있다.

## 3) 단점

① 값비싼 서버를 따로 구입해야 하며, 이 모델에 맞는 값비싼 운영체제를 구비해야 하는 어려움이 생긴다.

② 서버가 다운될 경우에 연결된 클라이언트들은 전혀 동작하지 않게 되므로 네트워크 관리자가 필요하다.

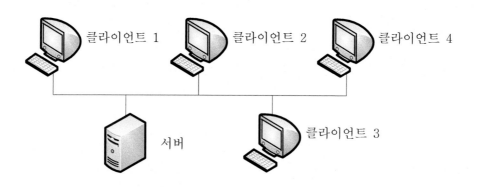

[그림 2-29]  클라이언트/서버 방식

# 요 약

1. 통신회선은 물리매체(전송회선)와 모뎀에 연결하는 통신회선의 개수에 따라 2선식과 4선식으로 분류된다.

2. 점대점(point-to-point) 방식은 중앙의 컴퓨터와 터미널이 일대일로 연결되는 가장 단순한 방식으로 컴퓨터와 터미널 사이에 언제든지 통신이 가능하다.

3. 분기(multipoint, multidrop) 방식에서는 컴퓨터 시스템에 연결된 하나의 전용회선에 단말기가 여러 대 연결되어 컴퓨터에서 데이터를 수신할 때는 동시에 수신한다.

4. 집선(concentration) 방식은 지역 중앙에 집선 장치를 설치하여 여러 대의 터미널로부터 전송되는 비교적 낮은 속도의 데이터를 일단 집선 장치에 축적한 다음 데이터를 모아 고속으로 컴퓨터에 보내는 방식이다.

5. 다중화(multiplexing) 방식이란 몇 개의 저속 신호 채널들을 결합하여 하나의 물리적 통신회선을 통하여 전송하고, 이를 수신측에서 다시 본래의 신호 채널로 분리하여 전달하는 방식을 말한다.

6. 단방향 전송 방식(simplex)은 오직 한 방향으로만 신호 전송이 가능한 방식으로서 일반적인 데이터 전송 방법으로는 잘 사용되지 않는다.

7. 양방향 전송 방식(duplex)은 단방향 전송 방식과 달리 송수신측이 미리 결정되지 않고 방향의 전환에 의해 데이터의 전달 방향을 바꾸어 전송하는 방식이다. 양방향 전송 방식은 다시 반이중 전송 방식과 전이중 전송 방식으로 구분할 수 있다.

8. 캐스팅 모드(Casting Mode)는 통신에 참여하는 송신자(송신 노드)와 수신자(수신노드)의 수를 말한다.

9. 회선 교환 방식은 정보 전송의 필요성이 생겼을 때 상대방을 호출하여 물리적으로 연결하고 이 물리적인 연결은 정보전송이 종료될 때까지 계속된다.

10. 공통선 신호 방식에서는 제어 신호와 음성 정보가 완전히 독립된 물리적인 전송경로를 통해서 전송된다.

11. 패킷 교환 방식은 패킷마다 발신지와 수신지의 주소를 넣어서 패킷 교환기가 그 주소를 보고 최종 목적지까지 패킷을 전달해 주는 교환방식이다.

12. 데이터 통신에 앞서 미리 정해진 시작 순서에 따라 논리적인 통신 회선을 설정하고 통신이 끝나면 통신 회선을 절단하는 방식을 가상회선이라고 한다.

13. 데이터그램 방식은 단말 상호간에 논리적인 통신 회선을 설정하지 않는 방식이며 패킷을 전송하기 전에 반드시 가상회선을 먼저 만들지 않아도 되므로 비연결 지향 서비스에 해당한다.

14. 주파수 분할 다중화 방식이란 하나의 회선을 다수의 주파수 대역으로 분할하여 다중화 하는 방식을 말한다.

15. 시분할 다중화 방식이란 하나의 회선을 다수의 아주 짧은 타임 슬롯(Time Slot)으로 분할하여

다중화 하는 방식을 말한다.

16. 코드 분할 다중화 방식이란 하나의 회선을 FDM과 TDM을 복합한 방식으로 일종의 확산 대역 (Spread Spectrum)을 이용하여 다중화하는 방식을 말한다.

17. T1 디지털 시스템의 전송속도는 1.544[Mbps]이며 E1 디지털 시스템의 전송속도는 2.048[Mbps]가 된다.

18. 파장 분할 다중화 방식은 서로 다른 파장으로 발생된 광 멀티플렉서에 의해 하나의 광신호로 합쳐질 수 있고, 다시 광 디멀티플렉서에 의해서 각각의 파장의 광신호로 분리해 낼 수 있는 기술이다.

19. 허브는 한 가운데에 있는 제어 장치를 중심으로 DTE가 있는 지점 간에 트리 구조로 연결하는 장비이다.

20. 브리지는 프레임의 MAC 어드레스를 살펴서 프레임의 통과를 허가하거나 허가하지 않는 판단을 하는 필터링 기능을 갖고 있지만 리피터는 물리 계층에 해당하므로 단순히 증폭하고 재생시키는 기능만 제공하고 있다.

21. 라우터(Router)는 동일한 전송 프로토콜을 사용하는 분리된 네트워크를 연결하는 장비로 OSI 계층에서 보면 네트워크 계층에서 망을 연결하는 장비이다.

22. 게이트웨이(Gateway)는 OSI 참조 모델의 상위 계층을 포함한 전 계층에서 정합 기능을 제공하고 있다.

23. 동등 계층(peer-to-peer) 네트워크는 네트워크에 연결된 자원에 특정 규약 없이 접근할 수 있는 형태의 네트워크를 의미한다.

24. 클라이언트/서버 방식이란 클라이언트를 서비스에 대한 요구자로, 서버를 서비스에 대한 제공자의 형태로 네트워킹하여 자원을 공유하는 분산처리기법을 말한다.

# 연습문제

1. 분기(multipoint, multidrop) 방식을 자세히 설명하시오.

2. 멀티캐스트의 개념을 설명하고 적용분야에 대하여 서술하시오.

3. 회선 교환 방식의 개념에 대하여 설명하고 신호 방식에 대하여 서술하시오.

4. PSTN(Public Switched Telephone Network)의 원리와 구성에 대하여 설명하시오.

5. 가상회선과 데이터그램의 구현방법에 대하여 차이점을 말하시오.

6. 다중화 방식의 도입배경과 종류를 들어 서술하시오.

7. 인터네트워킹 장비의 종류를 열거하고 간단히 설명하시오.

8. 다음을 간단히 설명하시오.
   1) PPP(Point-to-Point Protocol)    2) 집선 방식과 다중화 방식의 차이
   3) 메시지 교환 방식    4) STDM(Statistical TDM)
   5) T1과 E1의 차이    6) 동등 계층(peer-to-peer) 방식

## 약 어

MBS(Mobile Broadcasting Service)
CBS(Cell Broadcasting Service)
PPP(Point-to-Point Protocol)
VC(Virtual Circuit)
RC(Regional Center)
DC(District Center)
TC(Toll Center)
EO(End Office)
MBS(Mobile Broadcasting Service)
CDM(Code Division Multiplexing)
WDM(Wavelength Division Multiplexing)
CAS(Channel Associated Signalling)
CCS(Common Channel Signalling)
PSTN(Public Switched Telephone Network)
MAC(Media Access Control)
IP(Internet Protocol)

# 3

# OSI
# 참조 모델

　네트워크 구조는 컴퓨터 네트워크를 구성하는데 필요한 컴퓨터 통신 장치와 단말기 등을 포함하는 논리적 구조를 말한다. 따라서 통신 프로토콜은 컴퓨터 통신 장치와 단말기, 서로 다른 컴퓨터나 정보통신시스템 사이를 연결하여 정보를 원활하게 교환해주는 표준화된 절차이다.

　서로 다른 두 시스템 사이에서 시스템의 하드웨어나 소프트웨어를 수정하지 않고 상호 통신토록 하기 위하여 ISO에서는 기본 참조 모델인 OSI(Open Systems Interconnection)를 제안함으로써 세계 각국, 각 정보 기기 제조업체에서는 그간 각자 독자적으로 개발해 온 네트워크 구조를 지양하게 되었다.

　OSI 모델은 모든 종류의 컴퓨터들 사이에 통신을 허락하는 네트워크 시스템을 설계하기 위한 계층구조를 갖는 틀인데 7계층으로 구성되어 있다. 1계층을 물리 계층, 2계층을 데이터 링크 계층, 3계층을 네트워크 계층, 4계층을 전송계층, 5계층을 세션계층, 6계층을 표현 계층 7계층을 응용계층이라고 한다.

　OSI 참조 모델의 기본적인 기능은 접속되는 통신 시스템 간의 상호 작용에 대한 표준안을 규정한 것이다. OSI 모델에서 'Open'이라는 것은 접속될 수 있는 모든 시스템을 말하며 지구상에 존재하는 모든 컴퓨터 시스템 및 통신 시스템을 의미하는 것이다. 'Systems'이라는 용어는 한 개 또는 그 이상의 컴퓨터 관련 소프트웨어, 주변 장치 또는 정보를 전송하거나 처리하는 물리적 전송 시스템 등을 총칭하는 것이다.

　본 장에서는 OSI 참조 모델에서 우선되는 통신망 아키텍처를 언급한 후 각각의 계층에서 구현되는 기능에 대하여 자세한 설명을 함으로써 참조 모델에 대한 전반적인 내용을 이해하도록 한다.

---

## 학습 목표

1. 통신망 아키텍처의 기술적 개념과 논리구조를 살펴본다.
2. OSI 참조 모델의 계층별 특성과 역할에 대하여 공부한다.
3. 계층 간의 통신을 이해함으로써 계층별 상호 관계에 대한 인터페이스를 이해한다.

## 3.1 개요

OSI(Open Systems Interconnection)는 시스템 간의 상호 접속을 목적으로 하는 각종 프로토콜의 표준을 개발하기 위한 공통기반을 제공하는 것과 기존 표준과의 관계 및 앞으로 개발되는 표준과의 관계를 명확히 하는 것을 목적으로 하고 있다.

그러므로 OSI는 개방된 임의의 시스템간의 정보를 교환하기 위한 표준을 가질 수 있다는 것을 의미하며, 시스템 개발자는 이러한 표준을 기초로 하여 추가의 기능을 첨가할 수 있다.

개방(open)이란 어떤 특정 시스템의 구현기술이나 연결의 수단을 의미하는 것이 아니라, 적용 가능한 광범위한 표준을 제시함으로써 이 권고안을 따른 각각의 프로토콜들이 상호 접속 가능하도록 구현하게끔 한다는 것이다.

---

### 쉼터

**개방형 시스템**

개방형 시스템이란 서로 다른 특성을 갖는 컴퓨터끼리 상호 연결할 수 있는 시스템을 말한다. ISO에서는 1980년 말경에 이러한 시스템에서 서로 다른 기종끼리 호환성 있게 상호 접속할 수 있도록 정보교환을 위해 필요한 최소한의 네트워크 구조를 제공하는 기본 참조 모델을 제안한 바 있다. 개방형 시스템과 반대되는 폐쇄형(closed) 시스템은 특정 회사의 내부 프로토콜만 사용하여 다른 회사의 제품과 호환성을 유지하지 못하는 시스템을 말한다.

---

기능적인 세부 사항을 보면, 첫째, 시스템간의 통신을 위한 표준 제공과 통신을 방해하는 기술적인 문제점들을 제거한다. 둘째, 단일 시스템간의 정보 교환을 하기 위한 상호 접속점을 정의한다. 셋째, 제품들 간의 번거로운 변환 없이 통신할 수 있는 능력을 향상시키기 위해서 선택 사항을 줄인다.

OSI 참조 모델(Reference Model)은 OSI 프로토콜의 표준화를 위해 설정된 청사진으로서 프로토콜의 통합적, 체계적인 개발을 위한 컴퓨터 네트워크의 논리적인 구조를 규정하고 있다.

OSI 참조 모델의 목적은 다음의 3가지로 집약될 수 있다.

① 시스템 상호간을 접속하기 위한 개념을 규정한다.
② OSI 규격을 개발하기 위한 범위를 정한다.

③ 관련 규격의 적합성을 조정하기 위한 공통적인 기반을 제공한다.

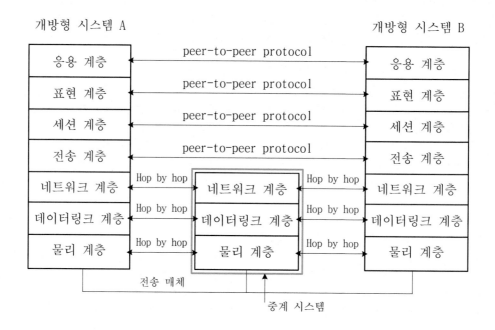

[그림 3-1] OSI 계층 구조

OSI는 통신 네트워크로 구성된 두개의 종단 이용자 사이에서, 통신 처리를 각 계층이 가지고 있는 특별한 기능을 가지고 계층별로 나눌 수 있도록 하는 것이다. 각 통신 이용자는 7계층의 기능을 갖는 컴퓨터를 이용한다. 이용자들 사이에 메시지가 주어지면, 컴퓨터에서 한 계층씩 아래로 각 층을 통과하여 데이터가 흐르게 되고, 다른 쪽에서는 메시지가 도착할 때 메시지를 받는 컴퓨터는 한 계층씩 위로 통과하여 이용자에게 전달될 것이다.

본문에서는 통신망 아키텍처 및 논리구조를 살펴보고 각 계층별 기능에 대하여 자세히 설명하도록 한다.

# 3.2 네트워크 아키텍처(Network Architecture)

## 3.2.1 기술적 개념

네트워크 아키텍처는 다른 기종의 컴퓨터나 다양한 단말 등을 통신 회선으로 연결하여 이들 상호 간의 자유로운 통신의 실현을 목표로 하는 체계화된 개념이다. 구체적으로는 이들 상호 간의 통신 기능을 몇 개의 계층으로 분할하여 모델화하고, 그 계층마다 프로토콜을 규정하고자 하는 것이다.

다시 말하면, 네트워크 아키텍처는 하나의 용도로 사용되는 단일 프로토콜이 아닌 다수의 용도로 사용되는 프로토콜들을 서로 유기적으로 결합한 프로토콜들의 집합체라고 할 수 있다. ISO의 OSI, IBM사의 SNA(System Network Architecture) 등이 대표적인 예이다.

그러므로 네트워크 아키텍처는 체계적이고 효율적으로 구성된 통신망의 논리적인 구조 및 운용 방식이라 할 수 있으며 이와 같은 구조에 의해서 통신망의 기본적인 특성이 정의된다.

---

**쉼터**

네트워크 아키텍처의 목적
① 지리적으로 분산된 컴퓨터나 단말간의 정보 교환
② 컴퓨터 자원의 공동 이용
③ 컴퓨터 시스템의 신뢰성 향상
④ 분산처리에 따른 비용 성능비의 향상

---

일반적으로 네트워크 아키텍처는 구성 요소의 모델화, 프로토콜의 계층화 및 자원의 가상화를 기술적인 개념으로 구성하며 그 내용은 다음과 같다.

(가) 구성 요소의 모델화

구성 요소의 모델화는 통신망 구조를 구성하는 요소를 특정한 것으로 설정하는 것이 아니라 보편적인 개념과 용어를 사용하여 정의하는 것으로서 프로토콜의 설계와 확장에 많은 유연성을 부여할 수 있다.

(나) 프로토콜의 계층화

프로토콜의 계층화는 통신망 구조를 구성하는 프로토콜들을 기능별로 분류하여 그 범위를 설정하는 것으로 프로토콜에 대한 오류의 수정이나 새로운 기능의 추가가 용이해진다.

(다) 자원의 가상화

컴퓨터나 단말은 기종마다 통신 제어 기능이나 소프트웨어 구조가 다른 것이 많고, 일반적으로 다른 기종을 결합하여 네트워크를 구성하는데는 상당한 노력이 필요하다. 그래서 컴퓨터나 단말이 가진 특성을 공통적인 이미지로 보이도록 변환한다.

## 3.2.2 논리 구조

### (1) 실체(entity)

실체는 각 서브시스템(subsystem) 내에 두 개 이상 존재할 수 있으며, (N) 실체에 의해 부여된 역할을 수행하는 기능 요소를 (N) 기능이라고 한다. 개방형 시스템의 각 계층에는 실체라고 하는 개방형 시스템간의 통신을 가능하게 하는 능동적 요소가 있다. 즉 컴퓨터 내에 존재하는 통신관리 프로그램을 말한다.

### (2) 접속(connection)

개방형 시스템 A, B의 동위 실체(동일한 층의 실체 사이)에서, 프로토콜 데이터 단위 (Protocol Data Unit, PDU)라고 불리는 이용자 정보 데이터를 교환하기 위한 논리적인 통신로를 접속이라고 한다.

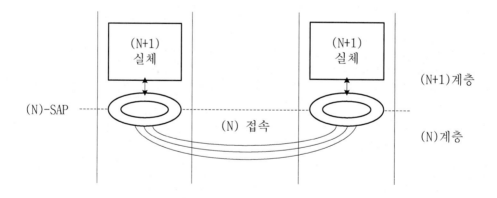

[그림 3-2] 접속(connection)

### (3) 프로토콜(protocol)

각 개방형 시스템의 실체(entity)는 단독으로 지정된 역할을 수행하지 않고 동위 계층에 속하는 실체와 상호 통신함으로써, 지정된 역할을 수행한다. 이때, 구체적인 제어정보의 내용 및 형식이 각 계층 내에서 정하여지는데, 이를 (N)프로토콜이라고 한다.

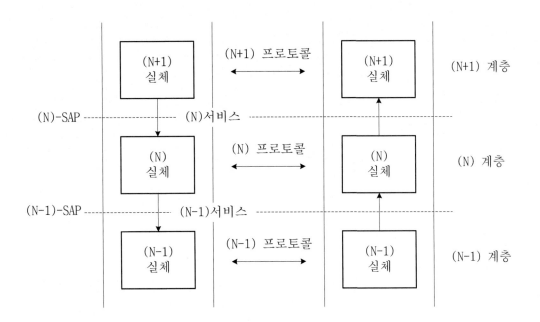

[그림 3-3]  프로토콜의 계층구조

## (4) 서비스(service)

(N)층이 (N+1)층에 제공하는 통신 기능을 (N)서비스라고 한다. (N)실체가 (N)서비스를 (N+1)실체에 제공하는 지점을 (N)서비스 액세스 점(Service Access Point, SAP)이라고 한다.

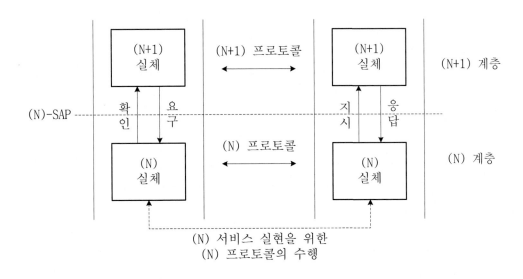

[그림 3-4]  서비스 개념

서비스는 기본 기능 요소로서 요구, 지시, 응답 그리고 확인의 4 요소가 있다.

① 요구 : 어떤 절차를 기동시키는 과정인데 서비스 이용자 측에서 수행한다.
② 지시 : 어떤 서비스를 기동하거나 또는 어떤 서비스가 다른 이용자에 의해 기동되었음을 나타내는데 서비스 제공자 측에서 수행한다.
③ 응답 : 특정 SAP에서 이전의 지시에 따라 기동된 절차를 끝내는 과정인데 서비스 이용자 측에서 수행한다.
④ 확인 : 특정 SAP에서 이전의 요구에 따라 기동된 절차를 끝내는 과정인데 서비스 제공자 측에서 수행한다.

## (5) 데이터 단위

① (N)-PDU(Protocol Data Unit) : (N)층의 동위 실체 사이에서 (N)프로토콜에 따라 송수신 되는 전송 데이터의 단위가 (N)-PDU이다.
② (N)-SDU(Service Data Unit) : (N)접속의 양쪽 끝으로 (N)층과 (N+1)층의 실체 사이에서 받고 건네지는 데이터 단위가 (N)-SDU이다.

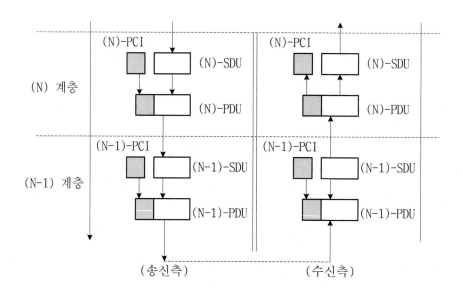

[그림 3-5] 데이터 단위

\* PCI(Protocol Control Information) : 프로토콜 제어 정보로서 네트워크의 다른 지역에 있는 동위 계층에 보내지는 정보이며 그 계층에게 어떤 서비스 기능을 수행하도록 지시하는 헤더

---

**용어 설명**

**펌웨어(firmware)**

펌웨어(firmware)는 컴퓨팅과 공학 분야에서 특정 하드웨어 장치에 포함된 소프트웨어로, 소프트웨어를 읽어 실행하거나 수정되는 것도 가능한 장치를 뜻한다. 펌웨어는 ROM이나 PROM에 저장되며, 하드웨어보다는 교환하기가 쉽지만 소프트웨어보다는 어렵다.

---

## 3.2.3 특징

① 주어진 계층은 다른 계층에 영향을 주지 않고 수정되거나 기능이 향상될 수 있다.

② 다른 기계들을 다른 레벨들에 끼워 넣을 수 있다.

③ 계층화에 의한 모듈화는 전체 설계를 간단히 될 수 있도록 한다.

④ 다른 제어 기능들 사이의 관계는 그들이 계층들로 나누어질 때 더욱 쉽게 이해될 수 있다.

⑤ 공용의 저수준 서비스는 서로 다른 고수준 이용자들에 의해 공유될 수 있다.

⑥ 더 낮은 계층에서의 기능들은 소프트웨어에서 옮겨져 하드웨어나 펌웨어(firmware)에 내장시킬 수 있다.

⑦ 다른 제조업자들이 기계 사이에 호환성을 갖는 연결을 더 쉽게 이룰 수 있다.

⑧ 계층화되기 이전에는 필요치 않았던 기능을 반드시 이용해야 하는 경우가 있으므로 전체적인 오버헤드가 많아진다.

⑨ VLSI 기술의 발전에도 불구하고 각 계층 간의 분명한 기능 구분으로 인하여 구분된 계층 단위로 집적 회로화하여야 하기 때문에 집적화에 소요되는 비용이 더 커질 수 있다.

## 3.3 물리 계층(Physical Layer)

### 3.3.1 개념

데이터 링크 계층이 통신을 수행하기 위한 물리적인 접속의 설정과 유지 및 해제를 수행하며, 신호를 송수신하는 DTE/DCE 인터페이스 회로와 제어 순서, 커넥터의 규격이 포함된다.

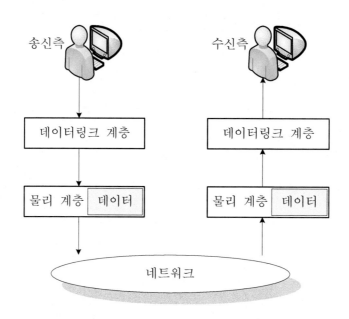

[그림 3-6] 물리 계층

### 3.3.2 특성

OSI 참조 모델에서 가장 밑에 있는 계층인 물리 계층에서는 상위 계층에서 내려온 비트들이 상대방까지 보내질 수 있도록 발신지와 목적지 간의 물리적 링크를 설정, 유지, 해제하기 위한 물리적, 전기적, 기능적 그리고 절차적인 특성을 제공한다.

### (1) 물리적 특성

DTE와 DCE에 접속되는 커넥터 및 통신 회선에 접속되는 커넥터에 대한 형태와 치수 및 신호 핀의 배열 등에 대하여 규정하고 있다.

## (2) 전기적 특성

신호선의 전원 인터페이스, 부하 인터페이스, 출력 전압, 전원 전압과 2진수의 논리적 표현, 한계값(Threshold Value) 등과 같은 허용값을 규정하고 있다.

## (3) 기능적 특성

상호 접속 회로의 기능으로 데이터, 제어, 타이밍, 접지 등 핀마다 고유의 기능과 명칭을 규정하고 있다. ITU-T에서는 번호로, EIA에서는 영문과 숫자로 표기하고 있다.

## (4) 절차적 특성

인터페이스의 기능적인 특성을 사용하여 데이터를 전송시키기 위한 사건의 순서를 규정한다.

## 3.3.3 역할

물리 계층은 데이터 링크 계층으로부터 한 단위의 데이터를 받아 통신 링크를 따라 전송될 수 있는 형태로 변환시키며, 비트의 흐름을 받아 전자기 신호로 변환하는 것과 매체를 통해 신호를 전송하는 역할을 한다.

그러므로 다음과 같은 많은 요소들이 고려되어야 한다.

① 신호 : 단극형, 복극형 그리고 양극형과 같은 신호의 종류를 결정해서 수신측에서 복조하는 데 유용한 신호를 선택한다.
② 부호화 : 하나의 문자를 나타내는데 필요한 단위 즉, 바이트 및 비트를 표현하는 시스템을 결정한다.
③ 통신회선의 구성 : 물리매체(전송회선)와 모뎀에 연결하는 통신회선의 개수를 결정하고 전송선의 공유 여부 및 사용 권한도 설정된다.
④ 데이터 전송 방식 : 연결된 두 장치 간의 전송 방향을 정하며 전송로 하나에 데이터 신호 여러 개를 중복시켜 고속 신호 하나를 만들기 위해서 다중화 기술을 선택한다.
⑤ 접속 형태 : 네트워크에서 컴퓨터의 위치나 컴퓨터 간의 케이블 연결 등과 같은 물리적인 배치를 의미하는 토폴로지의 형태를 결정한다.
⑥ 전송 매체 : 데이터 전송을 위한 물리적인 환경을 결정하는 것으로 트위스티드 페어 케이블, 동축 케이블, 광케이블과 같은 유선매체와 물리적인 도선을 사용하지 않고서 신호를 전송하는 무선 매체가 있다.

### 3.3.4 DTE/DCE 인터페이스

사용하는 통신 회선의 종류, 전압, 타이밍, 커넥터 모양 등의 조건을 약속하여 표준화한 것을 DTE/DCE 인터페이스라고 한다.

[표 3-1] 인터페이스 시리즈

| 시리즈 | 내 용 |
|---|---|
| V 시리즈 | 전화와 음성 대역의 아날로그 전화 회선용 |
| X 시리즈 | 패킷 교환과 회선 교환 방식의 공중 데이터망 |
| I 시리즈 | 근거리 통신망과 종합정보통신망 |

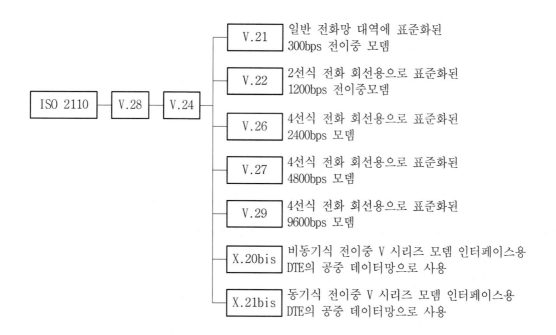

[그림 3-7] ISO 2110 규격

[표 3-2] ITU-T X 시리즈

| 번 호 | 내 용 |
|---|---|
| X.3 | 공중 데이터 네트워크에서의 패킷 분해·조립 장치 |
| X.20 | 공중 데이터 네트워크에서 비동기 전송을 위한 DTE와 DCE 사이의 접속 규격 |
| X.21 | 공중 데이터 네트워크에서 동기 전송을 위한 DTE와 DCE 사이의 접속 규격 |
| X.25 | 공중 데이터 네트워크에서 패킷형 터미널을 위한 DTE와 DCE 사이의 접속 규격 |
| X.75 | 패킷 교환 공중데이터 네트워크 상호간의 접속을 위한 노드 사이의 프로토콜 |

**쉼터**

**생활 속에서 보는 물리 계층**

서울에서 부산까지 여행가기 위해서는 운송수단이 필요하다. 예를 들면, 기차를 이용할 때 반드시 필요한 것은 레일이 필요하다. 또한 고속버스를 이용할 때는 고속도로가 필요하다. 이러한 역할을 하는 것이 바로 물리 계층이다.

# 3.4 데이터링크 계층(Data Link Layer)

## 3.4.1 개념

데이터 링크 계층은 OSI 참조 모델에서 하위 계층인 2계층을 말한다. 두 시스템 사이에서 오류 없이 정보 데이터를 전송하려고 상위 계층(네트워크 계층)에서 받은 비트열의 데이터로 프레임을 구성하여 하위 계층(물리 계층)으로 전달한다.

이 계층에서는 상위 계층에서 내려온 데이터에 주소와 다른 제어 정보로 구성된 헤더를 앞부분에 그리고 뒷부분에는 트레일러를 붙인다. 헤더 부분에는 데이터 단위의 시작을 나타내는 표시와 목적지의 주소를 포함하고 있다. 트레일러 부분은 데이터의 오류 제어를 하는 역할을 하는데 에러 검출 코드가 필요하다.

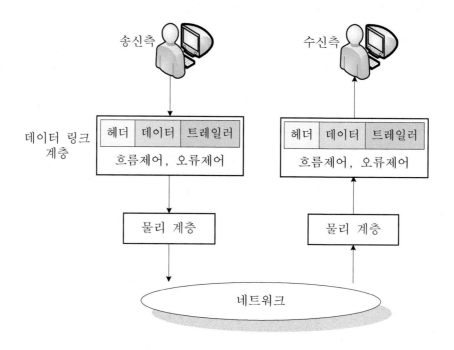

[그림 3-8] 데이터 링크 계층

**쉼터**

**생활 속에서 보는 데이터링크 계층**

개학날 초등학교에서 교실의 풍경은 상당히 소란스러웠다. 선생님이 학생들에게 공지 사항을 전달하려고 했지만 제대로 전달할 수 없었다. 그래서 학생들은 **데이터 링크**를 제대로 구축하기 위해서 선생님에게 다시 말씀해달라고 부탁했다.

### 3.4.2 역할

데이터 링크 계층은 네트워크 계층에 접근 제어를 하기 위해서는 MAC 방식을 구현하며 비트들을 식별하는 기능을 제공함으로써 데이터를 수신측에 전송하는 책임을 가지고 있다. 데이터링크 계층의 구체적인 역할은 다음과 같다.

## (1) 인접 노드로의 정보 전달

데이터가 인접 노드로 전송하는 기능을 가지는 계층으로서 송신측에서 최종 수신측으로 데이터를 전송하려고 할 때 오류 제어 및 흐름 제어를 인접 노드 간에 수행하는 기능을 가지고 있다.

## (2) 오류 제어

전송로를 통해 정보를 주고받을 때 오류가 발생한다면 수신측에서 정확한 정보를 받을 수 없다. 따라서 수신된 정보로부터 올바른 의미를 전달받기 위해서는 CRC(Cyclic Redundancy Checking)과 같은 BEC(Backward Error Control)이나 해밍코드와 같은 FEC(Forward Error Control) 기술이 필요하다.

## (3) 흐름 제어

수신기의 노드에 패킷을 전달하고자 할 때 수신측에서 처리할 수 있는 양보다 과도하게 많을 때 데이터 링크 계층은 이를 처리할 수 있도록 데이터의 양을 조절한다. 흐름 제어 방식에는 ARQ(Automatic ReQuest control)이 있는데 정지 대기(stop and wait) 방식과 선택적(selective) 방식이 있다.

## (4) 주소 지정

헤더와 트레일러 안에는 데이터를 최종적으로 보낸 송신자의 물리주소와 다음으로 보낼 수신지의 물리주소가 들어있다.

## (5) 접근 제어

서로 다른 시스템이 동일한 링크에 연결되어 있을 때 그 링크를 어떤 시점에서 점유하고자 할 때 접근 방식을 제어하고 있다. 유선 매체에서는 CSMA/CD(Carrier Sensing Multiple Access/Collision Detection)이나 Token Ring 방식이 있으며 무선 매체에서는 CSMA/CA(Carrier Sensing Multiple Access/Collision Avoidance) 방식이 있다.

## 3.4.3 전송 제어 방식

전송 제어 방식은 컴퓨터와 컴퓨터 사이나 단말기와 컴퓨터 사이에서 정확하게 정보를 송수신하려고 미리 약속해 놓은 규정으로서 데이터링크 계층에서 반드시 필요하다. 데이터 송수신, 회선 접속과 상대방 확인 등 데이터를 올바르게 전송하는 일련의 절차를 전송 제어 절차라고 한다.

## (1) 전송 제어 절차의 특징

① 문자나 비트에 관계없이 전송할 수 있다.
② 연속적으로 전송하고 일괄적으로 응답하는 것이 원칙이므로 전송 능력이 향상된다.
③ 전이중 방식으로 통신할 때는 역방향으로도 응답할 수 있으므로 전송 능력을 향상시킬 수 있다.
④ 오류 검출 능력이 향상된다.

## (2) 전송 제어 절차의 단계

### 1) 1단계(데이터 전송 회선 접속)

교환회선에 접속되고 있을 때 필요하며 수신 어드레스를 송출하고, 통신회선 즉 물리적인 전송로를 접속시킨다.

### 2) 2단계(데이터 링크 확립)

접속된 회선 상에서 직접 통신하는 상대끼리 이어주는 논리적인 통신로인 데이터 링크를 설정하는 단계이며, 폴링/셀렉션 방식과 컨텐션 방식 등의 송신권 제어로 데이터를 전송할 수 있는 상태가 된다.

### 3) 3단계(정보 전송)

설정된 데이터 링크를 사용하여 데이터를 상대에게 전송한다. 이 때 잡음에 의한 데이터 오류를 검출하여 재송신으로 복원시키기도 하고 메시지 순서 제어로 중복이나 분실이 발생하지 않도록 한다. 이를 위해서 응답 제어로 바르게 수신했는가를 확인하면서 데이터 전송을 진행시킨다.

### 4) 4단계(데이터 링크 종결)

데이터 전송이 종료되면 상대와 확인한 뒤 데이터 링크를 절단하여 초기 상태로 복귀시킨다.

### 5) 5단계(회선 절단)

연결된 회선을 절단한다.

[표 3-3] 교환회선과 전용회선에서 전송 제어 단계

| 단 계 | 전송 제어 | 교환 회선 | 전용 회선 |
|---|---|---|---|
| 1단계 | 회선 접속 | | × |
| 2단계 | 데이터 링크 확립 | | |
| 3단계 | 정보 전송 | ○ | ○ |
| 4단계 | 데이터 링크 해제 | | |
| 5단계 | 회선 전달 | | × |

# 3.5  네트워크 계층(Network Layer)

## 3.5.1  개념

네트워크 계층은 OSI 참조 모델에서 하위 계층인 3계층을 말하며 통신 노드에서 다양한 경로를 설정하고, 메시지 등을 라우팅하며, 망 노드 간에 트래픽을 제어한다. 논리적 링크를 구성하여 송신 측에서 수신 측으로 데이터를 안전하게 전달한다. 시스템 간에 안전하게 데이터를 전송하려고 상위 계층(전송 계층)에서 전달받은 데이터로 패킷을 구성하여 하위 계층(데이터 링크 계층)으로 전달한다.

네트워크 계층은 전송 계층에서 수행하는 종단 시스템 간의 엔드 투 엔드(end to end) 통신을 지원하는데 ITU-T X.25 인터페이스의 세 번째 계층(DTE-DCE 인터페이스) 등이 대표적인 네트워크 계층에서 제공되는 프로토콜이다.

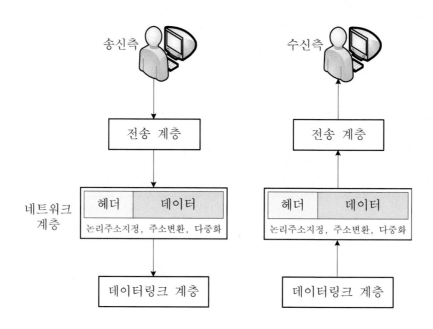

[그림 3-9] 네트워크 계층

## 3.5.2 역할

OSI 참조 모델의 3번째 계층인 네트워크 계층은 패킷 네트워크를 통한 두 DTE 간의 인터페이스뿐만 아니라 사용자 DTE의 패킷 교환 네트워크에 대한 인터페이스 역할을 한다. 구체적인 역할은 다음과 같다.

### (1) 논리주소 지정

송신지와 수신지의 IP 주소를 헤더에 포함하여 전송하는 기술이다.

### (2) 라우팅(routing)

라우팅(routing)은 어떤 네트워크 안에서 통신 데이터를 보낼 경로를 선택하는 과정이다. 이 때 송신지에서 수신지까지 데이터가 전송될 수 있는 여러 경로 중 가장 짧은 거리의 전송 경로를 선택한다. 라우팅은 인터넷 같은 통신망 그리고 교통망 등 여러 종류의 네트워크에서 사용된다.

### (3) 주소변환

수신지의 IP 주소를 보고 다음으로 송신되는 노드의 물리 주소를 찾는 기능이다.

## (4) 순서 제어(Sequence Control)

송신 측에서 데이터를 보낸 순서대로 수신 측에서 받지 못할 때 순서를 제어한다.

## (5) 다중화

하나의 물리 회선을 사용하여 동시에 많은 장치들 간의 데이터 전송을 수행하는 기능이다.

## 3.5.3 네트워크 서비스

### (1) 접속형(Connection Oriented, CO)

먼저 논리적인 통신로를 설정한 후 네트워크가 접속된 상태에서 데이터가 전송되며 데이터 전송이 끝나면 통신 회선을 절단한다.

접속형에 대한 자세한 기능은 다음과 같다.

① 통신할 상대방과의 네트워크 접속의 설정
② 서비스 품질의 설정
③ 데이터 단위 또는 우선 데이터 단위의 전송 수행
④ 통신할 상대방과의 동기된 접속의 해방

### (2) 비접속형(ConnectionLess oriented, CL)

수신측의 동위 계층과의 접속을 위한 논리적인 통신 회선을 설정하지 않고 전송 단위인 프로토콜 데이터 단위(Protocol Data Unit)를 전송하는 방식이다.

## 3.5.4 네트워크 프로토콜

### (1) 접속형 프로토콜

네트워크 접속의 설정 단계, 데이터 전송 단계, 접속의 해제 단계의 3단계를 가지고 있으며, 대표적인 예로는 패킷 교환망의 X.25 프로토콜이 이에 속한다.

X.25는 DTE와 DCE 사이의 접속 규격으로 패킷교환망에 적용되는 데 계층별 기능은 다음과 같다.

① 물리 계층 : 단말기나 패킷 교환기와 전송 장비간의 물리적 접속을 제공한다.
② 프레임 계층 : HDLC(High-level Data Link Control) 프로토콜의 부분 조합인

LAPB(Link Access Procedure Balanced)를 사용하여 에러 없는 전송을 제공한다.

③ 패킷 계층 : OSI의 네트워크 계층과 동일한 계층으로 통신을 하고자 하는 DTE 간에 가상회선을 제공한다.

### (2) 비접속형 프로토콜

네트워크의 접속 개념이 아닌 비접속형 네트워크 서비스를 실현하기 위한 것으로서 LAN, 고속 장거리에 있는 특정 사용자에 의한 폐역 이용성이 강한 위성 회선망에 적용된다.

네트워크 프로토콜 요소로는 데이터 프로토콜 데이터 단위(Data-Protocol Data Unit, DT-PDU)와 오류 프로토콜 데이터 단위(Error-Protocol Data Unit, ER-PDU)의 2종류의 프로토콜 데이터 단위가 규정되어 있다.

---

**쉼터**

HDLC(High-level Data Link Control)

점대점 통신회선을 전송 제어에 사용되는 국제 표준 데이터 링크 프로토콜이며 1970년 초에 IBM의 SNA(Systems Network Architecture)를 위해 개발된 SDLC(Synchronous Data Link Control) 프로토콜을 ISO에서 개선하여 표준화 시킨 것이다.

---

# 3.6 전송 계층(Transport Layer)

## 3.6.1 개념

통신망 양단간의 투명한 데이터 전송 기능을 제공하는 전송 계층에서는 고신뢰성, 저가의 통신 서비스를 제공한다. 전송 계층 간에는 중간 시스템이 존재하지 않으므로 전송 계층 간의 피어 투 피어(peer-to-peer) 통신 기능을 수행한다. 또한 전송 계층에서는 통신망의 기반 요소인 물리적 선로의 특성, 스위칭 방식 등에 관계없이 서비스 품질(Quality of Service) 보장만을 위한 기능을 수행한다.

전송 계층에서는 송신 측에서 전달하려는 데이터를 알맞은 크기의 패킷으로 분할하면, 수신 측에서는 이를 다시 취합하여 순서대로 재조립한다. 즉, 프로세스 간에 정보의 데이터를 전송하려고 상위 계층(세션 계층)에서 받은 데이터를 패킷 단위로 분할하여 하위

계층(네트워크 계층)으로 전달한다. 또 송수신 측의 응용 프로세스 사이에서 데이터를
확실히 송수신해준다. 1~3계층은 시스템 사이에서 발생하는 통신, 4~7계층은 프로세스
사이에서 발생하는 통신이다.

　네트워크 층 이하에서는 확실히 데이터를 전송할 수 있을 지의 여부를 보증할 수 없지
만 트랜스포트층에 맡겨두면 전송해야 할 데이터는 확실히 상대방에 도착할 수 있도록
신뢰성 있는 전송 제어를 한다. 한편, 데이터 링크 계층이 하나의 전송 매체에 연결되어
있는 두 시스템을 연결하는데 비해 트랜스포트 계층은 전체 망의 종단에 연결되어 있는
시스템을 연결한다.

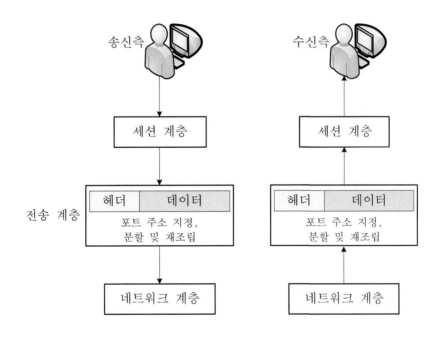

[그림 3-10]　전송 계층

## 3.6.2 역할

　전송 계층은 하위 계층을 구성하는 각종 통신망의 품질의 차이를 보상하고 통신에 적
합한 2개의 종단 프로세스 간에서 투과적인 데이터 전송을 보장하는 계층이다.
　다음은 전송 계층의 자세한 역할을 요약하여 설명한 것이다.

## (1) 종단간(end-to-end) 메시지 전달

　종단간 메시지 전달은 단순히 한 컴퓨터에서 다른 컴퓨터로의 전달이 아니라 한 컴퓨

터의 응용 프로그램(프로세스)에서 다른 컴퓨터의 응용 프로그램(프로세스)으로의 전달을 의미한다.

## (2) 분할과 재조립

송신하려는 데이터를 상위계층에서 받을 경우 전송할 수 있는 크기(세그먼트라고 부른다)로 나누어(segmentation) 각 세그먼트에 번호를 할당하여 목적지에 도착하면 세그먼트 번호를 보고 세그먼트를 재조립한다. 이 때, 세그먼트 번호는 수신지의 전송 계층이 수신된 데이터를 정확한 순서로 재조합하게 하고 송신시 잃어버린 패킷들을 발견하고 재송신할 수 있게 하는 기능이다.

## (3) 연결제어

두 시스템이 서로 데이터를 교환할 때 연결 설정을 하는 경우를 연결 지향형 데이터 전송이고 연결 설정을 하지 않는 경우를 비연결 지향형 데이터 전송이라고 한다.

## (4) 포트 주소 지정

송신지에서 사용하는 응용프로그램의 포토번호와 수신지에서 사용하는 응용프로그램의 포트번호를 헤더에 넣어 전송한다. 수신측에서는 이 데이터의 수신된 포트번호를 보고 이 데이터를 사용할 응용프로그램을 판단하고 상위 계층으로 올려 보낸다.

### 3.6.3 프로토콜 등급

전송 프로토콜은 오류 없는 전송을 보장하며, 통신망 계층이 제공하는 서비스 품질에 따라 등급 0부터 4까지 다섯 가지 서비스 등급을 제공한다.

① 등급 0 : 최소한의 기능만 있는 간단한 프로토콜, 오류 통지
② 등급 1 : 장애에서 기본 오류 회복
③ 등급 2 : 다중화 기능부가
④ 등급 3 : 등급 1에 다중화 기능 추가
⑤ 등급 4 : 데이터 분실, 오류, 장애 등에서 오류를 검출하고 회복하여 다중화시킴

## 3.7 세션 계층(Session Layer)

### 3.7.1 개념

세션 계층은 OSI 참조 모델에서 상위 계층인 5계층을 말한다. 송신 측과 수신 측 사이에서 프로세스를 서로 연결, 유지 및 해제하는 역할을 한다. 이 때, 업무 내용에 따르는 다양한 응용 기능의 요구를 충족시키기 위한 전송 제어 기능을 표현 계층에 제공하며, 이를 위하여 세션 접속을 설정하고 데이터 제어(송신권 제어, 동기 제어 등)를 수행한다.

예를 들면, 한 이용자가 다른 쪽의 프로세스와 대화하기를 원한다면 이 대화를 형성하기 위해 양단간의 연결을 설정해야 한다. 일단 연결이 완료되면 순차적인 방법으로 대화(dialogue)를 관장하여 대화의 흐름이 원활히 이루어지도록 동기에 대한 기능을 제공하거나 전이중 혹은 반이중 전송과 같은 데이터 전송 방향을 결정하는 등의 기능을 제공한다.

대화 기능이라는 것은 통신 시스템 간의 정보의 전송이 마치 인간이 이야기를 하는 것과 유사하도록 만드는 것이다. 송신기와 수신기가 대화를 한다면 현재의 수신된 데이터의 상태와 양 등을 정확히 감시할 수 있다.

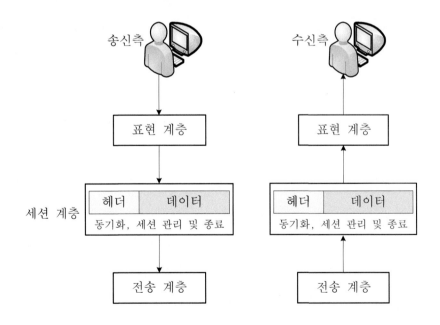

[그림 3-11] 세션 계층

### 3.7.2 역할

OSI 참조 모델의 5번째 계층인 세션 계층인 사용자와 전송 계층 간의 인터페이스역할을 하면서 사용자 간의 데이터 교환을 조직화시키는 수단을 제공하며 구체적인 역할은 다음과 같다.

### (1) 동기화

회화 제어를 하기 위해서 전송하는 정보의 일정한 부분에 체크점(Check Point)을 두고, 수신 단에서 체크점을 수신하여 정보의 수신 상태를 측정하는 동기 서비스가 이용된다. 이와 같은 체크점을 동기점(Synchronous Point)이라 하며 세션 계층에서는 소동기점(Minor Synchronous Point)과 대동기점(Major Synchronous Point)을 이용하여 대화 동기를 조절한다.

### 1) 소동기점(Minor Synchronous Point)

하나의 의미 있는 어떤 대화를 하기 위하여 사용하는 것으로 많은 페이지로 이루어지는 문서를 전송하는 경우의 각 페이지의 단락 양에 대해서 이 소동기점이 대응하여 붙어 있다.

### 2) 대동기점(Major Synchronous Point)

일련의 데이터 교환을 대화 단위로 구성하기 위해서 사용되고 이 대동기점에서는 반드시 이전에 전송된 데이터를 확인한다. 하나의 대화 단위 종료와 다음 개시를 나타내어 상대에게 통지하고 확인한다.

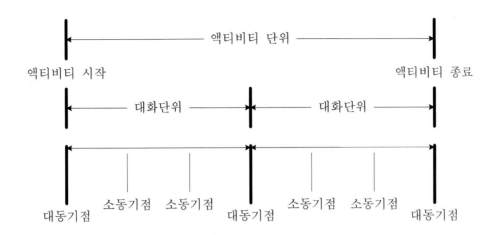

[그림 3-12]  세션 계층의 동기점

\* 액티비티(activity) : 의미 있는 대화의 집합이고, 일련의 작업을 구별하기 위해서 사용되며,
  일시적으로는 단 하나의 액티비티가 하나의 세션 커넥션에서 제어된다.


## (2) 토큰(token)

   서비스 사용자에게 배타적으로 서비스를 사용할 권리를 부여하며 한 순간에 한 사용자
가 임의의 서비스를 사용할 수 있도록 동적으로 할당된다. 사용자들 사이에서 세션이 설
정되었어도 토큰을 사용할 수 없으면 사용자는 세션에 참가할 수 없다.

   토큰은 대화 관리와 전이중, 반이중 연결을 지원하는데 이용되며 모든 세션 서비스 기
능에서 토큰이 이용되는 것은 아니며 데이터 교환 절차, 특정 사용자 대화의 해제 그리
고 동기 기능의 지원에 대한 특정 기능에만 사용된다.


## 3.7.3  세션 프로토콜

   ① 세션 접속의 설정
   ② 데이터 전송
      – 보통, 우선, 수신능력 등의 데이터
      – 토큰의 제어
      – 데이터의 흐름 중에 대 · 소동기점을 삽입하는 동기 제어
      – 어떤 오류가 발생하여 데이터가 손상된 경우 재동기 제어
   ③ 세션 접속의 해제

## 3.8 표현 계층(Presentation Layer)

### 3.8.1 개념

표현 방식(syntax)에는 응용층에서 사용되는 추상구문과 데이터 전송에 실제로 사용되는 전송구문이 있다. 표현계층에서는 응용 계층에 사용하는 추상구문의 요구에 맞춘 전송구문을 정하여 실제 데이터를 전송할 때 그들 정보 형식 간을 변환한다.

임의의 컴퓨터 시스템에서 데이터베이스를 이용하여 작성한 데이터를 다른 컴퓨터로 전송하여 이용하고자 할 때 데이터를 표현한 코드 체계가 서로 다르다면 수신측 컴퓨터에서 이 데이터들은 의미 없는 코드의 나열일 뿐 어떤 의미도 제공하지 못해 정보의 가치를 상실한다. 이 문제를 해결하기 위해서 표현 계층에서는 목적에 따라 다양한 비트 형태들을 표현할 수 있는 데이터가 존재하며 이를 전송 구문(Transfer Syntax)이라고 하며 특히 표현 계층의 전송 구문과는 달리 응용 계층에서의 데이터의 표현을 추상 구문 (Abstract Syntax)이라고 한다.

예를 들면, 서로 다른 두 사용자가 자신의 응용 프로그램이 통신하는 동안에 한 사용자는 ASCII를 사용할 수 있고 다른 사용자는 EBCDIC 코드를 사용할 수 있도록 구문을 협상하도록 허용한다. 표현 계층은 ASN.1을 사용하여 정수, 실수, 8진수, 비트 스트링 등의 데이터 형식을 정의한다.

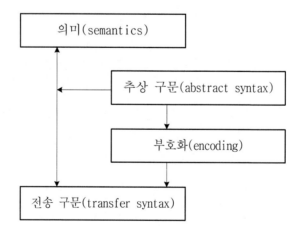

[그림 3-13] 의미, 구문, 전송 구문간의 관계

---

**쉼터**

구문(syntax)과 의미(semantics)의 예

구문에서는 데이터의 8비트는 송신지의 주소를 나타내고, 다음 8비트는 수신지의 주소를 나타내고 있다. 한편, 의미에서는 프로토콜의 주소 부분 데이터는 메시지가 전달될 경로 또는 최종 목적지를 나타내고 있다.

---

## 3.8.2 역할

표현 계층에서는 송신 측과 수신 측 사이에서 서로 다른 부호 체계의 변화와 표준화된 데이터 형식을 규정한다. 즉 데이터의 표현을 제공하며 구체적인 역할은 다음과 같다.

### (1) 구문 변환

송신자가 사용하는 메시지의 형식을 수신자가 해석 가능하도록 미리 정의된 형식으로 변환하며, 수신지에서는 수신자가 이해할 수 있는 형식으로 변환한다.

### (2) 암호화

인터넷을 통한 데이터 전송 도중에 발생할 수 있는 데이터의 누설 등의 위협으로부터 데이터를 보호하기 위하여 암호화와 복호화를 통하여 데이터의 보안성을 제공한다.

### (3) 압축

표현 계층에서의 데이터 압축은 데이터를 더 적은 저장 공간에 효율적으로 기록하기 위한 기술, 또는 그 기술의 실제 적용을 가리킨다.

크게 데이터를 더 작은 크기로 변환시키는 인코딩 과정과 저장된 데이터를 다시 불러와 원래 데이터 형태로 복원시키는 디코딩 과정으로 이루어진다.

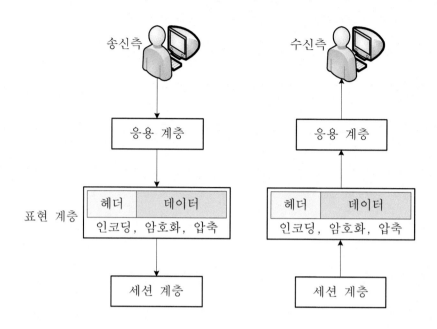

[그림 3-14] 표현 계층

## 3.9 응용 계층(Application Layer)

### 3.9.1 개념

응용 계층은 OSI 참조 모델에서 최상위 계층인 7계층을 말한다. 사용자에게 직접 제공하는 서비스로 제반적인 응용 작업 등의 서비스를 제공한다. 추상 구문을 정의하며, 7계층이므로 프로세스 간의 통신에 속한다.

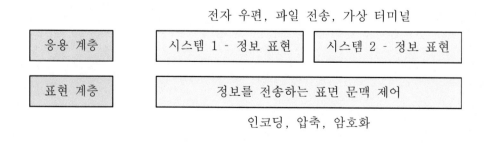

[그림 3-15] 표현 계층과 응용 계층과의 표현 문맥 관계

116

응용계층에 대한 정의는 매우 광범위하게 이루어진다. 어떤 경우 응용 계층은 컴퓨터에서 실행되는 특정 프로그램이나 프로그램들의 집합을 의미하기도 하며 또 다른 경우에는 임의의 작업을 수행하는 응용 실체(entity)들 간의 집합으로 정의되기도 한다.

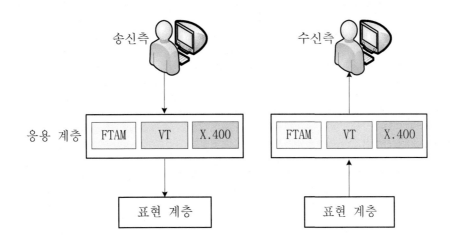

[그림 3-16] 응용 계층

## 3.9.2 역할

OSI 참조 모델의 7번째 계층인 응용 계층은 최상위 계층으로서 최종 사용자 응용 프로세스를 지원한다. 표현 계층과는 달리, 응용 계층은 데이터의 의미에 대해서 관심을 가지며 다음과 같은 역할을 하는 응용 계층 프로토콜들이 있다.

### (1) 가상 터미널(Virtual Terminal, VT)

#### 1) 목적

실제 터미널을 가상 터미널로 변화시키는 기능을 가지고 있는데 이때 사용하는 프로토콜로 인해 로컬에서 원격 시스템으로 로그온이 가능하게 해준다.

#### 2) 기능

① 두 응용 레벨 엔티티들 간의 연결의 설정 및 유지
② 연결을 통해 이루어지는 허용 가능한 동작을 교섭함으로써 대화 제어
③ 터미널의 상태를 나타내는 자료 구조의 생성과 유지
④ 실제 터미널 문자들과 표준화된 표현 사이의 번역

## (2) FTAM(File Transfer Access and Management)

ISO 8571로 표준화된 프로토콜로서 이기종 컴퓨터 간에 파일 전체를 전송한다든지 어떤 컴퓨터 시스템의 프로그램에서 다른 시스템의 파일에 접근하거나 파일의 생성, 삭제 등의 관리를 행하는 기능을 제공한다. 이를 요약하면 다음과 같다.

① 파일 전송 : 파일 전체 정보를 다른 파일로 전송
② 파일 액세스 : 파일 내용 일부분을 읽기, 기록, 삽입, 추가
③ 파일 관리 : - 파일 관리 작성 또는 삭제 - 파일 속성에 관한 정보 조작

## (3) 디렉터리 서비스

전자 디렉터리 서비스를 전달하는 일련의 컴퓨터 네트워크 표준으로 X.500을 많이 사용하고 있는데 인터넷 액세스가 가능한 사용자는 누구라도 활용 가능한 글로벌 디렉터리의 일부가 될 수 있도록 조직 내의 사람들을 전자적인 디렉터리로 개발하기 위한 표준방식이다.

X.500 시리즈는 ITU-T가 X.400 전자 메일 교환과 이름 검색을 지원하기 위해 개발되었다.

장점으로는

① 디렉터리 구현 및 서비스를 위한 광범위한 표준 규격을 제공한다.
② 비교적 안정적인 규격으로 향후 개정의 가능성이 별로 없다.

한편, 단점으로는 규격이 방대하고 복잡하여 구현이 어렵고 시간이 많이 소요된다.

## (4) 전자 우편

송수신자가 서로 전자우편을 사용하기 위해 필요한 메일 전송 및 저장 기능을 제공하는데 X.400을 주로 사용하며 메시지 관리 시스템(MHS, 전자 우편)을 위한 데이터 통신 네트워크에 대한 표준을 정의하고 있다.

X.400이 인터넷 전자 우편을 범용적으로 사용할 수 있게 한 것은 전혀 아니며 널리 사용되는 전자 우편 프로토콜인 SMTP(Simple Mail Transfer Protocol)에 대한 대안이다.

**쉼터**

MHS(Message Handling System)
X.400 전자 우편 시스템.(ITU-T가 공공 네트워크 서비스 분야에서 표준으로 지정한 전자우편)

---

# 요 약

---

1. OSI 모델은 모든 종류의 컴퓨터들 사이에 통신을 허락하는 네트워크 시스템을 설계하기 위한 계층 구조를 갖는 틀인데 7계층으로 구성되어 있다.

2. 개방형 시스템이란 서로 다른 특성을 갖는 컴퓨터끼리 상호 연결할 수 있는 시스템을 말한다.

3. 네트워크 아키텍처는 다른 기종의 컴퓨터나 다양한 단말 등을 통신 회선으로 연결하여 이들 상호 간의 자유로운 통신의 실현을 목표로 하는 체계화된 개념이다.

4. 실체(entity)는 각 서브시스템(subsystem) 내에 두 개 이상 존재할 수 있으며, (N) 실체에 의해 부여된 역할을 수행하는 기능 요소를 (N)기능이라고 한다.

5. 개방형 시스템 A, B의 동위 실체(동일한 층의 실체 사이)에서, 프로토콜 데이터 단위(Protocol Data Unit, PDU)라고 불리는 이용자 정보 데이터를 교환하기 위한 논리적인 통신로를 접속이라고 한다.

6. 각 개방형 시스템의 실체(entity)는 동일 계층에 속하는 실체와 상호 통신함으로써, 지정된 역할을 수행한다. 이때, 구체적인 제어정보의 내용 및 형식이 각 계층 내에서 정하여지는데, 이를 (N)프로토콜이라고 한다.

7. (N)실체가 (N)서비스를 (N+1)실체에 제공하는 지점을 (N)서비스 액세스 점(Service Access Point, SAP)이라고 한다.

8. (N)층의 동위 실체사이에서 (N)프로토콜에 따라 송수신 되는 전송 데이터의 단위가 (N)–PDU이다.

9. (N)접속의 양쪽 끝으로 (N)층과 (N+1)층의 실체 사이에서 받고 건네지는 데이터 단위가 (N)–SDU이다.

10. 물리 계층에서는 물리적인 접속의 설정과 유지 및 해제를 수행하며, 신호를 송수신하는DTE/DCE 인터페이스 회로와 제어 순서, 커넥터의 규격이 포함된다.

11. 데이터 링크 계층에서는 실제적인 선로를 이상적인 선로로 가상화하기 위해서 오류 제어 및 흐름 제어가 필요하다.

12. 네트워크 계층은 통신 노드에서 다양한 경로를 설정하고, 메시지 등을 라우팅하며, 망 노드 간에 트래픽을 제어한다.

13. 전송 계층 간에는 중간 시스템이 존재하지 않으므로 전송 계층 간의 피어 투 피어(peer-to-peer) 통신 기능을 수행한다.

14. 세션 계층은 송신 측과 수신 측 사이에서 프로세스를 서로 연결, 유지 및 해제하는 역할을 한다.

15. 표현 계층에서는 응용 계층에 사용하는 추상구문의 요구에 맞춘 전송구문을 정하여 실제 데이터를 전송할 때 그들 정보 형식 간을 변환한다.

16. 응용 계층은 사용자에게 직접 제공하는 서비스로 제반적인 응용 작업 등의 서비스를 제공한다.

# 연습문제

1. OSI 참조 모델(Reference Model)의 개념과 목적에 대하여 설명하시오.

2. 네트워크 아키텍처의 기술적 개념에 대하여 표현하시오.

3. 물리 계층의 개념과 역할에 대하여 구현하시오.

4. 데이터 링크 계층에서 일반적인 전송 제어 절차에 대하여 설명하시오.

5. 네트워크 계층에서 네트워크 서비스에 대하여 설명하시오.

6. 전송 계층을 다른 계층과 비교하여 설명하시오.

7. 세션 계층에서 동기점에 대하여 구현하시오.

8. 응용 계층에서 구현되는 서비스 종류에 대하여 열거하시오.

9. 다음을 간단히 설명하시오.
   1) 실체(entity)
   2) PDU(Protocol Data Unit)
   3) 토큰(token)
   4) 표현 계층

# 약 어

OSI(Open Systems Interconnection)

SNA(System Network Architecture)

PDU(Protocol Data Unit)

SAP(Service Access Point)

PCI(Protocol Control Information)

CRC(Cyclic Redundancy Checking)

BEC(Backward Error Control)

FEC(Forward Error Control)

ARQ(Automatic ReQuest control)

CSMA/CD(Carrier Sensing Multiple Access/Collision Detection)

CSMA/CA(Carrier Sensing Multiple Access/Collision Avoidance)

CO(Connection Oriented)

CL(ConnectionLess oriented)

HDLC(High-level Data Link Control)

LAPB(Link Access Procedure Balanced)

VT(Virtual Terminal)

FTAM(File Transfer Access and Management)

SDU(Service Data Unit)

# 4

# 인터넷
# 프로토콜

# 4장 인터넷 프로토콜

현재 우리의 생활은 인터넷 없이는 원활하게 이루어지기 힘들 정도로 삶의 일부분이 되었다. 학교나 회사에서 사용하는 일상적인 생활의 도구가 되었으며, 대부분의 기업이나 국가들도 인터넷을 이용하여 업무를 처리하는 세상이 되었다.

인터넷은 미국의 국방성(Department of Dependent, DoD)에서 최초로 개발한 통신망으로서 세계적으로 가장 광범위하고 기능이 우수한 컴퓨터 통신망으로 근래에 가장 각광받고 있는 통신망이다. 1993년에 약 130만대의 컴퓨터와 호스트가 인터넷에 접속되었고, 해마다 약 80[%] 정도의 성장률을 나타내고 있다.

인터넷에서 데이터를 주고받기 위해서 구성되는 네트워크는 종단 디바이스, 코어 역할을 하는 라우터, 라우터와 단말, 라우터와 라우터를 연결하는 전송 매체(광케이블, 동축 케이블, 꼬임선 등)의 하드웨어와 각 계층에서 통신 프로토콜 기능을 담당하는 소프트웨어로 구성된다.

인터넷에서는 TCP/IP(Transmission Control Protocol/Internet Protocol) 통신 프로토콜이 사용되고 있으나, TCP/IP는 비 OSI 환경으로서 현재 OSI 프로토콜 아키텍처와의 호환을 추진 중이며 인터넷은 호스트가 특정한 통신망에 접속되고, 각각의 통신망이 게이트웨이를 이용하여 접속되는 형태로 발전하고 있다.

이 장에서는 인터넷의 등장 배경, 주소 체계 그리고 각 계층에서의 기능과 프로토콜을 살펴보고 인터넷 관련 서비스에 대하여 고찰하고자 한다.

---

## 학습 목표

1. 인터넷에서 사용하는 프로토콜의 계층 구조를 살펴본다.
2. IPv4와 IPv6를 비교하여 설명한다.
3. TCP/IP 계층에서 사용되는 프로토콜에 대하여 이해하도록 한다.
4. 응용 계층에서 이용되는 프로토콜에 대하여 공부한다.
5. 인터넷 관련 서비스 종류에 대하여 살펴본다.

---

## 4.1 개요

네트워크는 2대 이상의 컴퓨터가 서로 통신할 수 있도록 연결한 형태를 말하는 데 근 거리 통신망(Local Area Network, LAN)과 원거리 통신망(Wide Area Network, WAN) 이 있다. 일반적으로 네트워크는 물리적으로 일정 거리 이상 떨어진 위치에서 독립적으 로 실행할 수 있는 컴퓨터 간의 데이터 교환 환경을 지원한다.

근거리 통신망은 가까운 거리, 즉 동일지역 내에 있는 건물 안에 존재하는 비교적 근거 리에 위치하고 있는 호스트간의 통신이 가능하도록 연결한 네트워크를 말한다. 원거리 통신망은 근거리를 넘어서는 원격의 호스트들을 상호 연결하여 구성한 네트워크이다.

1980년대에 들어서면서 LAN이 보편화되고 애플을 비롯해 노벨, IBM, 마이크로소프 트 등이 독자적인 프로토콜을 개발하기 시작하면서 LAN과 LAN으로 연결하는 기술과 PC와 메인프레임을 연결하는 기술이 개발되기 시작했다. 이에 따라 80년 후반부터는 각 회사들이 자신의 독자적인 통신망은 그대로 유지하면서 공동으로 사용할 수 있는 네트워 크를 만들려는 노력이 계속 되었으며 결국 인터네트워킹 구조가 태동되었다. 이것이 바 로 인터넷의 시초이며 지구를 하나의 통신망에 묶어둘 수 있는, 이른 바 글로벌한 통신 환경이 구축되었으며 TCP/IP의 근간을 이루었다.

인터넷의 유래는 1960년대 미국 국방부 산하의 ARPA(Advanced Research Projects Agency)의 연구용 네트워크가 시초이며, 군사용 네트워크는 MILNET로 발전되었다. 동 서냉전이 한창이던 때 미국 국방부에서는 국가 위기 상황에서도 살아남을 수 있는 네트 워크를 연구하였다. 최초의 노드간의 상호연결은 1969년 10월 에 구현되었는데 이 통신 망을 ARPANET이라고 하였으며 현재의 인터넷망의 시초이다.

인터넷 환경에서 제공되는 WWW(World Wide Web)는 일반적으로 웹이라고 하며 간 단히 W3라고도 부른다. '세계 규모의 거미집' 또는 '거미집 모양의 망'이라는 뜻으로, 하 이퍼텍스트(hypertext)라는 기능에 의해 인터넷상에 분산되어 존재하는 온갖 종류의 정 보를 통일된 방법으로 찾아볼 수 있게 하는 광역 정보서비스다. 웹 이전의 인터넷은 초 기의 명령어 기반 구조를 가지고 있었으며, 하드웨어와 OS에 따라 다른 명령어를 써야 했는데, 웹에서는 어떠한 종류의 컴퓨터를 사용하여도 한 가지 종류의 표준 사용자 환경 으로 조작이 가능하도록 하였다.

WWW는 하이퍼텍스트와 하이퍼미디어를 기반으로 한 고급 인터넷 서비스에 해당하며 전자는 다른 문서로 상호 연결성을 가지고 있으며 후자는 문서들이 단순한 문자뿐만 아 니라, 그림, 음성, 동화상 등의 다양한 형태의 자료를 포함하고 있는 것을 의미한다. 대 부분의 WWW 문서는 하이퍼미디어 형태로 자료를 보관하고 제공한다.

---

### 용어 설명

**호스트(Host)**

호스트는 인터넷에 연결되어 있는 컴퓨터를 말한다. 때로는 호스트가 특정 서비스를 수행하는 컴퓨터를 의미하기도 하나, 보통 인터넷에 연결되어 IP 주소를 가지고 있는 컴퓨터를 말한다.

---

OSI 7 계층은 OSI 표준으로 각 계층이 독립적이며 TCP보다 세분화되어 있고, 내용면에서 우수하지만 구현이 다소 어려워 많이 사용되지 않는 반면, TCP/IP는 정식으로 제정된 표준은 아니지만, 간단한 구조로 구현이 용이하기 때문에 널리 사용되고 있다. 사실상의 산업 표준을 의미하는 디펙토(de facto)로 불린다.

---

### 용어 설명

**디펙토(De facto)**

De facto는 라틴어로 '사실의'라는 뜻을 가지고 있지만 법률로 구분하여 말하지 않는다. 법, 정부, 기술(이를테면, 표준)을 일컬을 때, 보통 ('법으로'라는 뜻의) de jure와 대비되어 쓰인다. De facto라는 용어는 또한 표준이나 법에 관련이 없을 때 쓰인다. '꽤 보편적이지' 않을 수도 있지만, 보통 실행이 잘 확립되어 있다는 것을 말한다.

---

## 4.2 계층 구조

인터넷에 기초를 두는 대표적인 프로토콜은 TCP/IP이다. 이 프로토콜은 가정과 대학 그리고 기업체에서 서로 연결하여 전 세계적 규모의 글로벌 통신망, 이른 바 인터넷을 구성하는 기반을 만들었다. 인터넷에서 사용하는 프로토콜의 계층 구조를 그림으로 보면 다음과 같다.

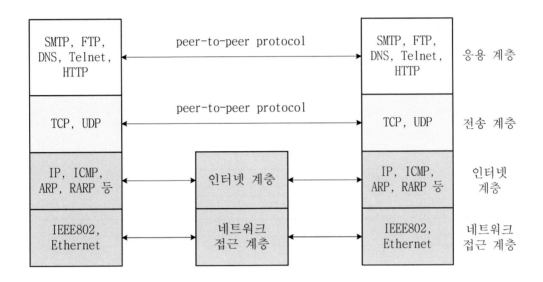

[그림 4-1] 계층 구조

OSI 7계층과 비교하면 네트워크 접근 계층은 1~2계층에, 인터넷 계층은 3계층에, 전송 계층은 4계층에, 응용 계층은 5~7계층에 대응한다.

인터넷 프로토콜에서 동위 계층 프로토콜(peer-to-peer protocol)은 임의의 계층에서 상대편 동일 계층의 모듈과 통신하는 프로토콜을 의미한다. 시스템 사이의 통신은 적절한 프로토콜을 이용한 해당 계층의 동위 계층 프로토콜을 통해 이루어진다. 이 때, (N)계층에서 다른 시스템의 (N)계층과 통신하기 위해서는 상위 계층의 메시지와 더불어 헤더 정보를 이용한다.

---

## 용어 설명

### 게이트웨이

LAN이나 WAN에 소속된 한 호스트에서 자신이 속하지 않는 외부 네트워크에 있는 호스트에 정보를 보낼 때 게이트웨이를 통과한다. 마찬가지로 외부에서 들어오는 데이터도 게이트웨이를 통과한다.

---

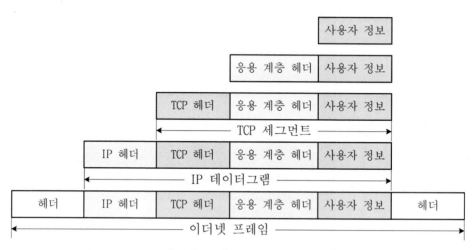

[그림 4-2] 캡슐화 과정

한편, 상하 계층 간에 데이터를 주고받는 일련의 과정은 다음과 같다. 송신측의 응용 계층에서 발생한 데이터는 전송 계층으로 차례로 전달한다. 이때, 전송 계층에서는 전달받은 데이터에 헤더 정보를 추가한 후 바로 아래 계층으로 전달한다. 한 단계 낮은 계층에서는 전달받은 데이터를 하나의 데이터로 취급하고, 또 다시 새로운 헤더를 추가해 최하위 계층인 네트워크 접근 계층에 도달하게 되는 것이다. 이러한 과정을 캡슐화(encapsulation)라고 한다. 예를 들어, TCP/IP 형식을 가진 데이터 패킷은 다른 종류의 전송 데이터 단위인 ATM 프레임 속에 캡슐화될 수 있는 데, 이 프레임이 송수신되는 상황에서 캡슐화된 패킷은 단지 ATM 데이터들 사이의 비트 스트림으로 간주된다.

송신 측 최하위 계층에서는 이와 같이 캡슐화된 데이터를 전송 매체를 이용해 수신 측 최하위 계층인 네트워크 접근 계층으로 접근한다. 그러나 송신 측과 반대로 각 계층의 헤더를 벗겨내어 수신 측의 최상위 계층으로 전달하는 데, 헤더를 벗겨내는 과정을 역캡슐화(decapsulation)라고 한다. 수신 측의 최상위 계층(응용 계층)에서는 송신 측의 최상위 계층에서 보낸 원 데이터를 정확하게 전달한다.

# 목소리

### 인터넷 중독

인터넷을 떠나 있으면 금단 증상을 보이는 사람들이 있습니다. 피츠버그 대학에서 제공한 10가지 항목의 자가진단 리스트입니다.

1. e-mail을 확인해 봐야겠다는 강박관념이 자주 생기십니까?
2. 자판 앞에 앉은 경우 외에 의식적이든 무의식적이든 손가락으로 자판을 두드리는 행동을 해 본적이 있습니까?
3. 예상한 것보다 두 배 혹은 세 배나 되는 통신료 청구서를 받아 본 적이 있습니까?
4. 통신망에 매달려 있느라 잠을 못 잔다거나 식사를 거른 일이 한 번 이상 있습니까?
5. 스스로 컴퓨터에서 떨어지지 못해서 업무나 수업을 빠뜨리거나 약속시간에 늦은 일이 있습니까?
6. 당신의 가족이나 친구들과 자신이 통신망에서 허비하는 시간의 양 때문에 논쟁을 벌여본 적이 있습니까?
7. 통신망에서 너무 많은 시간을 보내서 당신의 학업이나 직업 활동에 지장을 준 일이 있습니까?
8. 통신망 상에서의 대인관계가 일상생활의 실제 사람들과의 대인관계보다 더 원만하십니까?
9. 통신망에서 머무르게 되는 시간이 점점 더 길어지는 경험을 하십니까?
10. 며칠 동안 통신을 사용하지 않으면 막연한 불안, 통신을 해야 할 것 같은 강박관념, 혹은 인터넷에 대한 환상이나 백일몽을 겪은 적이 있습니까?

이 중 3가지가 해당되면 중독증상이 나타나는 것이므로 조심해야 합니다.
인터넷을 문명의 이기로 사용하십시오.

## 4.3 주소 체계

인터넷에 연결되어 있는 모든 컴퓨터는 고유한 IP 주소를 가진다. IP 주소는 유일한 주소가 해당 호스트에 해당되며, DHCP(Dynamic Host Configuration Protocol) 서버를 통해 임시 IP 주소를 할당받아 사용한다. IP 주소는 IPv4 주소와 IPv6 주소로 나누어진다.

---

### 용어 설명

**DHCP(Dynamic Host Configuration Protocol)**

네트워크 관리자들이 조직 내의 네트워크 상에서 IP 주소를 중앙에서 관리하고 할당해줄 수 있도록 해주는 프로토콜이다. TCP/IP 프로토콜에서는, 각 컴퓨터들이 고유한 IP 주소를 가져야만 인터넷에 접속할 수 있다. 컴퓨터 사용자들이 인터넷에 접속할 때, IP 주소는 각 컴퓨터에 반드시 할당되어야만 한다. DHCP를 사용하지 않는 경우에는, 각 컴퓨터마다 IP 주소가 수작업으로 입력되어야만 하며, 만약 컴퓨터가 네트워크의 다른 부분에 속한 장소로 이동되면 IP 주소를 새로이 입력해야 한다.

---

### 4.3.1 IPv4 주소

#### (1) 개념

IP 주소는 10진수 4개와 .(점)으로 나타내며 각 10진수 숫자는 0~255까지 사용할 수 있고 또한 8비트가 필요하므로 전체적으로는 32비트가 필요하다.

표현 예 : 211.220.111.013

#### (2) 주소 체계

IP 헤더에서 발신지 주소(Source Address)와 목적지 주소(Destination Address) 필드는 송수신 호스트의 IP 주소이다. IP 주소는 네트워크 번호와 그 네트워크에 접속해서 부여하는 호스트 번호로 구성된다. 주소 체계는 클래스 A~D까지 4종류이며, 첫 번째부터 세 번째 비트까지 번호를 할당하여 클래스를 구분한다. 클래스 A~C는 유니캐스팅에서 이용하고, 클래스 D는 멀티캐스팅에서 이용한다. 예외로 클래스 E는 향후 사용하려고 남겨둔 예비·실험용 주소이다.

IP 주소 체계는 전 세계적으로 유일한 것이 되어야 하므로 임의로 사용할 수 없다. 다시 말하면, 전 세계적으로 유일한 네트워크 주소가 모든 컴퓨터 네트워크에 할당되며 현재 이 주소의 할당은 NIC(Network Information Center)에서 담당한다.

네트워크 주소가 결정되면 하위의 호스트를 나타내는 호스트 비트 값을 개별 네트워크의 관리자가 할당한다. A 클래스는 호스트 비트의 크기가 크기 때문에 규모가 큰 네트워크에서 사용하고, C 클래스는 규모가 작은 네트워크에서 사용한다.

## 1) 클래스 A

첫 번째 비트가 0인 주소로 가장 작은 네트워크 0.X.X.X에서 가장 큰 네트워크 127.X.X.X으로 규정하고 있다.

한편, 호스트 번호가 모두 0인 경우는 해당 네트워크 자체를 나타내기 때문에 그리고 모두 1인 경우는 동일한 네트워크 주소를 가진 모든 호스트들에게 패킷을 전송하는, 이른 바 브로드캐스트이기 때문에 제외되므로 호스트의 수는 $2^{24}-2$개인 16,777,214개로 구성되어 있다.

| 0 | 네트워크 번호(7비트) | 호스트 번호(24비트) |
|---|---|---|

[그림 4-3] 클래스 A

## 2) 클래스 B

첫 번째와 두 번째 비트가 각각 1과 0인 주소로 가장 작은 네트워크 번호 128.0에서 가장 큰 네트워크 번호 191.255로 규정되어 있다.

예를 들면, 클래스 B에서 주소가 150.11.X.X이라면 150.11.0.0과 150.11.255.255는 특수 목적으로 사용되고, 나머지 주소는 망에 있는 호스트의 주소이다. 즉, 호스트의 수는 $2^{16}-2$개인 65,534개로 구성된다.

| 1 | 0 | 네트워크 번호(14비트) | 호스트 번호(16비트) |
|---|---|---|---|

[그림 4-4] 클래스 B

## 3) 클래스 C

첫 번째 비트에서 세 번째 비트가 각각 1,1,0인 주소로, 범위는 가장 작은 네트워크 192.0.0에서 가장 큰 네트워크 223.255.255로 규정하고 있다.

여기서 주소가 220.11.1.X일 경우 220.11.1.0과 220.11.1.255는 특수 목적으로 사용되고, 나머지 주소는 망에 있는 호스트 주소이다. 그러므로 호스트의 수는 $2^{8}-2$개인 254

개로 구성되어 있다.

| 1 | 1 | 0 | 네트워크 번호(21비트) | 호스트 번호(8비트) |

[그림 4-5] 클래스 C

### 4) 클래스 D

첫 번째 비트에서 네 번째 비트가 각각 1,1,1,0인 주소로 나머지 28 비트를 멀티캐스트 용으로 사용한다.

| 1 | 1 | 1 | 0 | 멀티캐스트 그룹 번호(28비트) |

[그림 4-6] 클래스 D

## (3) 주소 관리 방식

### 1) 서브네팅(Subnetting)

IP 주소의 수가 한정되어 있으므로 각 기관에서는 배정받은 하나의 네트워크 주소를 다시 여러 개의 작은 네트워크로 나누어 사용한다. 이 때, 주어진 네트워크 주소를 나누어 사용하는 것을 서브네팅(subnetting)이라고 한다.

네트워크적인 측면에서 말하면, 너무 큰 브로드캐스트 영역은 네트워크 환경에서 패킷 전송을 느리게 하고 성능저하를 발생시킨다. 그러므로 네트워크를 쪼개서 통신 성능을 보장한다.

[표 4-1] 서브넷 마스크

| 클래스 | 디폴트 서브넷 마스크 |
|:---:|:---:|
| A | 255.0.0.0 |
| B | 255.255.0.0 |
| C | 255.255.255.0 |

IP 주소 중에 네트워크 식별자 부분을 구분하기 위한 마스크를 서브넷 마스크(Subnet Mask)라고 하는데, 각각의 클래스에 대한 디폴트 서브넷 마스크는 [표 4-1]과 같다.

예를 들면, 한 개의 클래스 C 주소를 나누어 사용하기 위하여 호스트 필드(Host Field)를 8비트가 아닌 5비트만 사용하고 네트워크 식별자로 27비트만 사용한다면, 이때의 서브넷 마스크는 255.255.255.224가 된다.

| 일반적인<br>클래스 C | 11111111 | 11111111 | 11111111 | 00000000 | |
|---|---|---|---|---|---|
| Subnet<br>Mask | 255 | 255 | 255 | 0 | |
| 서브네팅 | 11111111 | 11111111 | 11111111 | 111 | 00000 |
| Subnet<br>Mask | 255 | 255 | 255 | 224 | |

[그림 4-7]  3비트를 사용한 서브네팅

클래스 C인 193.55.0에 대하여 서브넷을 하는 경우와 하지 않는 경우에 대하여 그림으로 보면 다음과 같이 이해할 수 있다.

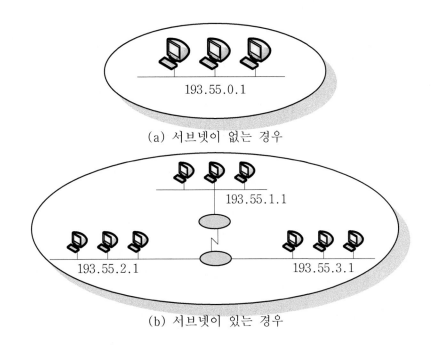

(a) 서브넷이 없는 경우

(b) 서브넷이 있는 경우

[그림 4-8]  클래스 C 서브네팅

그러면 클래스 C에 대하여 서브네팅을 구현하는 경우 서브네트워크 수, 각 서브네트워크의 호스트 수 그리고 총 IP 수를 살펴보면 다음과 같다.

[표 4-2] 클래스 C 서브넷 마스크

| 구 분 | 서브네팅 주소로 사용한 비트 수 | | |
|---|---|---|---|
| Subnet Mask | 나누지 않음 | 2 비트 사용 | 3 비트 사용 |
| | 255.255.255.0 | 255.255.255.192 | 255.255.255.224 |
| 서브네트워크수 | 1 | 4 | 8 |
| 각 서브네트워크 내의 호스트수 | 256-2=254 | 64-2=62 | 32-2=30 |
| 총 IP 수 | 254 | 4×62 = 248 | 8×30 = 240 |

### 쉼터

CIDR(Classless Inter-Domain Routing)

도메인 간의 라우팅에 원래의 IP 주소 클래스 체계를 쓰는 것보다 더욱 융통성 있도록 할당하고 지정하는 방식으로 subnetting과 supernetting이 있다.

## 2) 슈퍼네팅(Supernetting)

인터넷이 매년 폭발적인 성장을 하면서 라우팅 시스템의 확장성에 대한 심각한 염려가 IETF(Internet Engineering Task Force)에서 제기되었다. 클래스 C 주소가 할당되면서 인터넷의 라우팅 테이블 규모가 증대하고 32비트 IPv4 주소의 궁극적인 고갈이 심각한 문제를 유발하게 되었다.

그래서 IETF는 'supernetting'라는 새로운 개념을 도입하고 1993년 9월에 이를 표준화하였다. 128비트의 주소 공간을 사용하는 IPv6이 사용될 예정이나 IPv4에서 IPv6로 전환하는 데에는 여러 가지 사항들이 선행되어 해결되어야 하므로 그 때까지 과도기적으로 슈퍼네팅을 사용하려고 하였다. 클래스 C를 슈퍼네팅한 결과를 표로 나타내면 다음과 같다.

[표 4-3] 클래스 C 슈퍼네팅

| 번 호 | 할당받은 IP 주소 |
|:---:|:---:|
| 1 | 192.168.1.1 ① |
| 2 | 192.168.2.1 |
| 3 | 192.168.3.1 |
| 4 | 192.168.4.1 |
| 5 | 192.168.5.1 |
| 슈퍼네팅된 서브넷 마스크 | 255.255.248.1 |

①을 8비트로 변형하면 00000001, 00000010, 00000011, 00000100, 00000101으로 표현된다. 이것을 마스크된 개념으로 표현하면 이진수인 11111000 즉 십진수인 248으로 된다.

## 4.3.2 IPv6 주소

### (1) 도입 배경

인터넷에 연결할 수 있는 호스트의 개수는 IP 주소에 의해 좌우되며 약 43억 개 정도의 호스트가 연결될 수 있다. 최근 인터넷의 급성장으로 인하여 32비트의 주소 체계는 포화 상태에 있게 되었다.

이렇게 주소 고갈이 발생한 이유로는 인터넷의 성장도 있었지만, IPv4의 사전 할당으로 인해 사용되지 않는 많은 수의 주소들이 존재한다는 점에서 그 이유를 찾을 수 있다.

이러한 IPv4의 문제를 배경으로 차세대 IP규격(IPng : IP Next Generation)의 검토가 IETF에 의하여 진행되었고 IPv6를 표준화하였다. 128비트의 IPv6 주소 체계는 주소 고갈 문제를 해결할 뿐만 아니라 보안 문제, 라우팅 효율성 문제, QoS(Quality of Service) 보장, 무선 인터넷 지원 등과 같은 다양한 기능들을 제공할 수 있어서 차세대 구현의 핵심 요소로 부각되고 있다.

### (2) 주소 표현

IPv4 프로토콜에서는 8비트 단위의 숫자 4개를 점(.)으로 구분하여 221.223.201.29와 같이 표현한다. 그러나 IPv6 프로토콜에서 지원하는 128비트의 숫자는 아주 커 16비트의 숫자 8개를 콜론(:)으로 구분한다.

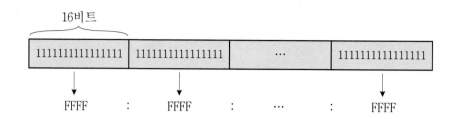

[그림 4-9] IPv6의 주소 표현

예를 들어, D2D2 : 1211 : 2D1D : 1600 : 5454 : 2121 : 1111 : 1234처럼 표현할 수 있다. 한편, 0에 대한 처리는 16진수 주소에 0이 연속될 경우 하나의 0으로 표현하거나 생략할 수 있다. 예를 들면, 0774 : 3E3D : 0000 : 0000 : 0000 : 0000 : 3456 : B4DC는 0774 : 3E3D : 0 : 0 : 0 : 0 : 3456 : B4DC로 나타낼 수 있으며 다시 0을 생략하게 되면 0774 : 3E3D :: 3456 : B4DC이다.

아울러 IPv4 프로토콜과 함께 사용하는 환경에서 IPv4 주소를 캡슐화하여 다음과 같이 표현하기도 한다.

$$X : X : X : X : X : X : d.d.d.d$$

이때, X : X : X : X : X : X에서 X는 16비트이며 총 96(16x6)비트이고, d.d.d.d에서 d는 8비트이며 총 32(8×4)비트이다. 따라서 전체 크기는 IPv6의 주소 크기와 동일한 128(96+32)비트이다.

[표 4-4] IPv4와 IPv6의 비교

| 구 분 | IPv4 | IPv6 |
|---|---|---|
| 주소 길이 | 32bits | 128bits |
| 주소 개수 | 약 43억개 | 약 43억 × 43억 × 43억 × 43억 개 |
| 주소 할당 | A, B, C, D Class 단위 | Prefix 방식의 순차적 할당 |
| 보안 지원 기능 | 추가설치 | IPsec을 기본기능으로 내장 |
| Multicast | 부분적으로 가능 | 용이 |

  IPv6 프로토콜에서는 유니캐스트, 멀티캐스트 주소뿐만 아니라, 애니캐스트라는 새로운 주소 체계를 지원하는데, 애니캐스팅 방식은 멀티캐스팅과 유사한 기능을 제공한다. 멀티캐스팅 방식이 그룹 내의 모든 호스트에 패킷을 전송하는 반면, 애니캐스팅 방식은 그룹 내의 특정 호스트에만 패킷을 전송한다.

## (3) 개선 효과

### 1) 확장된 어드레싱 능력

  송신 호스트와 수신 호스트의 호스트 주소를 표시하는 공간이 32비트에서 128비트로 확장되었다. IPv6를 이용한 인터넷 환경에서 이론적으로 호스트를 최대 $2^{128}$개까지 지원하여 폭발적으로 증가하는 인터넷 사용자를 수용할 수 있다. 또한 개인이 무선으로 사용하는 유비쿼터스 장비가 기하급수적으로 보급되는 환경에도 쉽게 대처할 수 있다.

### 2) 헤더 형식의 단순화

  IPv4의 헤더는 옵션 내용이 상당히 부가되었지만 IPv6는 보다 효율적인 포워딩, 옵션 길이의 엄격한 제한을 덜어주고, 앞으로 새로운 옵션을 제시하기 위하여 뛰어난 호환성을 제공한다.

### 3) Flow Labeling 능력

  Flow Label을 도입함으로써 일정 범위 내에서 예측 가능한 데이터 흐름을 지원한다. 따라서 하나의 연속 스트림(stream)으로 전송해야 하는 기능을 지원함으로써 실시간 기능이 필요한 멀티미디어 환경을 수용할 수 있다.

### 4) 인증성과 프라이버시 능력

  인증성, 데이터의 무결성, (선택적인) 데이터의 비밀성을 제공하기 위한 확장이 IPv6를 위해 필수로 채택되었다.

쉼터

IPv6의 헤더

IPv6 프로토콜의 헤더 구조는 IPv4보다 매우 단순해 기본 필드를 8개 지원한다.
총 40바이트 중 32바이트는 주소 공간으로 할당하고, 8바이트만 프로토콜의 기능을 위
해 사용한다. 다음 그림은 크기가 고정된 기본 헤더의 구조이며, 상단의 숫자는 크기를
나타내는 비트수이다.

| 0 3 | 7 | 15 | 23 | 31 |
|---|---|---|---|---|
| 버전 | 우선순위 | 흐름 레이블 | | |
| 페이로드 길이 | | 다음 헤더 | | 홉 한계 |
| 출발지 IP 주소 | | | | |
| 목적지 IP 주소 | | | | |
| 옵션 | | | | |

## 4.4 인터넷 계층

인터넷 계층에서 수행하는 대표적인 프로토콜로는 IP, ARP(Address Resolution
Protocol), RARP(Reverse ARP) 그리고 ICMP(Internet Control Message Protocol)가
있다. 여기서 수행되는 모든 데이터는 IP 데이터그램을 사용하여 전송하며 특징으로는
다음과 같다.

### 4.4.1  IP(Internet Protocol)

### (1) 기능

#### 1) 최선 노력(best effort) 전달

인터넷 프로토콜(IP)은 발신지에서 목적지로 데이터를 전송하는 일을 한다. 인터넷
프로토콜의 특징은 목적지 호스트가 성공적으로 정보를 받았다는 처리 과정은 없는 비연
결형이다. 그러므로 신뢰성이 없고, 오류 검사나 추적을 하지 않는다.

그러므로 연속되는 데이터그램에 대한 어떠한 상태정보도 유지하지 않는다는 것을 의
미하며 데이터그램이 순서대로 전달되지 않는다.

## 2) 경로 제어

발신지와 목적지 IP 호스트가 동일한 네트워크에 있다면 데이터그램은 목적지의 호스트로 바로 전송되지만, 원격지의 네트워크에 있다면 발신지와 목적지의 라우팅 테이블을 검색하여 최적의 경로를 갖는다. 이것은 특정 목적지로 데이터를 전송할 때 어떤 경로를 경유하여 전송할 지 결정하는 것이며, 이렇게 결정된 경로를 통하여 데이터 전송이 이루어지게 된다.

## 3) 주소 지정

출발지 호스트에서 실행되고 있는 전달 계층 프로세스는 IP로 데이터그램을 내려 보낸다. 데이터 그램은 전달되어야 할 목적지 호스트의 인터넷 주소를 포함한다. 출발지 호스트와 목적지 호스트 간에 위치한 모든 라우터 및 출발지 호스트에서 실행되고 있는 IP 프로세스들은 IP 데이터그램이 목적지 호스트까지 전달되도록 서로 협력한다.

## (2) IP 헤더

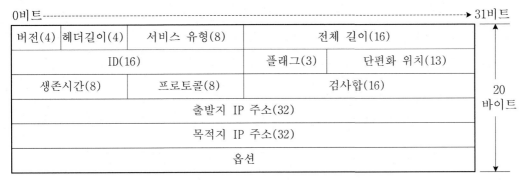

[그림 4-10] IP 헤더 - ( )안의 숫자단위는 비트

## 1) 버전(version)

IP 프로토콜의 버전 번호로서 현재 프로토콜의 버전은 4이며 때때로 IP를 IPv4라고 하기도 한다.

## 2) 헤더 길이

IP 프로토콜의 헤더 길이를 32비트 워드 단위로 표시한다. 일반 패킷을 전송하는 경우에 헤더의 옵션 부분이하가 빠지므로 IP 헤더의 최소 크기는 5이다.

### 3) 서비스 유형(Type of Service)

3비트의 선행 필드와 4개의 TOS 비트, 그리고 0으로 표현되는 비사용 비트로 구성되어 있다. 4비트의 TOS는 최소 지연, 최대 처리량, 최대 신뢰성, 최소 비용을 나타내는 필드로 구성되며 이러한 4비트 중에서 단지 1비트만 설정될 수 있다. 4비트 모두 0이라면 표준 서비스를 말한다.

### 4) 전체 길이(Total Length)

IP 데이터그램의 전체 길이를 바이트로 나타낸다. 이 필드와 헤더 길이 필드를 이용하여, IP 데이터그램의 데이터 부분이 시작되는 위치와 데이터의 길이를 알 수 있다.

### 5) ID(IDentification)

식별자로서 한 호스트에 의해 보내지는 각 데이터그램을 식별하기 위해 사용된다.

### 6) 플래그(flag)

세 개의 비트로 구성되어 있는데, 첫 번째 비트는 예약되어 있으며, 두 번째 비트는 단편화금지(Don't) 비트이다. 이 비트가 1로 설정되어 있으면, 데이터그램을 단편화할 수 없다. 세 번째 비트는 단편화 연장 비트(More Fragment bit)로서 1일 경우 단편화된 데이터가 연장되고 있음을 나타낸다.

### 7) 단편화 위치(Fragment Offset)

단편화된 조각들을 하나의 데이터그램으로 합칠 때, 전체 데이터그램에서의 상대적인 위치를 나타낸다. 값은 8바이트 배수이므로, 예를 들면 단편화 위치 값이 64이라면 원래 데이터에서 $64 \times 8 = 512$번째에 위치한다.

### 8) 생존시간(Time To Live)

패킷을 전송할 때 올바른 목적지를 찾지 못하면 수신 호스트에게 제대로 도착하지 않고, 네트워크 내부에서 떠돈다. 이런 현상을 방지하려고 Time To Live 필드를 사용한다. 이 필드는 송신기에서 초기화되고, 각 라우터를 지날 때마다 라우터에 의하여 1씩 감소한다. 이 필드가 0에 도달하면 그 데이터그램은 버려지고 송신자는 ICMP 메시지를 받게 된다.

## 9) 프로토콜(Protocol)

데이터그램의 상위 프로토콜이 어느 것이 사용되는 지를 나타내 주는 필드이다. 가장 많이 사용되는 TCP 프로토콜을 나타내는 값은 6이며, UDP(User Datagram Protocol)은 17을, ICMP는 1을 지난다.

## 10) 검사합(Header Checksum)

전송 오류를 검출하는 기능을 가지고 있으며 헤더에 대해서 오류를 검출하지만, 데이터의 오류는 검출하지 않는다.

## (3) IP 라우팅
### 1) 개념

특정 송신자에서 보낸 데이터가 목적지까지 도착하도록 경로를 설정하는 것을 라우팅이라고 한다. 즉, 일반적으로 송신자와 수신자는 직접 연결되어 있지 않고 중간에 여러 노드들을 경유하여 연결되는데, 라우팅이란 어떤 노드들을 경유하여 목적지까지 도달하도록 하여야 하는가를 결정하는 것이다.

송신 호스트는 물리적 프레임 내에 데이터그램을 캡슐화시키고 ARP(Address Resolution Protocol)를 이용하여 목적지 IP 주소를 물리적 하드웨어 주소와 대응시킨 후에 목적지로 프레임을 직접 전송한다. 각각의 라우타는 라우팅 테이블을 가지고 있어서 이 테이블 안의 정보를 가지고 데이터그램 전송을 하게 된다.

### 2) 라우팅 프로토콜

라우터가 경로를 결정하는데 사용하는 규칙을 라우팅 프로토콜이라고 한다. 라우팅은 경로 결정과 스위칭 두 가지 기능으로 구성된다. 전자에서 결정된 경로는 라우팅 테이블에 저장된다. 라우팅 프로토콜에 따라 한번 결정된 경로를 계속 사용하기도 하나, 대부분은 결정한 경로가 유효한지 계속 확인한다. 특정 경로를 사용할 수 없게 되면 또 다른 경로를 찾고, 더 좋은 경로를 찾으면 현재의 경로를 새 것으로 대체한다. 한편, 후자는 라우팅 테이블이 지시하는 인터페이스로, 특정 패킷을 전송하는 것을 말한다.

라우터의 경로를 결정하는 행위는 주기적으로 일어나는 반면, 스위칭은 패킷이 송수신되는 동안 경로를 결정하는 과정에서 끊임없이 일어난다.

(가) 라우팅 프로토콜 요구사항

① 라우팅 테이블의 최소화

라우팅 테이블이 작을수록 라우터에 필요한 메모리의 양이 적어지므로 보다 경제적인 하드웨어의 설계가 가능하다. 또한 라우팅 테이블이 너무나 방대한 양의 데이터를 갖고 있으면 주기적으로 갱신하는데 드는 비용이 망 전체에 부담 될 수 있다.

② 제어 메시지(Control Message)의 최소화

망 내의 라우터들은 라우팅 테이블의 무결성을 유지하기 위하여 주기적으로 제어 메시지를 교환한다. 이 때 필요한 제어 메시지가 너무 많으면 데이터 전송에 사용될 수 있는 대역폭을 감소시키는 결과를 가져온다.

③ 네트워크 견고성(robustness)

라우팅 테이블의 정보는 정확해야 한다. 그렇지 않으면 패킷이 목적지에 전달되지 못하고, 같은 경로를 계속 순환(loop)하거나 두 경로 사이에서 진동하면서 망 자원을 낭비하게 된다.

④ 경로의 최적화(Optimal Paths)

정해진 경로가 최적이어야 한다. 물론 경로의 최적화는 망의 여러 가지 특성에 대해 결정될 수 있다. 예를 들면, 비용이 가장 적게 드는 경로, 지연시간이 최소인 경로, 가장 안전한 경로, 링크 부하를 균등하게 하는 경로 등이 있을 수 있다.

(나) 라우팅 프로토콜

라우팅은 최상의 경로를 어떻게 선택하여 라우팅 테이블에 기록하느냐를 결정하는 규칙으로, 라우팅 테이블 정보를 산출하는 방법에 따라 정적 라우팅과 동적 라우팅으로 구분된다.

정적 라우팅은 단순하고 용이하나, 네트워크 토폴로지 변화에 대한 융통성이 부족하며, 동적 라우팅은 부가적인 프로토콜을 요구하나 네트워크 변화 및 장애시에도 작업이 가능하므로 후자에 대하여 소개하기로 한다.

① RIP(Routing Information Protocol)

가장 간단한 라우팅 프로토콜이며, 경로 설정을 위해 end-to-end hop count를 사용한다. 해당 라우터는 각각의 라우터들로부터 라우팅 테이블과 거리에 대한 정보를 수신하고, 라우터들이 주기적으로 토폴로지 정보를 브로드 캐스트하면 다른

라우터들은 이들 정보를 기초로 라우팅 테이블을 변경시키는 프로토콜이다.
RIP는 거리 벡터 알고리즘(Distance Vector Algorithm)을 사용하는 대표적인 라우팅 프로토콜로 작은 규모의 네트워크에서 사용하는 간단한 프로토콜이다.

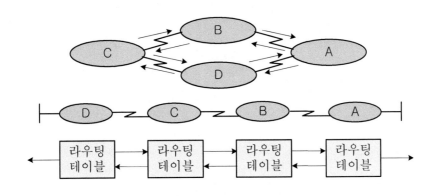

[그림 4-11]  RIP 네트워크 모델

② OSPF(Open Shortest Path First)

SPF 프로토콜로도 알려져 있는 OSPF 프로토콜은 AS(Autonomous System) 내에서 널리 사용되는 라우팅 프로토콜이다.

OSPF 프로토콜은 라우팅 테이블이 안정화된 다음에는 라우팅 정보를 주기적으로 갱신하지 않고 네트워크 변화가 있을 때만 갱신함으로써 라우팅 프로토콜 트래픽이 네트워크에 미치는 영향을 최소화하는 link-state algorithm이다.

이 프로토콜은 동일한 Area에 속한 라우터가 라우팅 정보를 동시에 주고받으면서, 라우팅 테이블을 갱신하여 링크상태에 따라 최단거리를 계산하며 동일한 AS 내에 있는 Area는 백본 Area에 소속 라우터의 요약된 정보를 전송하는데 링크 상태 정보를 담은 테이블을 주고받은 뒤 해당 라우터의 테이블 값을 업데이트한다.

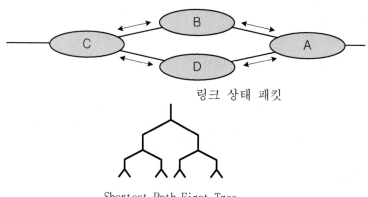

링크 상태 패킷

Shortest Path First Tree

[그림 4-12] OSPF 네트워크 모델

### 4.4.2 ARP(Address Resolution Protocol)

### (1) 개념

LAN 상의 어떤 호스트에서 다른 호스트로 프레임이 전송할 때, 프레임의 목적지 인터페이스를 결정하는 것은 48 비트 크기의 이더넷 주소이다. 따라서 특정 IP 주소로 프레임을 보내기 전에 그 IP 주소에 해당하는 이더넷 주소를 먼저 알아내어야 하는데, 이 과정을 주소 변환 프로토콜(Address Resolution Protocol, ARP)이 담당한다. 또한 ARP의 반대 과정, 즉 48 비트의 이더넷 주소를 IP 주소로 변환하는 프로토콜은 역주소 변환 프로토콜(Reverse ARP, RARP)이라고 한다.

### (2) 구현 방법

시스템(이하 호스트라고 한다.) A가 호스트 B의 MAC 주소를 얻으려면 ARP request라는 패킷을 브로드캐스팅해야 한다. 이 패킷을 네트워크의 모든 호스트가 수신하지만, 관계없는 호스트는 패킷을 무시하고 호스트 B만 IP 주소가 자신의 IP 주소와 동일함을 인지한다. 따라서 호스트 B는 ARP reply 패킷을 사용해 자신의 MAC 주소를 호스트 A에 회신한다.

네트워크 트래픽이 증가할 때는 캐시 정보를 이용하는데 송신 호스트가 ARP request 패킷을 브로드캐스팅하는 과정에서 패킷을 수신한 모든 호스트는 송신 호스트 IP 주소와 MAC 주소 매핑 값을 자동으로 얻을 수 있다.

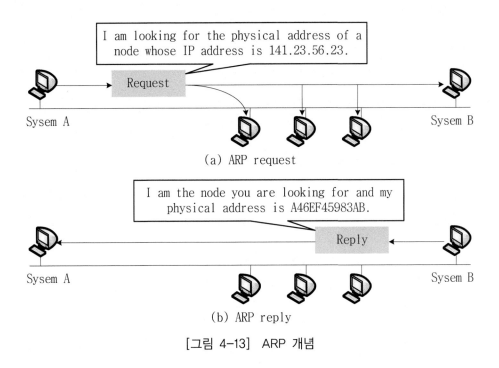

(a) ARP request

(b) ARP reply

[그림 4-13]  ARP 개념

### 4.4.3  ICMP(Internet Control Message Protocol)

#### (1) 개념

네트워크에서 오류 메시지를 전송받는 데 주로 쓰이며 인터넷 프로토콜의 주요 구성원 중 하나로 인터넷 프로토콜(IP)에 의존하여 작업을 수행한다. 또한 종단 시스템 사이에 자료를 주고받는 역할을 수행하지 않는다는 점에서 TCP나 UDP와는 성질이 다르다. ping 명령어가 인터넷 접속을 테스트하기 위해 ICMP를 사용한다.

#### (2) 메시지 형식

ICMP 메시지는 인터넷과 라우터를 거쳐 운반해야 하므로 IP로 캡슐화하지만 ICMP를 상위 계층 프로토콜로 간주하지 않는다.

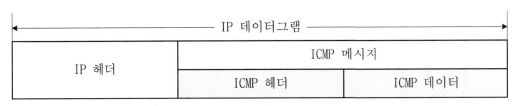

[그림 4-14]  캡슐화된 ICMP 메시지

## 4.5 전송 계층

이번 장에서는 전송 계층에서 제공되는 TCP와 UDP에 대해서 설명한다. 먼저 TCP와 UDP가 제공하는 서비스의 기능과 헤더의 각 필드에 대해서 설명한다.

### 4.5.1 TCP(Transmission Control Protocol)

#### (1) 특성

#### 1) 연결 지향(Connection Oriented)

TCP는 연결 지향의 스트림 서비스를 제공하는데 연결 지향이라는 의미는 TCP를 이용하는 두 개의 응용 프로그램이 데이터를 교환하기 전에 서로 연결을 확립하여야 함을 의미한다. 예를 들면, 점심시간에 동료들과 식사를 하기 위하여 장소를 찾는 데 애로 사항이 많을 때 미리 예약을 하는 것이 반드시 필요하다. 이런 경우를 연결 지향이라고 한다.

#### 2) 신뢰성(Reality)

TCP가 신뢰성 있는 데이터 전송을 수행하기 위하여 다음과 같은 과정을 수행한다.

① TCP 연결을 설정한 후 TCP는 IP로 보낼 데이터를 세그먼트(segment) 단위로 생성한다. 이때 세그먼트란 TCP가 IP로 전달할 정보 단위를 말한다.
② TCP는 세그먼트를 보내고, 상대편으로부터 세그먼트를 수신했다는 확인 메시지를 기다린다. 만약 설정한 타이머 내에 이 확인 메시지가 돌아오지 않을 경우, 세그먼트를 다시 재전송한다.
③ 데이터를 받은 수신측 TCP에서는 헤더와 데이터의 검사 합을 이용하여 데이터가 전송 중에 변화되었는지를 검출한다. 세그먼트에 오류가 없을 경우 송신측에 확인 메시지를 보내고, 그렇지 않을 경우 수신한 세그먼트를 폐기시키고, 확인 메시지를

전송하지 않는다.

## 3) 흐름 제어(Flow Control)

TCP 종단 간의 데이터 흐름을 관리함으로써 데이터가 효율적인 속도로 처리될 수 있게 한다. 장치가 미처 처리하기 전에 너무 많은 데이터가 도착하면 오버플로우가 생기는데, 이는 데이터가 유실됨으로써 재전송 받아야만 한다는 것을 의미한다.

## 4) 혼잡 제어(Congestion Control)

네트워크 내에 존재하는 패킷의 수가 과도하게 증가되는 현상을 혼잡(congestion)이라고 하며 혼잡 현상을 방지하거나 제거하는 기능을 혼잡 제어(Congestion Control)라고 한다. 흐름 제어는 송신자와 수신자 사이의 종단간 전송 속도를 다루는데 비하여 혼잡 제어는 보다 넓은 관점에서 호스트와 라우터를 포함한 서브넷에서의 전송 능력에 대한 문제를 다룬다.

## (2) TCP 헤더

0비트 ----------------------------------------------------------------------→ 31비트

| 출발지 포트(16) | | 전체 길이(16) | |
|---|---|---|---|
| 순서 번호(32) | | | |
| 확인 번호(32) | | | |
| 헤더 길이(4) \| 예약 필드(6) \| 플래그 비트(6) | | 윈도우 크기(16) | |
| 검사 합(16) | | 긴급 포인터(16) | |
| 옵션 | | | |

20 바이트

[그림 4-15] TCP 헤더 - ( )안의 숫자단위는 비트

## 1) 포트 번호(Port Number)

포트 번호가 필요한 이유는 응용 계층의 여러 서비스들이 모두 TCP나 UDP를 동시에 이용하기 때문에 현재의 TCP 세그먼트에 있는 데이터가 어느 응용 서비스로 전송되어야 할 것인지를 결정하기 위해서 필요하다. 이때, IP주소와 포트번호의 조합을 소켓(socket)이라고 한다.

## 2) 순서 번호(Sequence Number)

송신 측의 TCP로부터 수신측의 TCP로 가는 데이터 스트림의 바이트를 구분하기 위하여 사용되는 순서번호이다. 크기가 32비트인 필드로 표시할 수 있고 최대 범위가 232개 가능해 크기가 충분하므로 순서 번호가 쉽게 중복하지 않는다.

## 3) 확인 번호(Acknowledge Number)

수신 측이 제대로 수신한 바이트의 수를 응답하기 위해 사용한다. 필드 값은 ACK 플래그 비트가 지정된 경우에만 유효하며, 다음에 수신을 기대하는 데이터의 순서번호를 표시해야 한다.

## 4) 헤더 길이(Header Length)

32비트 워드 단위로서 헤더의 길이를 지정하는데 이 필드는 옵션(option) 필드가 가변 길이를 가지기 때문에 정확한 길이를 알기 위하여 필요하다.

## 5) 플래그 비트

TCP 헤더에는 플래그 비트가 6개 정의되어 있다. 필드 값이 1이면 다음과 같이 각 플래그에 해당하는 의미를 갖는다.

[표 4-5] 플래그 비트

| 플래그 | 의 미 |
|---|---|
| URG | 긴급 데이터를 전송하기 위해 사용한다. |
| ACK | 확인 응답 번호(Acknowledgement Number) 필드가 유효한 지를 나타낸다. |
| PSH | 현재 세그먼트에 포함된 데이터를 상위 계층에 즉시 전달되도록 지시할 때 사용한다. |
| RST | 연결을 재설정할 때 사용한다. |
| SYN | 연결을 초기화하기 위해 순서 번호를 동기화한다. |
| FIN | 송신측이 데이터 전송을 종료할 때 사용한다. |

## 6) 윈도우 크기(window)

슬라이딩 윈도우 프로토콜에서 수신 윈도우의 버퍼 크기를 지정하려고 사용하며, 수신 프로세스가 수신할 수 있는 바이트의 수를 표시한다.

### 7) 검사 합(checksum)

IP 프로토콜에서 사용하는 오류 검출 알고리즘을 사용하여 오류를 검출한다.

### 8) 긴급 포인터(Urgent Pointer)

긴급 데이터를 처리하기 위한 것으로, URG 플래그 비트가 지정된 경우에만 유효하다.

## 4.5.2 UDP(User Datagram Protocol)

### (1) 특성

UDP는 IP의 상위에 위치하고 있으며 최상의 데이터 스트림(stream) 서비스를 요구하지 않는 애플리케이션을 위해 best effort 전달 서비스를 제공한다. UDP는 다음과 같은 특징을 가지고 있어서 TCP와 더불어 널리 쓰이고 있다.

### 1) 비연결 지향(ConnectionLess oriented)

UDP는 IP 서비스를 사용하는데 신뢰성이 결여된 비연결형 전달 서비스를 제공한다. 따라서 연결 설정을 위한 지연시간이 걸리지 않으므로 DNS(Domain Name Service)와 같은 서비스에서는 UDP를 사용함으로써 빠른 서비스를 제공한다.

### 2) 비상태 정보(Non-State)

UDP는 데이터의 성공적 전달을 보장하는 표시를 보내거나 받지 않는다. UDP는 패킷 정렬하는 방법을 제공하지 않기 때문에 패킷은 destination station에 의해 적절한 순서대로 놓이게 된다. 반면에, 신뢰성 있고 순차적인 전달을 요구하는 애플리케이션들은 TCP의 서비스를 사용해야만 한다.

### 3) 전송률의 비정규화(Unregulation of Send Rate)

TCP에서 사용하는 혼잡 제어 메커니즘은 송신 측에서 보내는 데이터의 양에 제한을 준다. 따라서 일부 패킷의 손실이 생기더라도 실시간 전송을 요구하는 비정규적인 데이터 전송을 하는 경우 UDP를 사용해야 한다.

**쉼터**

반드시 UDP를 사용해야 하는 경우
① 응용 프로그램이 UDP만을 사용하도록 작성되어 있는 경우
② 패킷을 방송 또는 멀티 캐스트하는 경우
③ TCP 처리 오버헤드 때문에 TCP로 처리할 시간이 없는 경우

## (2) UDP 헤더

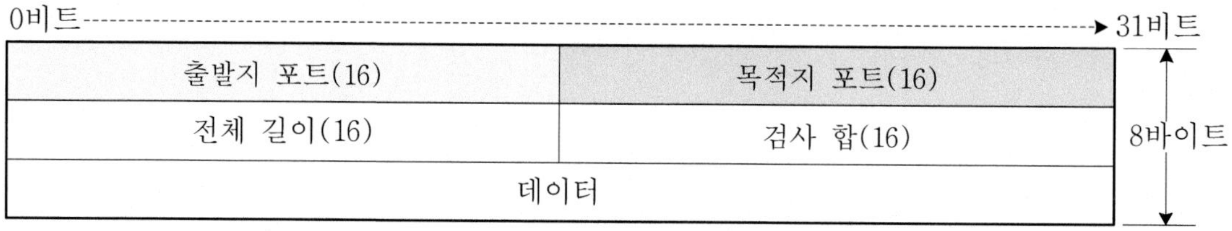

0비트 ----------------------------------------------------------→ 31비트

| 출발지 포트(16) | 목적지 포트(16) |
|---|---|
| 전체 길이(16) | 검사 합(16) |
| 데이터 | |

8바이트

[그림 4-16] UDP 헤더 - ( )안의 숫자 단위는 비트

　　UDP 헤더는 TCP의 경우보다 단순하여 의미와 기능을 쉽게 파악할 수 있다. 또한 프로토콜에서 수행하는 기능도 간단해 프로토콜 오버헤드가 작은 편이다.
　　UDP 포트 번호는 TCP 포트 번호와 독립적으로 관리되고 할당되며 프로토콜 헤더를 포함한 데이터그램의 전체길이 필드의 크기는 16비트이므로 데이터그램의 최대 크기는 $2^{16}-1(65,535)$바이트이다.
　　UDP는 TCP보다 구조가 단순해 전송 효율이 좋으며, 고속 전송이 필요한 환경에 유용하다. 특히 덩치가 큰 TCP를 구현하기에는 메모리 등이 작은 네트워크 장비에 사용하기 적합하다.

[표 4-6] TCP와 UDP의 비교

| 프로토콜의 기능 | TCP | UDP |
|---|---|---|
| 데이터 전송 단위 | 세그먼트 | 블록형태의 데이터그램 |
| 서비스 형태 | 연결형 | 비연결형 |
| 수신 순서 | 송신 순서와 일치 | 송신 순서와 불일치 |
| 오류와 흐름 제어 | 있음 | 없음 |

# 4.6 응용 계층

인터넷에서는 hyper text 구조로 되어 있어 사용자의 의도대로 클릭하면 가입자가 요구하는 문서를 검색할 수 있는 문서로 되어 있다. 또한, hyper media로 제공해주는데 동일 객체 안에 이미지, 그래픽스 및 음성이 가능하도록 되어 있다. 그러면, 인터넷에서 사용 중인 응용 계층에서 사용하는 프로토콜에 대해서 알아보기로 한다.

## 4.6.1 SMTP(Simple Mail Transfer Protocol)

SMTP는 사용자끼리 전자 메일을 교환하는데 사용하는 프로토콜로서 하위 계층에서 TCP 프로토콜을 사용하며, 전자메일을 송수신하려고 사용자 에이전트(User Agent, UA)와 메시지 전송 에이전트(Message Transfer Agent, MTA)를 사용한다.

전자메일 사용자와는 직접 관계가 없고, 전자메일 메시지가 통과하는 로컬시스템과 정보를 교환한다. 즉, 사용자의 메시지 접수 방법, 사용자 인터페이스 구성 방법, 사용자의 메시지 저장 방법 등은 지정하지 않는다.

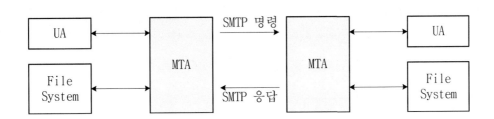

[그림 4-17]   SMTP 개념도

## 4.6.2 TELNET(Telecommunication Network)

소속 호스트 컴퓨터가 아닌, 원격 호스트 컴퓨터에 접근(access)하고자 할 때 전화선을 끊어야 하나 이 프로토콜에 의해서 전화선을 끊을 필요 없이 접근이 가능하다. 일단 원격 시스템에 연결되면 이용자는 마치 하드웨어적으로 직접 연결된 단말기에서처럼 연결한 원격 컴퓨터를 사용할 수 있다.

인터넷 사용자는 텔넷을 이용해 전 세계에 있는 다양한 온라인 서비스를 제공받을 수 있다. 물론, 다른 컴퓨터에 접속하려면 그 컴퓨터를 사용할 수 있는 사용자 번호와 패스워드를 알아야 한다. 텔넷은 클라이언트와 서버 모델을 사용하며, 서버는 의사 단말(Pseudo Terminal)로 처리된다.

[그림 4-18] 텔넷 동작원리

### 4.6.3 FTP(File Transfer Protocol)

FTP란 네트워크 환경에서 가장 많이 이용되는 서비스 중 하나로 원격 시스템과의 파일 송수신 기능을 지원한다. FTP를 이용하면 원하는 프로그램이나 각종 데이터를 무료나 저렴한 가격에 살 수 있다. 또 용량이 큰 파일도 빠르게 송수신할 수 있다.

원격 시스템에 접속하려면 FTP 서버에 등록된 로그인 계정과 암호가 필요하다. 그러나 인터넷을 통하여 서로가 필요한 파일을 공유하고 교환하기 위하여 누구라도 접속할수 있는 익명의 계정(anonymous)을 이용하여 파일을 전송할 수 있는 방법도 있다. 이때의 호스트를 익명 FTP라고 하는데, 전 세계적으로 수천 개에 달한다.

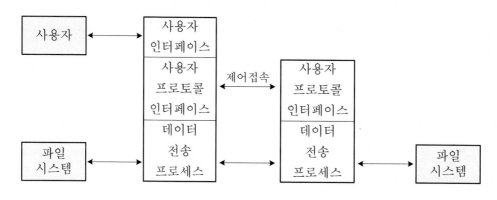

[그림 4-19] FTP 원리

TFTP(Trivial File Transfer Protocol)는 FTP와 마찬가지로 파일을 전송하기 위한 프로토콜이지만, FTP보다 더 단순한 방식으로 파일을 전송한다. 따라서 데이터 전송 과정에서 데이터가 손실될 수 있는 등 불안정하다는 단점을 가지고 있다. 하지만 FTP처럼 복잡한 프로토콜을 사용하지 않기 때문에 구현이 간단하다. 임베디드 시스템에서 운영 체제 업로드로 주로 사용된다.

### 4.6.4 DNS(Domain Name System)

DNS는 호스트 도메인 이름을 호스트의 네트워크 주소로 바꾸거나 그 반대의 변환을 수행할 수 있도록 하기 위해 개발되었다. 특정 컴퓨터(또는 네트워크로 연결된 임의의 장치)의 주소를 찾기 위해, 사람이 이해하기 쉬운 도메인 이름을 숫자로 된 식별 번호(IP 주소)로 변환해준다. 도메인 이름 시스템은 흔히 '전화번호부'에 비유된다.

인터넷 도메인 주소 체계로서 TCP/IP의 응용에서, www.example.com과 같은 주 컴퓨터의 도메인 이름을 192.168.1.0과 같은 IP 주소로 변환하고 라우팅 정보를 제공하는 분산형 데이터베이스 시스템이다.

## 4.7 인터넷 관련 서비스

### 4.7.1 Web 2.0

#### (1) 등장 배경

Web 1.0에서 하이퍼텍스트는 웹 브라우저라 불리는 프로그램을 통해 웹 서버에서 '문서'나 웹페이지 등의 정보 조각을 읽어 들여 컴퓨터 모니터에 출력하는 형태로 보여지게 된다. 그러나 Web 1.0에서는 상호 작용성이 낮고 업데이트가 드물게 되거나 아예 되지 않으며 모든 일련의 활동이 웹 브라우저만을 통해서 이루어진다.

이러한 정적인 환경과 기능의 한계로 자바 애플릿, 자바 스크립트 등을 사용해 운동성을 삽입하려는 노력의 증가와 함께 Active X를 사용해 풍부한 사용자 경험과 기능을 제공하고자 하였다. 하지만 Active X는 보안에 매우 취약하고 사용자가 자신의 PC에 설치해야 한다는 불편이 있을 뿐만 아니라 윈도우즈에 대한 종속성 때문에 윈도우즈 외의 다른 OS나 인터넷 익스플로러가 아닌 웹 브라우저에서는 사용할 수 없다. 그러므로 현재의 웹의 패러다임을 바꿀 수 있는 새로운 기술이 등장했는데 그것이 Web 2.0이다.

#### (2) 개념

##### 1) 플랫폼으로서의 웹

사용자 중심의 커뮤니티에 의존하는 동적인 열린 공간으로서의 웹이며 또한, 비즈니스

모델이다. 기존 웹에서는 포털 사이트처럼 서비스 업자가 제공하는 정보와 서비스를 일
방적으로 수신만하는 형태이었으나 Web 2.0 환경에서는 제공되는 응용 프로그램과 데
이터를 이용하여 사용자 스스로 서비스를 창출할 수 있는 능동적인 환경이 구축하게 되
었다.

예를 들면 PC에 워드나 파워포인트 및 프로그램을 설치하지 않고도 문서작업이 간단
해진다. 심지어 스타크래프트와 같은 게임을 설치하지 않아도 웹에만 접속하면 즐겁게
게임을 즐길 수 있을지 모른다. 그 대표적인 예가 구글이다. 이 사이트에만 들어가면 별
도의 프로그램이 없어도, 웹에 접속했다는 이유만으로 문서를 작성하고 편집할 수 있다.

### 2) 참여와 개방으로서의 웹

Web 2.0에서는 어느 누구도 데이터를 독점적으로 소유하지 않는다. 이는 웹 사이트에
올리거나 서비스되는 모든 데이터를 이용자가 자신의 편의에 따라 자유롭게 이동하거나
수정하여 활용이 가능하다는 이야기이다.

예를 들면 블로그에서 개인의 신상 명세를 공개할 뿐만 아니라 자신이 가지고 있는 정
보를 웹상에서 공유할 수 있다. 블로그 페이지만 있으면, 누구나 텍스트 또는 그래픽 방
식을 이용해 자신의 의견이나 이야기를 올릴 수 있고, 디지털카메라를 이용해 사진 자료
를 올릴 수 있는 개념의 미디어이다.

[표 4-7] 웹 1.0과의 비교

| 구 분 | Web 1.0 | Web 2.0 |
|---|---|---|
| 기술 | HTML, Active X 등 | AJAX, XML, RSS |
| 보안/OS 종속성 | Active X를 사용하지만 보안이 취약하며 OS/브라우저의 종속이 크다. | 수백 개의 확장 기능들이 유저들에 의해 능동적인 수정이 가능 |
| 특징 | - 사용자의 의도와 관계없이 정보를 제공하기만 한다.<br>- 웹에 오른 데이터나 서비스에 대한 응용 및 변경 불가능 | - 참여와 정보 공유의 사용자 중심 서비스<br>- 플랫폼으로서의 웹<br>- 누구도 데이터를 소유하지 않으며 변경 가능 |

## 4.7.2 X-internet

### (1) 정의

X-internet의 정의는 두 가지로 압축할 수 있는데, 그 중 첫 번째는 eXecutable(실행 가능한)로 다양한 기술들이 하나의 화면에 통합되어 실행 가능하게 되는 환경을 의미한다. 사례를 보면 은행이나 신용카드사 등이 도입하고 있는 전자금융 시스템이 대표적이다. 기존의 페이지 단위의 서비스를 벗어나 하나의 화면에서 훨씬 빠르게 금융 업무를 처리하고, 편리한 부가기능을 여러 페이지를 이동하지 않고도 사용할 수 있게 해 사용자의 혼란을 최소화하고 편의성을 크게 증대시킨 점에서 사용자들에게 큰 호응을 받고 있다.

두 번째 의미는 eXtended(확장된)로 단어적인 의미 그대로 확장성을 내포한 프로그램이라고 할 수 있다. 유비쿼터스 환경은 개인 책상 위의 데스크톱 PC에 한정되지 않고, PDA, 핸드폰, 노트북 컴퓨터 등으로 확장되고 있는 추세이며 다양한 기기들이 이를 위한 기능들을 탑재하여 시중에 나오고 있다.

### (2) 기존 웹과의 비교

① X-internet은 기존 웹과 비교해 수려한 인터페이스를 제공한다.

플래시 기술을 적절하게 혼합하여 인터페이스 구성을 플래시 화면과 같이 동적이고 수려하게 구성해 줄 수 있다. 이 때 기존 웹에서는 서버 측에 정보를 지속적으로 요청하여 HTML을 다운로드해 정보를 갱신했지만, X-internet에서는 HTTP를 통해 필요한 데이터를 주고받는다.

② X-internet은 기존 웹과 비교하여 빠른 속도를 제공한다.

클라이언트와 서버가 상호간에 변경되는 필요한 데이터만 취득함으로써 네트워크 사용량을 획기적으로 줄일 수 있다.

③ X-internet은 기존의 플랫폼에 독립적인 구조를 제시한다.

별도로 통신하고 결과를 표현하는 기법을 보유하고 있기 때문에 여러 디바이스들에서 사용할 수 있게 해 준다. 예를 들면 리치 클라이언트를 플래시를 응용하여 구현하는 경우를 들 수 있다.

### 4.7.3 웹 서비스

웹 서비스란 SOAP(Simple Object Access Protocol)를 이용하여 네트워크에 연결된 다른 컴퓨터 간의 분산 컴퓨팅을 지원하는 소프트웨어 기술로서 웹 서비스는 '웹'과 '서비스'라는 두 단어가 결합해 생겨난 용어인 만큼 단순하게 해석하면 웹을 통해 서비스를 교환하는 것이다.

웹 서비스의 정확한 개념을 파악해보면, '웹'은 표준 방식으로 분산되어 있는 정보자원들을 공유하고 호환시키는 인터넷의 응용이다. 이는 전 세계적으로 정치·경제·사회·산업 전반에 걸쳐 큰 변화를 가져왔다. '서비스'란 사용자에게 세부적인 사항은 감추고 추상적인 관점에서 제공되는 기능을 의미한다. 종합적으로 웹서비스는 분산되어 있는 콘텐츠를 서비스 형태로 추상화시켜 표준 방식으로 연계하거나 공유하는 기술이다.

[표 4-8] Web 2.0과 웹 서비스 비교

| 비교 항목 | Web 2.0 | 웹 서비스 |
|---|---|---|
| 기반 기술 | AJAX, RSS, 블로그 | SOAP, UDDI |
| 구성 요소 | 사용자, 제공자 | 사용자, 제공자, 중개자 |
| 중점 사항 | 사용자 참여 | 서비스 제공 |

1. WWW(World Wide Web)는 하이퍼텍스트(hypertext)라는 기능에 의해 인터넷상에 분산되어 존재하는 온갖 종류의 정보를 통일된 방법으로 찾아볼 수 있게 하는 광역 정보서비스다.

2. 동위 계층 프로토콜(peer-to-peer protocol)은 임의의 계층에서 상대편 동일 계층의 모듈과 통신하는 프로토콜을 의미한다.

3. 상하 계층 간에 데이터를 주고받는 일련의 과정에서 캡슐화(encapsulation)와 역캡슐(decapsulation)가 필요하다.

4. IPv4 주소는 10진수 4개와 .(점)으로 나타내며 각 10진수 숫자는 0~255까지 사용할 수 있고 또한 8비트가 필요하므로 전체적으로는 32비트가 필요하다.

5. IPv4 주소에서 클래스 A는 첫 번째 비트가 0인 주소로 가장 작은 네트워크 1.0.0.0에서 가장 큰 네트워크 126.0.0.0으로 규정하고 있다.

6. IPv4 주소에서 클래스 B는 첫 번째와 두 번째 비트가 각각 1과 0인 주소로 가장 작은 네트워크 번호 128.1에서 가장 큰 네트워크 번호 191.254로 규정되어 있다.

7. IPv4 주소에서 클래스 C는 첫 번째 비트에서 세 번째 비트가 각각 1,1,0인 주소로, 범위는 가장 작은 네트워크 192.0.1에서 가장 큰 네트워크 223.255.254로 규정하고 있다.

8. IPv4 주소에서 클래스 D는 첫 번째 비트에서 네 번째 비트가 각각 1,1,1,0인 주소로 나머지 28비트를 멀티캐스트용으로 사용한다.

9. CIDR(Classless Inter-domain Routing)은 도메인 간의 라우팅에 IP 주소 클래스 체계를 쓰는 것보다 더욱 융통성 있도록 할당하고 지정하는 방식으로 subnetting과 supernetting이 있다.

10. IPv6 프로토콜에서 지원하는 128비트의 숫자는 16비트의 숫자 8개를 콜론(:)으로 구분한다.

11. IP의 특징은 목적지 호스트가 성공적으로 정보를 받았다는 처리 과정은 없는 비연결형이다. 그러므로 신뢰성이 없고, 오류 검사나 추적을 하지 않는다.

12. RIP는 거리 벡터 알고리즘(Distance Vector Algorithm)을 사용하는 대표적인 라우팅 프로토콜로 작은 규모의 네트워크에서 사용하는 간단한 프로토콜이다.

13. OSPF 프로토콜은 네트워크 변화가 있을 때만 갱신함으로써 라우팅 프로토콜 트래픽이 네트워크에 미치는 영향을 최소화하는 link-state algorithm이다.

14. 특정 IP 주소로 프레임을 보내기 전에 그 IP 주소에 해당하는 이더넷 주소를 먼저 알아내어야 하는데, 이 과정을 주소 변환 프로토콜(Address Resolution Protocol, ARP)이 담당한다.

15. ICMP는 네트워크에서 오류 메시지를 전송받는데 주로 쓰이며 인터넷 프로토콜의 주요 구성원 중 하나로 인터넷 프로토콜(IP)에 의존하여 작업을 수행한다.

16. IP는 비연결성을 지향하는데 비해 TCP는 연결성을 지향하고 있다.

17. UDP는 IP의 상위에 위치하고 있으며 최상의 데이터 스트림(stream) 서비스를 요구하지 않는

애플리케이션을 위해 best-effort 전달 서비스를 제공한다.

18. SMTP는 사용자끼리 전자 메일을 교환하는데 사용하는 프로토콜로서 하위 계층에서 TCP 프로토콜을 사용한다.

19. TELNET에서는 소속 호스트 컴퓨터가 아닌, 원격 호스트 컴퓨터에 접근하고자 할 때 전화선을 끊어야 하나 이 프로토콜에 의해서 전화선을 끊을 필요 없이 접근이 가능하다.

20. FTP란 네트워크 환경에서 가장 많이 이용되는 서비스 중 하나로 원격 시스템과의 파일 송수신 기능을 지원한다.

21. TFTP는 FTP와 마찬가지로 파일을 전송하기 위한 프로토콜이지만, FTP보다 더 단순한 방식으로 파일을 전송한다.

22. DNS에서는 특정 컴퓨터(또는 네트워크로 연결된 임의의 장치)의 주소를 찾기 위해, 사람이 이해하기 쉬운 도메인 이름을 숫자로 된 식별 번호(IP 주소)로 변환해준다.

23. Web 2.0은 참여와 정보 공유의 사용자 중심 서비스를 구현하며 플랫폼으로서의 웹이라는 새로운 개념의 미디어이다.

24. X-internet의 정의는 eXecutable(실행가능한)과 eXtended(확장된)의 두 가지 의미를 가지고 있다.

25. 웹 서비스는 SOAP(Simple Object Access Protocol)를 이용하여 네트워크에 연결된 다른 컴퓨터 간의 분산 컴퓨팅을 지원하는 소프트웨어 기술이다.

1. 인터넷 환경에서 상하 계층 간에 데이터를 주고받을 때 캡슐화(encapsulation)가 진행되는 과정을 설명하시오.

2. IPv4 주소의 개념과 주소 체계에 대하여 설명하시오.

3. 클래스 C를 가진 주소 체계에서 서브네팅(subnetting)과 슈퍼네팅(supernetting) 하는 과정을 설명하시오.

4. IPv6 주소 체계에 대하여 설명하고 IPv4와 비교하여 살펴보시오.

5. IP(Internet Protocol)의 라우팅 프로토콜에 대하여 설명하시오.

6. ARP(Address Resolution Protocol)의 개념과 구현방법에 대하여 설명하시오.

7. TCP(Transmission Control Protocol)의 특성에 대하여 설명하시오.

8. UDP(User Datagram Protocol)의 특성과 헤더 구조에 대하여 살펴보시오.

9. Web 2.0의 등장 배경과 개념에 대하여 설명하시오.

10. 다음을 간단히 설명하시오.
    1) peer-to-peer protocol          2) X-internet
    3) 웹 서비스

## 약 어

ARPA(Advanced Research Projects Agency)

WWW(World Wide Web)

DHCP(Dynamic Host Configuration Protocol)

NIC(Network Information Center)

CIDR(Classless Inter−domain Routing)

QoS(Quality of Service)

IP(Internet Protocol)

RIP(Routing Information Protocol)

OSPF(Open Shortest Path First)

ARP(Address Resolution Protocol)

ICMP(Internet Control Message Protocol)

TCP(Transmission Control Protocol)

UDP(User Datagram Protocol)

SMTP(Simple Mail Transfer Protocol)

TELNET(Telecommunication Network)

FTP(File Transfer Protocol)

TFTP(Trivial File Transfer Protocol)

DNS(Domain Name System)

SOAP(Simple Object Access Protocol)

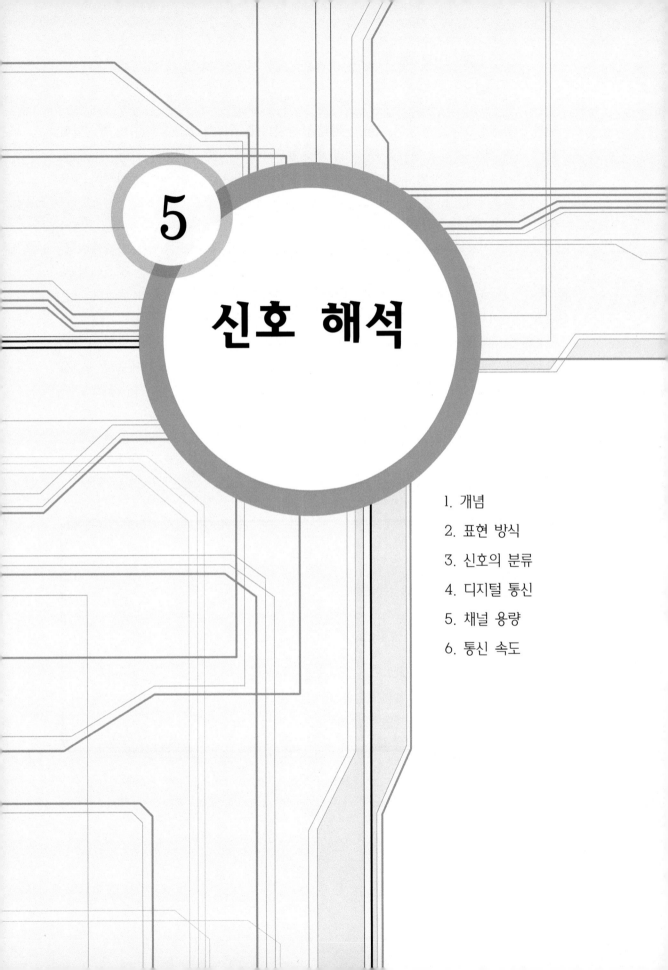

# 5

# 신호 해석

# 5장 신호 해석

인간이 통신시스템을 통하여 어떠한 의사를 장거리에 위치해 있는 수신자에게 전달하려면 임의의 신호 형태로 변환한 후, 이를 전송함으로써 의사를 교환하게 된다. 이 때 통신 채널에서 잡음과 간섭이라는 바람직하지 않은 신호들이 부가되어 통신을 방해하는 요인이 발생하기도 한다.

통신은 자연계에서 일어날 수 있는 여러 가지 자연현상들을 이용하여 데이터를 전달하는데, 여기에 사용되는 자연현상들을 구체적으로 관측하고 측정할 수 있는 물리적인 양으로 나타낸 것으로 빛, 전기, 소리, 진동, 전압, 전류 등이 있으며 이들을 통신에서 사용되는 신호라고 한다. 자연계에 존재하는 모든 신호들은 크기, 주파수와 위상과 같은 성질을 가지며 이들은 여러 가지 조건에 따라 항상 변할 수 있다.

사용자가 상대방에게 정보를 전송하기 위하여 정보는 먼저 전자기적인 신호의 형태로 변환되어야 한다. 사람이나 응용 프로그램에서 사용 가능한 정보의 종류에는 문자, 음성, 그림 등의 형태가 있다. 두 사용자 간의 통신을 위해서는 정보를 전기적인 신호로 변환한 후에 전송매체를 통하여 상대방에게 전송을 해야 한다.

이 장에서는 먼저 신호의 개념과 종류를 살펴본 뒤 대표적인 신호의 형태인 디지털 신호의 특성을 알아보고 여기에 사용되는 통신 속도에 대하여 공부하도록 한다.

---

## 학습 목표

1. 신호의 개념에 대하여 살펴본다.
2. 신호의 표현 형식에 대하여 공부한다.
3. 진폭의 기울기 관점에서 본 신호와 통계적 관점에서 본 신호에 대하여 설명하도록 한다.
4. 대표적인 신호의 형태인 디지털 신호의 특성을 알아본다.
5. 채널용량의 개념 및 표현식에 대하여 살펴본다.
6. 통신 속도의 종류에 대하여 공부한다.

## 5.1 개념

　인간이 통신시스템을 통하여 어떠한 의사를 장거리에 위치해 있는 수신자에게 전달하려면 임의의 신호 형태로 변환한 후, 이를 전송함으로써 의사를 교환하게 된다. 이 때 통신 채널에서 잡음과 간섭이라는 바람직하지 않은 신호들이 부가되어 통신을 방해하는 요인이 발생하기도 한다.

　[그림 5-1]에서 A의 생각은 정보이고 A가 정보를 B에게 전달하기 위해서는 신호를 이용하게 된다. 이렇게 정보를 주고받는 과정을 통신(communication)이라고 한다.

[그림 5-1]　신호와 통신

　신호(signal)는 일상생활에서 흔히 만나게 되는 의사 전달 수단으로서, 예를 들면 표지판, 스마트폰, 얼굴 표정 및 제스처 등 중요한 정보를 전달하기 위한 모든 수단을 의미한다.

　신호는 시스템의 입력 데이터로 들어가는 입력 신호와 시스템의 출력에서 나오는 출력 신호가 있다. 예를 들면, 바이크(bike)의 가속 페달을 누르는 힘(압력)은 입력 신호가 되고 주행 속도는 출력 신호가 된다. 또한 카메라에 들어오는 물체의 반사 빛은 입력 신호이고 사진은 출력 신호가 된다.

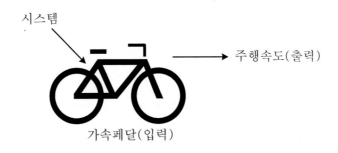

[그림 5-2]　신호 및 시스템

[그림 5-3]에서 송신자는 자신이 전달하고자 하는 정보를 전기 신호 형태로 변환하여 신호 처리계에서 통신에 적합한 형태로 변환한 후 채널을 통하여 송신하게 된다. 수신측에서는 미약하고 찌그러진 신호를 수신자가 이해할 수 있는 형태로 다시 신호 처리를 한 후 역변환하여 정보를 재생함으로써 최종적으로 수신자가 송신자가 전달했던 정보를 이해할 수 있게 된다. 여기서 송신측의 신호 변환과 신호 처리계를 송신 시스템(송신기)이라고 하며 수신측의 신호 처리계와 신호역변환을 수신 시스템(수신기)이라고 한다.

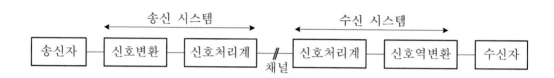

[그림 5-3] 통신 시스템의 구성

신호는 물리적인 또는 자연적인 현상을 나타내는 파라미터들의 동작 상태를 시간의 흐름에 따라 나타낸 것을 말하며 전기 통신에서는 전압, 전류 등과 같은 시변량(time variant)을 신호로 취급한다. 또한 신호는 시간 함수를 적절한 진폭과 위상을 가진 수많은 주파수 성분으로 구성한 함수라고 할 수 있으며 어떤 사건이나 행동과 같은 정보를 포함하고 있는 물리량으로 신호 변환계를 이용해서 전기적인 신호로 변환이 가능한 크기를 말한다.

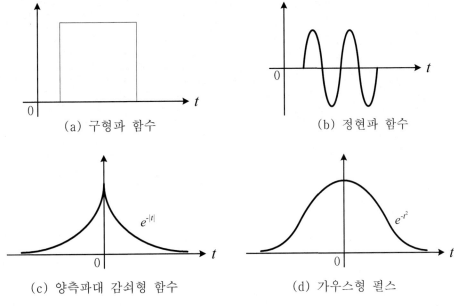

[그림 5-4] 신호의 형태

## 5.2 표현 방식

전기 통신에서 신호는 시간의 흐름에 따라 전압, 전류 또는 전력의 변화량을 나타내는 것으로 생각할 수 있으며 이들의 공통점은 시간의 함수라는 것이다. 즉 신호를 표현할 수 있는 방법으로 $x$축을 시간, $y$축을 시간에 따른 크기(이하 진폭이라고 표현)로 표현하는데 이외에도 신호를 표현할 수 있는 다른 방법이 있다.

또 다른 신호 표현 방법으로 $x$축을 주파수, $y$축을 주파수 성분들의 진폭으로 표현할 수 있다. $x$축을 시간으로 표현하는 방법을 시간영역(time domain)에서의 표현이라고 하며 $x$축을 주파수로 표현하는 방법을 주파수영역(frequency domain)에서의 표현이라고 하고 후자의 표현 방법이 통신에서 많이 사용되고 있다.

165

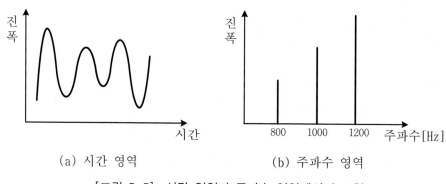

(a) 시간 영역          (b) 주파수 영역

[그림 5-5]  시간 영역과 주파수 영역에서의 표현

그러나 통신 신호와 같은 전기 신호는 시간에 따라 변화하므로 시간영역에서의 표현은 친근한 편이나 주파수 성분별로 신호를 표현하는 주파수영역에서의 표현은 상대적으로 이해하기가 어렵다. 스펙트럼(spectrum)은 주파수영역에서 표현을 하는데 신호를 여러 주파수의 조합인 사인 및 코사인 형태의 정현파 신호의 성분으로 구성된 것으로 해석하여 주파수 성분별로 크기나 위상을 표현하는 방식을 의미한다. 그러므로 신호의 스펙트럼 분포는 신호의 특성뿐만 아니라 각종 통신 방식을 이해하는데 중요한 수단이다. 특히, 통신 시스템에서 수행되는 각종 신호 처리, 예를 들어 변조, 복조, 전송 그리고 다중화 등이 해당된다.

**쉼터**

**정현파의 정의**

자연계에 존재하는 모든 파형 중 가장 순수한 파형이다. 음차를 두드릴 때 생기는 음파도 정현파이며 맑은 플롯의 음색도 정현파에 가까운 것이다.

통신 신호의 가장 기본적인 신호 중의 하나로 정현파 신호(sinusoidal wave)를 들 수 있는데 파형이 사인곡선이 되는 파를 말한다. 발진기로부터 얻게 되는 교류 전압, 전류는 정현파에 가깝다.

이 정현파 신호를 수식으로 표현하면 식 (5-1)과 같이 나타낼 수 있다.

$$x(t) = A\cos(2\pi f_0 t + \theta)$$

(5-1)

여기서 이 신호는 크기를 의미하는 진폭(amplitude) $A$ , 단위 시간당 신호가 가지는 진동수를 의미하는 주파수(frequency) $f_0$ [Hz] 그리고 시간 지연 정보를 가지는 위상 (phase) $\theta$로 구성되어 있다.

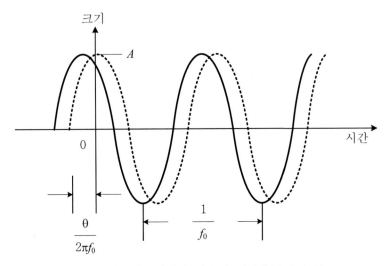

[그림 5-6]  정현파 신호의 시간축상의 표현

## 5.2.1  진폭(Amplitude)

$A$는 정현파 신호의 첨두값(peak value)을 나타내며 임의의 시간에서의 신호가 지니는 값을 의미한다. [그림 5-7]의 진폭변화에서 보듯이 진폭의 크기가 2배로 커졌다는 의미는 높이가 2배로 높아졌다는 것으로 해석할 수 있다.

진폭의 단위는 신호의 종류에 따라 볼트, 암페어 그리고 와트로 표현되고 계측장비를 통하여 측정된다. 여기서 볼트는 전압, 암페어는 전류 그리고 와트는 전력의 단위이다.

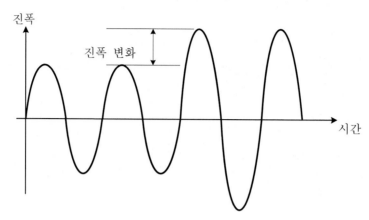

[그림 5-7] 아날로그 신호의 진폭 변화

## 5.2.2 위상(Phase)

신호의 위상은 진동이나 파동과 같이 주기적으로 반복되는 현상에 대해 특정 시각 또는 어느 점에서의 변화 상태 또는 기준 시간에 대한 파형의 상대적 위치를 나타낸다.

주파수가 동일한 두 신호의 시작 시점이 동일한 것을 동위상(in phase), 90도 차이를 직교 위상(quadrature phase), 180도 차이를 역위상(out of phase)이라고 하며, 반송파의 위상 정보를 이용하여 정보를 전달하는 위상 편이(Phase Shift Keying) 변조 방식의 정보 전달 매체로 이용된다. 한 신호가 서로 다른 경로를 통하여 전달되면 신호 지연에 의한 위상차가 발생되며, 수신된 합성 신호는 파형 왜곡이 발생될 수 있다.

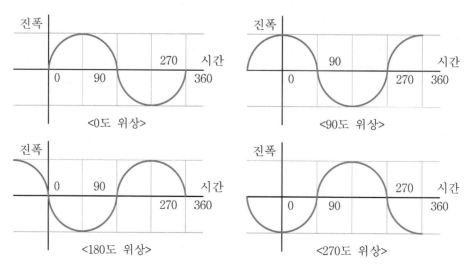

[그림 5-8] 아날로그 신호의 위상 변화

## 예제 5-1

어떤 신호의 주기가 0.001초이다. 이 신호의 주파수는 얼마인가?

☞ 주파수는 단위 시간에 대한 변화율로써 초당 반복되는 패턴의 횟수를 말하는 것으로 신호의 주기가 0.001초인 경우 단위시간마다 1000회 반복되므로 **1000[Hz]**가 된다.

### 5.2.3 주파수(frequency)

주파수는 일정한 크기의 전류나 전압 또는 전계와 자계의 진동(oscillation)과 같은 주기적 현상이 단위 시간(1초)에 반복되는 횟수를 의미한다. 예를 들면 100Hz는 진동이나 주기적 현상이 1초에 100회 반복되는 것을 의미한다.

예를 들면 1초에 어떤 패턴이 5번 나타나는 경우와 50번 나타나는 경우를 비교해보면 후자의 경우가 전자보다 훨씬 변화율이 많다고 볼 수 있고, 높은 주파수를 가졌다고 말한다. 즉 짧은 기간 내의 변화는 높은 주파수를 의미하고, 긴 기간에 걸친 변화는 낮은 주파수를 의미한다.

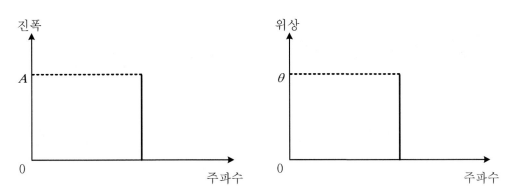

[그림 5-9] 정현파 신호의 스펙트럼 표현

식 (5-1)과 같은 정현파 신호를 주파수 영역에서 나타내면 스펙트럼의 정의가 정현파의 주파수별 진폭과 위상을 나타내므로 [그림 5-9]와 같이 나타낼 수 있다.

전기 통신 신호를 주파수 영역에서 표현할 때 [그림 5-9]와 같이 실제로 존재하는 (+)의 주파수만으로 표현하는 방식을 단측파대 스펙트럼(one-sided spectrum)이라고 한다. (-)의 주파수 성분은 실제로 존재하지 않지만 주파수 영역에서의 성분을 (+)과 (-)

의 주파수로 표현하는 방식을 양측파대 스펙트럼(double-sided spectrum)이라고 한다. 이렇게 표현하는 이유는 주파수 영역에서 수식을 계산하거나 이해를 하는데 양측 스펙트럼으로 표현하는 것이 유리한 경우가 많다.

Euler의 공식을 이용하여 sine 함수와 cosine 함수와 같은 정현파 함수는 식 (5-2)과 같은 지수 함수의 형태로 표현할 수 있다.

$$\cos\theta = \frac{e^{j\theta}+e^{-j\theta}}{2}, \quad j\sin\theta = \frac{e^{j\theta}-e^{-j\theta}}{2} \tag{5-2}$$

그러므로 식 (5-1)은 식 (5-2)를 이용하면 지수함수의 형태로 다음 식과 같이 표현 될 수 있다.

$$x(t) = A\cos(2\pi f_0 t + \theta) = \frac{A}{2}e^{j\theta}e^{j2\pi f_0 t} + \frac{A}{2}e^{-j\theta}e^{-j2\pi f_0 t} \tag{5-3}$$

식 (5-3)을 양측 스펙트럼으로 그림을 나타내면 다음과 같다.

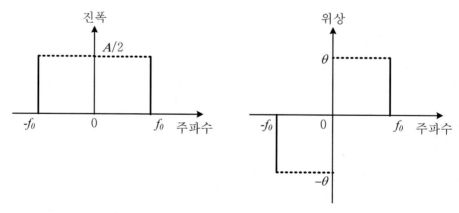

[그림 5-10] 정현파 신호의 양측 스펙트럼

**쉼터**

Euler의 공식

$$e^{j\theta} = \cos\theta + j\sin\theta, \quad e^{-j\theta} = \cos\theta - j\sin\theta$$

통신에서는 시간 영역보다는 주파수 영역을 자주 사용하게 된다. 예를 들면 무선 환경에서의 특정한 서비스의 주파수를 알게 되면 이 신호를 주파수 영역에서 표현할 때 그 주파수에 대부분의 에너지가 해당 서비스 주파수를 중심으로 일정한 범위 내에 집중되어 있다. 이 때 이 주파수를 반송파(carrier)라고 하며 반송파를 중심으로 에너지가 집중되어 있는 일정한 범위를 대역폭(bandwidth) 또는 스펙트럼 폭이라고 한다.

---

**예제 5-2**

9[kHz] 대역폭의 채널을 갖는 정보통신기기에서 $10^7$과 $10^8$ 사이의 주파수 스펙트럼에서는 활용할 수 있는 채널수는?

☞ 일반적으로 대역폭은 전기 신호를 흐트러지지 않은 상태로 보내기 위하여 전송계가 지녀야 할 일정한 주파수대의 폭으로써 일반적으로 최대 주파수에서 최소 주파수를 뺀 것이다. 그러므로 이 정보통신기기가 가지고 있는 대역폭은 90000[kHz]라는 것을 알 수 있다. 여기서 채널 주파수를 9[kHz]라고 했으므로 90000[kHz]/9[kHz] = 10000 개의 채널을 갖는다.

---

## 5.3 신호의 분류

신호란 하나 이상의 독립 변수의 함수로 정의되며, 보통 어떤 현상의 성질에 관한 정보를 포함하고 있다. 신호의 종류에는 이를 구분하는 관점에 따라 여러 가지 형태의 신호가 존재한다. 진폭의 분포 관점, 통계적 관점 등이 이용되며 [표 5-1]에 요약되었다. 참고로 신호의 세기 관점에서 본 신호에 대한 내용은 디지털 통신 분야에서 다루므로 생략하기로 한다.

[표 5-1] 신호의 종류

## 5.3.1 진폭의 기울기 관점에서 본 신호

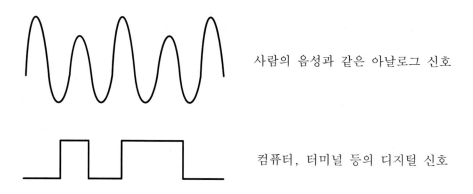

사람의 음성과 같은 아날로그 신호

컴퓨터, 터미널 등의 디지털 신호

[그림 5-11] 아날로그 신호와 디지털 신호 예

진폭의 기울기 관점은 매 순간마다 진폭의 변화가 존재하여 기울기를 구할 수 있는 연속성(continuity)과 기울기가 0이나 ∞가 되는 불연속성에 따라 구분하였으며 아날로그(analog)와 디지털(digital)이 여기에 해당한다. 아날로그와 디지털은 각각 연속적과 이산적이라는 말에 대응되며 데이터, 신호, 전송의 세 가지 맥락에서 데이터 통신에 자주 사용된다.

일반적으로 아날로그를 이용하는 신호를 사용하여 정보를 전송할 경우 아날로그 통신이라고 하며 디지털을 이용하는 신호를 사용하여 정보를 전송할 경우 디지털 통신이라고 한다.

아날로그 신호는 주파수에 따라 다양한 매체를 통해 전송되는 연속적으로 변하는 전자기파를 나타내며 임의의 시간에서 임의의 값을 추출할 수 있으며 회로가 간단하지만 잡음이나 간섭에 약하다는 단점을 가지고 있다.

한편, 디지털 신호는 매체를 통해 전송되는 일련의 전압펄스이다. 아날로그 신호보다 값이 싸고 잡음에 덜 민감하다는 장점이 있는 반면 대역폭이 상대적으로 넓다는 단점을 가지고 있으나 압축 방식 및 동영상 처리를 통하여 보상이 되었으므로 이에 대한 개발은 계속적으로 진행되고 있다.

[그림 5-11]의 디지털 신호에서도 고전적인 아날로그 신호의 특징(진폭, 위상, 주파수)이 적용될 수 있다. 그러나 대부분의 디지털 신호에서는 비주기적이기 때문에 주파수를 사용할 수 없다. 이에 대한 해결 방안으로 디지털 전송에서는 하나의 비트를 전송하는데 걸리는 시간을 의미하는 비트 간격을 사용하고, 주파수 대신 단위 시간동안 전송된 비트의 수를 의미하는 전송 속도를 사용한다.

신호는 아날로그 신호와 디지털 신호 외에 다른 형태의 신호가 무수히 존재한다. 그러므로 신호를 해석하는 방법과 이를 표현하는 방법도 여러 가지가 존재한다. 하지만 통신에서는 기본 형태의 신호들을 다양하게 조합하여 무수한 종류의 신호를 만들 수 있으며 이를 이용하여 다양한 정보를 효율적으로 전송하게 된다.

통신에서 신호의 다양하고 복잡한 표현 방법 덕분에 효율적인 아날로그 및 디지털 통신 방식이 개발될 수 있었으며 또한 각 방식에 대한 폭넓은 이해가 가능하게 되었다.

---

### 쉼터

**아날로그 & 디지털**

아날로그는 'analogous(유사한, 닮은)'에서 유래된 것으로 연속적으로 변화하는 물리량이 반복되거나 시간에 따라 유사한 형태로 결정되기 때문에 붙여진 이름이다. 한편, 디지털은 'digit(손가락)'에서 유래된 것으로 손가락이 서로 이산적인 형태로 지니고 있기 때문에 붙여진 이름이다.

### 5.3.2 통계적 관점에서 본 신호

#### (1) 결정 신호(확정적 신호, Deterministic Signal)

통계적 관점에서 본 신호는 신호의 진폭과 주기성에 따라 구분한 것이다. 결정 신호는 정의역 전체에 대하여 그 함수의 값이 해석적으로 정확히 알려지는 신호로 일반적인 신호의 모델로 자주 사용된다. 예를 들면 tuning fork 소리는 어느 정도 불균형이 되어도 깨끗한 단일 주파수에 대한 소리의 파를 발생한다.

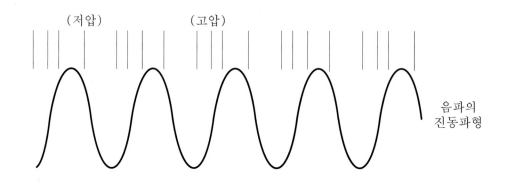

[그림 5-12] 음파 신호에 대한 고압 및 저압 분포

그러므로 결정 신호는 진폭의 미래 값을 예측할 수 있는 형태의 신호를 말하며 정현파 및 여현파와 같이 일정한 주기를 가짐으로써 미래 값을 예측할 수 있는 주기 신호와 지수 신호 및 과도신호(transient signal)와 같이 주기는 없지만 미래 값을 예측할 수 있는 비주기 신호로 구분할 수 있다.

주기 신호는 일정한 주기 $T$마다 동일한 파형을 무한히 반복하는 함수로 다음 조건이 만족한다.

$$x(t) = x(t + nT), \quad n = 1, 2, 3 \cdots, \quad -\infty < t < \infty \tag{5-4}$$

대표적인 주기 신호로는 정현파 함수(sinusoidal function)를 들 수 있으며 수학적으로 실수 값을 갖는 정현파 신호는 식 (5-1)과 같이 표현된다. [그림 5-13]에서 식 (5-1)의 주기 신호의 예와 비주기 신호의 예를 보이고 있다.

한편, 비주기 신호는 신호가 시간에 대하여 동일하게 반복되는 사이클이나 패턴 없이 연속적으로 불규칙하게 변하는 신호로써 일정한 주기 $T$가 존재하지 않는 신호이며, 예를 들면 $x(t) = \sin t + \sin \sqrt{2} t$는 비주기 신호이다.

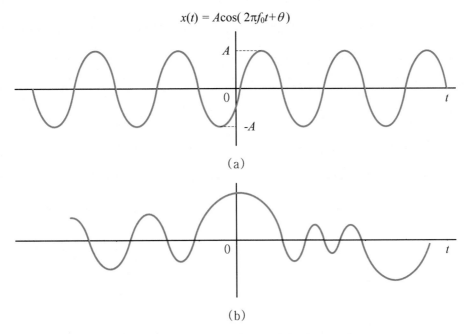

[그림 5-13] (a) 주기 신호 (b) 비주기 신호

주기 함수에 속하는 (실수 값을 갖는) 정현파 함수는 식 (5-1)로부터 다음과 같이 표현된다.

$$x(t) = A\cos(\omega_0 t + \theta), \quad -\infty < t < \infty \tag{5-5}$$

여기서 $\omega_0$는 각주파수(radian frequency)이다.

주기 신호 $x(t)$의 기본 각주파수 $\omega_0$와 기본 주기 $T$는

$$\omega_0 = \frac{2\pi}{T} \tag{5-6}$$

의 관계를 가지고 있는데 신호의 주파수 분석을 이해하려면 주어진 정현파의 고조파 신호를 알아야 한다. 각주파수가 $\omega_n = n\omega_0 = 2\pi n f_0$인 정현파 신호는 $f_0$을 기본 주파수로 갖는 정현파 신호의 $n$번째 고조파($k$th harmonics)이다.

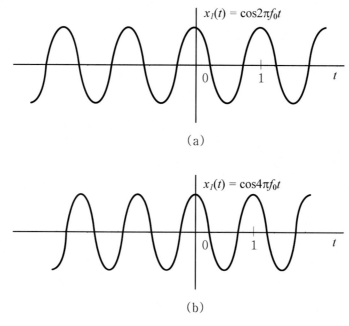

$$x_I(t) = \cos 2\pi f_0 t$$

(a)

$$x_I(t) = \cos 4\pi f_0 t$$

(b)

[그림 5-14]  (a) 기본파 신호  (b) 제2 고조파 신호

## (2) 비결정 신호(랜덤 신호, Nondeterministic Signal)

통신 시스템에 의하여 전송된 모든 정보는 시간의 흐름에 따라 불규칙하게 변하고 있어 그 값을 전혀 예측할 수 없거나 혹은 예측할 수 있다고 하더라도 그것은 부분적인 예측일 수밖에 없는 것이다.

비결정 신호는 어떤 시점(지점)에서의 측정값을 알고 있어도 그 값이 어떻게 변해갈지는 확정할 수 없는 신호이며 통계적 성질(확률)에 의하여 설명이 가능하며 대표적인 것으로는 백색 가우시안 잡음 신호(White Gaussian Noise Signal)가 있다.

그러므로 비결정 신호는 신호의 주기와 진폭의 미래 예측성 등 신호의 특징을 정확하게 계산하기가 불가능한 신호로서 통계적인 관점에서 근사적 계산으로 표현하고 stationary 신호와 nonstationary 신호로 나눌 수 있다. 전자는 통계적인 특성이 매우 적은 시간 변위에 대하여 불변하는 신호를 말하며 후자는 그렇지 않은 신호를 말한다.

전송신호는 전송경로를 경유하여 수신 단에 도달할 때까지 전송되는 과정에서 여러 가지 원인에 의해 송신 단에서의 신호와 달라 왜곡(Distortion)을 발생시킨다. 이는 열, 전자기장, 전송매체의 물리적 특성으로 인해 전송경로에 불완전성을 야기하며 결국 비결정 신호가 주어진다. 전송왜곡의 예측 여부에 따라 주어진 어떤 채널에서든지 왜곡이 발생하는 정적인 불완전성(Systematic Distortion)과 예측할 수 없게 무작위로 발생하는 우연적인 왜곡인 동적인 불완전성(Fortuitous Distortion)으로 구분한다.

# 5.4 디지털 통신

## 5.4.1 아날로그 신호와 디지털 신호

식물이 하룻밤 사이 성장한 과정을 표현한다면 연속적인 그래프의 형태가 되며 실험 시간에 오실로스코프를 통하여 어느 파형을 볼 때 시간 축에 대하여 파형의 진폭의 크기가 연속적으로 변할 때 이때를 아날로그 신호라고 정의한다.

아날로그 신호의 특징은 신호의 레벨이 연속적인 값을 가질 수 있다는 것이다. 예로 시계를 들어보면 아날로그 시계의 시침이나 분침은 연속해서 움직이지만 어느 순간의 시간(양)을 표시해 주고 있다.

원래 아날로그란 용어는 매체파의 변조가 소리 그 자체의 변동과 'analogous(유사한)'라는 말에서 기인된 것이다. 어떤 사람이 말을 하면 높고 낮은 공기압의 진동 파형이 만들어지고 이러한 파형은 연속적이고 반복적으로 일어나며 점진적으로 변화하기 때문에 아날로그 파형이란 이름이 붙여진 것이다.

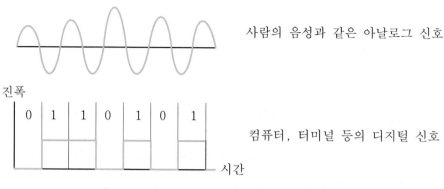

사람의 음성과 같은 아날로그 신호

컴퓨터, 터미널 등의 디지털 신호

[그림 5-15]  아날로그 신호와 디지털 신호

아날로그 기술은 주어진 전자기적 교류 주파수의 매체 파장에 시시각각으로 변하는 주파수나 진폭 신호를 추가함으로써 수행되는 전자적 정보전송과 관련된 기술이다. 또한, 아날로그는 전류, 전압 등과 같이, 연속적으로 변화하는 물리량을 이용하여 어떤 값을 표현하거나 측정하는 것을 의미하기도 한다. 따라서 아날로그는 보통 일련의 사인(sine) 곡선으로 표현되는 경우가 많다.

일반적으로 아날로그 신호의 특징을 살펴보면 다음과 같다.

① 디지털 펄스를 만드는 기술이 필요 없으므로 간단하다.
② 점유주파수 대역폭이 좁다.
③ 임의의 시간에 임의의 전압레벨을 추출할 수 있다.

한편, 이 장에서 주로 다루게 될 디지털 신호는 'digit(손가락 또는 발가락)'라는 어원을 가진다. 손가락 또는 발가락으로는 연속적인 값을 표현할 수 없으며, 나타낼 수 있는 값도 그 가짓수가 제한되어 있다. 따라서 디지털 신호란 레벨이 한정된 가짓수로 나타내어지는 신호를 의미하는데 임의의 시간에서의 값이 최소값의 정수배로 되어 있고 그 이외의 중간 값을 취하지 않는 불연속적인 값을 가지고 있다. 예를 들면 두 자리의 십진수로 표시된 정수를 보면 나타낼 수 있는 수의 범위는 00~99까지의 정수로 디지털 신호는 100가지의 숫자가 된다. 반면에, 아날로그 신호는 레벨 값이 무한하다.

디지털 통신에서는 일반적으로 $M$개의 레벨을 가지는 신호를 $M$진 신호($M$-ary Signal)라고 하며 2진(binary) 그리고 4진(quaternary) 신호와 같은 예를 들 수 있다.

[그림 5-15]에서와 같이 아날로그 신호의 경우 어느 곳에서든지 유한한 기울기를 가지게 됨을 알 수 있지만 디지털 신호의 경우 0에서 1로 상승하는 구간에서는 기울기가 ∞이며 1이나 0이 계속 유지되는 구간에서는 기울기가 0이 됨을 알 수 있다.

방송이나 전화는 전통적으로 아날로그 기술을 사용해 왔기 때문에 전화선을 이용해 데이터를 보내려면, 컴퓨터의 디지털 신호를 아날로그 신호로 바꾸어 보내고, 도착한 아날로그 신호를 (컴퓨터에서 사용하기 위해) 다시 디지털 신호로 바꾸어야 할 때 모뎀이 필요하게 된다. 이때 디지털 신호를 표현하는 방법은 여러 가지가 있는 데 대별하여 살펴보면 다음과 같다.

① 비트(bit)

bit는 binary+digit의 약자로서 정보 표현의 최소 단위이며 0과 1의 2가지 상태를 나타내는 컴퓨터에서 데이터 표현의 최소 단위이다.

② 바이트(byte)

하나의 문자를 나타내는 데 필요한 단위 즉, 비트의 8개 묶음 단위가 바로 바이트이다. 즉, 8비트가 1바이트이다. 특히 1바이트의 반 즉, 4비트를 니블(nibble)이라고 한다.

디지털 시대라고 부르는 현대 과학 기술의 일상생활에서 디지털 신호를 사용하는 시스템은 중요한 역할을 한다. 디지털 시스템은 통신, 업무 처리, 교통 제어, 위치 안내 그리고 의학치료, 날씨 보도 및 많은 상업적, 과학적 체계에 널리 사용된다. 우리는 지금 디지털 전화, 디지털 TV, 디지털 카메라 그리고 PC는 물론이고 스마트폰이 필수품인 시대에 살고 있다. 디지털 통신의 가장 두드러진 특성은 보편성이다. 그것은 프로그램에 따라 작용하는 다양한 명령(instruction)을 수행하기 때문이다. 이러한 융통성 때문에 광범위한 여러 정보처리 및 정보통신의 과제를 수행할 수 있게 되어 수신단에 오류율이 낮은 정보를 전달함으로써 신뢰성을 주게 되었다.

---

**쉼터**

스마트폰
휴대폰에 컴퓨터 지원 기능을 추가한 지능형 휴대폰으로서 휴대폰 기능에 충실하면서도 PDA 기능, 인터넷 기능, 리모콘 기능 등이 일부 추가되며, 수기 방식의 입력 장치와 터치스크린 등 보다 사용에 편리한 인터페이스를 갖춘다.

---

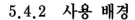

## 5.4.2 사용 배경

일반적으로 아날로그와 디지털은 각각 연속적과 이산적이라는 말에 대응되며 데이터, 신호, 전송의 세 가지 맥락에서 데이터 통신에 자주 사용된다. 아날로그 통신에서는 신호가 주어진 구간에서 연속적(continuous)인 값을 가지는 반면에 디지털 통신에서는 신호가 이산적(discrete), 즉 불연속적인 값을 갖는다.

종전에 아날로그 기술을 사용하던 시대와는 달리 지금은 통신뿐만 아니라 방송에서도 디지털 기술을 구현하게 되었다. 아날로그 방식을 사용하여 전파를 통해 전송하는 공중파 TV와 달리 디지털 방식을 근간으로 하는 인터넷 프로토콜 기반의 통신망을 통해 전달되는 다양한 콘텐츠를 TV를 통해 제공받을 수 있는 서비스가 이미 우리 가정에 공급되고 있다.

아날로그 신호를 디지털 신호로 변환하기 위하여 등장한 최초의 기술은 펄스 부호 변조(Pulse Code Modulation, PCM) 방식이며 이를 시작으로 하여 디지털 통신 시스템, 교환기 및 전송 기술 등 모든 통신 방식이 디지털 방식으로 전환되기 시작하였다.

그러면 아날로그 통신보다 디지털 통신을 사용하는 배경을 기술적인 관점에서 살펴보도록 하겠다.

첫째로 디지털 신호는 아날로그 신호에 비해 잡음에 대한 복구 능력이 우수하다.

통신 시스템에서는 송수신 회로나 통신 채널, 회선에서 필연적으로 잡음이 섞이게 된다. 따라서 수신 단에서는 원래의 정보 신호뿐만 아니라 잡음 신호도 같이 수신이 되는데, 심한 왜곡을 받기 전에 일정한 간격으로 중계기를 설치하여 펄스 파형을 정형화(shaping)함으로써 최초에 송출된 펄스와 같은 파형을 손상시키지 않고 재생 중계하여 전송할 수 있다. 물론, 원래의 신호 레벨을 복구할 수 없을 만큼 비교적 큰 잡음이 추가된다면 재생 중계가 불가능할 수 있다.

---

### 용어 설명

**재생 중계의 3R**
Reshaping(등화 증폭), Regenerating(식별 재생), Retiming(위상 재생)

---

디지털 신호는 정보를 표현하는 신호 레벨이 불연속적인 특정 값만을 가지기 때문에 잡음 레벨이 신호의 레벨 간격의 $\frac{1}{2}$을 넘지 않는다면 다시 원래의 값을 정확히 복구할 수 있다.

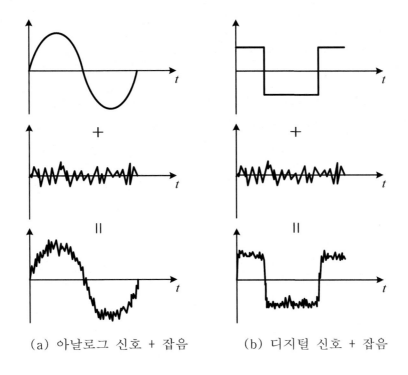

(a) 아날로그 신호 + 잡음          (b) 디지털 신호 + 잡음

[그림 5-16]  잡음에 대한 아날로그 신호와 디지털 신호의 비교

둘째로 디지털 통신에서 구현되는 고유의 신뢰성을 가지고 있다.

통신 시스템에 사용되는 전자회로는 시간이나 온도에 따라 그 특성이 변하게 마련이다. 예를 들면 발진회로에서 주위 온도가 변화하면 트랜지스터나 회로 소자의 값이 변화하여 발진 주파수가 변한다. 신호가 이러한 회로를 지나면서 레벨이 변하게 되면 아날로그 방식의 경우 레벨 변동이 미세하더라도 그 신호 자체가 영향을 받게 된다. 그러나 디지털 방식의 경우 레벨이 변하여도 다른 레벨로 잘못 판단될 정도로 크게 변하지 않는다면 수신 단에서 이 신호를 복조하여 신뢰성 있게 사용할 수 있다.

셋째로 디지털 신호를 다루는 회로는 아날로그 회로에 비해 경제적이다.

다중화 방식의 경우 아날로그 신호를 다중화 하는데 사용되는 주파수 분할 다중화(Frequency Division Multiplexing, FDM) 회로는 디지털 신호를 다중화 하는데 이용되는 시분할 다중화(Time Division Multiplexing, TDM) 회로에 비해 각 통화로에 대한 변복조기, 필터 그리고 반송파 전원 등으로 인한 구성이 훨씬 복잡하다.

All-IP 기반 무선 멀티미디어 통신을 추구하는 4세대 통신에서 하나의 단말기로 장소, 시간에 관계없이 서로 다른 주파수 대역과 2개 이상의 시스템을 동시에 지원함으로써 서비스를 경제적으로 제공하는 SDR(Software Defined Radio)은 디지털 기술의 백미이다.

넷째로 입력 정보의 종류에 관계없이 전송계통을 통일적으로 설계할 수 있다.

음성 신호나 영상 신호, 텍스트 정보 등은 아날로그 정보일 때 신호의 형태나 대역폭 등 그 특성이 서로 다르다. 그러나 이런 정보들을 2진 신호로 처리할 때는 정보의 형태와 상관없이 모두 0과 1로만 동일하게 취급할 수 있다. 그러므로 부호화 방식뿐만 아니라 전송 대역을 효율적으로 이용하기 위한 압축 기술 그리고 데이터의 내용에 대해 보안을 유지하기 위해 사용되는 다양한 암호 알고리즘 등 정보 신호의 처리는 무궁무진하다.

### 5.4.3 문제점

지금까지 디지털 신호에 대한 사용 배경 즉, 장점을 설명하였다. 하지만 디지털화에서 얻을 수 있는 장점만큼 발생할 수 있는 문제점도 생각할 수 있으며 이에 대한 해결 방법은 이 장을 통하여 공부한다.

첫째로 아날로그 전송에 비하여 넓은 주파수 대역폭을 필요로 한다.

디지털 신호가 잡음에 강한 장점은 원래 신호가 차지하는 대역보다 더 넓은 대역폭을 이용함으로써 얻어지는 데 예측한 표본값과 실제 표본값과의 오차를 부호화하는 방식을 사용함으로써 정보량을 감소시킨다.

---

**쉼터**

**표본화 정리의 원리**

시분할 다중화를 위해서 아날로그 신호를 디지털화해야 하는 데 표본화 과정이 필요하다. 그러나 표본화된 신호에는 원래의 연속된 신호가 가지고 있었던 정보와 동일한 정보가 있어야 한다는 것이 표본화 정리가 나오게 된 배경이다.

오디오에서 나오는 소리가 주기적으로 끊어져 10초마다 연결된다고 하면 그 소리를 알기가 어렵다. 그러나 주기를 짧게 할수록 원음과 가까워진다. 그러므로 표본화 간격이 작을수록 원래의 오디오에서 나오는 소리에 거의 근접한다는 것을 알 수 있다. 이에 대해 Shannon은 원래의 정보를 보존할 수 있는 표본화 간격은 원래의 정보 신호에 들어 있는 주파수 성분의 대역폭과 밀접한 관계가 있음을 발견하였는데, 이것이 표본화 정리(Sampling Theorem)이다.

---

둘째로 송신측과 수신측 사이에는 정확한 동기를 필요로 하는데 통신 시스템의 응용에 따라 매우 복잡하고 어렵다.

아날로그 신호는 모든 시간에 대해 연속적으로 값이 존재하지만 디지털 신호는 일정 시간 간격마다 정보를 표현한다. 그러므로 디지털 신호를 수신하는 측에서는 신호를 발생하는 측에서의 시간 간격과 위치를 정확하게 알고 있지 않으면 정확하게 복조할 수 없다. 그러나 이러한 문제는 통신 기술과 신호 처리 기술의 발달로 이를 해결하고 있다.

셋째로 디지털 방식 고유의 오차가 신호의 변환 과정에서 발생된다.

아날로그 신호는 신호 레벨이 가질 수 있는 값이 연속적이기 때문에 무한하지만 디지털 신호는 레벨이 불연속적이기 때문에 한정된 가짓수로 나타내어진다. 그러므로 아날로그 정보를 디지털로 변환하면 원래 신호의 레벨이 불연속적인 레벨로 변화하므로 정보의 왜곡이 발생한다.

넷째로 잡음이 어느 이상으로 커지는 경우 수신 품질이 급격히 저하되는 임계 효과 (Threshold Effect) 현상이 발생한다.

디지털 신호는 잡음에 강할 뿐만 아니라 오류 제어가 가능하기 때문에 잡음이나 오류가 어느 한계를 넘기 전까지는 수신 품질이 크게 떨어지지 않지만 어느 한계이상이 되면 복원할 수 없는 현상이 발생한다.

이처럼 디지털 시스템은 장점 못지않게 많은 문제점을 가지고 있다. 그러나 광대역 처리 기술로 인한 3G 서비스의 진화와 디지털 소자에 대한 집적화 기술, 그리고 펄스 변조 방식의 응용으로 인한 대역폭 부담 요소를 해소하기에 이르렀다. 그럼에도 불구하고 아직까지 디지털 시스템이 해결할 수 없는 점은 아날로그 정보 그 자체를 완전하게 디지털로 표현하는 것은 불가능하다.

# 5.5 채널 용량(Channel Capacity)

## 5.5.1 개념

채널 용량은 정보가 에러 없이 그 채널을 통해 보내어질 수 있는 최대율을 말하며, 단위로는 bps(bit per second)로 표현된다. 일반적으로 정보의 신호 속도는 전송 매체로 정보를 실어 보내기 위해 컴퓨터 관련기기에 의해 만들어지는 정보의 생산속도를 말하며, 채널용량은 사용되는 전송매체가 수용할 수 있는 정보전송능력을 가리킨다. 즉, 최대 정보전송 용량(또는 통신용량)인 것이다.

잡음이 없는 경우를 먼저 생각하면, 데이터 전송률은 단지 신호의 대역폭에만 제한을 받으며, 대역폭을 $W$라고 할 때 전송될 수 있는 가장 높은 신호률은 $2W$ bps임이 Nyquist에 의해 알려졌다. 한편, 잡음이 존재하면 하나 이상의 비트 에러가 생기고, 만약 데이터 전송률이 증가하면 더 많은 비트가 잡음의 영향을 받게 된다. 따라서 일정한 잡음 레벨에서 데이터 전송률이 증가하면 에러율도 높아진다는 것을 알 수 있고 Shannon에 의해 수식으로 표현되었다.

### 5.5.2 표현식

### (1) 잡음이 없는 경우

대역폭을 $W$라고 할 때 매초 당 $2W$개의 전위 값을 전송할 수 있다는 것을 이미 말한 바가 있으며 만일 두 비트를 동시에 보낼 수 있도록 4개의 전위 상태를 가질 수 있으면 $4W$ bps를 수신 측에 보낼 수 있다.

$M$은 전압 레벨로 서로 다른 수를 나타낸다면 채널용량 $C$는

$$C = 2W\log_2 M \tag{5-7}$$

가 된다. $M=2$이면 1bit의 정보이며 $M=8$이면 3bit의 정보를 나타낸다.

그러나 수신 측에서 구분이 가능한 신호 레벨의 개수, 잡음이나 왜곡 그리고 감쇠 등으로 이 수식을 실제로 적용하기에는 한계가 있다.

---

### 예제 5-3

2진 디지털 신호를 전송할 때 잡음이 존재하지 않을 경우 2400[bps]의 전송 속도로 전송할 때 주파수 대역폭은?

☞ $C = 2W\log_2 M$  ∴ $2W = \dfrac{2400}{\log_2 2}$  그러므로 $W = 1200$[Hz]

---

### (2) 잡음이 있는 경우

Shannon은 대역폭 $W$를 가진 채널이 $N$이라는 잡음 세력을 가졌고, 이 채널에 $S$라는 신호 세력을 가진 신호를 전송할 때 얻을 수 있는 채널 용량은 다음 식으로 주어진다는 것을 증명하였다.

$$C = W\log_2\left(1 + \frac{S}{N}\right) \tag{5-8}$$

이 법칙을 Shannon의 법칙이라고 하며 이때 채널 용량을 개선하는 방법은 다음과 같다.

① 신호 세력을 크게 한다.
② 잡음을 적게 한다.
③ 대역폭을 늘린다.

한편, 통신 채널에 유입되는 잡음의 형태는 열 잡음(Thermal Noise), 임펄스 잡음(Impulse Noise), 누화(Crosstalk) 그리고 상호 변조 잡음(Intermodulation Noise)이다.

---

### 예제 5-4

음성급 채널의 사용 가능한 주파수 대역을 2600[Hz]로 볼 때 일반적인 환경에서 S/N비는 30[dB]이다. 이 채널의 이론적 용량을 구하시오.

☞ $C = 2600\log_2 1001 = 25900$[bps]

---

### 용어 설명

**상호변조(Intermodulation)**
통과 대역 외에 있는 2개 이상의 강력한 방해파가 도래할 때 방해파 상호간에 새로운 주파수가 발생하고 이것이 희망파에 방해를 주는 현상을 말한다.

**혼변조(Cross Modulation)**
통과 대역 외에 강력한 방해파가 도래할 때 희망파가 방해파의 신호에 의하여 변조 방해를 받게 되는데 예를 들면, FM 라디오를 수신 중인데 근처 AM 송신소의 강한 신호가 유입되면 AM 주파수의 오디오가 혼입되는 현상을 말한다.

## 5.6 통신 속도

통신 속도는 단위 시간당 전달되는 데이터양이다. 데이터양을 표현하는 방법에 따라 변조 속도, 데이터 신호 속도 그리고 데이터 전송 속도가 있다.

### 5.6.1 변조 속도

변조속도는 신호를 변조하는 과정에서 1초에 몇 회 변조가 발생했는지 나타내며, 단위는 Baud를 사용한다. Baud라는 명칭은 전신코드를 발명한 보드(Baudot)의 이름에서 유래하였다.

변조된 신호(진폭, 주파수, 위상)는 신호를 변화한 위치에 정보를 표시하는 데, 변조속도는 매 초당 전송할 수 있는 부호 단위 수를 의미하는 것으로 1초에 몇 번의 상태변화가 일어났는가 하는 초당 상태변화의 최대 횟수라고도 한다.

1개 단위 펄스의 지속 시간을 $T$라고 하면 변조속도 $B$는 다음과 같이 표현한다.

$$B = \frac{1}{T}[\text{Baud}] \tag{5-9}$$

둘 이상의 비트를 한 단위로 표현할 경우, 각 단위를 하나의 신호로 대응시켜 송수신하는 시스템에서 각각의 단위를 심볼(symbol)이라고 하며 이에 대한 속도를 심볼 전송률이라고 한다.

---

### 예제 5-5

주파수 변조에서 1 또는 0을 나타내는 교류 신호의 1비트분의 시간이 0.1[ms]이면 이 때의 변조속도는?

☞ $B = \dfrac{1}{T} = \dfrac{1}{0.0001} = 10000[\text{Baud}]$

---

## 5.6.2 데이터 신호 속도

1초간에 전송할 수 있는 비트수를 나타내는 것으로 단위는 [bps]를 이용하며, 데이터가 데이터 단말 장치로 송신 또는 수신되는 속도를 나타낸다. 하나의 변환점에서 전달하는 비트수를 $n$비트, 변환점의 최단 시간을 $T$라고 하면 데이터 신호 속도 $S$는 다음과 같이 정의된다.

$$S = \frac{n}{T} = n \times \frac{1}{T} = n \times B[\text{bps}] \tag{5-10}$$

데이터 신호 속도와 변조속도는 전송 형태에 따라 일치할 때도 있고, 일치하지 않을 때도 있다. 직렬 전송에서는 진폭 변조나 주파수 변조된 교류 신호의 한 변화점에서 1비트의 정보만 전송하므로 변조속도와 데이터 신호 속도가 일치한다. 그러나 병렬 전송이나 위상 변조에서는 한 변화점에서 비트 여러 개를 전달하기 때문에 변조속도와 데이터 신호 속도가 일치하지 않는다.

---

**예제 5-6**

4800[Baud]의 4위상 변조의 경우 데이터 신호 속도는?

☞ $S = 4800 \times \log_2 4 = 4800 \times 2 = 9600[\text{bps}]$

---

## 5.6.3 데이터 전송 속도

데이터 전송 속도는 단위 시간에 전송되는 데이터양으로 표현된다. 데이터양으로는 바이트, 문자, 블록, 패킷 등을 사용하고, 단위 시간으로는 초, 분, 시간을 사용한다. 데이터 전송 속도는 회선의 실제 용량을 나타내는 데는 적합하나, 시스템마다 문자, 블록 등이 달라질 수 있어 흔히 쓰는 표현은 아니다.

단위는 [문자/초], [word/초], [block/초] 등으로 나타내며 이 관계를 나타내면 다음과 같다.

$$\text{데이터 전송 속도} = \frac{B}{n} \tag{5-11}$$

여기서 $B$는 변조 속도, $n$은 한 문자를 구성하는 비트수를 나타낸다.

---

**예제 5-7**

변조 속도가 200[Baud]이며, 한 문자가 8[bit]로 구성되어 있을 때 1분동안 전송할 수 있는 문자수는?

☞ 데이터 전송속도 $= \dfrac{B}{n} \times 60 = \dfrac{200}{8} \times 60 = 25 \times 60 = 1500$문자

---

1. 신호(signal)는 표지판, 스마트폰, 얼굴 표정 및 제스처 등 중요한 정보를 전달하기 위한 모든 수단을 의미한다.

2. 스펙트럼(spectrum)은 주파수영역에서 표현을 하는데 주파수 성분별로 크기나 위상을 표현하는 방식을 의미한다.

3. 진폭은 정현파 신호의 첨두값(peak value)을 나타내며 임의의 시간에서의 신호가 지니는 값을 의미한다.

4. 신호의 위상은 진동이나 파동과 같이 주기적으로 반복되는 현상에 대해 특정 시각 또는 어느 점에서의 변화 상태 또는 기준 시간에 대한 파형의 상대적 위치를 나타낸다.

5. 주파수는 일정한 크기의 전류나 전압 또는 전계와 자계의 진동(oscillation)과 같은 주기적 현상이 단위 시간(1초)에 반복되는 횟수를 의미한다.

6. 결정 신호는 정의역 전체에 대하여 그 함수의 값이 해석적으로 정확히 알려지는 신호로 일반적인 신호의 모델로 자주 사용된다.

7. 결정 신호는 일정한 주기를 가짐으로써 미래 값을 예측할 수 있는 주기 신호와 지수 신호 및 과도신호(transient signal)와 같이 주기는 없지만 미래 값을 예측할 수 있는 비주기 신호로 구분할 수 있다.

8. 비결정 신호는 어떤 시점(지점)에서의 측정값을 알고 있어도 그 값이 어떻게 변해갈 지는 확정할 수 없는 신호이다.

9. 비트(bit)는 binary+digit의 약자로서 정보 표현의 최소 단위이다.

10. 하나의 문자를 나타내는데 필요한 단위 즉, 비트의 8개 묶음 단위가 바이트이다.

11. 채널 용량은 정보가 에러 없이 그 채널을 통해 보내어 질 수 있는 최대율을 말하며, 단위로는 bps(bit per second)로 표현된다.

12. 통신 속도는 단위 시간당 전달되는 데이터양이다. 데이터양을 표현하는 방법에 따라 변조 속도, 데이터 신호 속도 그리고 데이터 전송 속도가 있다.

13. 변조 속도는 신호를 변조하는 과정에서 1초에 몇 회 변조가 발생했는지 나타내며, 단위는 Baud를 사용한다.

14. 데이터 신호 속도는 1초간에 전송할 수 있는 비트 수를 나타내는 것으로 단위는 [bps]를 이용하며, 데이터가 데이터 단말 장치로 송신 또는 수신되는 속도를 나타낸다.

15. 데이터 전송 속도는 단위 시간에 전송되는 데이터양으로 표현된다. 데이터양으로는 바이트, 문자, 블록, 패킷 등을 사용하고, 단위 시간으로는 초, 분, 시간을 사용한다.

# 연습문제

1. 스펙트럼의 개념과 활용분야에 대하여 설명하시오.

2. 정현파 신호의 구성요소와 이에 대한 의미를 표현하시오.

3. 아날로그 신호와 디지털 신호의 차이점을 요약하여 설명하시오.

4. 결정 신호와 비결정 신호에 대하여 설명하시오.

5. 디지털 신호의 사용 배경 및 문제점을 설명하시오.

6. 채널 용량의 물리적 의미를 설명하시오.

7. 통신 속도에서 데이터양을 표현하는 방법을 들어 설명하시오.

8. 다음을 간단히 설명하시오.
   1) 주기 신호와 비주기 신호의 차이
   2) 바이트(byte)

## 약 어

SDR(Software Defined Radio)
FDM(Frequency Division Multiplexing)
TDM(Time Division Multiplexing)

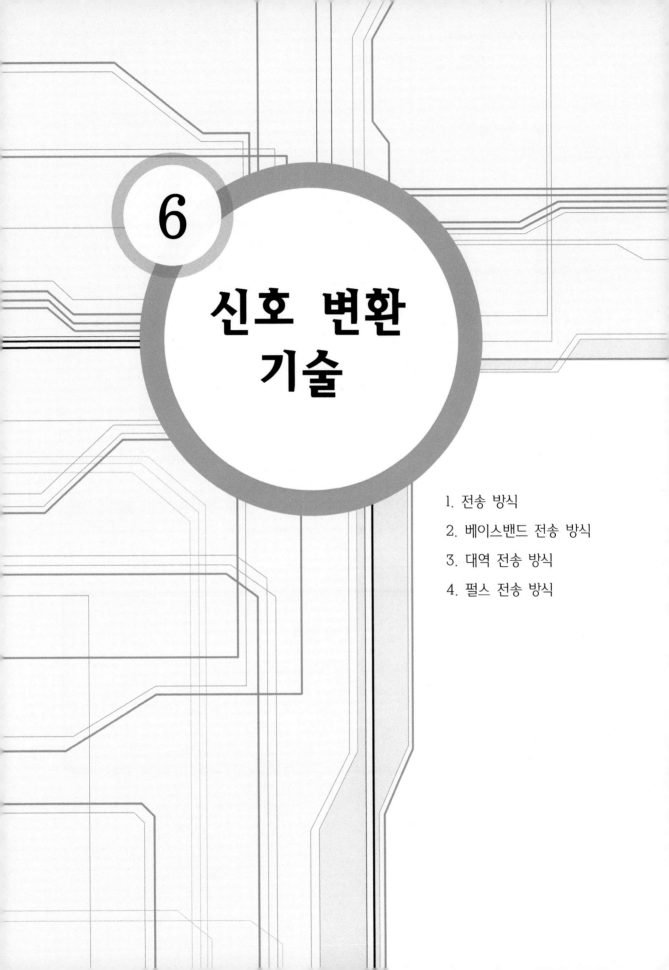

# 6

# 신호 변환 기술

컴퓨터 네트워크는 네트워크 안의 한 지점으로부터 다른 지점으로 정보를 전송하기 위해 설계된 것이다. 네트워크를 설계하는 데 있어서 정보를 디지털 신호로 바꿀 것인지 아날로그 신호로 바꿀 것인지의 두 가지 중 하나를 선택할 수 있다.

정보통신에 있어서 가장 기본적인 기능은 하나의 정보 처리 시스템으로부터 다른 정보 처리 시스템까지 데이터를 전송하는 일이다. 이 때 데이터는 전화선이나 광케이블, 마이크로웨이브 등의 전송매체를 통해서 전송되며, 디지털 신호 또는 아날로그의 형태로 전송된다. 일반적으로 전송매체를 통하여 전달되는 동안 전송 신호는 감쇄, 잡음 등의 손상을 입게 되고, 부족한 전송 선로를 이용하여 많은 사용자들이 통신해야 한다. 이와 같은 어려움을 극복하기 위해서는 안전하고 효율적으로 데이터를 전달하기 위한 전송 기술을 알아보는 것이 이번 장의 목적이다.

베이스 밴드 전송에서 정보를 전송로를 통해 보내기 위해서는 전송로에 의해서 전송될 수 있는 신호의 형태로 변환되어야 한다. 이와 같은 작업을 부호화(encoding)라고 하는데 정보를 이와 같이 변환하는 이유는 전송매체에서 보낼 수 있는 신호와 정보의 표현 형태가 다른 경우 정보를 전송 매체에서 전송 가능한 신호로 변환해야만 전송이 가능하므로 이와 같은 과정을 수행하게 된다. 한편, 수신측에서 반대의 과정을 거쳐 원래의 정보로 환원하게 되는데 이를 복호화라고 한다.

이 장에서는 먼저 전송 방식을 설명한 뒤 신호 변환 장치에 따른 베이스 밴드(baseband), 펄스 부호 전송 및 대역(carrier) 전송 기술에 대하여 살펴보도록 한다.

---

### 학습 목표

1. 일반적인 통신 시스템에서 데이터 전송 방식에 대하여 살펴본다.
2. 베이스 밴드 전송 방식에 대하여 공부한다.
3. 대역 전송 방식에 대하여 이해하도록 한다.
4. 펄스 전송 방식에 대하여 설명한다.

## 6.1 전송 방식

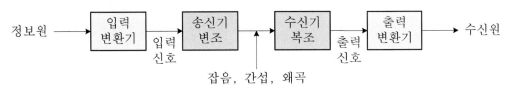

[그림 6-1] 일반적인 통신 시스템의 구성

디지털 데이터의 전송은 이진(binary) 데이터를 전압이나 전류의 변화로 표현된 신호에 실어 보내는 것을 의미한다. 이때, 송신 측으로부터 수신 측으로의 데이터 전송을 고려할 때 주요 관심사는 배선이며, 이때 관심사는 데이터 흐름이다. 한 번에 한 비트씩 보낼 것인가, 아니면 더 큰 그룹으로 비트들을 묶어서 보낼 것인가? 하는 방법을 데이터를 전송하기 전에 선택하는 것이 필요하다.

### 6.1.1 전송로 수에 따른 방식

직렬 전송에서는 매 클록 펄스마다 하나의 비트를 보내는 반면, 병렬 전송에서는 여러 개의 비트들이 클록 주기마다 동시에 보냄으로서 전송 효율을 개선할 수 있다.

병렬 데이터를 보내기 위해서는 단지 한 가지 방법만이 있는 반면, 직렬 전송을 위해서는 동기식과 비동기식 및 혼합식의 세 가지 방법이 있다.

### (1) 직렬 전송
1) 전송 방식

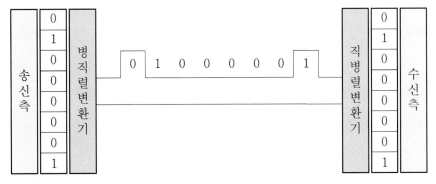

[그림 6-2] 직렬 전송 방식

한 번에 한 비트를 보내는 방식으로 일반적인 데이터 통신의 경우 여러 비트들을 한 단위로 처리하는 것이 일반적이므로 송신 측에서는 병렬 신호를 직렬 신호로 변환하여 전송로에 전송하고, 수신 측에서는 다시 환원하여 병렬 신호로 변환한다.

직렬 전송의 경우에는 데이터를 연속해서 보내므로 문자와 문자 또는 비트와 비트각각을 구별하기 위해서는 동기화가 필요하다.

### 2) 특징

① 원거리 전송에 적합하다.
② 하나의 데이터 전송 회선을 사용함으로 회선 비용이 경제적이다.
③ 직 · 병렬 변환기가 필요하므로 시스템이 복잡하다.
④ 데이터 전송회선이 하나이므로 병렬전송에 비해 전송 속도가 느리다.

## (2) 병렬 전송

### 1) 전송 방식

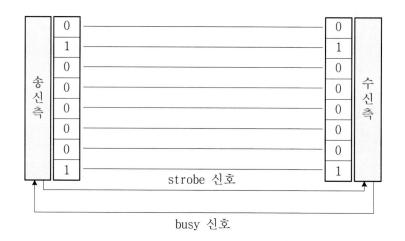

[그림 6-3] 병렬 전송 방식

1과 0으로 표현되는 2진 데이터는 각각 $n$비트로 이루어진 그룹으로 구성될 수 있다. 언어를 문자보다는 단어의 형태로 이해하고 사용하는 것처럼 컴퓨터는 비트의 그룹으로 데이터를 생산하고 소비한다. 즉, 병렬전송에서는 한 번에 1개의 비트를 보내는 대신 그룹으로 만들어 $n$개의 비트 데이터를 보낼 수 있게 된다.

그러므로 하나의 그룹을 전송하기 위해서는 그 그룹에 비트수만큼 전송로가 있어서 이

전송로 각각을 통해 각 비트들이 전송되게 한다. 그리고 데이터를 전송하기 위해 strobe 신호나 busy 신호를 주고받기 위한 추가 전송로가 필요하다. 이것은 컴퓨터와 주변기기 사이의 데이터 전송에 이용된다.

### 2) 특징

① 비트 수만큼 통신회선이 필요하므로 통신회선 비용이 많이 든다.
② 인터페이스 구성이 직렬 전송에 비해 단순하다.
③ 컴퓨터와 주변기기 사이의 데이터 전송, 동일 장치 및 동일 건물 내의 단거리 고속 전송에 적합하다.
④ 거리가 멀면 전송비용이 커지므로 단말장치의 연결에서는 거의 사용하지 않는다.

## 6.1.2 동기 방식에 따른 방식

데이터를 정확하게 송수신하려면 서로 간에 동기가 맞아야 한다. 송신 측은 데이터를 한번에 1비트씩 전송하므로 수신 측에서는 수신된 비트열로 된 문자의 시작과 끝을 알고 있어야 한다. 따라서 송수신 측 사이에 각 비트의 전송률과 전송 시간 및 간격 등을 규정하는 약속이 필요하다. 송신 측에서는 비트를 구별하여 전송해주는 데이터가 필요한데, 이런 데이터를 동기 정보라고 한다. 수신 측에서는 이 동기 정보를 얻는 방법으로 비동기식과 동기식 전송 방법이 있다.

[그림 6-4] 동기 방식에 따른 방식

## (1) 비동기식 전송(Asynchronous Transmission)

### 1) 전송 방식

동기 펄스가 없으면 수신자는 타이밍을 이용하여 다음 비트 그룹이 언제 도착할 지 예측할 수 없다. 그러므로 비동기 전송에서는 정보는 송수신자간에 합의된 패턴으로 수신되고 변환된다.

데이터는 한 번에 짧은 비트열로 나누어서 전송하는 데 각 데이터(문자) 앞에 1개의 시작(Start, ST) 비트와 데이터의 맨 마지막에 임의의 정지(Stop, SP) 비트를 두어 문자와 문자를 구분한다. 여기에서 Start 비트는 문자의 시작을 알리며, Stop 비트는 문자의 끝을 알리는 신호이다. 한편, 전송할 비트가 없을 때 선로는 일정하지 않은 시간을 가진 휴지상태(1상태)가 된다.

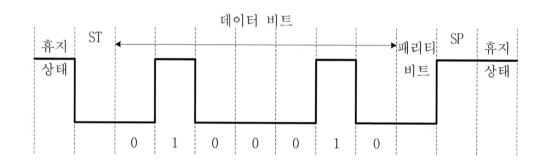

[그림 6-5] 비동기 전송 방식

### 2) 특징

① 300[bps]~1,200[bps]의 저속 데이터 전송에 사용되었으나 최근에는 고속 전송에도 사용되고 있다.

② 전송 효율이 나쁘므로 주로 단거리에 사용된다.

③ 실제로 의미 있는 전송 데이터 중 시작비트와 정지비트로 인해서 전체 회선의 이용 효율을 약 20% 저하시킨다.

## (2) 동기식 전송(Synchronous Transmission)

### 1) 문자 전송 방식

문자 전송 방식에서는 송신 측과 수신 측 사이에 미리 정해진 약속에 의하여 문자열을 한 묶음으로 만들어 한꺼번에 전송한다. 데이터 묶음의 앞쪽에는 반드시 동기 문자가 와야 하며, 동기 문자는 휴지 간격이 없다.

일반적으로 SYN을 데이터 블록 선두에 붙여 문자 동기를 취한다. 한편, 동기화 ETX 는 블록의 마지막을 알리는데 사용된다.

## 2) 비트 전송 방식

비트 전송 방식은 데이터를 문자가 아닌 블록 단위(프레임)로 전송하는데 전송 단위를 일련의 비트 묶음으로 보고, 비트 블록의 처음과 끝을 표시하는 플래그(flag) 비트를 추가해 전송한다.

HDLC(High-level Data Link Control)가 대표적인 비트 동기 방식이며, 플래그 비트 (01111110)를 사용해 데이터의 시작과 끝을 나타낸다. 중간에 플래그 비트와 같은 비트열 이 존재할 때 전송오류를 방지하기 위해 송·수신단에서 비트 스터핑(Bit Stuffing)이 수행된다.

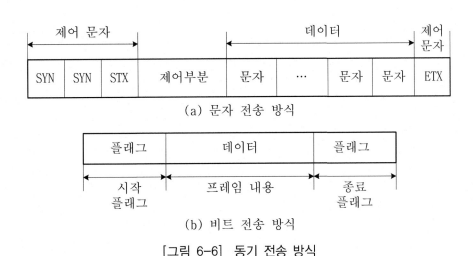

(a) 문자 전송 방식

(b) 비트 전송 방식

[그림 6-6] 동기 전송 방식

---

### 용어 설명

**비트 스터핑(Bit Stuffing)**

프레임 기반의 프로토콜, 즉 비트 전송 방식의 프로토콜은 프레임의 시작과 끝에 6개 의 연속되는 1비트를 신호로써 보낸다. 만약에 실제로 한 줄에 여섯 개의 1비트들을 갖 는 정보 데이터가 전송되는 경우 처음 5개의 1비트 이후에 강제로 0을 삽입한다.
예) 01111110 → 01111101

## 6.2 베이스밴드(Baseband) 전송 방식

디지털 데이터를 디지털 회선에 전송하는데 있어서 원래의 신호를 그대로 전송하는 것이 아니라 일정한 부호화 과정을 거쳐 전송하게 된다. 이때, 부호화하는 신호변환기로는 DSU(Digital Service Unit)가 있으며 디지털 데이터를 아날로그 신호로 변조하는 것보다 단순하며 비용도 싸다.

신호 변조 방식으로는 베이스 밴드 전송(디지털 정보 → 디지털 신호)의 변조 방법을 사용하며 베이스 밴드 전송은 디지털 형태인 0과 1로 출력되는 직류 신호를 변조하지 않은 채 그대로 전송한다. 장거리 전송에는 적합하지 않고, 컴퓨터와 단말기 통신, 근거리 통신에 이용된다.

베이스밴드(직류신호)에 사용되는 기본 방식에는 전압의 한쪽 극성(+ 혹은 -)만 사용하는 단극 방식과 양쪽 극성(+, -) 모두를 사용하는 복극 방식이 있다. 이 두 방식 중에서 하나를 선택하여 2진 신호를 여러 가지로 표현될 수 있는데, 데이터 전송에서는 양극 (bipolar) 방식이 많이 사용된다.

### 6.2.1 베이스 밴드 전송 조건

① 타이밍 정보가 충분히 포함되어 있어야 한다.
② DC 성분이 포함되지 않아야 한다.
③ 아주 낮은 주파수 성분과 아주 높은 주파수 성분이 제한되어 있어야 한다.
④ 전송 도중의 에러 검출과 정정이 가능해야 한다.
⑤ 전송로의 운영 상태를 감시할 수 있어야 한다.
⑥ 전송 부호의 효율이 양호해야 한다.
⑦ 구조가 복잡하지 않아야 한다.
⑧ 각종 장애에 강한 전송 특성을 가져야 한다.

---

**요약**

베이스밴드 방식

1. 구현 방법

 기저 대역 신호인 (+), (−) 전압(극성 방식의 경우)으로 수신 단에 보내는 방식으로서 원거리에 적합하지 못하다.


2. 특성

① 저렴하며 기기의 접속에 용이하다.

② 주파수 대역이 좁다.

③ 도청 위험이 있다.

---

## 6.2.2 전송 부호의 종류

### (1) 요구 조건

 디지털 베이스밴드 전송에서 0과 1에 어떠한 펄스 파형을 인가시키는 것인가 하는 것을 전송 부호 형식이라고 한다. 이에 대한 요구 조건은 다음과 같다.


① 적절한 타이밍 정보 : 동일한 레벨의 부호가 연속되는 것을 억제하는 부호 구성이 필요하며 자기 타이밍 방식이 널리 사용된다.

② 에러의 검출과 정정 : 전송로 상의 감시를 위해 에러의 검출과 정정이 용이한 부호를 사용하는 것이 바람직하다.

③ 대역폭의 감소 : 필터의 사용으로 디지털 신호의 대역폭을 감소시킬 수 있다.

④ 스펙트럼의 모양 : 데이터의 스펙트럼 모양을 전송 특성에 적합하도록 대역 압축 부호 구성이 필요하다.


### (2) 단극(Unipolar) 방식

### 1) 구현 방법

 전압의 극성 중 한쪽으로만 구성된 파형으로서 0은 휴지(idle) 상태를 말하며 1을 나타내기 위해서 (+)나 (−) 펄스 중 하나를 사용한다. 수신 측에서 0과 1의 판별은 전압의 최적치인 $\pm\dfrac{1}{2}E$를 기준으로 판별한다. 가장 단순한 방법이며 잡음에 약하므로 근거리 전송에 사용된다.

## 2) 종류

### (가) 단극 NRZ(Non Return to Zero)

단극성 전압을 사용하여 0을 0전위, 1을 $-E$ 전압(또는 $+E$ 전압)에 대응시킨 신호 방식으로 비트 간격 사이에 한 펄스를 모두 사용하도록 부호화하는 방식이다.

송·수신 회로가 간단하고 디지털 논리를 쉽게 표현할 수 있는 반면에 잡음에 약하고 동기 능력이 부족하다.

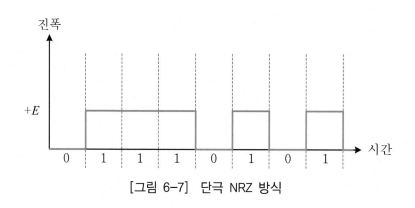

[그림 6-7] 단극 NRZ 방식

### (나) 단극 RZ(Return to Zero)

단극 NRZ처럼 단극성 전압을 사용하여 0을 0전위, 1을 $-E$ 전압(또는 $+E$ 전압)에 대응하되, 비트 펄스와 다음 비트 펄스 사이에 0 전위를 일정시간 유지하는 방식이다.

회로의 구성은 간단하나 넓은 대역폭이 필요하다.

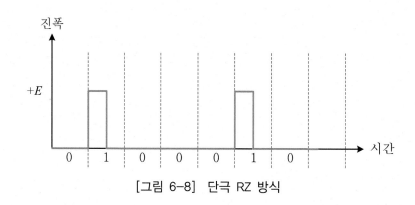

[그림 6-8] 단극 RZ 방식

## 3) 문제점

### ① 직류 성분 발생

단극성 부호에서는 평균값이 0이 아닌 상수값을 가지게 된다. 그러므로 직류 성분을 다룰 수 없는 기기를 통과하는 환경에서는 이 전송 부호를 사용할 수 없다.
② 동기화 문제

단극성 NRZ의 경우 0이나 1이 계속 될 경우 비트의 시작과 끝을 결정할 수 없는 문제가 발생한다. 그러므로 별도의 선로로 동기화 신호를 보냄으로써 동기를 취하나 비용 상승의 효과가 발생하므로 자체 클록에 의해 동기화 신호를 추출한다.

---

## 정리

### 1. NRZ 부호 방식의 특징
① 비트 신호의 변화에 따라 전압 레벨이 바뀌게 된다.
② 직류 성분이 존재하며 동기화 능력이 부족하다.
③ 신호를 보내는 매체의 누설에 무관하다.

### 2. RZ 부호 방식의 특징
① NRZ 부호의 동기화 문제가 해결된 방식이다.
② NRZ보다 2배의 변조율이 필요하다.

---

## 쉼터

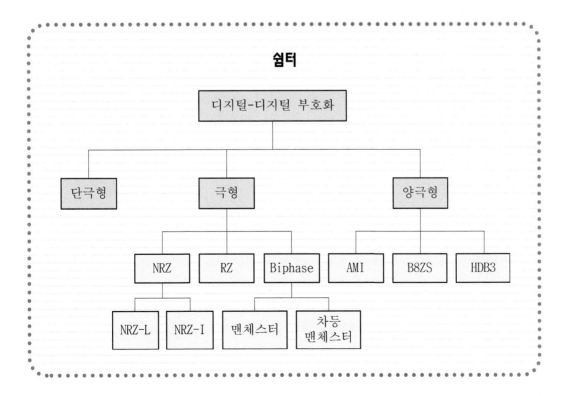

### (3) 복극(Polar) 방식

1과 0을 (+)과 (−) 펄스에 대응시키는 방법으로 단극 방식보다 파형 왜곡의 영향이 적으며, 저속도 전송의 표준 방식으로 사용된다. 또한 RZ(Return to Zero) 방식은 부호마다 펄스가 발생하므로 정보의 위치를 쉽게 알 수 있다. 또한 단극 방식과 마찬가지로 점유 주파수 대역을 좁힐 수 있으므로 주파수 대역을 효율적으로 이용할 수 있다.

### 1) NRZ(Non Return to Zero)

원신호 1과 0에 대하여 점유율 100%의 +1 그리고 −1을 할당하는 방식으로서 길게 연속되는 0이나 1은 채널 상에서 상태 천이를 만들어 내지 못하기 때문에 자체 클록 능력이 부족하다. NRZ는 인코딩이나 디코딩을 요구하지 않고 채널의 대역폭을 매우 효율적으로 사용하기 때문에 저속 통신에 널리 사용된다.

### (가) NRZ-L(Non Return to Zero Level)

0을 표현하기 위해 (−)전압을 사용한다면 1은 (+)전압을 할당하는 방식이며 반대로 0을 나타내기 위해 (+)전압을 사용한다면 1은 (−)전압을 표현하는 방식이다.

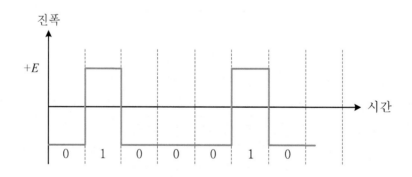

[그림 6-9]  NRZ-L 방식

### (나) NRZ-I(Non Return to Zero Inverted)

NRZ 신호를 디지털 신호가 0이면 앞 위상과 그대로, 디지털 신호가 1이면 앞 위상과 180[°]반전시키는 방식이다. 즉 여기에서는 0과 1을 표현하기 위해 (+), (−)전압이 할당되는 것이 아니라 (+)와 (−)전압 사이의 반전을 통해 반전이 있는 경우는 1을 나타내고 반전이 없는 경우는 0을 나타내게 된다.

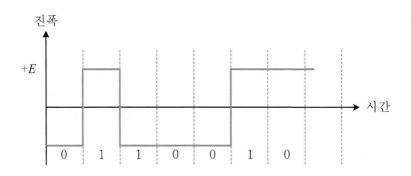

[그림 6-10] NRZ-I 방식

## 2) RZ(Return to Zero)

원 신호 1과 0에 대하여 점유율 100% 미만의 +1 그리고 -1을 할당하는 방식으로서 NRZ에서 발생하는 동기화 문제를 해결하고 있다. RZ는 (+), 0, (-) 3개의 전압 레벨을 사용하여 0인 경우는 (-) 전압으로 시작해서 비트의 중간에 다시 0 레벨로 돌아가고 1인 경우는 (+) 전압으로 시작해서 비트의 중간에 0 레벨로 바뀐다. RZ에서 동기화 문제를 해결하였지만 한 비트를 부호화하기 위해서 두 번의 신호 변화가 필요하게 되므로 상대적으로 넓은 대역폭을 차지하는 단점을 가지고 있다.

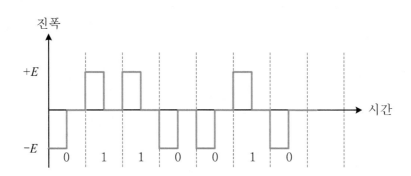

[그림 6-11] RZ 방식

### 3) Biphase

Biphase는 비트의 중간에서 다른 전압 레벨로 변화되는 것은 RZ와 비슷하지만 RZ와 같이 0 전압 레벨로 돌아가는 것이 아니라 다른 전압 레벨로 바뀌게 된다. 이 방식에는 맨체스터 방식과 차등 맨체스터 방식이 있다.

### (가) 맨체스터(Manchester) 방식

LAN에서 많이 사용하는 부호로서 대역폭이 넓은 것이 약점이며 직류 신호가 전송되지 않는다. 구현 방법은 비트 구간 $T$의 왼쪽 $T/2$구간에 대하여 점유율 50[%]의 1을 할당하여 디지털 신호 0으로 정하고 비트 구간 $T$의 오른쪽 $T/2$구간에 대하여 점유율 50[%]의 1을 할당하여 디지털 신호 1로 정한다. 이 때 각 디지털 신호 값은 반드시 0 level을 가지고 있다.

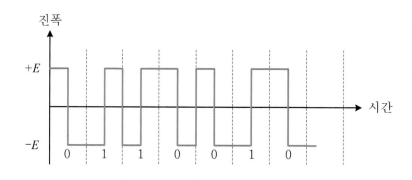

[그림 6-12] 맨체스터 방식

(나) 차등 맨체스터(Differential Manchester) 방식

NRZI와 맨체스터 방식이 혼합된 것으로 맨체스터 부호가 1이면 앞 신호의 위상과 180[˚]반전시키고, 0이면 앞 신호의 위상과 그대로 보내는 방식이다. 즉, 전 신호가 (+)전압에서 (−)전압으로 전이된 경우 다음 비트가 0일 때는 이전 신호와 같이 (+)전압에서 (−)전압으로 전이되어 표현하고 1일 때는 반대로 (−)전압에서 (+)전압으로 전이되어 표현하게 된다.

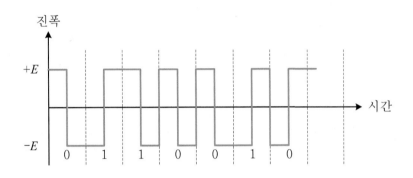

[그림 6-13] 차등 맨체스터 방식

## (4) 양극성(Bipolar) 방식

양극형에서는 (+), 0, (−) 3개의 전압을 사용하는데 AMI, B8ZS 그리고 HDB3 등의 3개의 부호화 방법이 있다.

### 1) AMI(Alternate Mark Inversion)

입력 신호의 0에 대해서는 펄스를 전송하지 않으나 1에 대해서는 한 주기 동안에 (+)에서 (−)로 펄스가 이동하도록 하는 방식으로 파형의 평균값은 0이다. 저주파 차단 특성이 적은데 직류 성분이 포함되지 않기 때문이며 부호 에러의 검출이 용이하다.

1이 반복해서 나타나면 직류 성분이 0이 되고 동기화 문제도 해결되지만 0이 연속적으로 나타나는 경우 동기화 문제가 발생한다.

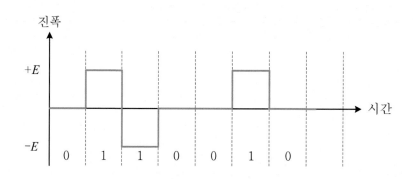

[그림 6-14]  AMI 방식

## 2) 다이코드(Dicode) 방식

연속되는 입력 비트가 0에서 1로 변하면 (+)전압, 1에서 0으로 변하면 (−)전압이며 변화가 없으면 0 전위로 나타내는 방식이다.

AMI 방식과 동일하게 (+), (−)전위가 교대로 나타나 직류 성분과 저주파 성분이 감소한다.

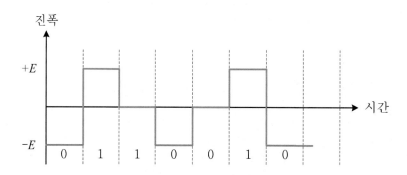

[그림 6-15]  다이코드 방식

## 용어 설명

### 1. B8ZS(Bipolar 8 Zero Substitution)

AMI에서 0이 연속적으로 나타나는 경우 발생하는 동기화 문제를 해결하기 위해 미국에서 사용하는 방법으로 연속해서 8개의 0이 나타날 때 다음과 같이 처리한다.

(AMI 방식) 0000 0000 → (B8ZS 방식) 000V B0VB

여기서, B는 AMI 규칙에 따르는 비트 (valid bipolar signal)

V는 AMI 규칙을 위반한 비트 (bipolar violation)

예를 들면 신호 바로 앞에 입력된 비트가 (+)이면 (+) 0000 0000이 (+) 000(+)(−)0(−)(+)으로 변환되며 신호 바로 앞에 입력된 비트가 (−)이면 (−) 0000 0000 이 (−) 000(−) (+)0(+)(−)으로 변환된다.

### 2. HDB3(High-Density Bipolar 3)

AMI에서 0이 연속적으로 나타나는 경우 발생하는 동기화 문제를 해결하기 위해 미국에서 사용하는 방법인데 입력된 신호에서 0이 연속적으로 4개가 있을 때 처리 방법으로 AMI에 대한 규칙성을 위반하도록 pulse를 넣어준다.

예를 들면, 0을 대체한 1이 홀수번 대체된 경우

(+) 0 0 0 0 → (+) 0 0 0 (+)

(−) 0 0 0 0 → (−) 0 0 0 (−)

0을 대체한 1이 짝수번 대체된 경우

(+) 0 0 0 0 → (+) (−) 0 0 (−)

(−) 0 0 0 0 → (−) (+) 0 0 (+)

# 6.3 대역 전송(Broadband) 방식

## 6.3.1 디지털 변조 방식

디지털 정보를 아날로그 신호로 변환하는 방식을 대역 전송(broadband) 방식 또는 디지털 변조 방식이라고 한다. 컴퓨터에서 발생하는 디지털 신호를 아날로그 통신망인 전화망을 이용해 전송하려면 디지털 신호를 아날로그 신호로 변환해야 한다.

디지털 데이터를 아날로그 신호로 변환하여 아날로그 신호만 전송할 수 있는 대표적인 것은 모뎀(modem)이다. 즉, 베이스밴드의 주파수 스펙트럼을 별도의 고주파 대역으로 전환하는 것이다. 이때, 사용하는 대역 내의 주파수를 반송파(carrier)라고 한다.

신호 변조 방법으로는 ASK(Amplitude Shift Keying), FSK(Frequency Shift Keying), PSK(Phase Shift Keying) 그리고 QAM(Quadrature Amplitude Modulation) 방식이 있다.

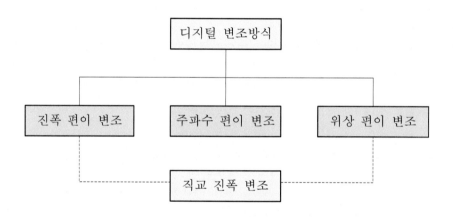

[그림 6-16] 디지털 변조방식 종류

## (1) 진폭 편이 변조(ASK)

0과 1을 표현하기 위해서 반송파의 진폭을 변화시키게 되는데 회로 구성이 간단하고 가격이 저렴하지만 잡음이나 신호에 약하다는 단점을 가지고 있다.

단극 NRZ 형태의 2진 데이터에 대응하여 반송파를 On 시키거나 Off 시키는 방식이므로 OOK(On-Off Keying)이라고도 한다. 즉, 2진 데이터가 1이면 반송파를 송출하고 0이면 송출하지 않는다.

2진 ASK 방식은 비트 오류 확률 특성이 좋으므로 저속의 데이터 전송에 많이 이용되며, 복조 방식으로는 동기 검파기(정합필터, 상관기)를 사용한다. 정합필터는 필요한 신호는 최대로 강조하고 잡음은 억압시켜서 에러의 가능성을 줄이고 펄스의 유무를 정확히 판단할 수 있는 기능을 가진 최적 필터를 말하며 시간 영역에서는 상관기(correlator), 주파수 영역에서는 정합 필터(Matched Filter)라고 한다.

채널의 상태에 대단히 민감하므로 단독으로 거의 사용하지 않고 PSK(Phase Shift Keying)와 함께 사용한다.

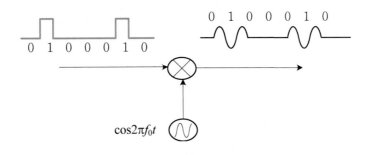

[그림 6-17]  2진 ASK 구성도

## (2) 주파수 편이 변조(FSK)

### 1) 구현 방법

반송파의 주파수를 높은 주파수와 낮은 주파수로 미리 정해놓은 후 데이터가 0이면 낮은 주파수를, 1이면 높은 주파수를 전송하는 방식이다.

한편, 한 주파수에서 다른 주파수로 급변하는 스위칭 특성으로 위상의 연속성을 유지하기가 곤란해 FSK에서는 위상이 불연속성을 갖게 되는 문제가 발생하며 이와 같은 제한 요소를 개선하기 위한 방법으로 CPFSK(Continuous Phase FSK)를 이용한다.

### 2) 특징

① FM처럼 잡음에 강하다. 즉, S/N을 향상시키고 간섭 신호의 영향을 줄일 수 있다.

② 일종의 FM처럼 취급할 수 있어 수신기에는 AGC(Auto Gain Control) 회로 없이도 수신된 신호의 증폭이 가능하다.

③ 전이중 방식으로 동시에 정보를 주고받을 수 있어 저속도의 모뎀의 변조방식으로 사용한다.

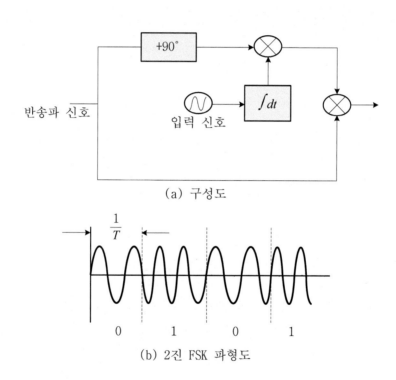

(a) 구성도

(b) 2진 FSK 파형도

[그림 6-18]  FSK 개념

용어 설명

MSK(Minimum Shift Keying)

　FSK 방식에서 2개의 반송파 주파수를 360[°]의 위상차가 유지되도록 선택하여 2개의
주파수가 만나는 부분에서도 연속적인 위상 변화가 유지되게 하는 방식이다.
　FSK 방식 중 대역폭이 가장 좁으며 정포락선, 위상 연속 등의 장점으로 위성통신이나
이동통신에 이용된다.

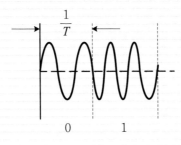

## (3) 위상 편이 변조(PSK)

### 1) 구현 방법

　디지털 신호(2진 데이터)의 정보 내용에 따라 반송파의 위상을 변화시키는 방식으로 2
진 디지털 신호를 $m$개의 비트로 묶어서 $M = 2^m$개의 위상으로 분할시킨 위상 변조 방식
을 $M$진 PSK($M$-ary PSK)라 하며 2진, 4진, 8진 PSK 등이 사용된다.

　예를 들면 0을 표현하기 위해 어떠한 위상에서 시작했다면 1을 표현하기 위해 180[°]
의 위상차에서 시작하는 신호를 사용하게 되는데, 보통 0을 표현할 때는 0[°]를 1을 표
현할 때는 180[°]의 위상에서 시작한다.

　한편, 2 위상이 한 위상에 대해 1비트의 정보를 보낼 수 있는 반면 4위상 같은 경우에
는 한 위상에 대해 두 개의 비트를 보낼 수 있게 된다. 예를 들어 0[°]의 위상에서 시작
하는 신호는 00 두 개의 비트를 나타내고 90[°]의 위상은 01을, 180[°]는 10을, 그리고
270[°]는 11 두 개의 비트를 나타내는 방식이다.

　위상 편이 변조는 진폭 편이 변조에서 일어날 수 있는 잡음에 대한 취약성이나 주파수
편이 변조에서 일어날 수 있는 대역폭의 제한에 대한 단점에 대해 강하다.

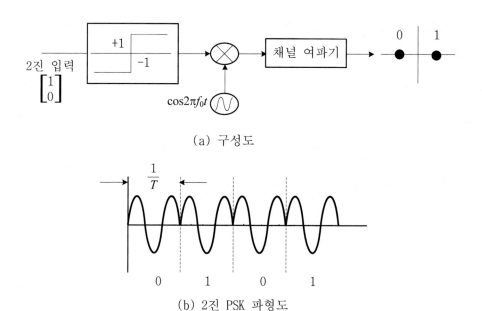

(a) 구성도

(b) 2진 PSK 파형도

[그림 6-19]  PSK 개념

## 2) 특징

① 데이터 전송에 가장 적합한 방식이며 중속이나 고속의 변복조기에 사용된다.

② 단지 한 주파수만 사용되므로 전송파형은 전적으로 스위치에 따른다.

③ 변조기 설계가 간단하다.

④ 일정한 진폭을 갖는 파형이기 때문에 전송로 등에 의한 레벨 변동의 영향을 적게 받으며 심볼 에러도 우수하다.

---

용어 설명

**DPSK(Differential PSK)**

PSK 방식의 동기 검파 문제를 해결하기 위해서 바로 앞에 전송된 위상을 기준으로 위상 편이를 주어 정보를 전송하고 수신된 신호는 고정된 위상을 이용하여 비교함으로써 원래의 신호로 복조하는 방식이다.

DPSK는 동기 검파용 기준 반송파가 없으므로 회로가 간단하며 전력 제한을 받는 위성 통신의 경우에는 거의 사용하지 않는다.

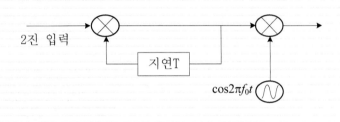

---

## (4) 직교 진폭 변조(QAM)

### 1) 구현 방법

앞에서 설명한 변조 방식들은 반송파의 세 특성(진폭, 주파수, 위상) 중 하나를 변경하는 방법을 취하였다. 그러나 QAM은 제한된 전송 대역을 이용한 데이터의 전송효율을 향상시키기 위해 반송파의 진폭과 위상을 동시에 변조하는 방식이다.

PSK 방식에서는 I(In Phase), Q(Quadrature) 채널의 각 데이터 신호 값의 합성은 일정하기 때문에 독립적이 아니지만 QAM 방식에서는 2개의 채널이 독립이 되도록 하였다.

QAM은 디지털 신호(2진 데이터)의 전송 효율 향상, 대역폭의 효율적 이용, 낮은 에러율, 복조의 용이성을 얻기 위한 AM과 PSK의 결합 방식으로 APK(Amplitude Phase Keying) 방식이라고도 한다.

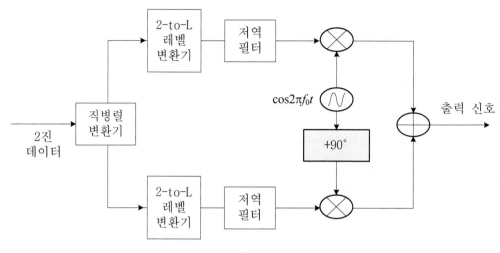

(a) 구성도

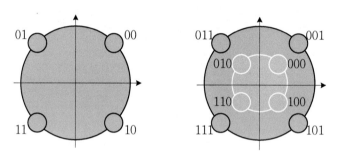

(b) 신호점 배치도

[그림 6-20]  QAM 개념

---

**쉼터**

**16진 QAM의 레벨 변환기**

16진 QAM 변조기의 2-to-L 레벨 변환기에서 L은 4이다.

---

## 2) 특징

① 한정된 전송 대역 내에서 고속의 데이터 전송이 진행되는 특징 이외에 신호의 진폭·위상을 나타내는 신호점 배치가 전송로의 잡음에 대해 우수한 특징을 갖는다.

② 고속으로 데이터를 전송할 수 있는 반면 변조회로가 복잡하다는 단점이 있다.

③ LSI(대규모 집적 회로) 기술이 발달하면서 실현된 방식이다.

---

**쉼터**

16진 QAM 성상도

| 1101 | 1100 | 1110 | 1111 |
|------|------|------|------|
| ● | ● | ● | ● |
| ● | ● | ● | ● |
| 1001 | 1000 | 1010 | 1011 |
| 0001 | 0000 | 0010 | 0011 |
| ● | ● | ● | ● |
| ● | ● | ● | ● |
| 0101 | 0100 | 0110 | 0111 |

---

## 6.3.2 아날로그 변조 방식

아날로그 정보를 아날로그 신호로 변환하는 방식을 아날로그 변조 방식이라고 한다. 디지털 변조 방식과 기본 원리는 비슷하나 원래의 신호가 아날로그라는 점만 다르다.

아날로그 데이터를 원래의 대역과 다른 고주파수 대역으로 전송하기 위해서는 해당 고주파수 대역의 반송파(carrier signal)를 택해 이 반송파의 진폭, 주파수, 또는 위상을 전달하고자 하는 데이터에 따라 변조시킨다.

이때, 변조(modulation)란 전송하고자 하는 원래의 정보 신호(음성, 화상, 데이터)를 반송파와 함께 중첩시켜 통신 회선에 적합하도록 다른 형태의 신호 파형으로 생성하는 과정을 말한다. 변조 방식은 반송파의 진폭(amplitude) 변조, 주파수(frequency) 변조 및 위상(phase) 변조 등을 이용하여 신호 변환을 행하게 된다.

아날로그-아날로그 부호화에는 다음과 같이 세 가지 부호화 방법이 있다.

① 진폭 변조(Amplitude Modulation, AM)
② 주파수 변조(Frequency Modulation, FM)
③ 위상 변조(Phase Modulation, PM)

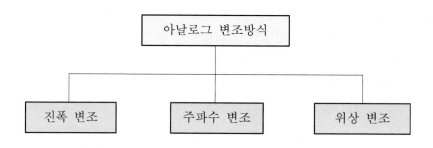

[그림 6-21] 아날로그 변조방식 종류

**쉼터**

변조를 하지 않고 가청 주파 신호를 그대로 전송할 경우에 발생되는 문제점

① 무선인 경우 수신에 필요한 안테나의 길이가 대단히 길게 된다.
② 통신 용량의 일부만 사용하므로 비경제적이다.
③ 가청 주파수 범위와 동일하므로 혼신이 심하다.

## (1) 진폭 변조(AM)

반송파의 진폭을 변조 파형의 크기에 따라 변화시키는 방식으로 주파수와 위상은 변화시키지 않고 진폭만 변화시키는 방식이다. 이와 같은 과정을 통해 전송하고자 하는 정보는 반송파의 포락선(envelope)의 형태로 나타나게 된다.

진폭 변조 신호의 대역폭은 변조되는 신호의 대역폭의 2배와 같고 주파수 분포를 보면 신호 파형이 반송 주파수를 중심으로 양과 음의 주파수로 나누어져 나타나는 현상 즉, 양측파대(Double Side Band)가 나타난다.

AM은 주파수 대역이 좁고 회로가 비교적 간단하지만, 외부 잡음특성이 나빠 현재는 잘 사용되지 않는다.

## (2) 주파수 변조(FM)

반송파의 주파수에 정보를 싣는 방식으로 진폭과 위상은 변화시키지 않고 주파수만 변화시키는 방식이다. 신호 파형의 전압이 높을수록 주파수가 높아져서 파장이 조밀해지고, 그 반대로 전압이 낮을 때는 주파수가 낮아져서 파장이 넓어지게 된다.

주파수 변조에서 변조를 깊게 하였을 때 최대 주파수 편이가 $\triangle f$이면 양호한 통신을 하기 위해 필요한 주파수 대역폭은 $2\triangle f$가 된다. 그러나 실제로 이보다 넓은 대역폭을 사용하는데 그 이유는 옆 대역 신호와의 상호 영향을 배제하기 위해 보호 대역을 두기 때문이다.

## (3) 위상 변조(PM)

반송파의 위상(phase)을 변조 파형의 크기에 따라 변화시키는 방식으로 진폭과 주파수는 변화시키지 않고 위상만 변화시키는 방식이다.

아날로그 변조 방식 중에서 가장 빠른 속도로 데이터를 전송할 수 있지만 잡음 방해를 받기 쉬운 특성을 가지고 있다. 뿐만 아니라 진폭 변조나 주파수 변조 방식에 비해 변복조 회로가 다소 복잡하다.

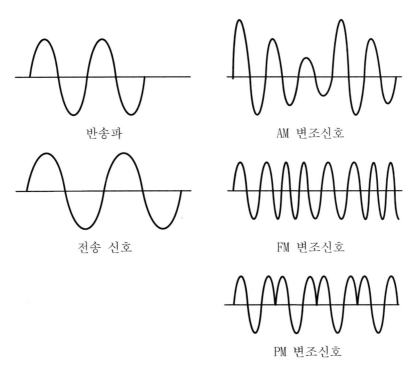

반송파        AM 변조신호

전송 신호        FM 변조신호

PM 변조신호

[그림 6-22] 아날로그 변조

## 쉼터

PM과 FM의 차이

(공통점)

① 각도 변조(Angle Modulation)이며 새로운 주파수 성분이 발생하는 성질은 모두 비선형 과정의 특징이 된다.

(차이점)

① FM의 경우에는 피변조파의 순시 주파수는 변조 신호에 비례하고 그 순시 위상은 변조 신호의 적분값에 비례한다.

② PM의 경우에는 피변조파의 순시 위상이 변조 신호에 비례하고 그 순시 주파수는 변조 신호의 미분값에 비례한다.

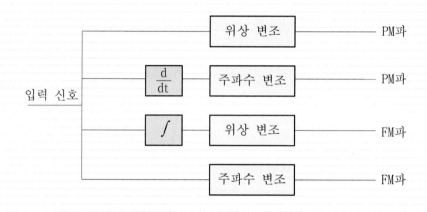

# 6.4 펄스 전송 방식

펄스 전송 방식은 아날로그 정보를 디지털 신호로 변환하는 것이다. 예를 들어 VoIP (Voice over IP)을 사용할 경우 PC가 랜으로 연결되어 있다면 사람의 음성 신호를 랜에서 전송 가능한 신호인 디지털 신호로 변환해야 한다.

펄스 전송 방식은 표본을 추출할 때 펄스의 변조방법(진폭, 넓이(폭), 위치 및 부호)에 따라 펄스 진폭 변조(Pulse Amplitude Modulation, PAM), 펄스 폭 변조(Pulse Width Modulation, PWM), 펄스 위치 변조(Pulse Position Modulation, PPM), 그리고 펄스 부호 변조(Pulse Code Modulation, PCM) 등이 있다.

## 6.4.1 펄스 진폭 변조(Pulse Amplitude Modulation, PAM)

아날로그 변조 신호로서 주기적인 펄스의 진폭을 변화시키는 방식을 말하며 특징은 다음과 같다.

① 변조 및 복조회로가 간단하다.
② 점유 주파수 대역폭을 좁힐 수 있다.
③ 비직선 왜곡을 일으키기 쉽다.
④ 잡음이나 페이딩의 영향을 받기 쉽다.

## 6.4.2 펄스 시간 변조(Pulse Time Modulation, PTM)

### (1) 펄스 폭 변조(Pulse Width Modulation, PWM)

변조 신호의 레벨에 맞추어서 펄스의 폭을 변화시키는 방식으로 수신측에서 리미터(limiter)를 사용할 수 있으므로 잡음이나 페이딩의 영향을 받지 않으며 특징은 다음과 같다.

① PAM보다 S/N 비가 크다.
② PPM보다 전력 부하의 변동이 크기 때문에 가장 큰 펄스폭을 다루는데 충분한 출력 용량을 필요로 한다.

### (2) 펄스 위치 변조(Pulse Position Modulation, PPM)

변조 신호 레벨에 따라서 펄스의 위치를 변화시키는 방식으로서 특징은 다음과 같다.

① 변복조 장치가 가장 안정하다.
② PAM 및 PWM에 비해 S/N 비가 크다.
③ PWM에 비해 소요 전력이 적다.
④ 입력 S/N비가 작으면 증폭기의 출력 S/N 비가 급격히 저하한다.

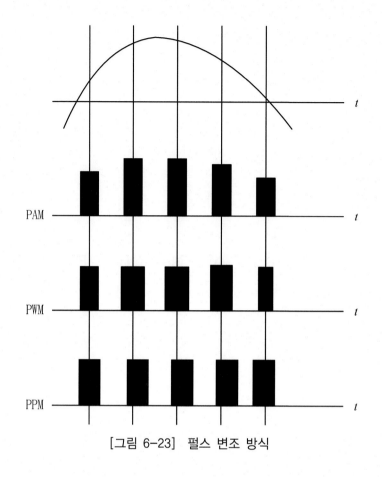

[그림 6-23] 펄스 변조 방식

### 6.4.3 펄스 부호 변조(Pulse Code Modulation, PCM)

PCM은 전송할 신호를 이산적인 PAM의 값으로 변조하여 이를 2진 비트로 대응시켜 비트 열(Bit Stream)로 부호화하는 방식인데 음성과 같은 아날로그 정보를 디지털 정보인 펄스 부호로 바꾸어 전송하고, 수신측에서는 이것을 다시 아날로그 정보로 바꾸어 통신하는 방식이다.

### (1) 제조 단계

#### 1) 표본화(Sampling)

(가) 개념

연속적으로 변하는 아날로그 신호를 일정한 주기로 신호의 진폭 값을 취하는 단계로서 신호가 갖는 최고 주파수를 $f_m$이라고 할 때 $f_m$으로 대역 제한된 신호 $x(t)$를 $T_s(=1/2f_m)$이하의 균등한 시간 간격으로 표본화하여 전송하여도 연속적으로 전송할 경우와 동일한 효과를 얻게 된다. 즉 연속적인 신호를 $T_s$초 간격으로 전송해도 수신측에서는 원래의 신호를 재생하는 것이 가능하다.

여기서 표본화 간격 $T_s$의 조건을 고려하면 다음과 같다.

$$T_s \le \frac{1}{2f_m}\ (f_s \ge 2f_m) \tag{6-1}$$

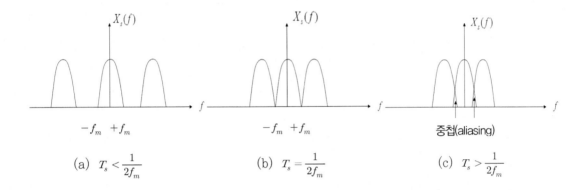

[그림 6-24] 주파수 영역에 대한 표본화 $(x(t) \leftrightarrow X_s(f))$

(나) Nyquist 주파수(Nyquist Frequency)

표본화된 신호로부터 원래의 신호로 정상 복원이 가능한 최소 표본화 주파수를 Nyquist 주파수라고 한다. Nyquist 주파수는 표본화 정리에 의해서 다음 식으로 표현된다.

$$f_s = 2f_m \tag{6-2}$$

예를 들면 0~4[kHz]까지 분포하는 음성신호의 경우 최고 주파수는 4[kHz]가 되므로 표본점의 추출을 위한 표본화 주파수 $f_s = 8$[kHz] 또는 표본화율(표본화 간격)은 125[$\mu s$]마다 1개의 음성 표본이 발생하게 되므로 1초 동안에는 표본화 주파수에 해당하는 8000개의 표본이 발생한다.

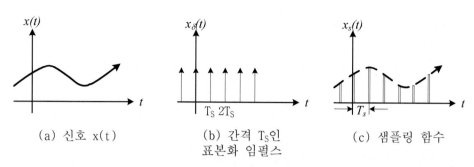

(a) 신호 x(t)  　　　(b) 간격 T_S인　　　(c) 샘플링 함수
　　　　　　　　　　표본화 임펄스

[그림 6-25]  플랫 탑 표본화

이때 표본화 과정에서는 입력 신호의 최고 주파수를 고려한 표본화 주파수(Sampling Frequency)를 정확하게 선정해야 하며 현재 발생된 표본의 크기는 유지 회로(Hold Circuit)를 통해 일정한 시간을 다시 유지한 후에 표본화된 신호를 부호화한다. 이 과정을 플랫 탑 표본화(Flat-Top Sampling)이라고 한다. 그러나 아날로그 신호를 표본화하여 얻은 펄스가 어느 폭을 가지기 때문에 원신호가 일그러지는 개구 효과(Aperture Effect)가 생긴다. 이 일그러짐을 선형 일그러짐이라고 하며 적절한 선형 필터를 사용하여 어느 정도 보장할 수 있다.

---

### 예제 6-1

신호 $v(t) = \cos 4\pi f_0 t + \cos 16\pi f_0 t$ 를 자연 표본화(natural sampling)로 표본하는 경우의 최소 표본화율(minimum sampling rate) $f_s(t)$의 크기는?

☞ 표본화된 신호로부터 원래의 신호로 정상 복원이 가능한 최소 표본화 주파수인 Nyquist 주파수는 $f_s = 2f_m$이므로 $f_s = 2 \times 8 f_0 = 16 f_0$이다.

---

## 2) 양자화(Quantization)

음성과 같은 연속 신호는 연속적인 범위에서 크기가 변하고 일정한 크기의 진폭으로부터 무한대의 진폭 레벨이 존재한다. 그러나 인간의 생체구조에 의하면 감각(눈 또는 귀)은 유한한 크기의 차이만을 감지할 수 있으므로 무한대의 진폭 레벨을 유한한 레벨로 제한할 필요가 있는데 이때 필요한 것이 양자화(quantization)이다.

양자화란 표본화된 진폭의 크기(PAM)를 숫자로 나타내는 과정, 즉 아날로그 양을 디지털 양으로 변환시키기 위해 계단 모양의 근사치로 만드는 과정으로 이때 표본치는 미리 정해 놓은 레벨의 정수가 되도록 근사화시키게 된다.

### 3) 부호화(Encoding)

표본화된 입력 신호는 양자화에 의해 그 진폭에 대응한 수치를 갖게 되고 이 값을 부호로 변환하는 조작을 부호화라고 한다. 부호화에 사용되는 비트는 양자화에 사용된 레벨이 몇 가지냐에 따라 결정되는데 레벨이 많을수록 원신호의 정보 값을 유지할 수 있다.

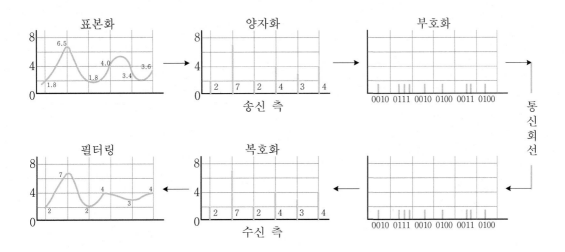

[그림 6-26] PCM 제조 단계

## (2) 특징

① 잡음 및 누화에 강해 저레벨의 전송로도 사용할 수 있다.

② 전송로에 의한 레벨 변동이 없으므로 전송 거리에 거의 무관하다.

③ 고가의 여파기가 불필요하므로 단국 장치의 가격이 저하되고 소형화된다.

④ 회선 전환과 경로(route) 변경 등이 용이하며, 시내 음성 케이블의 다중화에 유리하다.

⑤ 전송도중 들어오는 잡음 및 누화는 보통 중계방식과는 달리 가산되지 않는다.

⑥ 점유주파수 대역폭이 넓으며 양자화 잡음이 발생한다.

# 요 약

1. 직렬 방식에서는 매 클록 펄스마다 하나의 비트를 보내는 반면, 병렬 방식에서는 여러 개의 비트들이 클록 주기마다 동시에 보냄으로서 전송 효율을 개선할 수 있다.

2. 데이터를 전송할 때 수신 측에서는 동기정보를 얻는 방법으로 비동기식과 동기식 전송 방법이 있다.

3. 비동기식 전송에서는 각 데이터(문자) 앞에 1개의 시작(Start, ST) 비트와 데이터의 맨 마지막에 임의의 정지(Stop, SP) 비트를 두어 문자와 문자를 구분한다.

4. 문자 전송의 동기 방식에서 데이터 묶음의 앞쪽에는 반드시 동기 문자가 와야 하며, 동기 문자는 휴지 간격이 없다.

5. 비트 전송의 동기 방식은 데이터를 문자가 아닌 블록 단위(프레임)로 전송하는데 전송 단을 일련의 비트 묶음으로 보고, 비트 블록의 처음과 끝을 표시하는 플래그(flag) 비트를 가해 전송한다.

6. 단극 방식은 전압의 극성 중 한쪽으로만 구성된 파형으로서 0은 휴지(idle) 상태를 말하며 을 나타내기 위해서 (+)나 (−) 펄스 중 하나를 사용한다.

7. 극성(Polar) 방식은 1과 0을 (+)과 (−) 펄스에 대응시키는 방법으로 단극 방식보다 파형 왜곡의 영향이 적으며, 저속도 전송의 표준 방식으로 사용된다.

8. NRZ-I(Non Return to Zero Inverted)는 NRZ 신호를 디지털 신호가 0이면 앞 위상과 그대로, 디지털 신호가 1이면 앞 위상과 180[°] 반전시키는 방식이다.

9. 맨체스터 부호 방식의 구현 방법은 비트 구간 $T$의 왼쪽 $T/2$ 구간에 대하여 점유율 50%의 1을 할당하여 디지털 신호 1로 정하고 비트 구간 $T$의 오른쪽 $T/2$ 구간에 대하여 점유율 50%의 1을 할당하여 디지털 신호 1로 정한다.

10. AMI(Alternate Mark Inversion)은 입력 신호의 0에 대해서는 펄스를 전송하지 않으나 1에 대해서는 한 주기 동안에 (+)에서 (−)로 펄스가 이동하도록 하는 방식으로 파형의 평균값은 0이다.

11. 베이스밴드의 주파수 스펙트럼을 별도의 음성 대역으로 전환할 때 사용하는 대역 내의 주파수를 반송파(carrier)라고 한다.

12. FSK 방식은 반송파의 주파수를 높은 주파수와 낮은 주파수로 미리 정해놓은 후 데이터가 0이면 낮은 주파수를, 1이면 높은 주파수를 전송한다.

13. PSK 방식은 디지털 신호(2진 데이터)의 정보 내용에 따라 반송파의 위상을 변화시키는 방식이다.

14. QAM 방식은 제한된 전송 대역을 이용한 데이터의 전송효율을 향상시키기 위해 반송파의 진폭과 위상을 동시에 변조하는 방식이다.

15. 아날로그 정보를 아날로그 신호로 변환하는 방식을 아날로그 변조 방식이라고 하는데 AM, FM, 그리고 PM 방식이 있다.

16. 펄스 전송 방식은 표본을 추출할 때 펄스의 변조방법(진폭, 넓이(폭), 위치 및 부호)에 따라

PAM(Pulse Amplitude Modulation), PWM(Pulse Width Modulation), PM(Pulse Position Modulation), 그리고 PCM(Pulse Code Modulation) 등이 있다.

17. PCM(Pulse Code Modulation)은 전송할 신호를 이산적인 PAM의 값으로 변조하여 이를 2진 비트로 대응시켜 비트 열(Bit Stream)로 부호화하는 방식이다.

# 연습문제

1. 직렬 전송과 병렬 전송의 구현 방법과 특징을 설명하시오.

2. 데이터를 전송할 때 동기식에서 비트 전송 방식과 문자 전송 방식을 비교하여 설명하시오.

3. 베이스 밴드 전송의 단극(unipolar)방식에서 RZ 방식과 NRZ 방식의 차이점을 표현하시오.

4. 베이스 밴드 전송의 복극(polar)방식에서 RZ 방식과 NRZ 방식의 차이점을 표현하시오.

5. PSK(Phase Shift Keying) 방식과 QAM(Quadrature Amplitude Modulation) 방식을 비교하여 설명하시오.

6. 펄스 시간 변조(Pulse Time Modulation, PTM)의 종류를 들어 구현 방법을 설명하시오.

7. PCM(Pulse Code Modulation) 제조 단계와 특징에 대하여 설명하시오.

8. 다음을 간단히 설명하시오.
   1) 맨체스터 방식과 차등 맨체스터 방식의 차이
   2) AMI(Alternate Mark Inversion)
   3) APK(Amplitude Phase Keying)

# 약 어

NRZ(Non Return to Zero)

RZ(Return to Zero)

NRZ(Non Return to Zero)

NRZ-L(Non Return to Zero Level)

NRZ-I(Non Return to Zero Inverted)

AMI(Alternate Mark Inversion)

B8ZS(Bipolar 8 Zero Substitution)

HDB3(High-Density Bipolar 3)

ASK(Amplitude Shift Keying)

FSK(Frequency Shift Keying)

PSK(Phase Shift Keying)

QAM(Quadrature Amplitude Modulation)

OOK(On-Off Keying)

CPFSK(Continuous Phase FSK)

APK(Amplitude Phase Keying)

AM(Amplitude Modulation)

FM(Frequency Modulation)

PM(Phase Modulation)

VoIP(Voice over IP)

PCM(Pulse Code Modulation)

# 7

# 전송 매체

전송매체(Transmission Media)는 통신을 수행하는 상대방에게 실제적인 정보를 전송하는 물리적인 통로를 의미하며 송신기와 수신기 사이의 모든 것을 총칭하기도 한다. 이것은 한 쌍의 도체나 도선으로 구성되기도 하나 광의 빔을 광섬유로 전송하거나 공간을 통해 전자파의 방식으로 전송할 수도 있다. 전송 매체의 종류에 따라 1초 동안에 전송될 수 있는 최대 비트수가 결정된다.

전송매체에는 유선 매체와 무선 매체가 있으며 전자는 정보의 신호가 선로를 통하여 전달되므로 무선 매체보다 외부 간섭이 적어 신뢰도가 높은 정보 전달을 할 수 있으며 대표적인 예로서, 꼬임선, 동축케이블 그리고 광케이블이 있다. 한편, 후자는 장비의 이동이 빈번히 발생하거나 유선 전송로를 이용하기 불편한 지역(산악, 해안, 도서 지방이나 국가 간의 정보전송 등)간의 정보 전송에 편리하며, 회선의 설치 및 회선 확장이 용이한 장점이 있으며 전자파를 매체로 한 자유공간과 같은 매체들이 데이터 전송을 위한 전송로로서 사용되고 있다.

본 장에서는 전송매체의 종류와 전송매체를 통해 적용되고 있는 응용 서비스에 대하여 내용을 다루어 보기로 한다.

---

### 학습 목표

1. 유선 매체의 종류를 살펴보고 이에 대한 특성을 알아본다.
2. 무선 매체의 종류 및 특성을 공부하기로 한다.
3. 전송로의 열화 요인에 대한 종류를 살펴보기로 한다.
4. 전송 매체가 사용되는 응용서비스에 대하여 공부하기로 한다.

---

# 7.1 유선 매체(Guided Media)

유선 매체는 한 장비에서 다른 장비로 연결 통로를 제공하는 매체를 말한다. 유선에 의한 전송매체는 정보의 신호가 선로를 통하여 전달되므로 무선 매체보다 외부 간섭이 적어 신뢰도가 높은 정보 전달을 할 수 있으며 형태로는 꼬임선, 동축 케이블 그리고 광케이블과 같은 hardwire(물리적으로 구분되는 형태를 가진 것)가 있다.

## 7.1.1 꼬임선

### (1) 구조

꼬임선은 구리선 두 가닥을 서로 균일하게 꼬아서 여러 다발로 묶어 보호용 피복선을 입힌 케이블로 트위스티드 페어 케이블(Twisted Pair Cable) 또는 평형 케이블이라고도 한다. 잡음신호에 대해 면역성을 좋게 하기 위해서 도선을 꼬아서 사용하며 두 도선에 유기되는 간섭 신호의 차를 줄이기 위한 것이다.

꼬임선의 도선들 각각은 접지선과 신호 선으로 구분되기 위해 특정 색깔의 플라스틱으로 절연되어 있다. 케이블 안의 특정 도선을 색깔 있는 플라스틱으로 피복하여 도선이 어느 쌍에 속하는지를 구별할 수 있다.

꼬임선은 연결되는 장치의 수가 100개 이내에서 1[Mbps] 정도의 전송률로 전송할 때 유용하며, 거리가 더 멀어지면 전송률(전송속도)을 줄여 사용할 수 있다. 단거리에는 직경이 0.4[mm] 정도인 선을, 장거리에는 1.6[mm] 정도인 선을 사용한다.

심선의 연합은 회선의 상호간의 누화를 경감하고 동일 단면에 다수의 심선을 능률이 좋게 배열하였으며 이에 대한 분류는 다음과 같다.

① 페어(쌍연) : 2본의 심선을 연합하여 1개의 단위로 한 것으로 주로 시내 케이블에 사용된다.
② DM 쿼드 : 쌍연 2조를 합하여 다시 연합하여 4본의 심선을 한 개의 단위로 한 것이다.
③ 성형 쿼드(Star Quad) : 쌍을 구성하는 2본의 심선이 정방향의 대각 정점에 위치하여 2조 4본 심선을 하나로 모아 연합시켜 1개의 단위로 한 것으로 쿼드 상호간의 누화 결합이 DM 쿼드보다 좋다.

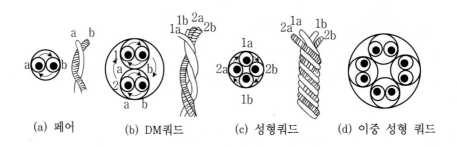

(a) 페어    (b) DM쿼드    (c) 성형쿼드    (d) 이중 성형 쿼드

[그림 7-1]  케이블의 심선 구조

## (2) 종류

꼬임선은 UTP(Unshielded Twisted Pair) 케이블과 STP(Shielded Twisted Pair) 케이블로 나눌 수 있다. UTP 케이블은 전화망에서 널리 사용되고 있으며 데이터 통신 응용에서도 많이 사용된다. STP 케이블은 간섭신호의 효과를 좀 더 감소시킬 수 있도록 만든 이중 나선 케이블을 말한다.

90년대 초까지는 두꺼운 동축 케이블은 주로 백본(backbone)용으로, 얇은 동축 케이블은 노드(node) 연결용으로 많이 활용되었으며 요즈음은 UTP 케이블이 노드연결 및 근거리 백본용으로 활용하고 있다.

### 1) UTP(Unshielded Twisted Pair) 케이블

도전성 물질이 많은 피복을 둘러싸지 않은 연선으로 되어 있으며 전선을 꼬아 서로 교차(이런 형태를 이중 나선(Twisted Pair)이라고 한다.)시킴으로써 도선 상호간 간섭을 최소화한다.

[그림 7-2]  UTP 케이블

이중 나선은 보통 가정용이지만, 고급 이중 나선의 경우에는 동축케이블에 비해 값이 싸기 때문에 근거리 통신으로 많이 사용한다.

STP 케이블에 비해 감쇠 현상이 심하고 EMI(Electro Magnetic Interference)에 대해서도 약한 면을 가지고 있을 뿐만 아니라 도청에도 아주 허술하다.

최근 기가비트의 전송속도를 구현하기 위해서 기존의 category 5는 한계가 있으므로 새로운 요구를 수용할 수 있는 회선규격이 필요해졌으므로 category 6이 추가됨에 따라 지금은 6개 등급으로 분류하여 정의하고 있다.

[표 7-1] 성능에 따른 UTP 케이블 등급 분류

| 카테고리 분류 | 통신 용량 | 용 도 |
|---|---|---|
| CAT 1 | 낮은 전송속도 | 전화통신 전용 |
| CAT 2 | 4[Mbps] | 음성통신 |
| CAT 3 | 10[Mbps] | Ethernet 10BaseT |
| CAT 4 | 16[Mbps] | Token Ring과 10BaseT |
| CAT 5 | 100[Mbps] | 고속회선 |
| CAT 6 | 1[Gbps] | 100BaseT, 기가비트 Ethernet |

UTP(Unshielded Twisted Pair) 케이블의 특징으로는 다음과 같다.

① 거리 제한은 100[m] 정도가 된다.
② 가격이 가장 싸다.
③ 유연성이 가장 높으며 설치가 쉽다.

## 2) STP(Shielded Twisted Pair) 케이블

외부의 전계 및 자계 또는 다른 전송선에서 유도되는 전계 및 자계로부터의 영향을 차단하기 위하여 외부를 도전성 물질이 많은 피복으로 둘러싼 연선으로 되어 있으며 케이블 자체의 값이 비싸고 다루기 어려운 점 때문에 지금은 UTP(Unshielded Twisted Pair) 케이블로 교체되고 있다.

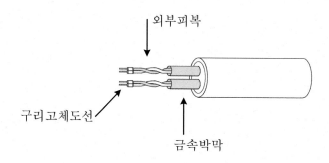

외부피복

구리고체도선

금속박막

[그림 7-3]  STP 케이블

회선들 사이의 누화나 전자기 유도를 줄이기 위해, 절연된 두 개의 연선(또는 구리선)을 서로 꼬아 만든다. 차폐 연선은 종종 사무용 설비에 사용된다. 가정에 설치된 좀 더 평범한 종류의 회선은 케이블은 비차폐 연선이다.

연선은 보통 가정용이지만, 고급 연선의 경우에는 동축케이블에 비해 값이 싸기 때문에 근거리통신망 설치용 수평회선으로도 흔히 사용되기도 한다. 대개 인근의 전파사에서 쉽게 살 수 있는 가정용 전화기의 확장선이나, 벽에 꽂혀있는 컴퓨터 모뎀용 확장 선은 연선이 아니라, 평행형의 도선이다.

STP(Shielded Twisted Pair) 케이블의 특징으로는 다음과 같다.

① 커넥터를 사용할 때 UTP 케이블보다 설치하기가 더 어렵다.
② 금속 박막에 의해 외부로부터의 간섭을 거의 받지 않는다. 일반적인 제한은 100[m]이다.
③ EMI에 대한 극복 능력이 우수하다.

[표 7-2]  STP와 UTP 케이블 비교

| 구 분 | STP | UTP |
|---|---|---|
| 케이블 구조 | 전도층이 꼬인 회선을 감싸고 있다. | 전도층이 없이 꼬인 회선만이 있다. |
| 최대 사용 길이 | 100[m] | |
| 데이터 전송 속도 | 최대 155[Mbps] | 최대 1[Gbps] |
| 외부 간섭 | 외부의 간섭에 영향을 받지 않는다. | 외부의 간섭에 취약하다. |

## 7.1.2 동축 케이블

### (1) 구조

왕복 2개의 도체 가운데 하나를 동축으로 하여 그 둘레의 도체가 원통형으로 하여 내부 도체와 외부 도체로 구성된다. 불평형 케이블로서 고주파에서 정전, 전자 차폐가 우수하고 장거리 및 광대역 전송에 적합한 케이블이다.

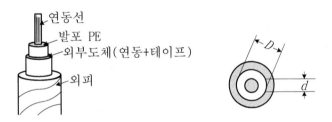

[그림 7-4] 동축 케이블의 구조

### 1) 중심도체(내부)

고주파 저항이 적고 지름의 치수가 정확해야 하고, 가소성이 필요하며 코어의 중심에 삽입하여 전류를 흘리고 있다.

$$\frac{D}{d} = 3.6 \quad : \quad \text{최적비(감쇄량이 가장 적다.)}$$

237

### 2) 절연체

PE(Poly Ethylene) 절연 테이프를 둥글게 길이 방향으로 감으며, 내부도체와 외부도체를 정확히 지지해야 하며, 굴곡, 압력 등의 기계적인 힘에 충분히 견뎌야 하고 실효 유전율이 적어야 한다.

### 3) 외부도체

전류의 위로(되돌아옴), 차폐 등의 작용을 한다.

---

#### 용어 설명

**가소성**

고체가 외부에서 탄성 한계 이상의 힘을 받아 형태가 바뀐 뒤 그 힘이 없어져도 본래의 모양으로 돌아가지 않는 성질. 천연수지, 합성수지 따위가 이러한 성질을 지닌다.

---

### (2) 전송 특성

① 전파속도가 빠르고 초다중화가 가능하다.
② 고주파에서 누화 및 감쇄특성이 양호하다.
③ 내압 특성이 좋고 도체 저항이 적다.
④ 외부 도체의 차폐작용으로 고주파에서 차폐성이 우수하다.
⑤ 장거리 및 광대역 전송에 적합하다.
⑥ 전력 전송이 용이하고 TV 영상 신호에 적합하다.

**쉼터**

임피던스의 불균등

선로의 도중에 임피던스 불균등이 있으면 반사 현상이 생기는데 그 원인은 다음과 같다.

① 내부도체의 외경, 외부 도체의 내경 변동
② 실효 유전율의 변동
③ 중심 도체의 치우침(편심)의 영향
④ 절연체의 두께 또는 외경에 불균등한 곳이 생길 때
⑤ 절연체의 구조 또는 재질에 불균등한 곳이 생길 때

## 7.1.3 광케이블

### (1) 광통신 이론

### 1) 시스템 구성

전기 신호를 발광소자인 LD(Laser Diode)와 LED(Light Emitting Diode)에 의해 전광변환(E/O converter)을 해서 광파로 만들고, 광신호로 변환된 것은 광케이블에 의해서 전송을 하고, 수신측에서는 수광소자인 PD(Photo Diode)와 APD(Avalanche Photo Diode)에 의해 광전변환(O/E converter)을 하여 원래의 신호로 재생하여 통신하는 방식을 말한다.

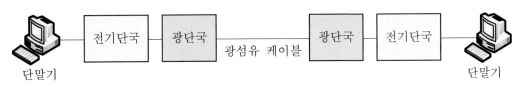

[그림 7-5] 광통신 시스템의 구성

---

### 용어 설명

PD(Photo Diode)

1) 원리

반도체의 PN 접합부에 광이 조사되면 자동적으로 광 에너지가 흡수되는 동시에 전기 에너지가 방출되는 원리를 가진다.

2) 특징

① S/N 비를 크게 할 수 없지만 바이어스 전압이 낮아 손쉽게 사용한다.

② 값이 싸고 저속의 간단한 단거리 광통신 시스템에 많이 이용한다.

APD(Avalanche Photo Diode)

역바이어스를 가해서 avalanche 증가에 의해 큰 광전류를 얻을 수 있으며 S/N비가 향상된다. 장거리 광전송용에 사용된다.

---

## 2) 도파 원리

코어(core) 내에 광선이 입사될 때 코어와 클래드(clad)의 경계선에 입사각이 임계각보다 크면 전반사($n_1 > n_2$) 되어 코어 내에 밀폐되어 섬유축 방향으로 전파하게 된다.

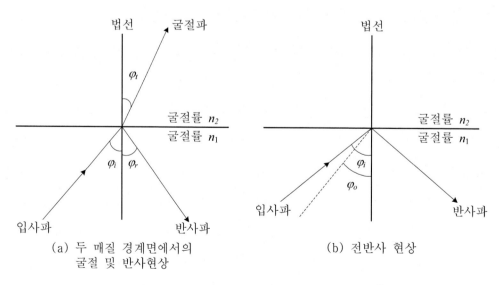

(a) 두 매질 경계면에서의 굴절 및 반사현상

(b) 전반사 현상

스넬의 법칙 : $n_1\sin\varphi_i = n_2\sin\varphi_t = n_1\sin\varphi_r,\ \sin\varphi_c = \dfrac{n_2}{n_1}$

[그림 7-6] 스넬의 법칙

### 3) 특징

(가) 장점

   ① 자원적으로 풍부하다.

   ② 기계적으로 가늘고 가볍다.

   ③ 도파적으로 저손실 광대역이다.

   ④ 전기적으로 무유도이다.

(나) 단점

   ① 급전선이 필요하다

   ② 접속 작업이 어렵다.

   ③ 파단 고장이 발생된다.

### (2) 구조

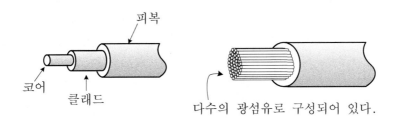

[그림 7-7]  광섬유의 구조

### 1) 코어(core)

높은 굴절률의 투명한 유리도선으로 빛이 통과하는 통로 역할을 한다.

### 2) 클래딩(cladding)

낮은 굴절률의 투명한 유리 덮개로 코어 외부를 싸고 있으며 거울과 같은 역할을 수행하여 빛은 반사한다.

### 3) 코팅(coating)

코어와 클래딩을 보호하기 위해 합성수지로 만든 피복을 이용해 외부를 감싼다.

## (3) 광섬유의 모드

### 1) 다중 모드 광섬유(Multi Mode Fiber)

#### (가) SI MMF(Step Index MMF)

(a) 구조

코어와 클래드의 굴절률이 광섬유의 직경에 따라 급격히 변하여 코어 내의 굴절률 분포가 균일하다.

(b) 특징

① 모드 간 분산의 영향이 크다

② 대역폭이 좁다.

③ 광파손실이 가장 많아서 광재생 중계기의 설치 간격이 좁다

④ 광섬유 심선의 코어가 비교적 굵어서 접속이 용이하고 수광 능률이 좋다.

#### (나) GI MMF(Graded Index MMF)

(a) 구조

코어의 굴절률 분포를 중심축에서 클래드 쪽으로 방사상으로 변화시켜, 입사된 빛을 코어 내부에서 단계적으로 굴절시켜 각기 입사각에 맞는 궤도로 간다. 코어 중심축으로부터 멀리 떨어진 곳은 굴절률이 작아서 빛의 속도는 빨라지고, 가까운 데에서는 반대로 늦어지므로 여러 각도에서 입사된 빛은 각기 다른 각도로 진행하지만 속도는 같게 된다.

(b) 특징

① 코어의 굴절률 분포가 타원형으로 되어서 모드 분산이 생기지 않는다.

② 광파 손실은 SI형 MMF 케이블보다 적고 SMF(Single Mode Fiber) 케이블 보다 많다.

③ 전송 대역폭은 SI형 MMF 케이블보다 넓고 SMF 케이블보다는 좁아서 수 백 [MHz]에서 수 [GHz]까지 정도이다.

### 2) 단일 모드 광섬유(Single Mode Fiber)

다중모드 광섬유에서는 여러 각도로 입사된 빛이 복수 모드를 형성하여 전송되는데 반해, 단일 모드 광섬유에서는 한 개의 모드만 전송되어 입사각이 서로 달라서 생기는 도달 시간차의 문제는 없으므로 초광대역 전송이 가능하다.

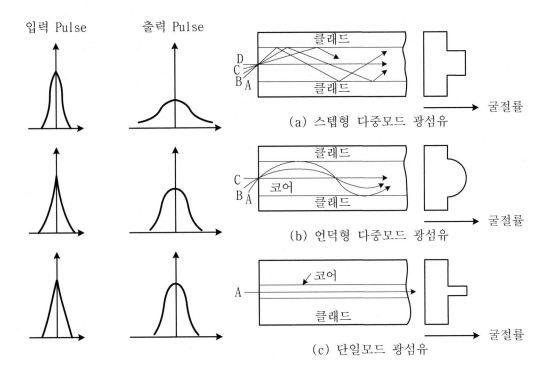

[그림 7-8] 광섬유 종류에 따른 펄스 분산의 비교

## (4) 전송 특성

### 1) 광섬유의 손실 요인

광 손실을 발생하는 요인에는 크게 분류해서, 광섬유가 갖는 고유 손실과 광섬유 제조 후에 부가되는 손실이 있다. 전자에는 레일리 산란손실, 흡수손실, 구조 불완전에 의한 손실이 있으며 후자에는 마이크로벤딩 손실, 휨손실, 접속손실이 있다.

### (가) 레일리 산란 손실

광이 미소한 입자에 부딪힐 때 광이 여러 방향으로 진행하는 현상이다. 광섬유에서는 그 제조에 있어 선인출시에 2,000[℃]라는 고온에서 실온으로 단번에 냉각되므로, 2,000[℃] 때에 생기는 밀도나 조성의 불균형이 그대로 광섬유 내에 잔류해 있다. 이 미소한 밀도나 조성의 불균등에 의해, 레일리 산란 손실이 일어난다.

### (나) 흡수 손실

광섬유 재료 자체에 의해 흡수되어, 열로 변환됨으로 해서 일어나는 손실이다. 이것에는 유리의 조성이 어떤 물질에 의한 것과, 유리 내에 함유된 불순물에 의한 것이 있다.

## (다) 구조 불완전에 의한 손실

실제의 광섬유에서는 코어와 클래드의 경계는 이상적으로 평탄한 원통면은 아니고, 아주 미세한 요철(凹凸)이 존재한다. 이와 같이 불균일한 면이 있으면 전파모드가 방사모드(전파에너지의 일부가 코어 밖으로 나오는 모드)로 변환되기 때문에, 광손실이 증가한다. 이를 구조 불완전에 의한 손실이라 부른다.

## (라) 마이크로벤딩 손실

구조불완전에 의한 손실과 같이 코어와 클래드의 경계면의 요철에 의해 방사모드가 생겨서 발생하는 손실이다. 마이크로벤딩 손실은 광섬유 제조 과정 중 광섬유에 측면에서 불균일한 압력이 가해져 휘기 때문에 발생하는 손실이다. 이 현상은 광섬유에 적당한 플라스틱 코팅을 한다든가, 혹은 코팅 후의 광섬유에 적당한 온도 변화를 주면 이 현상이 개선된다.

## (마) 휨 손실

광섬유가 굽혀질 때에 일어나는 손실이다. 곡률반경이 작게 굽혀진 광섬유 내에서는 코어와 클래드의 경계면에 입사하는 광의 각도가 임계각보다 작게 되어 광이 클래드 내에 누설되어, 손실을 발생하게 된다. 광섬유 케이블을 포설, 접속할 때에는 광섬유 케이블의 허용곡률반경보다 작게 함이 없도록 할 필요가 있다.

## (바) 접속 손실

광섬유를 접속할 경우에는 코어를 상호 정확히 맞추어, 완전히 균일하게 접속하지 않으면 안 된다. 이것이 완전하지 않으면 보통 코어에서 나온 광의 일부가 다른 방향의 코어로 입사하지 못하고 클래드 내에 방사되어 손실이 된다. 접속손실의 요인으로는 광섬유의 코어 경의 차이, 비굴절율차의 차이가 있는 광섬유에 기인하는 것과 축 어긋남, 사이의 틈, 단면의 경사, 단면의 불완전이 있는 접속작업의 불량에 기인하는 것으로 분류할 수 있다.

## 2) 분산

광섬유의 한 단에 광펄스를 입사시켰을 때 보통의 단면에서 출사하는 광은 입사한 광펄스의 시간 폭보다도 넓게 된다. 즉 광펄스는 광섬유를 통하여 전파하는 사이에 그 파형이 시간적인 벌어짐이 생긴다. 이와 같이 파형이 시간적으로 벌어지는 현상을 분산이라 한다. 분산은 발생요인별로 모드 분산, 재료분산, 구조분산의 세 가지로 크게 나눈다.

## (가) 모드 분산

모드분산은 다중모드 광섬유에서 각 모드의 전파경로가 다르므로 모드에 의해 출사단에서의 도달 시간이 다름에 의해 생긴다.

전반사하는 횟수가 많은 고차모드일수록 출사단에 도달하는 데까지 긴 거리를 전파하여야 하므로 그것만큼 긴 시간이 걸린다. 그 결과 입사할 때에는 시간 폭이 짧은 펄스에서도 모드에 의한 도달시간이 다르므로 출사단에서는 꽤 시간적으로 넓어진 펄스가 된다.

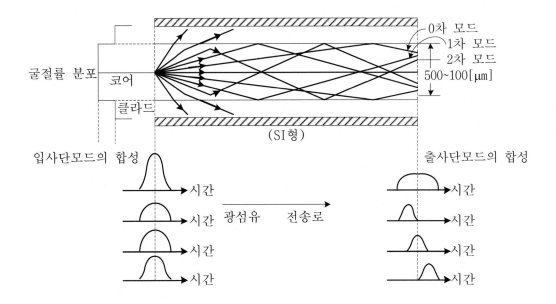

[그림 7-9] 광섬유를 전파하는 모드(SI형)

## (나) 재료 분산

광섬유의 재료인 유리의 굴절률은 전파하는 광의 파장에 따라 다르므로 펄스 파형이 벌어지는 현상을 재료 분산이라 한다. 재료분산의 크기는 재료 굴절률의 파장 특성으로 결정되며 단일모드에서 영향이 크고 다중모드에서는 거의 없다.

## (다) 구조 분산

광섬유와 같이 코어와 클래드의 굴절률 차가 작은 경우에는 광이 일부 클래드 부분에 누설이 되는 현상처럼 일어난다. 어떤 파장의 폭을 갖는 광 펄스를 입사하면 파장에 의한 전파 경로의 길이가 다르므로 도달시간에 차가 생겨, 펄스 폭이 넓어진다. 이와 같이 펄스파형에 시간적 벌어짐을 일으키는 현상을 구조 분산이라 한다.

### (5) 광통신 시스템

### 1) 아날로그 전송 방식

#### (가) 직접 변조(Direct Intensity Modulation, DIM)

전기 입력신호를 직접 구동하여 신호의 크기에 따라 광원에서 나오는 빛의 휘도 강·약을 직접 조정하는 변조방식으로서 신호원에서의 입력에 의해 발광다이오드나 반도체 레이저를 직접 구동시켜 변조파를 얻는 방식이다.

#### (나) 예변조

FM, PWM, 그리고 PPM 등으로 미리 변조 후 다시 직접 변조하는 방식으로 광원의 비직선성을 고려하지 않아도 고품질의 전송과 펄스 복조후 S/N비를 높일 수 있다. 직접변조 방식에 비해 회로구성이 복잡하고 가격이 고가이나, 고품질의 화상 전송을 할 수 있고 전송거리도 훨씬 길게 할 수 있다.

### 2) 디지털 전송 방식

입력 디지털 신호에 대응하여 반도체 레이저나 발광다이오드의 발광 소자를 ON/OFF 시켜서 광을 강도 변조한다. 사용되는 부호방식은 NRZ, RZ, CMI, DMI 등이 있다.

## 7.2 무선 매체(Unguided Media)

무선매체는 물리적 회선을 이용하는 것이 아니라 지구의 대기 등에서 전자기적인 성질을 이용하여 데이터를 전송하는 비유도체다. 전자기파를 이용할 때는 신호의 주파수와 대역폭이 전기적 특성을 결정짓는 요인이 된다.

주파수의 범위와 방향성에 따라 마이크로파(Micro Wave)와 라디오파(Radio Wave)로 분류한다. 전자는 다시 지상 마이크로파와 위성 마이크로파로 나눈다. 유선 선로를 가설이나 포설하기 어려운 지역에 사용가능하며 높은 비용이 드는 문제를 해결할 수 있다. 반면, 라디오파는 방향성이 없고, 주파수 범위는 30[kHz]~1[GHz]이다.

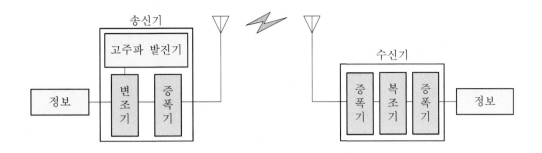

[그림 7-10] 무선통신의 기본 구성

무선통신에서는 송신 측과 수신 측이 정보를 전파로 송수신한다. 송신 측에서는 고주파 발진기로 고주파를 발생하여 변조기를 이용해 전파 신호로 변조한다. 그리고 증폭기로 증폭시켜 송신 안테나로 자유공간에 전파를 송신한다. 그러면 수신측에서는 수신 안테나로 전파를 수신한 후 전파 신호를 복조기로 복조하고 증폭기로 증폭해서 정보를 추출한다.

## 7.2.1 지상 마이크로파 통신

### (1) 개요

지상 마이크로파는 장거리에 대해 수십 [Mbps]의 데이터 전송속도를 제공하며 주로 장거리 통신 서비스용으로 전송 매체의 설치가 비싸거나 불가능할 때 주로 사용된다.

20~30[GHz]를 사용하는 준밀리미터파 통신 방식과 30[GHz] 이상의 대역을 사용하는 밀리미터파 통신방식은 통화 음성을 PCM 방식으로 부호화하고 시분할 다중화와 위상 변조 방식으로 운영되고 있다.

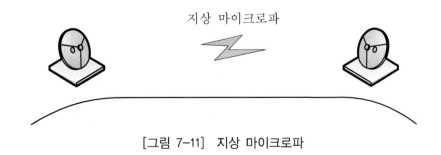

[그림 7-11] 지상 마이크로파

## (2) 특징

### 1) 장점

① 예민한 지향성과 고이득을 가진 안테나를 소형으로 제작가능하다.

② 반송파의 주파수가 높으므로 광대역 전송이 가능하다.

③ 페이딩에 의한 레벨 변동에 강하며 변조지수를 크게 하여 S/N비를 크게 할 수 있다.

④ 가시거리 통신(Line Of Sight, LOS)을 수행하므로 전파손실이 적은 고품질의 회선을 구성할 수 있다.

⑤ 반송파의 주파수가 높으므로 외부 잡음의 영향을 무시할 수 있어 잡음 특성이 양호하다.

⑥ 회선의 건설 기간이 짧고 경비가 저렴하며 재해의 영향이 적다.

⑦ 회선 구성의 융통성 및 용이성이 제공된다.

   (a) 융통성 : 유선 및 무선에 의한 루트의 이원화로 통신망의 신뢰도가 향상된다.

   (b) 용이성 : 유선 포설이 어려운 대형 건물의 옥상이나 산악 지대에 유선보다 쉽게 설치된다.

### 2) 단점

① 수신에 불필요한 전파가 유입되어 희망신호의 수신을 방해하는 간섭현상이 발생한다.

② 비, 눈, 안개 등에 의해 자유공간에서 감쇄를 받으며 기상조건에 따라 전송품질이 시간적으로 변화한다.

③ 유지 보수의 어려움이 있다.

④ 보안의 취약성을 내포하고 있다.

## 7.2.2 위성 마이크로파 통신

### (1) 개요

인공위성은 흔히 사용하는 유선 선로를 전송매체로 사용하지 않고 무선 선로를 사용한다. 그래서 전자기파를 사용하여 데이터를 전송할 수 있는데, 이 전송매체의 한 예가 바로 위성 마이크로파(Satellite Microwave)이다.

데이터는 변조된 마이크로파 빔을 지상으로부터 위성으로 전송되고, 또 위성에서 수신되어 지향성 안테나와 트랜스폰더(transponder)라 불리는 회로 장치를 이용해서 미리 정해진 목적지로 재전송된다. 대표적인 위성 채널은 아주 넓은 주파수 대역(500[MHz])

을 갖고 멀티플렉싱이라고 불리는 기술을 이용해서 수백 개의 높은 전송률(전송속도)의 데이터 링크를 제공한다.

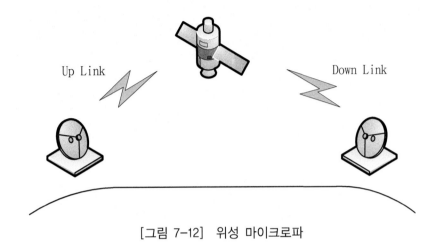

Up Link    Down Link

[그림 7-12]   위성 마이크로파

## (2) 서비스 종류

일반적으로 위성 서비스는 통신위성과 지표 면상에서 이동하는 지 여부에 따라 고정위성 서비스와 이동 위성 서비스로 구분된다.

### 1) 고정 위성 서비스

고정 위성 서비스는 하나 이상의 위성을 사용하여 지표면의 고정 지점 간에 제공되는 전파통신 서비스라고 정의된다. 정지위성(Geostationary Satellite)을 사용할 때 지구의 자전 속도와 위성의 지구에 대한 공전속도가 같으며 위성은 지구에 대하여 정지 상태로 보인다. 따라서 1개의 안테나를 사용해서 거의 고정통신과 같은 통신을 할 수 있다.

고정 위성 서비스는 위성을 중계국으로 하여 지표면의 지구국들 간에 이루어지는 음성 서비스, 데이터 서비스 및 영상 서비스 등을 제공한다.

### 2) 이동 위성 서비스

이동 위성 서비스란 고정된 지구국-이동체간 혹은 이동체-이동체간의 신호 교환에 위성을 이용하는 통신 서비스를 이용한다. 지상 이동통신에서는 페이딩, 주파수 혼선, 긴 접속 시간 등의 문제점으로 인해 장거리 서비스가 불가능한데 이동 위성 서비스는 광범위한 통신영역, 짧은 접속시간, 지상 통신망과의 접속용이, 고신뢰성 그리고 거리에 무관한 통신비용 등의 이점을 제공한다.

### 7.2.3 무선 라디오파(Radio Wave)

**(1) 개요**

마이크로파는 방향성이지만 라디오파는 방향성이 없다. 따라서 라디오파를 이용하여 송수신할 때는 접시형 안테나가 필요없고, 안테나를 정해진 위치에 정확히 설치하지 않아도 된다. 주로 AM, FM 라디오와 VHF, UHF TV 방송 등에 사용한다. 주파수 범위도 30[MHz]~1[GHz]로 매우 넓어 방송통신용으로 적합하다.

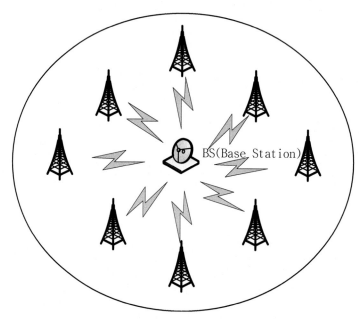

[그림 7-13] 무선 라디오파

**(2) 특징**

무선 라디오를 사용하여 네트워크를 구축할 경우 인접한 컴퓨터 사이에는 다른 대역의 주파수를 사용해야 하지만, 멀리 떨어진 셀에서는 같은 주파수를 사용해도 상관이 없다. 아래에서는 이러한 무선 라디오파의 특징들을 열거하였다.

① 단일 주파수의 경우 원거리 전송이 가능하다.
② 특정 주파수를 사용하고 있는 네트워크와 인접하지 않는 곳에서는 주파수 재사용(Frequency Reuse)을 할 수 있다.
③ 자연적, 인공적 물체에 의한 반사로 인해 많은 전송경로로 전송된다.

---

**용어 설명**

상관대역폭

인접 주파수 대역을 가진 두 신호는 서로 상관관계를 갖게 되는데 이때 두 주파수 간격을 상관대역폭(Coherence Bandwidth)이라 한다. 송신신호의 대역폭이 상관대역폭보다 좁은 경우에는 신호가 차지하는 주파수 대역에서 동일한 페이딩 현상이 나타나는 주파수 비선택적 페이딩이 발생하고, 신호의 대역폭이 상관대역폭보다 넓은 경우에는 신호가 차지하는 주파수 대역에서 서로 다른 페이딩 현상이 나타나서 신호가 심하게 왜곡되는 주파수 선택적 페이딩 현상이 나타난다.

---

## 7.3 전송로의 열화 요인

전송로의 열화 요인으로 인해 수신단 측에서는 올바른 신호 수신을 실현할 수 없다. 전송로의 열화는 전송 왜곡의 예측 가능 여부에 따라 정상 열화 요인과 비정상 열화 요인으로 구분한다. 전자는 시간적 변동이 적으며 보상대책이 마련되어 있으나 후자는 시간적 변화가 크며 보상대책이 마련되어 있지 않다. 그러면 이러한 종류에 대해 살펴보기로 한다.

### 7.3.1 정상 열화 요인

#### (1) 감쇄 왜곡

주파수에 따라 출력 레벨이 일정하지 않을 때 생기는 왜곡으로서 일정한 신호 세력으로 여러 종류의 주파수를 동일한 선로에 흘려보낼 경우 수신 측에 도달한 수신신호 세력을 측정하여 보면 주파수 별로 신호세력의 크기가 다르게 나타난다.

감쇄 왜곡에 의해 손상된 신호를 일정 거리마다 복구할 필요가 있는데 다음과 같은 대책이 필요하다.

① 리피터(repeater) : 디지털 신호를 수신하여 이들로부터 0과 1을 구별한 후 새로운 신호를 생성, 전송하기 때문에 감쇄 현상을 제거할 수 있다.
② 증폭기(amplifier) : 아날로그 신호를 전송할 경우 증폭기를 사용해서 신호의 세기를 증폭시킨다.

## (2) 위상 왜곡

주파수에 따라 데이터의 도착시간이 서로 다른 현상을 말하는 것이며 이때 입력신호의 레벨이 선형 영역 이상으로 클 때 생긴다.

만일 지연 왜곡이 없다면 수신한 주파수와 위상의 관계는 [그림 7-14]의 왼편과 같은 직선이 될 것이다. 그러나 실제로는 [그림 7-14]의 오른편과 같은 곡선이 될 것이다.

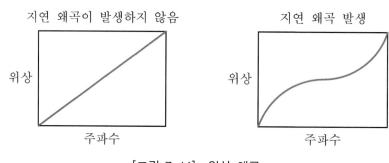

[그림 7-14] 위상 왜곡

## (3) 주파수 천이(Frequency Offset)

송신되는 주파수가 수신부에서 다른 주파수로 바뀌어 수신되는 것을 주파수 천이 현상이라고 한다. 예를 들어, 1200[Hz]가 보내졌는데 수신부에서 1199[Hz]나 1201[Hz]가 수신되는 경우를 볼 수 있다. 이러한 주파수 천이 현상은 주로 주파수 분할 다중화 기법의 사용 시에 발생한다.

## 7.3.2 비정상 열화 요인

### (1) 백색잡음(열잡음)

전 주파수 대역에서 일정한 전력 스펙트럼을 가진 연속성 잡음을 말하며 평균값은 0이지만 평균 전력은 ∞이므로 실현 불가능하다. 이 진폭의 분포는 가우시안의 분포를 따르기 때문에 가우시안 잡음(Gaussian Noise)이라고 부르며 모든 주파수에 걸쳐 존재하기 때문에 백색잡음이라고 부른다. 또 열잡음이라고도 하는데 이것은 백색잡음이 분자나 원자들의 열운동 결과로 생겨나기 때문이다.

열잡음 전력을 $P$라고 하면 다음과 같은 식으로 표현된다.

$$P = kTB \qquad\qquad\qquad (7-1)$$

여기서 $k$는 볼쯔만 상수($1.38 \times 10^{23}$[J/K]), $T$는 절대온도, 그리고 $B$는 대역폭을 나타낸다.

## (2) 누화(Crosstalk)

두 선로의 전자 결합, 또는 정전 결합에 의해 타 수신 선로에 전달하고자 하는 신호가 미치는 현상을 말한다. 마이크로웨이브에서는 이웃하는 안테나의 반사 신호가 침입하여 발생하기도 한다. 때로는 어떤 선로의 신호가 너무 강하여 다른 선로에 유도를 일으키기도 한다. 이를 방지하기 위해서는 이웃하는 선로끼리 신호의 세기가 균형을 이루도록 해 주어야 한다.

## (3) 임펄스성 잡음(Impulse Noise)

출력 레벨의 불규칙적인 레벨 변동에 의해 왜곡이 생기는 현상으로 자동차의 점화 잡음이 생길 때 생기고 있다. 이웃하는 두 개 이상의 비트를 동시에 손상시키므로 흔히 이용되는 패리티 검출 방법으로는 알아낼 수 없는 경우가 많으므로 임펄스성 잡음에 의한 에러의 검출을 위해서는 좀 더 복잡한 에러 제어 방법이 필요하다.

임펄스성 잡음은 낙뢰 등의 자연현상에 의하거나 선로의 접점불량, 계전기의 동작 등에 의해서 발생하는 경우도 있다. 전용선의 경우에는 교환회선에 비해 충격성잡음의 발생 빈도가 비교적 낮다.

## (4) 페이딩(fading)

육상 이동 통신 채널에서는 주택, 빌딩, 산이나 숲과 같은 여러 지형지물에 의해 전파가 산란되거나 반사되어 여러 가지 다른 경로를 거쳐 수신되는데, 수신기에서는 이 신호들이 모두 합쳐진 형태로 나타나서 수신신호의 크기와 위상이 원래 송신된 신호와는 다르게 되어 시스템의 성능을 크게 저하시키는 원인이 된다. 이러한 다중 경로에 의한 신호의 왜곡 현상을 페이딩이라고 한다.

먼저 긴 시간동안 신호의 진폭이 변화하는 장구간(long-term) 페이딩이 있으며 주어진 기지국과 이동국 사이의 거리 내에서 이동국이 그 주변으로 이동할 때 산악 지역, 구릉 및 시골 등과 같은 방대한 지형에 의해 발생하는 페이딩이다.

한편, 짧은 시간동안에 신호의 진폭이 빠르게 변화하는 현상을 단구간(short-term) 페이딩이라 하며 주택, 빌딩 등과 같은 인공적인 구조물이나 이동체를 둘러싸고 있는 자연적인 방해물과 같은 좁은 지형에서 발생하며 다중경로 페이딩이라고도 부른다.

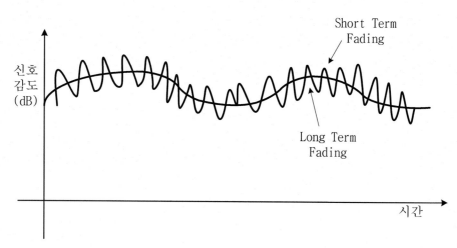

[그림 7-15] 이동 전파 환경에서의 페이딩 특성

### 정리

**페이딩 대책 방안**

페이딩 효과를 극복하려는 여러 가지 방법들 중에서 전력 제어 (power control)와 다이버시티 (diversity)가 널리 알려진 방법들이며 채널 페이딩에 의한 성능 저하를 보상해 주는데 효과적인 기술로 알려져 있다.

전력제어란 방사되는 전파의 가능한 가장 낮은 전력 레벨로도 시스템 성능을 유지할 수 있도록 이동국과 기지국의 송신전력을 알맞은 레벨로 조절하는 기법으로 통화 유지를 위한 최소한의 적절한 전력을 보내기 때문에 평균 전송전력은 아날로그 시스템에 비해 월등히 낮으므로 소비전력을 줄일 수 있으며 이동국의 전지 수명을 연장시킬 수 있다.

다이버시티는 다중 경로로 전송된 신호의 통계적 특성을 이용한 수신 기법으로 그 원리는 여러 채널로 수신된 신호가 서로 독립적일 때 모든 채널의 신호 전력이 동시에 떨어질 확률은 적다는 점을 이용한 것이다.

## (5) 상호 변조 잡음(Intermodulation Noise)

전송계로 전달되는 2개 이상의 신호가 증폭기에 입력되는 경우 상호 변조 잡음이 발생하는 현상으로서 전송계의 비선형성에 의해 인가된 각각의 신호 주파수의 합 또는 차 등의 주파수가 생성되고, 이 현상에 의해 방해파가 발생한다.

예를 들면, 한 신호가 단일 주파수인 경우에 음성신호를 변조하게 되면 다른 채널에 명확히 음성이 들리게 되어 다른 채널의 통화자는 다른 사람의 내용을 듣게 된다. 그러므로 단일 주파수의 신호는 가능하면 낮은 세력을 갖도록 해야 한다.

# 7.4 응용 서비스

## 7.4.1 광동축 혼합(HFC: Hybrid Fiber & Coaxial) 망

### (1) 구현 방법

현대 사회는 흔히 정보화 사회로 대변되며 모든 현대인들은 급변하는 정보화 사회의 물결 속에서 살아가고 있다. 특히 멀티미디어 기술의 발전은 이러한 정보화 사회를 더욱 앞당기고 있다.

CATV 망의 주요 트렁크 부분을 광섬유 케이블로 개선한 망으로서 CATV 방송국에서 가입자 광망 종단 장치(Optical Network Unit, ONU)까지는 광선로를 이용하고, ONU에서 가입자 단말까지는 동축 케이블을 이용하는 구성 방식이다.

HFC 전송망은 VDSL 및 ADSL 망에 비해 가입자당 구축비가 적게 들며, 원거리까지 동일한 품질로 전송이 가능하다. xDSL 망에 비해 전송거리가 길고 대역폭이 매우 커 쌍방향 전송에 적합하다는 장점을 가진다. xDSL 망은 전송거리가 수백 [m]에서 수 [km]로 제한돼 있어 사실상 아파트 등 주거 밀집 지역에만 서비스를 제공할 수 있다. 이에 비해 HFC 전송망은 전송거리가 수십 [km]로 일반 주택까지 서비스가 가능하며 서비스 신호 대역폭 제약이 없어 쌍방향 서비스에 뛰어나다.

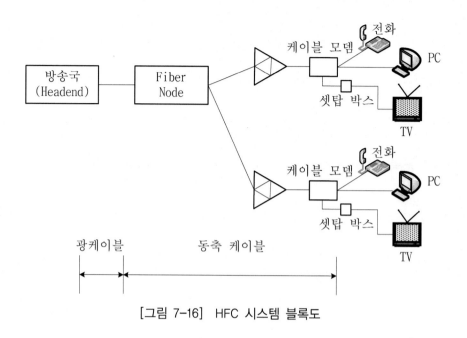

[그림 7-16]  HFC 시스템 블록도

## (2) 물리적 계층

HFC는 비디오, 데이터 및 음성 등과 같은 광대역 콘텐츠를 전송하기 위해, 네트워크의 서로 다른 부분에서 광케이블과 동축 케이블이 사용되는 통신 기술로 크게 HE (Head End) 장비인 CMTS(Cable Modem Termination System)와 가입자 장비인 CM(Cable Modem)으로 구성된다.

HFC 물리적 망구조는 HE~Cell ONU(Optical Network Unit)간은 광 케이블형(Star형), ONU~가입자간은 동축케이블(Tree & Branch 형)로 구성되고 있다.

HFC 망은 가입자를 셀 (Cell) 단위로 구축하여 셀별 독립된 망을 이루는 구조로 전송표준에 하향 40/40[Mbps], 상향 30/10[Mbps] (DOCSIS 2.0/DOCSIS 1.1기준)가 제공가능하다. 이에 따라 가입자 증가 또는 데이터 속도가 증가할 때 셀 분할 등이 필요하다.

[표 7-3] DOCSIS 기술 특징

| 구 분 | DOCSIS 1.0 | DOCSIS 1.1 | DOCSIS 2.0 |
|---|---|---|---|
| 특 징 | One class of 서비스 제공 | – DOCSIS 1.0과 호환<br>– VoIP 지원<br>– QoS 보장 기술 도입<br>– Security 기능 강화 | – DOCSIS 1.0/1.1과 호환<br>– 대칭형 서비스 제공<br>– Noise에 대한 취약성 개선 |
| 운용 현황 | 운용중 | 1.0에서 S/W 업그레이드 가능 | – 일부 SO 적용<br>– 1.0에서 H/W 교체로 가능 |
| 제공 서비스 | 인터넷 접속 | VoIP 가능 | 인터넷 전용선(소호) 가능 |

여기서 DOCSIS (Data Over Cable Service Interface Specification)는 1995년 미국 Cable Labs에서 시작한 프로젝트로써, 동축케이블 상에서 IP 프로토콜을 이용하여 양방향 데이터 통신을 지원하는 기술이다.

## (3) 특징

HFC의 장점은 기업이나 가정에 항상 설치되어 있는 기존의 동축케이블을 교체하지 않고서도, 광섬유 케이블의 일부 특성을 사용자 가까이 전달할 수 있다는 것이다. 뿐만 아니라 가입자 망의 최종단계인 FTTH(Fiber To The Home)으로 자연스럽게 진화가 가능해 장기적으로 중복 투자가 없다는 것도 장점이다.

최고 10[Mbps]의 초고속 인터넷 서비스를 제공하며 일반 전화선 모뎀에 비해 최대 수백 배 빠른 속도로 다양한 멀티미디어 서비스를 제공한다. 또한 HFC망은 LAN 환경과 같이 컴퓨터를 켬과 동시에 인터넷을 바로 사용할 수 있게 되므로 별도의 접속과정이 필요 없으며 광대역 케이블망을 이용하기 때문에 인터넷, TV 시청은 물론 디지털 TV 전환 시 양방향서비스나 T-Commerce 구현이 용이하다.

서비스 구역이 여러 개의 Cell로 구분되어 시설되며 Cell별 독립된 망으로 구성되어 있기 때문에 가입자가 증가할 때 Cell 분할 등으로 즉각 대응이 가능하며 망의 운용이 용이하다.

한편, 단점으로는 동축 구간이 옥외에 설치되어 있으므로 기후 등 외부의 환경적 영향을 많이 받을 가능성과 상향 잡음의 유입으로 디지털 전송망에 비교하여 상대적으로 어려움이 있을 수 있으나 망관리시스템(Network Management System, NMS) 등의 발달로 안정적인 양방향 부가서비스가 가능하다.

---

### 용어 설명

FTTO(Fiber To The Office)

대도시의 업무 지구에 광케이블을 부설하는 방식

FTTC(Fiber To The Curb)

ONU(Optical Network Unit)를 각 가정에 개별적으로 설치해야 하는 등 경제적인 문제가 적지 않은 FTTH의 단점을 보완하기 위한 광섬유의 복수 가입자 공동 이용 방식.

FTTH(Fiber To The Home)

광섬유를 집안까지 연결한다는 뜻으로, 초고속 인터넷 설비 방식의 한 종류이다. FTTP(Fiber to the premises)라고도 한다.

---

## 7.4.2 수동형 광가입자망(Passive Optical Network, PON)

### (1) 개요

광가입자망 기술이란 음성 전화용 동선, 케이블 TV용 동축케이블, 무선 주파수 등 전통적인 전송매체가 아닌 이론적으로 거의 무한대의 데이터를 전송할 수 있는 광섬유 케이블과 레이저 송수신 방법을 이용해 각 가입자들에게 초고속 광대역 접속서비스를 제공할 수 있는 차세대 액세스 기술을 말한다.

따라서 동선이나 동축 케이블, 무선 주파수 등의 매체를 사용하는 xDSL, 케이블 모뎀 등의 전송 기술은 광가입자망 기술에 포함되지 않으며 메트로 액세스 및 에지 구간에서 널리 사용되는 광액세스 장비인 PON이 그 예다.

전화국에서 가입자군의 중심까지는 한 가닥의 광섬유로 연결하고 여기서부터 각 가입자까지는 개별 광섬유를 사용하는 방식으로 가입자가 어떤 지역에 모여 있는 경우 전화국에서 각 가입자까지의 광케이블 구간은 대부분 겹치게 되며 가입자가 서로 가까이 모여 있을수록 경제성이 향상된다. 이로 인하여 관로가 포화되거나 광케이블의 유지 보수에 많은 시간과 비용이 소요되는 데에 대한 대안이다.

[표 7-4] PON 특징

| 장 점 | 단 점 |
|---|---|
| - 다수 가입자가 공유<br>- 일반 가입자 지역에 적합<br>- 트래픽이 거의 동일한 가입자 지역에 적합 | - 가입자 회선 공유로 정보 보안상 문제 존재<br>- 고속서비스 제공에 한계<br>- 가입자당 할당받은 시간이 같은 경우 전체적으로는 효율 저하 |

## (2) 시스템 구조

전형적인 구조는 FTTH(Fiber To The Home), FTTC(Fiber To The Curb) 그리고 FTTO(Fiber To The Office)의 접속망 구조의 공통부분은 CO(Central Office)에 위치하는 OLT(Optical Line Terminal)에서 다수의 ONU(Optical Network Unit)를 연결하는 구조로 구성되어 있다.

OLT는 일반적으로 CO 또는 POP(Point Of Presence)와 같은 통신 사업자의 전화국에 위치하고, 사업자망과 ONU 서비스 전달 노드간의 인터페이스를 제공한다. PON의 점대다중점 연결방식은 OLT 사이트의 광폭주를 줄여주며, 고가의 OLT 장비를 많은 가입자들이 나누어 서비스를 제공받을 수 있도록 한다. 그리고 PON은 OLT와 ONU간의 통신을 위한 분기(branching) 장치로 단일 전력 스플리터(splitter)를 사용할 수도 있다.

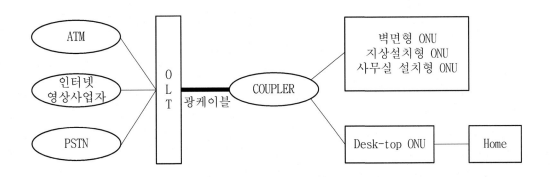

[그림 7-17]  PON 시스템

### 7.4.3  무선 LED 가시광 통신

### (1) 원리

테라급 전송 기술에는 최근 무선 LED 가시광통신이 관심을 끌고 있다. 빛을 내는 LED(Light Emitting Diode) 조명의 특성을 활용하여 무선통신의 새로운 역사를 만들 가시광 무선통신 기술이 IEEE 802.15.7 VLC(Visible Light communication) 국제표준에서 사용되고 있다.

LED는 flicker 현상을 이용하여 빛에 비디오를 전송하도록 하고, 사람의 눈은 초당 약 100번 이상 깜박이면 깜박임을 인지하지 못하고 조명으로만 인식하게 되는 원리이다. 사람은 깜박임을 인지하지 못하지만, 수신 단말은 이러한 깜박임을 인지할 수 있다.

가시광통신은 LOS(Line Of Sight)의 성질을 갖는데 LOS는 송신과 수신간의 직선상으로 전달하는 것을 말한다. 가시광통신은 LED의 조명 빛을 가시광으로 사용하기 때문에 LED 통신이라고도 한다. 가시광 파장(400~700[nm])을 방출하는 LED 조명기구 등의 점멸이나 명암이 주요 디지털 데이터의 주요 전송 수단이다.

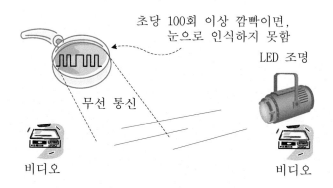

[그림 7-18]  가시광통신의 원리

명암 변화가 초당 100회 이상일 경우 인간의 눈으로 점멸을 감지하지 못하기 때문에 조명으로서의 역할을 유지하면서 변화의 주기를 짧게 하면 고속으로 데이터를 전송할 수 있다. 이 기술은 전력선통신과 결합해 네트워크를 구현할 수 있어 인프라 구축비용이 절감되고 조명이 있는 곳이면 어디든 유비쿼터스 통신이 구현될 수 있어 RF 무선기술의 보완재로서 활용도가 높다.

## (2) 적용 서비스

### 1) 조명광통신(Visible LAN)

기존 무선 랜이 전송용량을 높이는데 한계가 있고 사용자가 많은 경우 효율이 떨어졌던 단점을 보완할 수 있다. 특히 비행기내에서 전파의 사용이 제한되는 등의 애로사항을 극복할 것으로 기대된다.

조명과 통신이 일체화되어 있기 때문에 추가적인 공간의 필요나 중량의 부담이 적은 것도 장점이다.

### 2) 플래시 통신

야간 LED 플래시로 빛을 비추는 곳에 음성 정보를 무선으로 전달할 수 있다. 빛을 비추는 곳은 음성 정보 통신이 가능하고, 빛을 비추지 않는 것은 음성 정보 통신이 되지 않는다. 음성 방송은 모든 사람에게 들리기 때문에 원하는 정보 또는 원하지 않는 정보 모두 들리게 된다. 즉, 플래시 통신은 선별적 통신이 가능하다.

### 3) 빛 색상 별로 음색을 달리하는 장난감

LED는 다양한 색을 연출할 수 있는데 색상에 따른 음색을 나오게 하여 장난감 등에 활용할 수 있다. LED 오디오 통신도 다양한 색에 의해 상호 다른 음색을 실어 보낼 수 있다. 이러한 기능을 이용하면 여러 가지 아이디어에 의한 새로운 장난감을 만들 수 있다.

<table>
<tr><td align="center">요 약</td></tr>
</table>

1. 꼬임선은 구리선 두 가닥을 서로 균일하게 꼬아서 여러 다발로 묶어 보호용 피복선을 입힌 케이블로 평형 케이블이라고도 한다.
2. UTP(Unshielded Twisted Pair) 케이블은 도전성 물질이 많은 피복을 둘러싸지 않은 연선으로 되어 있으며 전선을 꼬아 서로 교차시킴으로써 도선 상호간 간섭을 최소화한다.
3. STP(Shielded Twisted Pair) 케이블은 외부를 도전성 물질이 많은 피복으로 둘러싼 연선으로 되어 있으며 케이블 자체의 값이 비싸고 다루기 어렵다.
4. 동축케이블은 왕복 2개의 도체 가운데 하나를 동축으로 하여 그 둘레의 도체가 원통형으로 하여 내부 도체와 외부 도체로 구성된다.
5. 광통신에서는 신호를 발광소자인 LD와 LED에 의해 전광변환(E/O converter)을 해서 광파로 만들고, 수신측에서는 수광소자인 PD와 APD에 의해 광전변환(O/E converter)을 하여 원래의 신호로 재생하여 통신한다.
6. 광섬유의 모드는 다중모드 광섬유(Multi Mode Fiber)와 단일 모드 광섬유(Single Mode Fiber)가 있으며 전자는 SI MMF(Step Index MMF)와 GI MMF(Graded Index MMF)가 있다.
7. 광케이블을 제조할 때의 손실요인에는 크게 분류해서, 광섬유가 갖는 고유 손실과 광섬유 제조 후에 부가되는 손실이 있다. 전자에는 레일리 산란 손실, 흡수 손실, 구조 불완전에 의 한 손실이 있으며 후자에는 마이크로벤딩 손실, 휨 손실, 접속 손실이 있다.
8. 광케이블에서의 분산은 발생요인별로 모드 분산, 재료분산, 구조분산의 세 가지로 크게 나눈다.
9. 전송로의 열화는 전송 왜곡의 예측 가능 여부에 따라 정상 열화 요인과 비정상 열화 요인으로 구분한다. 전자는 시간적 변동이 적으며 보상대책이 마련되어 있으나 후자는 시간적 변화가 크며 보상대책이 마련되어 있지 않다.
10. HFC(Hybrid Fiber & Coaxial) 망은 CATV 망의 주요 트렁크 부분을 광섬유 케이블로 개선한 망으로서 CATV 방송국에서 ONU(Optical Network Unit)까지는 광선로를 이용하고, ONU에서 가입자 단말까지는 동축 케이블을 이용하는 구성 방식이다.
11. PON(Passive Optical Network)은 전화국에서 가입자군의 중심까지는 한 가닥의 광섬유로 연결하고 여기서부터 각 가입자까지는 개별 광섬유를 사용하는 방식이다.
12. 가시광통신은 LED의 조명 빛을 가시 광으로 사용하기 때문에 LED 통신이라고도 한다.

# 연습문제

1. 트위스티드 페어 케이블(Twisted Pair Cable)의 종류를 들어 설명하시오.

2. 동축 케이블의 전송 특성에 대하여 설명하시오.

3. 광케이블의 도파원리를 간단히 설명하시오.

4. 광섬유의 전송 모드에 대하여 설명하시오.

5. 광케이블을 제조할 때 손실 요인에 대하여 설명하시오.

6. 전송로에서 비정상 열화요인을 설명하시오.

7. 다음을 간단히 설명하시오.
   1) 상관대역폭                    2) 분산
   3) HFC(Hybrid Fiber Coaxial)      4) PON(Passive Optical Network)

## 약 어

UTP(Unshielded Twisted Pair)
STP(Shielded Twisted Pair)
EMI(Electro Magnetic Interference)
PE(Poly Ethylene)
LD(Laser Diode)
PD(Photo Diode)
APD(Avalanche Photo Diode)
SI MMF(Step Index MMF)
GI MMF(Graded Index MMF)
HFC(Hybrid Fiber & Coaxial)
PON(Passive Optical Network)

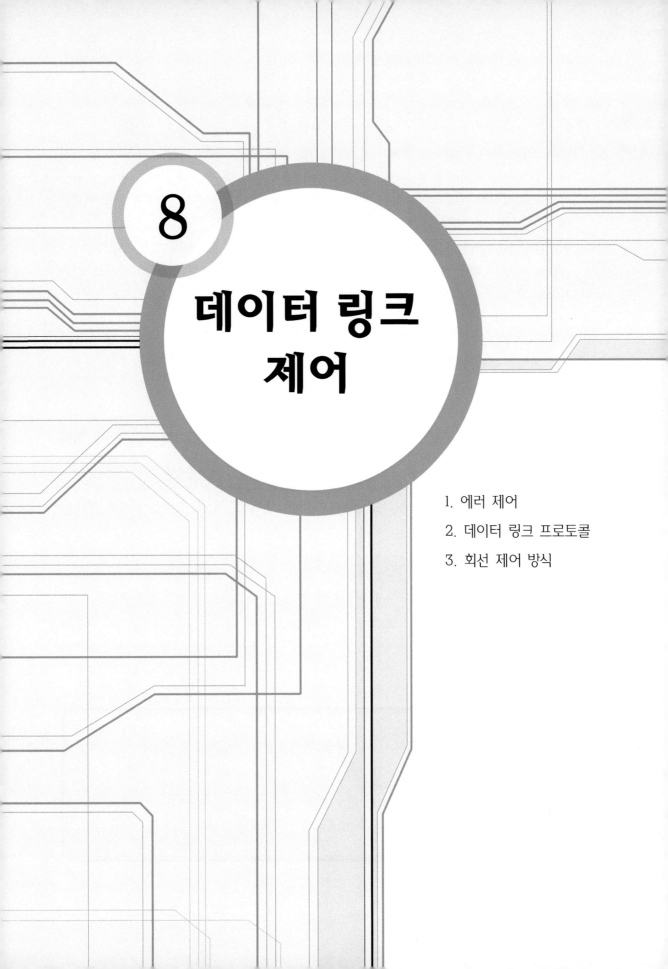

# 8

# 데이터 링크 제어

지금 우리가 사용하고 있는 네트워크의 물리적 환경은 상당히 많은 간섭에 노출되어 있다. 이때 데이터 링크 계층에서는 에러 제어, 흐름 제어 등은 두 시스템 간의 물리적 데이터 전송에 신뢰성을 부여하는 역할을 하지만, 두 시스템 간의 데이터 전송이 신뢰성 있게 이루어지기 위해서는 이외에도 많은 일들이 필요하다. 이러한 일들에 대한 체계적인 구성을 데이터 링크 제어라고 한다. 데이터 링크는 별도의 물리적 선로가 아니라 두 시스템 간의 신뢰성 있는 데이터 전송을 위해 설정되는 하나의 가상 선로이다.

데이터 링크 제어 프로토콜(Data Link Control Protocol)은 기본적으로 다음과 같은 기능을 수행할 수 있도록 구성된다.

① 프로토콜은 오류가 발생할 때 오류를 검출할 수 있는 기능을 제공하거나 우수한 전송품질을 보장할 수 있도록 검출된 오류 부분을 정정하여 복구할 수 있는 기능을 제공해야 한다.

② 입력되는 비트열(Bit Stream)을 일정한 형태의 블록이나 프레임 단위로 분할해야 한다. 분할된 각 프레임이나 블록의 첫 부분과 끝 부분을 확실하게 분류하기 위해서 해당 단위의 동기 방식이 제공되어야 한다.

③ 데이터 링크 제어의 가장 기본적인 일로 데이터 전송 전에 데이터 링크를 설정하고 데이터 전송 동안에는 링크를 유지하며 전송이 종료되었을 때에는 링크를 해제한다.

데이터 링크 제어에서 데이터의 안정성을 보장하는 것은 네트워크의 신뢰성을 높이는 일이며 신뢰성이 높은 네트워크의 전송률은 자연히 높아진다. 그러므로 이번 장에서는 데이터 링크 제어에서 중요한 에러제어의 개념과 종류에 대하여 먼저 살펴본 뒤 전송방법에 있어서 비동기식과 동기식 프로토콜을 이해하고 회선 제어 방식에 대하여 기술하도록 한다.

---

### 학습 목표

1. 에러 제어 방법에서 에러 검출 및 정정 방법을 고찰한다.
2. 문자 지향 프로토콜 및 비트 지향 프로토콜에 대하여 공부한다.
3. 데이터 링크 계층에서 회선 제어 방식을 이해하도록 한다.

## 8.1 에러 제어

수신기에 수신된 신호는 유·무선에 관계없이 항상 잡음이나 간섭이 부가되어 필연적으로 오류가 발생하게 된다. 정보통신 시스템에서 오류의 발생에 대한 전체적인 원인을 보면, 장치의 기계적·전기적 원인, 펄스성 잡음, 감쇄 등과 같이 여러 가지 발생 요인을 가지고 있다.

전송 매체를 통해 전송된 데이터가 오류로 인해 실제 전송된 내용이 수신측에 변질되어 나타날 수 있다. 이때, 데이터의 변질 요인을 에러라고 하는데 송신과 수신간의 정확한 정보를 주고받기 위해 어떤 제어를 필요로 한다. 이것을 바로 에러 제어(Error Control)라고 한다.

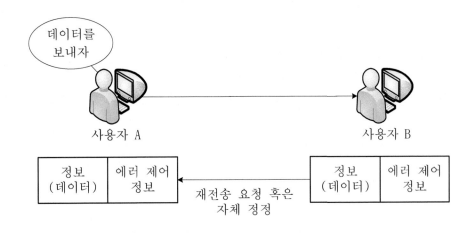

[그림 8-1] 에러 제어

에러 제어를 위한 보편적인 방법은 데이터를 전송할 때 송신측에서는 에러 검사용 정보를 보내주고 수신측에서는 이 정보를 기초로 수신된 데이터에 대한 에러를 검사하여 자체 정정하거나 송신측에 재전송을 요청하는 것이다.

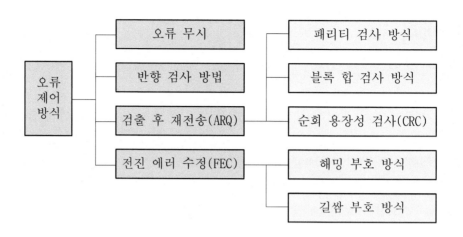

[그림 8-2] 에러 제어 방식

## 8.1.1 에러 검출 부호를 사용하는 방식

에러 검출 부호를 사용하기 위해서 적용되는 검출 후 재전송 방식은 수신측에서 에러가 발생하는 경우 송신측에 에러 발생을 통지하고 에러가 발생한 정보를 재전송하는 방식으로 송신측은 전송중인 프레임을 기억해야 할 버퍼가 필요하다

수신된 정보 내에 에러가 포함되어 있는지 여부를 검사하기 위해서 송신 측에서는 먼저 보내고자 하는 원래의 정보 이외에 별도의 잉여(redundancy) 데이터를 추가한 다음 수신 측에서는 이 잉여 데이터를 검사함으로써 에러 검출이 가능하다.

에러 검출을 위해서 패리티 검사, 블록 합 검사 그리고 CRC(Cyclic Redundancy Check) 방식이 있는데 이에 대한 내용은 다음과 같다.

### (1) 패리티 검사 방식

### 1) 개념

한 블록의 데이터 끝에 패리티 비트를 추가하는 것으로서 가장 간단한 오류 검출 방식이다. 그 대표적인 예가 ASCII 전송으로 7비트 길이의 ASCII 데이터의 끝에 한 비트를 추가하여 8비트로서 데이터를 전송하게 된다. 이때, 패리티 검사 방식은 홀수 패리티 방식과 짝수 패리티 방식으로 구분하는데 전자는 패리티 비트를 포함한 1의 비트 수를 항상 홀수 개로 유지하는데 반해 후자는 패리티 비트를 포함한 1의 비트 수를 항상 짝수 개로 유지한다.

예를 들어 ASCII 문자가 '1000001'로 구성되었을 때 짝수 패리티 부호를 사용한다면 부가되는 1비트 부호의 값은 '0'으로, 홀수 패리티 비트를 사용하면 '1'로 표시된다. 패리티 비트에 대한 예는 다음과 같다.

[표 8-1] 패리티 부호의 예

| 패리티 비트 | 데이터 비트 | 패리티 부호 |
|:---:|:---:|:---:|
| 0 | 1000010 | 짝수 패리티 부호 |
| 1 | | 홀수 패리티 부호 |

데이터 비트의 두 번째 비트에 에러가 발생되어 '0'에서 '1'로 바뀌게 되면 전체 1의 개수가 홀수개가 되어 짝수 패리티 부호를 사용하는 경우에는 에러가 발생한다는 것을 알수 있다. 그러나 두 번째 비트가 '0'에서 '1'로, 세 번째 비트도 '0'에서 '1'로 바뀌게 되면 전체 '1'의 개수는 짝수개가 되어 실제로 에러가 발생했음에도 불구하고 수신기에서는 에러 발생을 검출하지 못한다.

## 2) 특징

패리티 검사 방법은 간단하다는 이점은 있으나 1비트 패리티 검사 부호는 2개의 비트가 동시에 오류가 발생했을 때는 오류 발생을 검출할 수 없는 단점을 가지게 된다. 일반적으로 짝수 패리티는 동기식 전송에 그리고 홀수 패리티는 비동기식 전송에 자주 사용된다.

## (2) 블록 합 검사(Block Sum Check)

### 1) 개념

블록 합 검사는 이차원의 패리티 검사 방식으로서 각 비트를 가로와 세로로 두 번 관찰하여 데이터에 적용되는 검사의 복잡도를 증가시키고 있는데 연집 에러(Burst Error)를 검출할 가능성을 높여준다.

동기식(asynchronous) 전송 방식에 사용되는 블록 합 검사 방식은 1비트 패리티 검사 방식의 단점을 보완한 것으로서 1비트 패리티 검사 방식과 달리 오류의 검출 및 정정 기능까지도 수행할 수 있다.

## 2) 구현 예

예를 들면 짝수 패리티를 사용하는 경우 오류 검출 과정을 보면 다음과 같다.

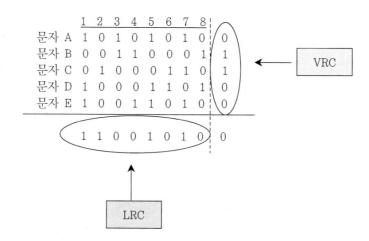

① VRC(Vertical Redundancy Check) : 각 문자 끝의 패리티 비트를 두는 검사 방식으로 한 문자에 포함된 비트 중 '1'의 개수가 짝수 또는 홀수에 따라 패리티 비트를 '1' 또는 '0'으로 정하여 전송하는 방식이다. 이 방식은 지능이 없는 터미널에서도 이용할 수 있으나 2개의 비트가 동시에 훼손되면 에러 검출이 불가능하게 된다.

② LRC(Longitudinal Redundancy Check) : 패리티 검사 문자는 블록 검사 문자(Block Check Character, BCC)라고 부른다. 보통 VRC와 함께 블록 합 검사(Block Sum Check)라고 부른다. 이 경우에도 모든 에러를 검출하지는 못하지만 전화선에서 생기는 에러율을 상당히 낮출 수 있다.

만일 문자 A에서 1번, 3번 비트가 동시에 '0'으로 바뀌었다면, VRC로는 검출할 수 없지만 LRC로는 검출할 수 있다.

## (3) CRC(Cyclic Redundancy Check)

### 1) 개념

CRC 방식은 해밍 부호 방식에 의한 1비트의 에러 제어가 아니라 다수의 비트에 의해 에러를 제어하는 방식이다. 이것은 ARQ 방식에 의한 에러 검출 방식이기 때문에 부가적인 데이터 비트에 의한 대역폭의 증가가 그 단점으로 지적되고 있다.

이 방식에서 FCS(Frame Check Sequence)는 프레임 내의 오류를 검출하기 위한 비트열로서 송신시에 주어진 절차에 의해 계산되어 정보 프레임과 함께 전송된다. 수신측에서는 수신된 전체 데이터 가운데 정보 프레임만을 대상으로 송신측과 동일한 알고리즘에 의해 FCS를 계산한 다음, 이 값이 수신된 FCS 값과 동일하면 전송 중에 오류가 발생하지 않는 것으로, 일치하지 않으면 전송 오류가 발생한 것으로 판단하게 된다.

## 2) 구현 예

수신측에서 본 입력 데이터가 11000110이며 발생 다항식(Generating Function) $G(x) = x^4 + x^3 + 1$일 때 4비트 FCS를 구하는 방법은 다음과 같다.

이 입력 데이터를 다항식으로 변환하면 $M(x) = x^7 + x^6 + x^2 + x$이 되는데 이때

$$M(x)' \equiv G(x)\text{의 최고 차수} \times M(x) = x^{11} + x^{10} + x^6 + x^5$$

으로 정의한다.

$M(x)'$를 $G(x)$로 나누면 다음과 같이 표현할 수 있다.

$$
\begin{array}{r}
x^7 + x^3 + x + 1 \\
\hline
\end{array}
$$

$$
x^4 + x^3 + 1 \,\big)\, 
\begin{array}{l}
x^{11} + x^{10} \qquad\qquad + x^6 + x^5 \\
\underline{x^{11} + x^{10} + x^7} \\
\qquad\quad x^7 \qquad + x^6 + x^5 \\
\underline{\qquad\quad x^7 \qquad + x^6 \qquad + x^3} \\
\qquad\qquad\qquad x^5 \qquad + x^3 \\
\underline{\qquad\qquad\quad x^5 + x^4 \qquad + x} \\
\qquad\qquad\qquad x^4 + x^3 + x \\
\underline{\qquad\qquad\quad x^4 + x^3 \qquad + 1} \\
\qquad\qquad\qquad\qquad x + 1
\end{array}
$$

이때, 4비트 FCS는 0011이 되며 송신 데이터에 부가되어 전송된다.

FCS 부호 추가 메시지 다항식을 $F(x)$라고 한다면 수신 측의 CRC 회로에서 $F(x)$를 $G(x)$로 다시 나눈다. 이 때, 나눈 결과 값에서 나머지가 0이면 에러가 없고 나머지가 0이 아니면 에러가 발생했음을 판정하고 송신 측에 통보한다.

### 예제 8-1

메시지가 10001110에 대한 신호를 CRC 부호화를 위해 필요한 패리티 비트의 형태로 표현하시오.(단, 생성 다항식 $G(x) = x^5 + x^4 + x + 1$ 이다.)

☞ 메시지를 다항식으로 표현하면

$$M(x) = x^7 + x^3 + x^2 + x$$

이 되며

$$M(x)^{'} \equiv x^5 M(x) = x^{12} + x^8 + x^7 + x^6$$

으로 주어진다.

$M(x)^{'}$를 $G(x)$로 나눈 나머지를 구하면

$$M(x)^{'}/G(x) \cdots x^4 + x^3 + x^2 + 1 = 11101$$

그러므로 송신 데이터는 10001110 11101이 된다.

[표 8-2] 생성 다항식의 종류

| CRC의 표준안 명칭 | 발생 다항식 $G(x)$ |
|---|---|
| CRC-12 | $x^{12} + x^{11} + x^3 + x^2 + x + 1$ |
| CRC-16(ANSI) | $x^{16} + x^{15} + x^5 + 1$ |
| CRC-16 | $x^{16} + x^{15} + x^2 + 1$ |
| CRC-CCITT(V.41) | $x^{16} + x^{15} + x^5 + 1$ |

## 8.1.2 에러 정정 부호를 사용하는 방식

에러 검출 부호는 에러 검출 후 재전송을 하는 ARQ 방식을 사용하지만 (수신 측에서의) 에러 정정 부호는 송신측이 전송할 정보에 대하여 수신측에서는 오류 발생을 검출하여 정정까지 행하는 전진 오류 제어(Forward Error Correction, FEC) 방식을 사용한다.

[표 8-3]  ARQ와 FEC의 장단점

| 비 고 | FEC(Forward Error Correction) | ARQ(Automatic ReQuest) |
|---|---|---|
| 장 점 | ① 수신측에서 에러를 정정할 수 있다.<br>② 재전송을 하지 않아 대역폭 관리에 효율적이다. | ① 수신 측 정보에 에러 정정 부호를 삽입할 필요가 없으므로 구현이 비교적 간단하다.<br>② 프레임에 FCS만 붙는다. |
| 단 점 | ① 에러정정부호의 삽입으로 프레임의 크기가 커진다.<br>② 구현이 어렵다. | ① 수신측이 자체 에러정정을 못한다.<br>② 재전송에 드는 대역폭 손실이 크다. |

FEC 부호의 종류로는 비블록화 부호와 블록 부호가 있으며 전자에는 길쌈 부호(Convolution Code)가 있는데 부호기에 기억 장치(memory)가 필요하며 후자는 해밍 부호가 속하는데 다수의 패리티 비트가 필요하다.

## (1) 해밍(Hamming) 부호

### 1) 개념

해밍 부호는 에러를 검출하는데 필요한 잉여 데이터 비트들의 수를 최소화한 방법 중 하나이다. 미국 Bell 연구소의 해밍에 의해 고안된 것으로 $n$개의 정보비트와 $k$개의 해밍 비트로 운용되는데 이에 대한 관계식은 다음과 같으며 $(m,n)$ 선형 부호라고도 부른다.

$$2^k \geq m+1 = k+n+1$$

예를 들면, 8비트로 된 하나의 문자에서는 4비트의 여분의 해밍비트를 추가할 수 있다.

해밍 중(Hamming Weight)은 어떤 부호어에서 1의 개수를 의미하며 해밍 거리(Hamming Distance)는 어떤 부호어 중에서 같은 비트 수를 갖는 2진 부호 사이에 대응하는 비트 값이 일치되지 않는 개수를 말한다.

예를 들면, 2개의 부호열 A, B가

A={1 1 1 0 1}　　　　　　　　B={1 1 0 1 1}

인 경우 두 점간의 최소 해밍 거리는 $d_{\min} = 2$이다.

이때, 검출 가능한 에러의 수는 $(d_{\min}-1)$개이고 정정 가능한 에러의 수는

$$
\begin{cases}
d\text{가 홀수인 경우: } \dfrac{d_{\min}-1}{2}\ \text{개} \\[2em]
d\text{가 짝수인 경우: } \dfrac{d_{\min}-2}{2}\ \text{개}
\end{cases}
$$

으로 주어진다. 그러므로 2비트 이상의 중복된 에러는 더 많은 여분의 비트가 필요하지만 단일 비트의 에러는 완전하게 수정할 수 있다.

### 2) 구성 방법

(12, 8) 선형 부호에서 우수 패리티라고 가정할 때 해밍 비트 $P_n\ (n=0,1,2,3)$를 구하는 방법은 다음과 같다.

| 1 | 2 | 3 | 4 | 5 | 6 | 7 | 8 | 9 | 10 | 11 | 12 |
|---|---|---|---|---|---|---|---|---|----|----|----|
| $P_0$ | $P_1$ | 1 | $P_2$ | 0 | 1 | 1 | $P_3$ | 0 | 0 | 1 | 0 |

**(가) 정보 비트를 이용하는 방법**

정보 비트가 1인 십진수를 이진수로 변환하면 다음과 같다.

| 십 진 수 | 이 진 수 |
|:---:|:---:|
| 3 | 0011 |
| 6 | 0110 |
| 7 | 0111 |
| 11 | 1011 |

Exclusive OR 연산을 하면 1이다.

1001($P_3\ P_2\ P_1\ P_0$)

**(나) 비트 구성 열을 이용하는 방법**

BCD(Binary Coded Decimal) 부호에서 가장 오른쪽의 비트 값이 1인 경우가 십진수에서 1, 3, 5, 7, 9, 11이므로

$$\text{EX-OR}\{1,\ 3,\ 5,\ 7,\ 9,\ 11\}=0\ \rightarrow\ P_0=1$$

가 된다. 여기서 Exclusive OR 연산을 EX-OR이라고 표현한다.

마찬가지로 가장 오른쪽(rightmost)의 비트 값으로부터 두 번째 비트 값이 1인 경우가 십진수에서 2, 3, 6, 7, 10, 11이므로

$$\text{EX-OR}\{2,\ 3,\ 6,\ 7,\ 10,\ 11\}=0\ \rightarrow\ P_1=0$$

가 된다.

가장 오른쪽의 비트 값으로부터 세 번째 비트 값이 1인 경우가 십진수에서 4, 5, 6, 7, 12이므로

$$\text{EX-OR}\{4,\ 5,\ 6,\ 7,\ 12\}=0\ \rightarrow\ P_2=0$$

가 된다.

한편, 가장 왼쪽의 비트 값이 1인 경우가 십진수에서 8, 9, 10, 11, 12이므로

$$\text{EX-OR}\{8,\ 9,\ 10,\ 11,\ 12\}=0\ \rightarrow\ P_3=1$$

가 된다.

예를 들면 패리티 비트를 결정한 방법에 사용한 방법을 사용하면 수신측에서 3번째에서 에러가 발생했음을 알 수 있다.

| | 1 | 2 | 3 | 4 | 5 | 6 | 7 | 8 | 9 | 10 | 11 | 12 |
|---|---|---|---|---|---|---|---|---|---|---|---|---|
| 송신측 | 1 | 0 | 1 | 1 | 0 | 1 | 1 | 0 | 0 | 0 | 1 | 1 |
| 수신측 | 1 | 0 | 0 | 1 | 0 | 1 | 1 | 0 | 0 | 0 | 1 | 1 |

$C_0 = \text{EX-OR }\{1,\ 3,\ 5,\ 7,\ 9,\ 11\} = 1$

$C_1 = \text{EX-OR }\{2,\ 3,\ 6,\ 7,\ 10,\ 11\} = 1$

$C_2 = \text{EX-OR }\{4,\ 5,\ 6,\ 7,\ 12\} = 0$

$C_3 = \text{EX-OR }\{8,\ 9,\ 10,\ 11,\ 12\} = 0$

에러는 $(C_3C_2C_1C_0)=(0011)_2=3_{10}$ 번 위치에서 발생한다는 것을 알 수 있다.

**예제 8-2**

　전체 26비트를 사용하는 해밍 코드에서 패리티 비트를 제외한 데이터 비트수
는?

　☞ $2^k \geq k+n+1$ 관계식에서 $k+n=26$이므로 $k=5$가 된다.
따라서 $n=21$가 된다.

---

**쉼터**

BCH(Bose, Chaudhuri, Hocquenghem) 부호
① 구조가 비교적 간단하면서도 다중 에러를 정정할 수 있다.
② 대표적 예로 Reed-Solomon(RS) 부호가 있으며, 이 부호는 주로 연집 에러 정정
　에 유용하다.
③ BCH 부호는 한 부호어당 $t$ 개의 에러를 정정하여 최소 거리 $d_{min} \geq 2t+1$를 만
　족하여야 한다.

---

## (2) 길쌈 부호(Convolution Code)

　블록 부호(Block Code)에서는 데이터 부호와 에러 검출에 필요한 패리티 비트가 조합
하여 수신 측에서 받은 부호와 가장 가까운 해밍 거리(Hamming Distance)를 가진 부호
만이 원하는 부호 열이 된다.

　그러나 길쌈 부호는 블록 부호와 달리 패리티 비트가 정해져 있는 것이 아니라 계속적
으로 삽입된다는 점에서 다르다. 수신 측에서 Viterbi Code Algorithm을 적용하여 수신
측에서 가장 근접한 부호를 가진 tree를 택하여 부호를 복조한다.

　길쌈 부호는 현재의 입력이 과거의 입력에 대하여 영향을 받아 부호화하는 방법이며
비블록화 부호 중 하나이다. 다음은 길쌈부호를 구현함에 있어 기본적으로 필요한 요소
들이다.

① 시프트 레지스터(Shift Register) : 정보를 암호화할 때 사용되는 일종의 기억장치이다.

② 생성다항식 : 시프트 레지스터와 결과 값을 연결할 때 사용되는 식이다.

구현 방법을 살펴보면 다음 그림에서

$$y_1 = S_1 \oplus S_2 \oplus S_3$$
$$y_2 = S_1$$
$$y_3 = S_1 \oplus S_2$$

예를 들면, 시프트 레지스터 각각의 초기값이 0이고 입력 정보 부호가 1010일 때 출력은 111 101 011 101로서 이 길쌈 부호는 트리 검색법에 의해 수신 측에서 디코딩된다. 이때 이 입력 정보 부호중 맨 좌측값인 1이 제일 먼저 들어간다고 가정한다.

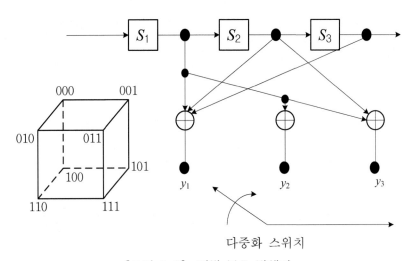

[그림 8-3] 길쌈 부호 발생기

그런데 이 출력 부호가 수신 측에서 발생했을 때 110 101 011 111로 바뀌어져 왔다면 이것은 최대 근사치 디코딩 방법(Maximum Likelihood Decoding Procedure)에 의해 수신 측에 1010으로 디코딩된다.

이에 대한 특징을 살펴보면

① 인코딩 및 디코딩이 복잡하다.

② 전진 에러 효율이 높다.

[표 8-4] 오류 제어 방법

| | 종 류 | 특 징 |
|---|---|---|
| 오류 검출 기법 | 패리티 검사 | – 한 프레임의 데이터 끝에 검사 비트를 추가하는 가장 간단한 방법<br>– 오류가 짝수 개 발생하면 검출 불가능 |
| | 블록 합 검사 | 각 비트열을 가로열과 세로열을 두 번 관찰하여 검사의 복잡도를 증가시킴으로써 오류 검출 능력 증대 |
| | CRC | 생성다항식을 사용하여 다수 비트 에러 검출이 가능하며 패리티 검사보다 검출 능력 개선 |
| 오류 정정 기법 | 해밍 부호 | 단일비트 정정 방식으로 패리티 비트 증가로 인한 대역폭 부담 |
| | 길쌈 부호 | – 해밍 거리를 이용하여 오류 정정 능력에 대한 신뢰성 개선<br>– 미리 약속된 디코딩 트리를 갖고 있어야 한다. |

## 8.2 데이터 링크 프로토콜

데이터를 정확하게 송수신하려면 서로 간에 동기가 잘 맞아야 한다. 송신측은 데이터를 한번에 1비트씩 전송하므로 수신 측에서는 수신된 비트열에서 한 글자 또는 블록의 시작과 끝을 알아야 한다. 송신 측에서는 비트를 구별하여 전송하는 데이터가 필요하며, 이런 데이터를 동기 정보라고 한다.

동기식 데이터 링크 프로토콜은 문자 중심 프로토콜과 비트 중심 프로토콜로 나눌 수 있다. 전자는 하나의 전송 프레임이나 패킷을 보통 바이트로 구성되는 문자들의 연속으로 간주한다. 모든 제어정보는 ASCII 문자와 같은 기존 부호 시스템의 형태를 가진다. 한편, 후자에서의 제어 정보는 하나 혹은 여러 개의 비트로 구성될 수 있다.

### 8.2.1 문자 지향 데이터링크 프로토콜
### (Character-Oriented Data Link Protocol)

문자 중심 데이터링크 프로토콜은 이해하기 쉽고 제어부분은 별도로 정한 프레임을 사용하거나 데이터 프레임에 제어 정보를 추가하여 전송한다. 가장 잘 알려진 것은 IBM에서 정한 BSC(Binary Synchronous Communication)이다.

1968년에 IBM사에서 발표한 문자 중심의 프로토콜에서 제어 문자는 동기를 위한 것, 필드 구분을 위한 것, 폴링과 선택을 위한 것, 그리고 오류 발생 여부를 알리기 위한 것 등으로 구분된다.

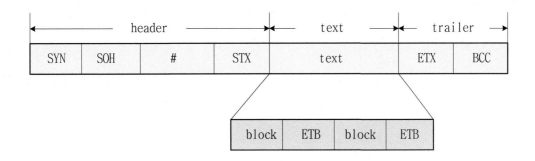

[그림 8-4] BSC (헤더를 포함한) 데이터 프레임

BSC 제어 문자들은 다음 세 가지 기능을 수행하는 데 그 내용은 다음과 같다.

① 전송 블록 형식화 : 블록들의 크기를 정하고 메시지들을 블록으로 나누기 위해 사용된다. (예 : SOH, STX 등)
② 스테이션간의 대화 : 데이터의 반이중 교환을 제어하기 위해 사용된다.(예 : ENQ)
③ 투명 모드 제어 : 사용자 데이터에 데이터 투명성을 구현하기 위하여 사용한다. (예 : DLE)

[표 8-5] 전송 제어 문자

| 부 호 | 명 칭 | 내 용 |
| --- | --- | --- |
| SYN | Synchronous | 문자의 동기를 유지시키거나 어떤 데이터 또는 제어 문자가 없을 때 채우기 위해 사용 |
| SOH | Start of Heading | 헤더의 시작 |
| STX | Start of Text | 텍스트의 개시 |
| ETX | End of Text | 텍스트의 끝 |
| ETB | End of Transmission Block | 블록의 끝 |
| EOT | End of Transmission | 전송의 끝 |
| ENQ | Enquiry | - 회선의 사용 요구 부호<br>- 상대방에게 어떤 응답을 요구할 때 사용 |
| DLE | Data Link Escape | 뒤의 문자들의 의미를 바꾸거나 추가적인 제어 제공 |
| ACK | Acknowledge | 수신한 정보 메시지에 대한 긍정의 대답 |
| NAK | Negative Acknowledge | 수신한 정보 메시지에 대한 부정의 응답 |

### 쉼터

데이터 투명성(Data Transparency)

데이터를 전송할 때 제어 문자와 동일한 데이터가 존재하면 수신 측에서는 데이터와 제어 문자를 구별하기 어렵다. 이런 경우 BSC는 바이트 스터핑(Byte Stuffing)을 수행하게 되며 이를 통해서 데이터 투명성을 실현한다. 바이트 스터핑의 방법은 DLE 문자를 제어 문자 앞에 추가적으로 삽입하는 것이다.

## 8.2.2 비트 지향 데이터링크 프로토콜
### (Bit-Oriented Data Link Protocol)

비트 중심 프로토콜은 문자중심 프로토콜과는 달리 각각의 비트에 기능을 정의하여 문자형 프로토콜에 비하여 적은 양의 데이터로 더 많은 정보를 전송할 수 있다. 1970년대부터 시작된 비트 중심 프로토콜은 오늘날 대부분의 프로토콜에서 사용하며 대표적인 것으로 HDLC(High-level Data Link Control)가 있다.

HDLC 프로토콜은 1970년 초기 IBM 사의 SNA(Systems Network Architecture)를 위해 개발된 SDLC(Synchronous Data Link Control)로써 데이터가 링크를 통해 한 프레임씩 전송되는 비트 중심 프로토콜이다. 즉, HDLC는 IBM의 SDLC를 기반으로 개발되었고, ISO에 의해 표준화되었다.

HDLC는 OSI라고 불리는 산업계의 통신 참조모델 제2 계층 내의 프로토콜 중에서 가장 일반적으로 사용되는 프로토콜 중 하나이다.

물리 계층인 제1 계층은 실제적으로 신호를 발생시키고 수신하는 등의 작업들이 관련된 상세한 물리 계층이며, 네트워크 계층인 제3 계층은 네트워크에 관한 지식을 가지는데, 이는 데이터를 어디로 전달하고 또 보내야 하는지를 나타내는 라우팅 테이블에 대한 접근을 포함한다. HDLC는 하나의 새롭고 커다란 프레임에 데이터 링크 제어정보를 추가함으로써 제3 계층 프레임을 캡슐화한다.

HDLC 제어 절차의 장점은 다음과 같다.

① 신뢰성 : 프레임의 뒷 부분에 오류 검출을 수행할 수 있는 FCS(Frame Check Sequence) 프레임을 두어 CRC(Cyclic Redundancy Checking) 방식으로써 엄격한 오류 제어를 한다.
② 연속성 : 정해진 범위 내에서 프레임을 연속하여 전송할 수 있다.
③ 비트 투명성 : 정보 필드의 전체 길이에 제한이 없으며 송수신간의 협의에 따른다.

## (1) 프레임 구조

| 플래그 | 주소 부분 | 제어 부분 | 정보 비트열 | FCS | 플래그 |
|---|---|---|---|---|---|

[그림 8-5] HDLC 프레임 구조

## 1) 플래그(flag)

프레임의 시작과 끝을 규정하고 있는데 비트 지향 프로토콜에서는 데이터가 없어도 플래그는 계속해서 나가게 된다. 이에 반해 문자 지향 프로토콜에서는 SYN 문자가 사용하게 된다.

## 2) 주소 부분

명령프레임을 전송할 때는 상대방의 주소를 설정하고 응답 프레임을 설정할 때는 자국의 주소를 보낸다.

## 3) 제어 부분

비번호제 형식, 감시 형식, 또는 정보 전송 형식을 가지고 있으며 비번호제 형식(Unnumbered Format)은 종속국의 초기화, 응답모드의 설정의 요구 또는 응답, 이상상태의 보고 등의 제어 기능을 하기 위해 사용한다. 또한 감시형식(Supervisory Format)은 링크의 감시 제어 기능을 하는데 사용하고 정보부를 갖고 있지 않다. 정보 전송 형식(Information Transfer Format)은 정보부를 갖고 순서 번호에 의해 수신확인을 할 경우의 정보 전송에 사용된다.

## 4) 정보 비트열

SDLC에서는 비트의 배수가 되어야 하지만 HDLC에서는 가변 비트열에 의해 정보를 보내며 수신응답이 없어도 어느 정도까지는 계속하여 보낸다.

## 5) FCS

프레임의 에러 검출 여부를 수행하며 생성다항식(ITU-T에서의)은 $x^{16} + x^{12} + x^5 + 1$ 이다.

## (2) 스테이션의 형식

HDLC를 사용하는 시스템들은 호스트와 터미널의 관계를 유지하고 있지만 각각의 역할을 달리 하고 있으며 스테이션이라고 부른다.

## 1) 주국(Primary Station)

데이터 회선을 제어하는 스테이션으로서 보조국들에게 명령(command) 프레임을 전송한다. 그 후 보조국의 응답(response)을 수신한다.

### 2) 보조국(Secondary Station)

주국으로부터 수신된 명령에 대해서 응답을 하며 이때 형성되는 세션은 하나밖에 없다. 보조국은 주국에 대해서 회선을 제어하지 못한다.

### 3) 복합국(Combined Station)

주국과 보조국이 별도의 역할을 하는 것이 아니라 명령과 응답을 모두 발생할 수 있다. 복합국은 전송의 성격에 따라 주국 또는 보조국으로 수행되므로 운용면에서 유연성을 가지고 있다.

## (3) 데이터 전송 동작 모드

데이터 전송 모드에는 동작 모드, 절단 모드, 초기 모드가 있으며 1차국과 2차국 또는 복합국끼리 데이터 링크에 의해 접속되고 데이터를 전송할 수 있는 상태를 동작 모드라고 한다.

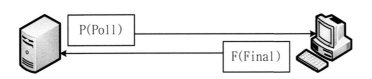

[그림 8-6] P/F 필드의 사용

### 1) 정규 응답 모드(Normal Response Mode, NRM)

1차국과 2차국과의 사이에서 교대로 통신하는 방식으로 2차국은 1차국으로부터 P 비트가 '1'인 프레임을 수신할 때까지 송신할 수 없으며 이 '1'을 수신할 때 F 비트가 '1'인 응답 프레임을 발송해야 한다.

### 2) 비동기 응답 모드(Asynchronous Response Mode, ARM)

2차국은 1차국으로부터의 허가가 없어도 응답을 송신할 수 있으나 P비트가 '1'인 명령 프레임을 받으면 바로 F 비트가 '1'인 응답 프레임을 보내야만 한다.

### 3) 비동기 평형 모드(Asynchronous Balanaced Mode, ABM)

복합국과 복합국끼리 전송하는 방식으로 복합국은 상대 복합국의 허가없이 명령 또는 응답 프레임을 전송할 수 있다.

[표 8-6] 명령/응답의 기능

| 형 식 | 기 호 | 기 능 |
|---|---|---|
| 정보 전송 형식 | I | 송신 sequence 번호가 붙은 정보를 전송하며, 수신측에서는 상대국으로 프레임을 바로 수신했음을 N(R)로 바로 통지 |
| 감시 형식 | RR | 수신 준비가 되어 있고 I 프레임을 바로 수신했음을 통지 |
| | RNR | 현재 상태가 busy임을 통지 |
| | REJ | 재송을 요구 |
| | SREJ | 선별재송을 요구 |
| 비번호제 형식 | CMDR | 재송신에서 회복될 수 없는 에러 명령 프레임을 검출했음을 2차국에서 1차국으로 보고 |
| | FRMR | 재송신에서 회복불가인 에러를 검출했음을 보고 |
| | SNRM | 2차국을 NRM으로 설정 |
| | SARM | 2차국을 ARM으로 설정 |
| | UA | 비번호제 모드 설정 명령을 받았음을 통지 |
| | DISC | 1차국이 2차국에게 또는 복합국이 상대 복합국에게 동작 모드를 종료시킴 |
| | DM | 자국이 절단 모드에 있음을 통지 |
| | RSET | 상대 복합국의 sequence 번호를 reset시킴 |

## 약어

- N(R) : 다음에 전송받기를 원하는 프레임의 순서번호
- RR(Receive Ready)          - RNR(Receive Not Ready)
- REJ(Reiect)          - SREJ(Selective Reject)
- FRMR(Frame Reject)          - SNRM(Set Nornal Response Mode)
- UA(Unnumbered Acknowledgement)
- DISC(Disconnect)          - DM(Disconnect Mode)
- RSET(Reset)

## (4) 스테이션의 구성

네트워크 장치들은 주국과 보조국 또는 대등한 장치로서 구성될 수 있다. 이때, 스테이션들은 비균형, 대칭 그리고 평형 구성 방식으로 이루어질 수 있으며 그 내용은 다음과 같다.

### 1) 비균형 구성(Unbalanced Configuration)

하나의 주국과 하나 이상의 보조국을 지원하며 주국은 각 보조국에 대하여 동작상태 및 설정에 대한 명령을 발행하고 있다.

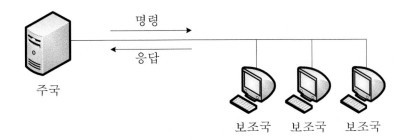

[그림 8-7] 비균형 구성 방식

### 2) 대칭 구성(Symmetrical Configuration)

비균형 구성과 달리 하나의 주국과 하나의 보조국으로 구성되어 있으며 두 개의 점대점 스테이션 구성을 구현한다.

각 스테이션은 각각 주국/보조국의 개념을 모두 가지고 있으며 주국은 명령을 채널의 반대쪽에 있는 보조국으로 전송하며 채널 반대쪽의 주국이 상대의 보조국으로 명령을 보내기도 한다.

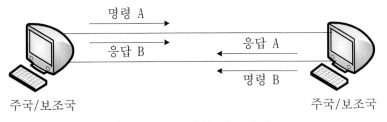

[그림 8-8] 대칭 구성 방식

### 3) 평형 구성(Balanced Configuration)

두 개의 스테이션이 대등한 관계로 동작하며 복합형 스테이션으로 구성된다. 이때, 두 지국은 단일 회선으로 연결한다.

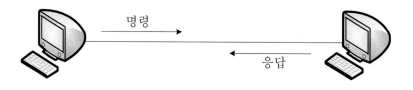

[그림 8-9] 평형 구성 방식

---

### 용어 설명

**SDLC(Synchronous Data Link Control)**

SDLC는 그 이전에 사용하던 BSC 프로토콜을 대체하기 위해, 1970년대에 IBM에 의해 개발된 전송 프로토콜이다. SDLC는 OSI 통신 참조모델의 두 번째 계층에 해당한다. 이 계층의 프로토콜은 데이터 단위가 네트워크의 한 지점으로부터 다른 곳으로 정확하고 성공적으로 보내지도록 확인한다.

SDLC는 ISO의 표준 데이터링크 프로토콜인 HDLC의 기반을 제공했으며, SDLC는 본질적으로 HDLC의 전송 동작 모드중의 하나인 NRM이 되었다. SDLC가 전용회선을 이용한 폐쇄된 사설망에 효율적인 프로토콜인데 비해, HDLC의 다른 모드들은 인터넷에서 사용되는 것과 같이, 공유회선 상의 패킷을 관리할 수 있는 X.25와 프레임릴레이 프로토콜을 지원한다.

---

## 8.2.3 기타 데이터 링크 프로토콜

### (1) 직렬 회선 인터넷 프로토콜(Serial Line IP, SLIP)

인터넷에 접속하기 위하여 별도의 네트워크를 꾸미는 단점을 없애고 전화 회선, RS-232 등의 직렬 인터페이스를 이용하여 접속하는 다이얼 업 IP 접속을 위한 업계 표준 규약으로서 1980년대 초기에 개발되었다. 내장형 시스템에서는 RS-232 시리얼 포트를 흔하게 볼 수 있는데, 이들을 인터넷에 연결할 때 SLIP 프로토콜이 사용된다.

서버에 다이얼 업 접속을 하면 대개 직렬회선을 사용하므로 병렬회선이나 T1과 같은 다중화 회선에 비해 느리다. SLIP은 PPP(Point-to-Point Protocol)보다 오래되고 단순한 프로토콜이다. 그러나 실제적인 측면에서 보면 SLIP을 이용하든, PPP를 통해 인터넷에 접속하든 큰 차이는 없다.

SLIP는 PPP에 비해 오류 검출 기능, 링크 설정 및 절단 기능이 없고 IP 이외의 프로토콜에 대응되어 있지 않은 등의 문제점이 있으므로 현재는 PPP가 주류가 되어 있다.

| c0 | IP 데이터그램 | c0 |
|----|-----------|----|

[그림 8-10]  SLIP 프레임 구조

IP 데이터그램에 시작과 끝을 나타내는 END 문자를 추가하는데 IP 데이터그램 중간에 'c0'가 오면 'db dc'를 넣는 투명성(transparency)을 확보할 수 있다.

SLIP는 단순하다는 장점을 가지고 있지만 단점으로는 다음과 특징을 가지고 있다.

① Type 필드가 없어서 현재 사용 중인 이더넷 프로토콜의 종류를 알려줄 수 있는 방법이 없다.
② 상대방 IP 주소를 송신자가 반드시 알아야 한다.
③ CRC 기능이 없어서 선로상의 에러 검출을 하지 못한다. 따라서 에러 검사는 상위계층에서 제공해야 한다.

## (2) PPP(Point-to-Point Protocol)

PPP는 두 대의 컴퓨터가 직렬 인터페이스를 이용하여 통신을 할 때 통신 데이터를 송수신하는 데에 사용하는 프로토콜로서, 특히 전화회선을 통해 서버에 연결하는 PC에서 자주 사용된다. 이는 시리얼라인에 인터넷용 프로토콜인 TCP/IP를 싣기 위해 IETF(Internet Engineering Task Force)에서 제정한 표준 규약이다.

PPP는 IP를 사용하며 OSI 참조모델과 비교하면 제 2 계층에 해당하는 데이터링크 서비스를 제공한다. 또 단일 링크 상에서 복수의 네트워크 계층용 프로토콜 사용이 가능하며, 비트 단위로 데이터를 전달한다. PPP는 문자 중심의 비동기식 통신뿐 아니라 비트 중심의 동기식 통신까지도 처리할 수 있기 때문에 그 이전에 사실상의 표준이었던 SLIP보다 낫다고 평가되고 있다. 또한 PPP는 다른 사용자와 하나의 회선을 공유할 수 있으며, SLIP에는 없는 기능인 에러검출 기능까지 가지고 있다.

[표 8-7] SLIP와 PPP의 비교

| 항목 | SLIP | PPP |
|---|---|---|
| 에러 제어 | 사용자 변수를 지정하여 에러 검출 | 자동으로 에러 검사 |
| 프로토콜 | IP만 지원 | IP, IPX만 지원 |
| 전송 회선 | 비동기 회선 | 동기 및 비동기 회선 |

SLIP의 단점들을 보완하기 위해 여러 가지 필드들이 추가되었으며, 이러한 필드들은 새로운 기능들을 가능하게 되었다. 다음은 이러한 장점들에 대해 나열한 것이다.

① NCP(Network Control Protocol)는 여러 가지 프로토콜 캡슐화를 지원하므로 IP 주소의 동적인 협상이 가능하다.
② LCP(Link Control Protocol)를 통하여 링크 접속에서 보안, 에러체크, 감지 기능 압축 및 암호화 기능, 멀티링크 PPP 기능 등이 가능하다.
③ 하나의 직렬 회선 상에서 다중 프로토콜을 사용할 수 있다.
④ 각 프레임에 CRC를 삽입하여 에러 제어를 수행한다.

---

**쉼터**

PPPoE(Point-to-Point Protocol over Ethernet)

PPPoE는 이더넷 프레임 안에 PPP 프레임을 넣어 만들 때 사용되는 통신 프로토콜 이다. 사용자가 이더넷을 이용해서 ADSL 송수신 장비(모뎀)를 연결하는 ADSL 서비스 에서 주로 사용된다. 전송 프레임은 이더넷 프레임에 PPP 프로토콜 정보가 캡슐화되는 형태를 띤다. 이러한 방식으로 PPPoE는 기존의 PPP와 같이 사용자들을 인터넷에 연결 시켜주는 역할을 한다.

---

# 8.3 회선 제어 방식

다지점 회선(Multipoint Line) 방식은 컴퓨터 시스템에 연결된 전송회선 1개에 단말기를 여러 대 연결한다. 컴퓨터에서 데이터를 수신할 때는 단말기 여러 대가 동시에 수신한다. 단말기와 컴퓨터의 통신 선로를 구성하는 방법에는 경쟁(Contention),폴링(Polling) 그리고 선택(Selection)이 있다.

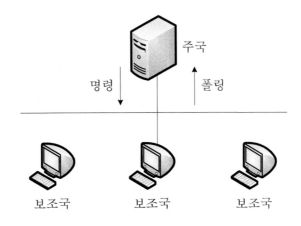

명령

폴링

주국

보조국          보조국          보조국

[그림 8-11]  다지점 회선 방식

## 8.3.1  경쟁(Contention)

### (1) 구현 방법

동일 회선으로 동시에 2개 이상의 단말기가 전송을 개시하려 할 때의 통신 채널의 상태를 말하며 다중 처리 시스템에서 2개의 처리기가 동시에 똑같은 기억 장치로 접근하려 할 때도 발생한다.

이때, 각 단말기가 사전에 정해 놓은 순서에 의하지 않고 상호 경쟁적으로 채널을 액세스하는데 각 단말기가 자유롭게 데이터를 보낼 수 있으나 충돌이 발생하는 경우가 있다.

경쟁 방식은 점대점(Point-to-Point) 방식에서 주로 사용하며 일반 전화회선과 유사한 방식을 택하고 있다.

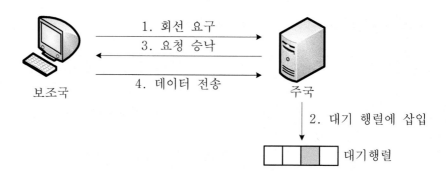

[그림 8-12] 단말기의 회선획득과정

## (2) 장점

① 회선 제어 방식 중 가장 간단한 방식이다.

② 위성통신과 같은 전파지연시간(Propagation Delay)이 큰 통신망에서 잘 사용하지 않는다.

## (3) 단점

① 회선을 점유한 단말기가 데이터를 보내지 않더라도 계속하여 회선을 점유하고 있다.

② 다지점 회선에서는 동시에 회선 요청을 하므로 일반적으로 사용하지 않는다. 이러한 이유에서 회선 경쟁 선택 방식은 주로 점대점 네트워크에서 사용한다.

## (4) 종류

### 1) Pure ALOHA 방식

Pure ALOHA(Additive Links Online Hawaii Area)는 다수의 단말기에서 시간에 제약을 받지 않고 컴퓨터에 패킷을 전송하기 때문에 충돌이 발생할 수 있다.

충돌되거나 overlap된 패킷은 컴퓨터에서 제거되고 ACK 신호가 송출되지 않으므로 time-out 주기 후에 단말기에서 재전송이 이루어진다.

### 2) Slotted ALOHA 방식

채널시간을 주기 $t$초(한 개 패킷의 전송시간)의 부분으로 나누어서 각 단말기가 패킷 전송 시간을 선택하므로 충돌 가능 시간이 $2t$에서 $t$로 감소한다.

각 단말기는 패킷 전송의 시작 시점을 지정하는 동기화 클럭 시스템에 의해 동기가 유지되지만 많은 단말기의 동기화를 유지하는 것이 현실적으로 대단히 어렵다.

## 3) CSMA(Carrier Sensing Multiple Access)

CSMA란 패킷을 전송하기 전에 패킷의 충돌현상을 인지하여 전송제어를 행하는 방식으로 'listen before talk' 형태를 취하고 있다. 그러나 CSMA/CD(CSMA/Collision Detection)란 패킷을 전송하는 도중 패킷의 충돌현상을 인지하여 채널 획득 시간 후 패킷의 전송을 수행하는 방식으로서 'listen while talk' 형태를 취하고 있다. 그러면 구현 방법에 대하여 알아보기로 한다.

(가) Non-Persistent

패킷의 충돌을 감소시키기 위한 방법으로서 그 구현 방법은 다음과 같다.

① 전송 매체가 사용 중이 아니면 패킷을 전송한다.
② 전송 매체가 사용 중이면 일정시간이 지난 후 패킷을 전송한다.
  이것은 앞서 기술한 바와 같이 충돌이 감소되지만 패킷의 낭비시간(Idle Time)이 생긴다.

(나) 1-Persistent

Non-Persistent에 대한 보완으로서 그 구현 방법은 다음과 같다.

① 전송매체가 사용 중이 아니면 패킷을 전송한다.
② 전송매체가 사용 중이면 사용이 끝난 후 즉시 패킷을 전송한다.

이것은 패킷의 낭비시간은 상당히 감소되지만 충돌이 생긴다.

(다) P-Persistent

Non-Persistent와 1-Persistent에 대한 보완대책으로서 트래픽의 특성에 따라 P를 변화시키는 방식이다. 그 구현방법은 다음과 같다.

① 전송매체가 사용 중이 아니면 단말기들 중 확률 P의 단말기들은 패킷을 전송하고 (1-P) 정도의 단말기들은 패킷 전송을 지연한다.
② 전송매체가 사용 중이면 ①이 될 때까지 기다린 후 ①을 실행한다.

### 4) CSMA/CD

CSMA에서는 매체에서 두 패킷이 충돌할 경우 손상을 입은 두 패킷이 지속되는 동안 용량의 낭비를 가져오지만, CSMA/CD 방식은 매체에서의 충돌을 감시할 수 있다.

전송 도중 충돌이 일어난 것을 감지하면 데이터의 전송을 중지하고 짧은 신호(jam 신호)를 보내서 모든 단말기에 충돌이 일어난 것을 알린다. 충돌 신호를 보낸 다음 적당한 시간동안 기다린 후에 CSMA를 사용하여 재전송한다.

## 8.3.2 폴링(Polling)

### (1) 개념

컴퓨터 또는 단말 제어 장치 따위에서 여러 개의 단말 장치에 대하여 순차적으로 송신 요구의 유무를 문의하고, 요구가 있을 경우에는 그 단말 장치에 송신을 시작하도록 지령하며, 없을 때에는 다음 단말 장치에 대하여 문의하는 전송 제어 방식을 말한다.

### (2) 동작 방식

① 컴퓨터는 단말기에게 전송할 데이터가 있는지 폴링을 수행한다.
② 대상 단말기가 데이터가 없는 경우는 컴퓨터에게 없음을 알리는 데이터를 송신한다.
③ 이를 수신한 컴퓨터는 다음 단말기에게 폴링을 수행한다.
④ 단말기가 전송할 데이터가 있는 경우 컴퓨터는 해당 단말기에게 점유권을 부여한다.
⑤ 점유권을 받은 단말기는 송신하고자 하는 데이터를 보낸다.

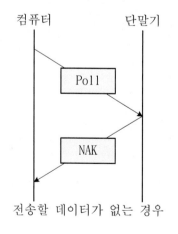

전송할 데이터가 없는 경우

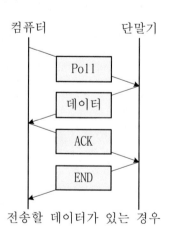

전송할 데이터가 있는 경우

[그림 8-13] 폴링의 동작 방식

## (3) 종류

### 1) roll-call polling

하나의 제어국이 순서를 정해 차례로 데이터의 유무를 문의(polling)하도록 하고 전송할 데이터들은 항상 제어국을 거쳐서 전송된다.

### 2) hub-go-ahead polling

제어국은 제일 먼 종속국으로 poll을 보내고 나서 종속국은 이 poll을 받고 데이터를 전송하고 데이터가 없을 경우 다음 종속국으로 이 poll을 넘겨주는 방식이다.

## (4) 특징

① 하나의 회선으로 여러 개의 단말기가 회선을 공유하므로 비용이 개선된다.
② 단말기에게 폴링을 수행하는 동안에 상당한 오버헤드가 발생된다.
③ 동기지연시간이 너무 커져 이용자 응답 시간이 상당히 길어지기 때문에 저속에서는 일반적으로 사용하지 않는다.

## 8.3.3 셀렉션(Selection)

## (1) 개념

컴퓨터가 단말기에게 데이터를 전송하기 위한 동작으로 전송할 데이터가 있을 때 수신 준비를 하라는 동작이다.

## (2) 동작 방식

① 컴퓨터는 전송할 데이터의 목적지로서 단말기를 선택한다.
② 수신 준비하라는 데이터를 전달한다.
③ 단말기는 이에 수신 준비가 되었다는 응답을 한다.
④ 컴퓨터는 이 응답에 이어 실제의 데이터를 전송하기 시작한다.

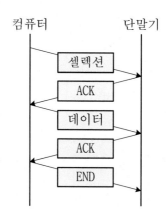

[그림 8-14] 셀렉션의 동작 방식

## (3) 종류

### 1) select-hold 방식

컴퓨터가 수신 준비가 되었는지 확인한 후 데이터를 전송하는 방식이며 BSC 전송 제어 절차에서 볼 수 있다.

### 2) fast-select 방식

단말기의 준비여부를 묻지 않고 바로 출력 정보를 단말기가 수신하게 하는 방식이며 HDLC 전송 제어 절차에서 볼 수 있다.

## (4) 특징

① 단말기는 원하는 시간에 메시지를 보낼 수 없고 오직 셀렉션을 받은 다음에만 전송이 가능하다.
② 즉각적이고 지속적인 연결을 원하는 응용 프로그램에서는 사용이 곤란하다.

**쉼터**

X-Internet

빠른 속도, 화려한 사용자 인터페이스 등 클라이언트/서버(CS) 방식의 장점을 살린, 인터넷상에서 운영되는 인터넷 애플리케이션 환경이며 폴링의 진화적 기술인 푸시 기술을 개선한 것이다.

현재의 웹 페이지 방식은 사용자 인터페이스(UI)가 HTML 브라우저에 제한되어 있어 CS 기술에 비해 기능성이 현저하게 부족하고, 각종 업무 서버에 걸리는 부하나 보안 문제 등의 한계를 지니고 있는 반면에, X-Internet에서는 브라우저들은 간단한 항목만을 표시하고, 사용자에게는 플래시 등을 이용하여 일반 프로그램과 같은 상세하고 동적인 결과의 화면을 제공하도록 하여 마치 포토샵이나 워드를 접하는 것과 같은 효과를 제공하는 것이 목표이다. 애플리케이션의 수행이 가능한 X-Internet이 활성화되면 단순한 브라우저 기능뿐인 현재의 인터넷 환경은 서서히 사라질 것으로 보인다.

## 요 약

1. 데이터의 변질 요인을 에러라고 하는데 송신과 수신간의 정확한 정보를 주고받기 위해 어떤 제어를 필요로 한다. 이것을 바로 에러 제어(Error Control)라고 한다.

2. 에러 검출 방식은 패리티 검사, 블록 합 검사, 그리고 CRC방식이 있으며 에러 검출 및 정정방식에는 길쌈 부호(Convolution Code)와 해밍 부호가 필요하다.

3. 해밍 부호는 에러를 검출하는데 필요한 잉여 데이터비트들의 수를 최소화한 방법 중 하나이며 $n$개의 정보비트와 $k$개의 해밍비트로 운용되는데 이에 대한 관계식은 다음과 같으며 $(m, n)$ 선형 부호라고도 부른다.

$$2^k \geq m + 1 = k + n + 1$$

4. 길쌈 부호는 현재의 입력이 과거의 입력에 대하여 영향을 받아 부호화하는 방법이며 수신 측에서 Viterbi Code Algorithm을 적용하여 수신 측에서 가장 근접한 부호를 가진 tree를 택하여 부호를 복조한다.

5. 문자 중심 데이터링크 프로토콜의 제어부분은 별도로 정한 프레임을 사용하며 대표적인 것이 IBM에서 정한 BSC(Binary Synchronous Communication)이다.

6. 1970년대부터 시작된 비트 중심 프로토콜은 오늘날 대부분의 프로토콜에서 사용하며 대표적인 것으로 HDLC(High-level Data Link Control)가 있다.

7. HDLC를 사용하는 스테이션에는 주국, 보조국, 그리고 복합국이 있으며 구성 방법에는 비균형 구성, 대칭 구성 그리고 평형 구성이 있다.

8. HDLC에서의 동작 모드는 정규 응답 모드, 비동기 응답 모드 그리고 비동기 평형 모드가 있다.

9. 내장형 시스템에서는 RS-232 시리얼 포트를 흔하게 볼 수 있는데, 이들을 인터넷에 연결할 때 SLIP 프로토콜이 사용된다.

10. PPP는 다른 사용자와 하나의 회선을 공유할 수 있으며, SLIP에는 없는 기능인 에러검출 기능까지 가지고 있다.

11. 경쟁(contention) 방식은 각 단말기가 사전에 정해 놓은 순서에 의하지 않고 상호 경쟁적으로 채널을 액세스하는데 각 단말기가 자유롭게 데이터를 보낼 수 있으나 충돌이 발생하는 경우가 있다.

12. 폴링은 컴퓨터에서 여러 개의 단말 장치에 대하여 순차적으로 송신 요구의 유무를 문의하고, 요구가 있을 경우에는 그 단말 장치에 송신을 시작하도록 지령하는 전송 제어 방식을 말한다.

13. 셀렉션은 컴퓨터가 단말기에게 데이터를 전송하기 위한 동작으로 전송할 데이터가 있을 때 수신 준비를 하라는 동작이다.

# 연습문제

1. 패리티 검사 방식과 블록 합 검사 방식의 구현 방법과 차이점에 대하여 설명하시오.

2. 해밍 부호의 에러 제어에 대해서 정보 비트를 이용하는 방법과 비트 구성 열을 이용하는 방법에 따라 해석하시오.

3. CRC(Cyclic Redundancy Check)의 개념과 구현 예를 설명하시오.

4. BEC(Backward Error Control) 방식은 수신 측에서 에러가 났다는 사실을 송신 측에 알려주는 방법을 말한다. 이때, FEC(Forward Error Control)와의 차이점을 설명하고 예를 드시오.

5. 비트 지향 데이터링크 프로토콜의 대표적인 것으로 HDLC(High-level Data Link Control)가 있다. 프레임 구조와 동작 모드에 대하여 구현하시오.

6. 폴링과 셀렉션의 구현 방법에 대하여 설명하고 차이점을 구현하시오.

7. 다음을 간단히 설명하시오.
   1) 길쌈 부호(Convolution Code)       2) ARQ(Automatic ReQuest control)

## 약 어

VRC(Vertical Redundancy Check)

LRC(Longitudinal Redundancy Check)

FCS(Frame Check Sequence)

FEC(Forward Error Correction)

ALOHA(Additive Links Online Hawaii Area)

SLIP(Serial Line IP)

HDLC(High-level Data Link Control)

SDLC(Synchronous Data Link Control)

# 9

# 근거리
# 액세스
# 기술

최근 홈 네트워크에 대한 일반인들의 관심이 크게 증가하면서, 10[m] 내외의 단거리에서 사용하는 무선 근거리 액세스 기술이 주목을 받고 있다. 이 기술은 수십 센티미터에서 수 미터에 이르는 댁내 및 근거리 데이터 전송과 더불어 주변 장치간의 원활한 통신을 위한 개인화된 무선 네트워크를 지칭하며 일상생활을 보다 생산적이고 효율적으로 만들어 가는데 근본적인 목표를 두고 있다. 예를 들어 개인용 컴퓨터와 그 주변기기들 간의 유선 케이블을 무선으로 대체하고 디지털 카메라와 노트북 간의 사진 파일 교환을 하나의 리모컨으로 제어하며 무선 위치인식 서비스를 통해 보다 효율적인 업무를 수행하는 등의 일련의 일들이 가능하게 한다.

이러한 기술이 이더넷과 같은 기존 유선 홈 네트워킹 기술들보다 주목을 받고 있는 이유는 배선 작업이 필요 없는 사용의 편리함 때문이다. 각 가정의 가옥은 기업의 사무실과 달리 본래 네트워킹을 고려하여 설계되지 않았기 때문에, 가정의 여러 기기들을 유선 케이블로 일일이 연결하는 것은 매우 번거롭고 불편한 일이 아닐 수 없다. 따라서 가급적이면 케이블을 이용하지 않고 무선으로 각 가정의 기기들을 연결할 수 있는 단거리 무선 네트워킹 기술에 대한 수요가 점차 커지고 있다.

이 장에는 무선 근거리 액세스 기술 가운데 IEEE 802.11 기술인 무선 LAN과 홈 네트워크 구축을 위한 IEEE 802.15 WPAN(Wireless Personal Area Network) 기술들 가운데 블루투스, UWB(Ultra Wide Band), Zigbee 그리고 IrDA뿐만 아니라 유비쿼터스 환경에서 제시되었던 RFID(RF IDentification)을 중심으로 기술적 개념 및 특징에 대하여 살펴본다.

---

## 학습 목표

1. 무선 LAN의 기술적 개념과 분류에 대하여 고찰한다.
2. 무선 LAN의 전송 기술과 표준화 동향에 대하여 공부한다.
3. 블루투스의 정의와 접속 형태에 대하여 살펴본다.
4. Zigbee의 개념적 고찰과 진화 서비스에 대하여 공부한다.
5. UWB의 개념과 기술적 특징에 대하여 알아본다.
6. IrDA의 장단점을 살펴보고 응용 분야에 대하여 고찰한다.
7. RFID의 개념, 구성요소 그리고 응용 분야에 대하여 살펴본다.

# 9.1 무선 LAN

## 9.1.1 정의

무선 LAN이란 기존 유선 LAN을 대체 또는 확장한 데이터 통신 시스템으로 RF 기술을 이용하여 유선망 없이도 데이터를 주고받을 수 있는 기술을 제공한다. 전파를 전송 매체로 사용하므로 특히 단말기가 빈번히 이동하는 경우에 유용하게 사용된다.

다른 무선기술과 차별화되는 특징으로는 일반 이동전화 단말기가 발산하는 전력보다 낮은 저전력 사용, 전 세계적으로 인정된 비면허 주파수 대역(License-free Radio)의 사용 그리고 신호 간섭이 존재하는 곳에서도 매우 수신 강도가 강한 속성을 가지는 대역 확산기술의 이점을 들 수 있다.

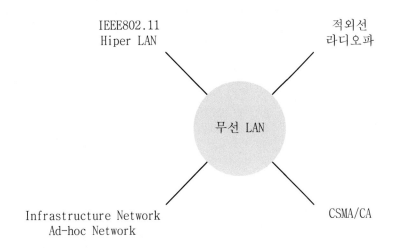

[그림 9-1] 무선 LAN 적용 기술

IEEE 위원회에서는 무선 LAN에 관련된 기술을 IEEE 802.11로 규정하고 이에 대한 표준화 활동이 활발히 전개되고 있으며 현재까지 많은 표준안을 권고하고 있다.

## 9.1.2 특징

무선 LAN 기술은 수 [kbps]대에서 시작하여 수백 [Mbps]에 이르는 전송속도의 발전과 더불어 전파의 도달거리가 초기에는 반경 10[m] 내외의 옥내에 불과했으나 이제는 수백 [m]까지 늘어나 무선 LAN의 사용이 보편화되고 있다.

장점은

① 케이블 배선으로부터 해방
  - 유연성과 이동성을 갖춘 네트워크 구축
  - 유선 네트워크 설치 애로 지역에 설치하므로 케이블 및 Duct 불필요
② 단말기 설치의 자유도 향상
  - 빈번한 Layout 변경이 가능한 이동체를 LAN에 접속하여 사용
  - Notebook 사용자의 증가로 인한 이동성 개선
③ 신속한 LAN의 구축이 가능
  - 재해 현장, 전시회, 세미나 및 원서 접수 현장 등 기존 네트워크의 확장

단점은

① 한정된 주파수 자원
② 유선 LAN에 비해 저속이며 가격이 고가
③ 가격 대비 성능 신뢰성, 보안성 고려를 들 수 있다.

[표 9-1] 유선 LAN과 무선 LAN의 비교

| 구 분 | 유선 LAN | 무선 LAN |
|---|---|---|
| 전송 매체 | 케이블 | 자유 공간 |
| 프로토콜 | CSMA/CD<br>Token Passing | CSMA/CA |
| 전송 거리 | UTP : 100[m], Thin : 185[m] | 실내 : 45[m], 실외 :230[m] |
| 노드 변경 확장 | - 전문적인 케이블 작업 필요<br>- 확장시 사무실 환경의 변화 및<br>  이동의 번거로움 | - 유선과 연결하여 확장 가능<br>- 사용자가 손쉽게 이동 설치 가능<br>- Access Point 설치 수량에 따라<br>  Node 확장이 가능 |
| 유지 보수 | - 복잡, 비용 증가, 이동 확장이<br>  어려움<br>- 별도의 전문 요원 필요<br>- 유지 보수할 때 시간 및 업무 장애 | - 손쉬운 유지 보수 가능<br>- 사용자 직접 설치<br>- 비용 감소, 확장할 때 이동 자유 |
| 초기 투자 비용 | 저가 | 유선에 비해 높음 |
| 유지 보수 비용 | 고가 | 저가 |

## 9.1.3 기술적 분류

### (1) 주파수별 기술 비교

무선 LAN이란 기존 유선 LAN을 대체, 또는 확장한 유연한 데이터 통신 시스템으로 RF 기술을 이용하여 유선망 없이도 데이터를 주고 받을 수 있는 기능을 제공한다. RF 주파수에 따라 스펙트럼 확산 방식, 협대역 마이크로웨이브 방식 그리고 적외선 방식이 있다.

### 1) 스펙트럼 확산 방식

2001년 국내에서 개정 고시된 무선 데이터 통신 시스템을 포함하는 특정 소출력 무선국 용도의 ISM(Industrial Scientific Medical) 대역의 주파수의 전송 방식이며 이용자는 별도의 무선국 허가 없이 사용할 수 있도록 되어있다.

특히 2.4[GHz] 무선 LAN 시스템은 DS(Direct Sequence) 및 FH(Frequency Hopping) 방식의 대역 확산 방식을 사용토록 규정하여 동 시스템을 사용하는 무선 LAN 시스템 간 상호 간섭을 최소화할 뿐만 아니라 허가된 대역 내에서 복수 개의 시스템이 공존할 수 있도록 하고 있다.

출력을 DS 방식의 경우 10[mW], FH 방식의 경우 3[mW]로 제한, 전파의 도달 범위를 일정 영역 내로 작게 제한하여 건물 등 개인 사업장 영역 내에서 주로 사용될 수 있도록 하여 인접한 타 개인 사업장 건물에서는 동일한 대역과 채널을 재사용할 수 있도록 하고 있다. 반면, 사업장간 및 주거 공간의 거리가 한국과 일본과는 달리 비교적 큰 미국의 경우에는 출력을 크게, 1000[mW]로 규정하고 있다.

---

용어 설명

DS(Direct Sequence)

음성 대역의 저속 데이터와 PN(Pseudo Noise) 부호방식의 고속신호를 직접 서로 곱하면 고속신호와 동일한 전송속도를 얻을 수 있는데 재밍(Jamming)에 강하나 원근 문제가 생긴다.

FH(Frequency Hopping)

(인위적인 주기를 가진) 의사 잡음 발생기의 출력 데이터에 의해 주파수 합성기의 출력 주파수가 결정되는데, 이 주파수(변조주파수)에 입력신호를 실어 보내므로 주파수 도약이 생긴다. 이때, 도약 주파수가 증가하므로 스펙트럼 확산이 용이하며 원근 문제가 생기지 않는다.

---

[표 9-2] 무선 LAN의 주파수별 비교

| 구 분 | 스펙트럼 확산 방식 | 협대역 마이크로웨이브 방식 | 적외선 방식 |
|---|---|---|---|
| 주파수 | 2.4~2.4835[GHz]<br>5.725~5.825[GHz] | 18.825~19.205[GHz] | $3 \times 10^{14}$[Hz] |
| 가시선 | × | × | ○ |
| 전송 출력 | 1[W] 이하 | 25[mW] | 적용 불가 |
| 전송 효율(%) | 20~50 | 33 | 50~100 |
| FCC 승인 여부 | × | ○ | × |
| 장 점 | – 보안성이 우수<br>– 전송시 고체 물건 통과<br>– 주파수 사용 승인 불필요 | – 전송시 고체물건 통과<br>– 간섭 없음<br>– 동일 지역에 다중 LAN 공존 가능 | – 고속성이 뛰어남<br>– 간섭 없음<br>– 동일 지역에 다중 LAN 공존 가능<br>– 주파수 사용승인 불필요 |
| 단 점 | – 속도가 가장 뒤떨어짐<br>– 다른 무선신호의 간섭 받음 | 주파수 사용 승인 필요 | – 전송시 고체물건 불통과<br>– 여타 방식보다 운용 범위가 좁음 |

## 2) 적외선 방식

근거리에서 300[THz] 주파수 대역을 사용하며 파장이 짧아 직진성이 강하다. 효율적인 통신을 위해서는 LOS(Line Of Sight)의 보장을 원칙으로 하며 이미 우리 주변에서 가시광 통신을 이용해 항공기 승객에게 공항 시설안내와 환율 정보를 제공하며, 스마트폰을 통해 차량의 사고 영상과 문자메시지를 운전자에게 실시간으로 전달할 수 있다.

적외선 방식의 장점은 다음과 같은 성질을 갖는다.

① 높은 대역의 주파수를 사용하여 다양한 서비스를 구현할 수 있다.
② 각종 소자가 하드웨어를 기반으로 하기 때문에 처리 속도가 개선된다.
③ 전력선 통신과 결합해 망을 진화시킬 수 있으므로 인프라 구축 비용이 절감된다.
④ 적외선을 사용하는 기기가 거의 없으므로 타 기기와의 간섭이 적다.

한편, 단점으로는

① 가시광선을 사용하므로 직진성으로 인해 장애물 통과가 어렵다.
② 주변의 빛과 열잡음으로 인해 신호의 질이 현저하게 저하된다.
③ 전송할 때 방사상으로 전파되기 때문에 신호의 세기가 감소된다.

이 밖에도 협대역 마이크로웨이브 방식은 허가가 필요한 방식으로 18~19[GHz] 주파수 대역을 사용하며 동일 지역에 다른 LAN이 공용 가능하다.

## (2) 전송 거리별 기술 비교

일반적으로 30~150[m] 정도의 거리에서 무선으로 1~54[Mbps]의 데이터를 고속으로 전송하는 네트워크를 가리켜 무선 LAN이라고 부르고 있다.

무선 LAN을 정의하는 기준은 뚜렷하게 없지만, 10[m] 정도의 단거리에서 주로 운용되는 블루투스와 같은 WPAN 기술이나 수 [km] 정도의 거리에서 운용되는 Hiper Access 그리고 IEEE 802.16과 같은 WMAN(Wireless Metropolitan Area Network) 기술은 전송 거리의 관점에서 구분되고 있다.

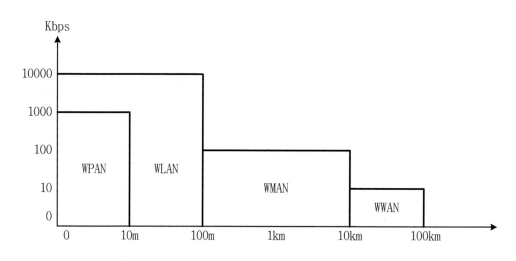

[그림 9-2] 전송거리별 무선 통신 기술 분류

## (3) 토폴로지별 비교

무선 LAN은 [그림 9-3]과 같이 기존 통신 인프라(기지국, AP)의 지원 여부에 따라서 두 가지로 분류한다. 이동 단말들이 유선 환경에 기반을 둔 기지국이나 AP를 중심으로 구성되는 '인프라가 있는(Infrastructure) 네트워크'와 기지국이나 AP의 도움 없이 순수하게 이동 단말들로 구성된 '인프라가 없는(Ad-hoc) 네트워크'로 분류할 수 있다.

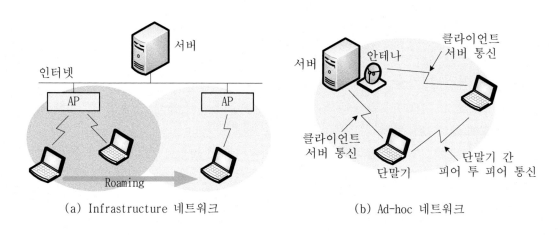

(a) Infrastructure 네트워크          (b) Ad-hoc 네트워크

[그림 9-3] 토폴로지별 분류

## 1) Infrastructure 네트워크

Infrastructure 네트워크는 마지막 부분이 무선으로 유선 네트워크와 연결되어 Last

Hop 네트워크라고도 한다. 기존의 설치된 인프라 (기지국, AP)를 통해서만 데이터의 송수신과 같은 통신이 이루어지는 구조로 현재 많이 접하고 있는 이동전화망이나 무선 LAN 등을 예로 들 수 있다. 인프라가 있는 네트워크는 기존 인프라를 통해서만 통신이 가능함으로 지진과 같은 재해, 테러, 전쟁과 같은 상황에서 기지국이나 AP의 고장, 유선 단절과 같은 상황 발생시 통신을 할 수 없는 단점이 발생한다.

### 2) Ad-hoc 네트워크

Ad-hoc 네트워크는 중앙 집중화된 관리가 지원되지 않는 환경에서 지정된 이동성 지원 기반 시설의 도움 없이 임시망을 구성하는 이동 호스트와 무선 인터페이스의 집합인 네트워크이다.

각 이동 호스트는 단말 호스트이면서 라우터로 동작하여 패킷을 다른 이동호스트로 전달한다. 이때 이동성 지원 기술은 위치 정보가 서로 다른 하드웨어 특성 영역 혹은 서로 다른 이동 통신망 사이에서 단말의 이동을 추적하고, 필요하다면 네트워크 구성 요소 사이에 상호 전달하는데 소요되는 방법론을 통칭한다.

Ad-hoc 네트워크는 기존 인프라가 필요치 않는 특성으로 인하여 임시 구성용 네트워크이나 지진, 태풍, 테러 등에 의한 재해/재난 지역과 특히 전쟁터와 같은 기반 시설이 없는 환경에서 적용가능토록 주로 군사용 망에 중점을 두어 연구 개발되어 왔다.

## 9.1.4 CSMA/CA(Carrier Sensing Multiple Access/Collision Avoidance)

### (1) 도입 배경

유선 LAN의 CSMA/CD(CSMA with Collision Detection)는 전송신호의 세기가 일정하므로 충돌이 일어날 경우 전송신호 레벨의 변화를 감지하여 데이터 충돌 여부를 판단할 수 있다. 이때 많은 노드들이 하나의 물리적인 회선을 공유하고 모든 노드들에게 신호를 전달하고 있다. 그러나 무선 LAN의 경우에는 전송매체를 무선을 사용하기 때문에 신호를 전송하는 도중 신호의 감쇄나 전송거리에 제한을 가지고 있다. 그러므로 기존에 유선에서 사용하는 매체 액세스 제어방식으로는 충돌에 효율적으로 대처할 수 없으므로 사전에 충돌을 회피하는 CSMA/CA가 등장하게 되었다.

IEEE 802.15.4 MAC 계층은 CSMA/CA 알고리즘을 이용하여 채널에 접근한다. 이 방법은 사람들이 이야기하는 것과 유사한데 이야기하고 싶으면 먼저 다른 사람들이 이야기하는지 들어보고 아무도 이야기 하지 않으면 말을 시작한다. 만약 누가 이야기를 하고 있으면 내 순서를 기다렸다가 다시 시도한다.

## (2) 구현 방법

CSMA/CA는 별도의 채널코딩 기법을 사용하지 않고, 확산(spreading)을 사용하는 전송구조이므로 근거리의 저속 무선 통신에 한정된 용도로 낮은 가격으로 구현할 수 있는데 다음과 같은 의미를 가지고 있다.

① CS(Carrier Sense) : 네트워크가 현재 사용 중인지 알아낸다.
② MA(Multiple Access) : 네트워크가 비어있으면 누구든 사용 가능하다.
③ CA(Collision Avoidance) : 충돌은 상위 계층으로 처리를 전달(회피)한다.

CSMA/CA는 데이터를 전송하기 전에 먼저 자신의 PAN(Personal Area Network)에 다른 기기들의 전송이 이루어지고 있는지 살펴본다. 누가 이미 데이터를 전송하고 있는 중이면 임의의 시간동안 대기하고 다시 시도한다. CSMA/CA는 경합(contention) 방식이므로 제일 먼저 접근을 시도한 기기가 먼저 전송할 수 있다. 만약 충돌이 발생하면 상위 계층에 처리를 맡기는 충돌을 회피하는 방법이므로 충돌탐지(detection)에 비해 세련되지 못한 반면 유리한 특징으로 저렴하게 칩 세트를 구현할 수 있다.

채널 접근 방법은 슬롯의 사용 여부에 따라 슬롯사용과 슬롯 없는 두 가지로 형태로 나눈다. 따라서 사용자들은 '슬롯사용(slotted) CSMA/CA' 기반의 비컨가능 네트워크와 '슬롯 없는(unslotted) CSMA/CA'를 사용하는 비컨불능 네트워크를 선택할 수 있다.

CSMA/CA 동작 단계를 간략하게 살펴보면 다음과 같이 살펴볼 수 있다.

단계1 : 송신단 → 수신단 : RTS(Request To Send)
단계2 : 수신단 → 송신단 : CTS(Clear To Send)
단계3 : 송신단 → 수신단 : Data 전송
단계4 : 수신단 → 송신단 : ACK

수신 측에서 CTS를 받지 못하면 일정 횟수의 RTS를 다시 보낸다. 그래도 CTS를 받지 못하면 일정시간 대기 후 다시 RTS를 보낸다. 두 기기 간에 통신 중일 때는 다른 기기는 일정 기간만큼 채널을 이용할 수 없다.

CSMA/CA의 단점은 네트워크 데이터 충돌 방지 방식이어서 네트워크가 복잡해져서 사용 빈도가 많아지면 충돌 방지 신호가 흐르는 속도가 늦어져서, 이에 따라 데이터의 전송도 많이 지연될 수 있다. 이러한 이유로 CSMA/CA방식은 CSMA/CD보다 많이 사용되지 않고 있었으나 저가격으로 구현할 수 있는 큰 장점이 있다.

---

### 쉼터

CSMA/CD

1) 구현 방법
　데이터를 보내는 도중에 데이터의 충돌이 일어나면 중지하여 network 획득시간 후 다시 보내야 하며 데이터 프레임의 최대치와 최소치가 결정되어야 한다.

2) 특징
　① 토큰 검출 및 복구 처리가 필요없다.
　② 노드의 장애가 전체 시스템에 영향을 주지 않는다.
　③ 저부하 시에 효율이 양호하다
　④ 가격이 저렴하다.
　⑤ 충돌 검출 및 재생 제어가 필요하다.

---

## (3) MAC 계층

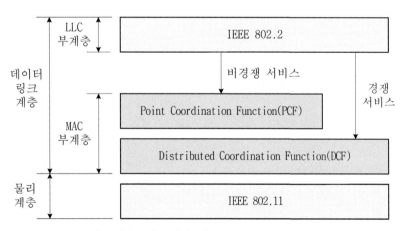

[그림 9-4] 매체 접근 제어 계층 구성

### 1) Distributed Coordination Function(DCF)

　스테이션에서 무선매체를 점유하기 위해 사용되는 프로토콜로서 스테이션들이 서로 경쟁하기 때문에 경쟁 서비스(Contention Service)라고 불린다.

### 2) Point Coordination Function(PCF)

DCF보다 상위 계층에 위치하며 매체 사용에 보다 자유롭게 구현되고 있으므로 비경쟁 서비스(Contention-free Service)라고 불리며 Infrastructure 네트워크에서만 사용된다.

## 9.1.5  표준화 동향

표준은 기술 분야에 있어 매우 중요한 부분이며 가장 중요한 가치는 상호 호환성이 가능해야 한다는 것이다. [그림 9-5]는 무선 LAN 기술 및 발전 동향을 보여주고 있다.

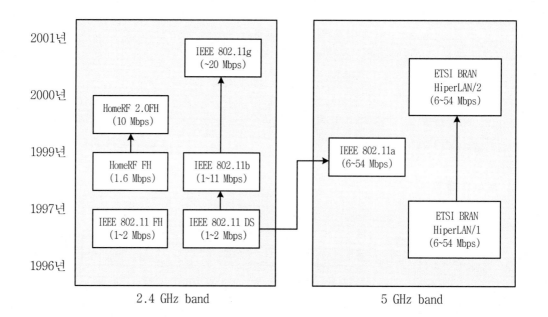

[그림 9-5]  무선 LAN 기술 및 표준 발전 동향

무선 LAN과 관련된 표준안은 크게 IEEE 802.11 규격과 유럽 ETSI의 BRAN (Broad Radio Access Network)의 HiperLAN(High Performance Radio LAN) 규격으로 분류된다.

IEEE 표준안에는 인가 없이 사용할 수 있는 ISM 밴드의 2.4[GHz]를 사용하여 2[Mbps]까지 전송할 수 있는 기존의 IEEE 802.11, 기존 변복조 기술을 일부 변경하여 전송속도를 11[Mbps]까지 고속화한 802.11b, ISM 밴드의 5[GHz]대역에서 6~54[Mbps]의 전송속도를 갖는 OFDM(Orthogonal OFDM) 방식의 802.11a 규격이 있다.

한편, 고속 무선 LAN의 표준안인 802.11a와 HiperLAN/2에서는 2.4[GHz]에 비해 상대적으로 주파수 대역폭이 넓은 5[GHz]대의 무선 주파수를 사용하고 고속의 데이터 전송에 적합하며 주파수 효율이 높은 OFDM 변복조방식을 공통적으로 사용한다.

---

**쉼터**

OFDM(Orthogonal Frequency Division Multiplexing)

무선 채널에서 데이터를 고속으로 전송할 경우 페이딩, 심볼 간섭, 주파수 재사용 그리고 다중 경로 등의 영향으로 인하여 높은 에러율을 갖게 되어 무선 채널에 적합한 무선접속방식이 요구된다.

그러므로 상호 직교하는 부반송파를 사용하여 각 부반송파의 간격을 촘촘하게 함으로써 높은 주파수 효율을 보이는 OFDM 방식이 등장하였다. OFDM 방식은 광대역 전송 시스템에 유리한 구조로 차세대 시스템 관련 연구에서 매우 중요하게 언급되고 있다.

---

## (1) IEEE 802.11a

IEEE 802.11a 표준은 802.11b와 함께 5[GHz] UNNI(Unlicensed National Information Infrastructure) 주파수 대역에서 동작하는 고속 물리 계층 표준으로 확정되었다.

IEEE 802.11b와 달리 802.11a는 전통적인 확산대역 기술을 사용하지 않고 옥내 환경에 더 적합한 OFDM 방식을 사용하여 10~50[m] 정도의 짧은 거리에서 6~54[Mbps]의 고속 데이터 전송을 실현할 수 있다. 무선에서 고속 전송을 실현하기 위해서는 보다 높은 주파수를 사용해야 하며, 이럴 경우 특히 장애물이 많은 옥내 환경에서는 전송 효율이 크게 저하되어 전송 거리가 심각하게 줄어들게 된다.

이 문제를 해결하기 위해 802.11a에서는 OFDM 방식을 사용해 하나의 고속 반송파를 여러 개의 저속 부반송파로 나누어 병렬로 전송하게 함으로써 어느 정도 실효성 있는 전송 거리를 확보할 수 있게 되었다.

## (2) IEEE 802.11b

1999년 9월 기존의 802.11 표준에 덧붙여 새로운 고속 물리 계층 규격으로 개발된 IEEE 802.11b는 2.4[GHz] ISM 대역에서 최대 11[Mbps]까지 전송할 수 있도록 설계되었다. IEEE 802.11b는 802.11 표준의 매체접근제어 계층과 DSSS(Direct Sequence Spread Spectrum) 물리 계층 규격을 그대로 사용하면서 기존의 DSSS 방식 장비의 하위 호환성을 유지할 수 있다.

그러나 전자레인지나 무선전화 등과 대역폭이 일치하여 5[GHz]의 802.11a보다 간섭의 영향이 심한 단점이 있다.

### (3) IEEE 802.11g

IEEE 802.11g는 기존의 2.4[GHz] OFDM 변조 방식을 사용하여 전송속도를 54[Mbps]까지 지원함으로써 이론적으로는 802.11a와 같은 수준의 전송속도를 제공할 수 있으며 현재도 널리 사용되고 있다.

### (4) IEEE 802.11n

IEEE802.11n은 기존 표준인 802.11a와 802.11g의 대역폭을 향상시키기 위한 무선 네트워킹 표준의 개정판이다. 기존 802.11 표준 위에 MIMO(Multiple Input Multiple Output)와 40[MHz]의 채널 대역을 사용함으로써 최대 데이터 전송률을 600[Mbps]까지 향상시키고 있으며 다중 HDTV, 디지털 비디오 스트리밍 등 높은 대역폭의 동영상도 처리할 수 있다.

### (5) HiperLAN/2

2000년 4월 표준화가 완료됐으며 IEEE 802.11a와 동일한 5[GHz] 주파수 대역에서 OFDM 방식을 이용하는 6~54[Mbps]의 전송속도를 갖는 무선 LAN 표준 규격이다.

IEEE 802.11 표준과 달리 무선 ATM 기술을 기반으로 하고 있으며, IP 네트워크뿐만 아니라 ATM, IEEE1394, UMTS (유럽형 3G 이동전화) 네트워크와도 연결할 수 있는 것이 특징이다.

HiperLAN/2와 IEEE 802.11a와의 차이점은 다음과 설명할 수 있다.

① IEEE 802.11a와 HiperLAN/2의 가장 큰 차이점은 매체 제어 접근 계층에 있다. IEEE 802.11a에서는 CSMA/CA를 사용하는 반면, HiperLAN/2에서는 무선 ATM에 기반을 둔 방식을 사용하여 ATM 및 IP 네트워크에서 요구하는 다양한 QoS을 보장할 수 있도록 했다.

② HiperLAN/2에서는 이동 단말과 유선 광대역망과 연동하여 사용하나 IEEE 802.11a는 이더넷 기반의 네트워크에 한정되어 있다.

[표 9-3] IEEE 802.11과 HiperLAN/2의 비교

| 항 목 | 802.11b | 802.11a | HiperLAN/2 |
|---|---|---|---|
| 변조 방식 | DSSS | OFDM | |
| 반송파 주파수 | 2.4[GHz] | 5[GHz] | |
| 물리 계층의 최대 전송률 | 11[Mbps] | 54[Mbps] | |
| MAC | CSMA/CA | | CSMA/TDD |
| 연결성 | Connectionless | | Connection |
| 멀티캐스트 | 지원 | | |
| 인 증 | 없음 | | 지원 |
| 핸드오버 | | | |
| 고정망 지원 | Ethernet | | Ethernet, IP, ATM, UMTS PPP, FireWire |
| 무선링크 제어 | 없음 | | 무선링크에 적합 |

## 9.2  Bluetooth

### 9.2.1  정의

헤럴드 블루투스가 스칸디나비아 반도를 통일한 것처럼 다른 통신 장치 기기들 간의 연결을 통일하자는 의미로 Project명으로 사용하던 것이 지금은 Brand 이름으로까지 확정되었다. 이 블루투스에는 서로 다른 기기들을 선이 없이 연결하겠다는 뜻과 경쟁관계에 있는 통신 표준을 제치고 세계 시장을 장악하겠다는 뜻이 담겨져 있다.

블루투스는 핸드폰, PDA, 노트북과 같은 정보기기들 간의 양방향 근거리 통신을 위한 기술로 SIG(Special Interest Group)에서 개발한 무선 홈네트워크 기술, 표준 및 제품을 총칭한다. 비허가 대역인 2.4[GHz] ISM 주파수 대역에서 동작하여 출력이 1[mW]인 경우는 약 10[m], 출력이 100[mW]인 경우는 100[m]까지 가능하다. ISM 대역은 예기치 못한 간섭에 대처할 수 있어야 하며 데이터 전송 구조는 비동기 데이터 전송채널과 동기 데이터 전송채널로 구성된다.

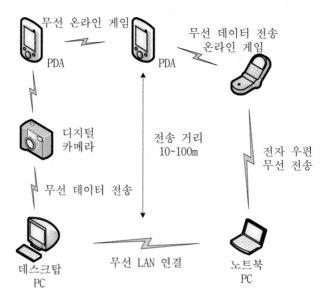

무선 온라인 게임

PDA

무선 데이터 전송
온라인 게임

PDA

디지털
카메라

전송 거리
10~100m

전자 우편
무선 전송

무선 데이터 전송

데스크탑
PC

무선 LAN 연결

노트북
PC

[그림 9-6] 블루투스 개념도

근거리 무선통신 규격인 Bluetooth는 휴대폰 및 노트북에 우선적으로 적용이 된다. 휴대폰으로 생각할 수 있는 응용분야는 무선헤드셋, 인터넷 접속, 인터콤·무선전화·휴대폰의 복합기능을 갖는 전화를 들 수 있다. 복합 기능의 경우 집에서는 무선전화기 모드로 자동 전환이 되며, 사무실 등에서는 사설 교환망과 연결이 되어 인터콤으로 사용할 수 있게 된다.

노트북의 경우 휴대폰을 통한 인터넷 접속을 들 수 있다. 또한 휴대폰과 노트북 내의 주소록 등의 데이터의 동기화, 노트북끼리의 네트워크 구성 등을 통한 데이터의 교환이 가능해진다. PCMCIA 카드나 USB Dongle 형태의 제품으로 보급이 되거나 신규 출시되는 노트북의 경우에는 본체 내에 내장이 될 것으로 보인다.

---

### 용어 설명

**PCMCIA(Personal Computer Memory Card International Association)**

초소형 휴대용 컴퓨터의 확장 기억 장치나 보조 기억 장치 또는 주변 장치로 사용되는 IC 메모리 카드의 공통 규격을 제정하기 위해 조직된 업계 단체로서 주로 미국의 제조업체와 판매업체로 구성된 이 단체는 랩톱 컴퓨터, 팜톱 컴퓨터, 기타 휴대용 컴퓨터와 지능 전자 장치용 IC 메모리 카드를 PC 카드라는 이름으로 표준화하여 1990년에 발표했다.

## 9.2.2 무선 접속 형태

블루투스가 상정하고 있는 무선 접속의 형태는 크게 ▶ 단말기기–단말기기 ▶ 단말기기–고정기기 ▶ 고정기기–고정기기의 3가지로 대별되는데 각 접속 형태별 예는 [표 9–4]와 같다.

[표 9–4] 블루투스 무선 접속 형태

| 접속 형태 | 예 | 이 점 |
|---|---|---|
| 단말기기–단말기기 | – 노트북 PC로 무선 인터넷을 하는 경우 휴대전화의 접속<br>– 디지털 카메라의 영상을 PC(또는 휴대전화)로 송신하는 경우의 접속<br>– PDA와 PC간에 데이터를 교환하는 경우의 접속<br>– PC와 주변기기간의 접속<br>– 헤드폰 스테레오와 휴대전화의 접속<br>– 카 내비게이션과 휴대전화의 접속<br>– PC와 무선 LAN 단말과의 접속 | 케이블을 연결할 필요가 없어 이동성 개선 |
| 단말기기–고정기기 | – PC와 전화회선의 접속<br>– 레지스터와 전화회선의 접속<br>– A/V 기기와 전화 회선의 접속 | 단말을 전화회선 등 고정단자 가까이 배치할 필요가 없어진다. |
| 고정기기–고정기기 | – 오피스 네트워크(SOHO 등)와 전화회선의 접속<br>– 오피스 네트워크와 CATV 회선의 접속<br>– 인접 네트워크간의 접속 | |

여기서 단말기라 함은 휴대전화, PC(노트북 PC), PC 주변기기, PDA, 헤드폰 스테레오, AV 기기, 디지털 카메라, 카 네비게이터, 레지스터, 무선 LAN(단말측) 등을 들 수 있으며, 고정기기는 고정 전화회선, 무선 LAN(고정회선), 오피스 네트워크 등 주로 인프라 측의 설비를 말한다.

한편, 블루투스는 피코넷과 스캐터넷(Scatternet)이라는 2종류의 무선접속 형태를 구현하고 있다. 피코넷은 블루투스의 최소 단위 네트워크로 1대의 마스터(Master) 주위 약 10[m] 이내의 거리에 최대 7대까지의 슬레이브(Slave)를 접속할 수 있다.

스캐터넷이란 기술한 피코넷을 연결하여 구성하는 네트워크로 약 100[m] 정도의 범위 내에서 구현할 수 있다. 이론적으로 피코넷을 100개 이상 접속한 스캐터넷을 구축할 수 있다. 슬레이브는 반드시 1대 이상의 마스터(피코넷)에 속하며 기본적으로 모든 슬레이브는 마스터가 보유하는 기능을 하게 된다.

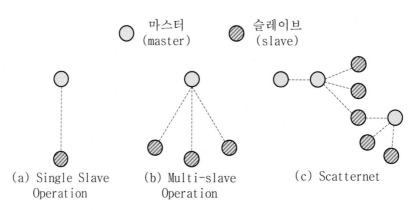

마스터
(master)

슬레이브
(slave)

(a) Single Slave
Operation

(b) Multi-slave
Operation

(c) Scatternet

[그림 9-7] 블루투스의 네트워크 구성 예

## 9.2.3 프로토콜

블루투스는 무선 LAN과는 달리 OSI 7계층을 모두 정의하고 있으므로 관련 S/W로 프로토콜에 대해서도 상당부분 언급하고 있다. 사용되는 프로토콜은 시리얼 포트로 보이도록 해주는 RFCOMM(Radio Frequency COMMunication)과 그 위에서 동작하도록 하는 PPP, 그 상위에 IP, TCP/UDP 등이 있다. 또한 전화로써 응용을 위해 TCS(Telephony Control protocol Specification) BIN(BINary) 프로토콜이 있고, 대용량의 파일 전송을 위하여 IrDA에서 사용하는 OBEX(OBject EXchange)를 전용하고 있고, 휴대폰의 무선인터넷 프로토콜인 WAP(Wireless Application Protocol), WAE(Wireless Application Environment) 등을 사용하고 있다. 이러한 프로토콜의 사용을 관장하는 L2CAP(Logical Link Control and Adaptation Protocol)이 항상 동작하고 있다. 그러면 주요 프로토콜에 대한 내용은 다음과 같다.

| 응용 계층 | Applications |
|---|---|
| 표현 계층 | RFCOMM/SDP |
| 세션 계층 | L2CAP |
| 전송 계층 | Host Controller Interface |
| 네트워크 계층 | LMP |
| 데이터링크 계층 | LC |
| | Baseband |
| 물리 계층 | Radio(RF) |

[그림 9-8]  OSI 참조 모델과 블루투스 모델

## (1) LMP(Link Manager Protocol)

Baseband의 동작을 제어하는 LC(Link Controller)를 통해 링크의 설정 및 제어 그리고 보안을 사양에 정의된 명령을 이용해 관리하는 기능을 수행하는 프로토콜이다.

## (2) L2CAP(Logical Link Control and Adaptation Protocol)

여러 채널의 통신을 가능하게 제어하고 멀티플렉싱하는 기능과 상위 프로토콜 계층의 긴 패킷을 하위 프로토콜 계층의 작은 패킷 크기에 맞게 분해하고 패킷 헤더를 추가한다.

## (3) RFCOMM(Radio Frequency COMMunication)

두 기기간의 응용 소프트웨어를 논리적으로 접속하기 위하여 RS-232C의 직렬 포트의 9개 회선을 에뮬레이터 하는 전송 프로토콜 계층으로 하나의 기기에 동시에 60개까지의 직렬 포트를 설정할 수 있다.

## (4) SDP(Service Discovery Protocol)

블루투스를 이용해 통신을 하려는 기기들 간에 서로 사용 가능한 서비스의 종류가 무엇인지, 사용 가능한 서비스의 특성이 어떠한지를 통신을 통해 확인할 수 있게 하는 프로토콜이다.

피코넷 안의 다른 대응 블루투스 디바이스들을 검색하고 그 기능을 검색하는 기능을 제공하며 SDP를 사용하면 디바이스 정보에 대해 알 수 있으며 이를 이용하여 둘 혹은 그 이상의 블루투스 디바이스들 사이의 연결이 이루어 질 수 있다.

---

### 쉼터

**TCP와 UDP의 차이점**

모두 OSI 참조모델의 전송 계층에 해당하지만 전자는 연결성 그리고 오류 제어를 구현하는 반면 후자는 TCP와 달리 비연결성에 의해 경로 제어를 할 뿐만 아니라 오류 제어를 하지 않는다.

---

### 9.2.4  응용 서비스

① 가정에서 환갑, 생일 등 각종 가족 행사를 위한 슬라이드 쇼를 쉽고 간단하게 꾸미고 블루투스 기술을 사용, 디지털 홈 네트워크를 꾸밀 수 있다.

② 비접촉식 지불 결제 서비스가 가능하며 빠른 처리가 가능하고 전파를 이용하기 때문에 전파의 전달 범위 안에만 들어오면 방향성 없이 인식할 수 있어 사람의 개입을 최소화할 수 있다.

③ 위치 추적 서비스를 제공할 수 있는데 주변 곳곳에 설치된 기지국들이 블루투스 장치인 태그를 감지하면 무선 LAN을 통해 중앙 기지국에 위치를 알려준다.

[그림 9-9]
블루투스 심벌

## 9.3  Zigbee

### 9.3.1  개념

Zigbee라는 이름의 어원은 참으로 우연히 만들어졌다. 해당 표준화를 위한 모임의 태동기에 여러 가지 이름에 대한 제안이 있었고 이러한 제안 및 결정을 위한 혼선의 모양을 빗대어 Zig Zag에서의 Zig와 가장 경제적으로 통신을 한다는 벌(Bee)의 개념을 도입하여 Zigbee로 명명하였다고 한다. 현재 Zigbee(IEEE 802.15.4) 사양은 시장에서 입지를 다투고 있는 여러 무선 네트워킹 표준들과 비교할 때 빠른 성장을 보이고 있다.

현재 Zigbee는 단거리 무선 통신의 새로운 국제 표준으로 부상하고 있는데 2.4 [GHz]에서 250[kbps] 속도를 구현, 블루투스보다 느리다. 이 때문에 블루투스의 저속도 버전이라고 부르기도 하며 이런 저속도 단점을 극복하기 위해 전력 소모를 최소화하도록 설계됐다. 전문가들은 지그비가 블루투스와 같은 양의 전력을 소모할 경우 훨씬 통신 거리가 확대될 수 있다고 주장한다. 게다가 가격도 블루투스에 비해 훨씬 싸다.

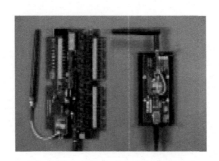

[그림 9-10] Zigbee 모뎀

## 9.3.2 접속 형태

Zigbee는 디바이스를 목적에 따라 FFD(Full Function Device)와 RFD(Reduced Function Device)로 구분하여 디바이스의 목적에 최적화하였다. FFD는 IEEE 802.15.4 의 기본적인 노드이며, RFD는 FFD의 많은 기능을 제한하여 비용과 기능을 특정 목적에 맞추어 간소화한 노드이다.

### (1) FFD(Full Function Device)

FFD는 스타형, 메시형, P2P 네트워크 토폴로지를 지원하며 각 노드의 라우팅 기능과 하나의 네트워크를 관리하는 기능을 가지고 있다. RFD와 어떠한 토폴로지를 형성하더라도 FFD는 다른 노드와 통신이 가능하다. 이때 Zigbee 네트워크를 관리하는 코디네이터의 기능과 라우팅 기능을 포함한다.

### (2) RFD(Reduced Function Device)

RFD는 특정 목적 노드의 비용을 줄이기 위하여 FFD의 기능 중 많은 부분을 간소화한 노드이다. P2P 네트워크 토폴로지를 지원하지 않으며 항상 FFD를 통해서만 데이터를 교환할 수 있다. 단순한 데이터를 FFD에 전송하는 역할만을 수행한다.

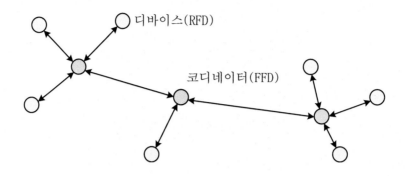

[그림 9-11]  Zigbee 네트워크 구성도

## 9.3.3  계층별 구성

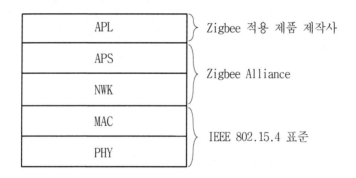

[그림 9-12] Zigbee 계층별 구성

IEEE 802.15.4에서 표준화가 진행되며, 듀얼 PHY 형태로 모뎀 방식은 직접 시퀀스 확산 스펙트럼(DS-SS)이며 총 5 계층으로 구분된다.

### (1) PHY(PHYsical layer)

직접 확산 방식을 사용하므로 적은 전력을 소비하며 간섭에 강하다.

### (2) MAC(Medium Access Control)

CSMA/CA 방식을 사용하며 여러 가지 망 형태를 제공하고 있으며 많은 수의 기기를 쉽게 연결할 수 있어야 한다.

### (3) NWK(NetWorK layer)

네트워크 계층으로 네트워크의 확장을 제공하며 저전력을 구현해야 한다.

### (4) APS(APplication Support sublayer)

기기간의 통신이 수행될 때 동작영역 내에 타 기기를 구별할 수 있는 기능을 가진다.

### (5) APL(APplication Layer)

Zigbee 관련 제작 제품 사에서 자유롭게 정의하여 구현할 수 있다.

## 9.3.4 진화 서비스

저속, 저전력을 이용하는 Zigbee의 진화 서비스를 토대로 향후 센서 네트워크가 활용될 수 있는 시장을 예측해 볼 수 있다. 향후 실생활에 반영될 유비쿼터스 컴퓨팅 시대에 적용할 수 있는 무선 통신 기술로서 Zigbee 시스템의 역할을 고려해본다면 그 파장 효과는 클 것이다.

### (1) 정보 가전용

센서 네트워크 및 관련 Zigbee 시스템과 같은 표준 기술이 진보함에 따라, 스마트 센서나 액츄에이터와 같은 장치들이 사용자가 인식하지 못할 정도로 숨겨 놓을 수 있을 만큼 작아질 것이며, 센서 노드가 장착된 가전기기들 즉, 세탁기, 냉장고, 마이크로 오븐, 전자레인지, 진공청소기, TV, VCR 등 모든 기기들이 서로 무선으로 연결되어 인터넷이나 인공위성을 통하여 외부 네트워크망으로 연결됨으로써 사용자가 집안이나 외부에서 직접 접속할 수 있게 해준다.

### (2) 의학용

환자와 의사가 서로 가지고 다니는 센서 노드 간의 통신으로 의사는 항상 환자의 상태를 지켜볼 수 있게 된다. 신체상태 모니터링의 경우 센서 노드가 환자의 상세한 데이터들을 저장하며, 의사들은 그 자료를 토대로 치료할 수 있다. 또한 노인들의 움직임 등을 센서노드로 관찰하여 넘어짐과 같은 위급상황 등을 실시간으로 감지할 수 있다.

### (3) 환경용

센서 네트워크는 생태계 감시 연구에 이용될 수 있으며, 지구환경에서의 응용뿐만 아니라 다른 행성의 환경을 측정하는 방법으로도 사용될 수 있다. 인간이 접근하기 어려운 환경에 대한 관측의 예로써, 산불의 관측, 홍수, 생태계의 복잡성에 관한 연구, 공해, 지리학적 응용 등의 다양한 분야에 적용이 가능하다.

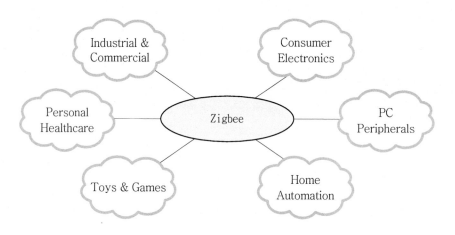

[그림 9-13]  Zigbee 사용 서비스

# 9.4  UWB(Ultra Wide Band)

### 9.4.1  개념

근거리 무선통신의 계속적인 수요 창출에 따른 전파자원을 보다 더 효율적으로 사용할 수 있는 신기술 개발이 전 세계적으로 활발히 진행되고 있는 시점에서 주파수를 가장 효율적으로 사용할 수 있는 유력한 후보로 UWB(Ultra Wide Band) 무선기술이 적극적으로 검토되고 있다.

UWB 무선 기술은 무선 반송파를 사용하지 않고 기저대역에서 수 [GHz]대의 매우 넓은 주파수를 사용하여 통신이나 레이더 등에 응용되고 있는 새로운 무선 기술이다.  원래 미 국방성에서 1980년대 지뢰와 같은 지하 매설물 탐지를 위해 군사적 목적으로 개발됐으며 수 나노 혹은 수 피코 초의 매우 좁은 펄스를 사용함으로써 기존의 무선 시스템의 잡음과 같은 매우 낮은 스펙트럼 전력으로 기존의 이동통신, 방송, 위성 등의 기존 통신 시스템과 상호 간섭 영향 없이 주파수를 공유하여 사용할 수 있으므로 주파수의 제약 없이 사용 가능한 시스템으로 새롭게 대두되고 있다.

현재 2002년 미국 연방통신위원회에서 상용화를 허용한 후 IEEE 802.15에서 표준화 작업이 활발히 진행되었지만 업체 간의 기술적인 대립으로 인해 표준화가 무산되었다.

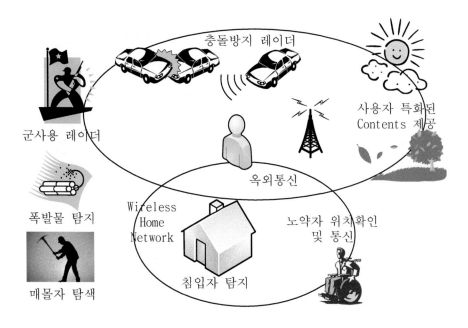

[그림 9-14] UWB 기술의 응용 분야

## 9.4.2 기술적 특징

[그림 9-15]과 같이 기존의 협대역 시스템이나 광대역 CDMA 시스템에 비해 상대적으로 낮은 스펙트럼 전력 밀도가 존재하므로 기존의 무선 통신 시스템에 간섭을 주지 않고 주파수를 공유하여 사용할 수 있는 매우 유리한 장점을 가지고 있다.

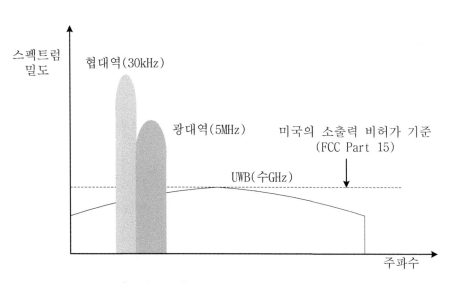

[그림 9-15] 주파수 스펙트럼의 비교

기존의 무선 시스템과는 달리 반송파를 사용하지 않고 기저대역에서 통신이 이루어지므로 송수신기의 구조가 간단해짐으로써 낮은 비용으로 송수신기를 제작할 수 있는 큰 장점을 가지고 있다. UWB의 기술적 특징을 나열하여 설명하도록 한다.

## (1) 초고속 전송의 실현

휴대전화 및 무선 LAN의 이용대역은 1[MHz] 폭에서 수십 [MHz] 폭 정도이나 UWB는 100~1000배 이상인 수 [GHz]대를 이용하고 있다. 그러므로 데이터 전송속도는 최대 100[Mbps]의 고속전송이 가능하며 이때 회로의 소비전력은 휴대전화 및 무선 LAN과 비교할 때 약 1/10에서 1/100 정도이다.

## (2) 극히 짧은 펄스를 이용한 송수신

수 나노 혹은 피코 초의 매우 좁은 펄스를 사용함으로 매우 넓은 주파수 대역에 걸쳐 매우 낮은 스펙트럼 전력 밀도가 존재하며 펄스의 송수신은 불연속적으로 이루어져 전송 거리는 한정되지만 회로의 소비전력을 낮출 수 있다.

## (3) Channel Capacity

UWB 시스템은 펄스의 형태와 펄스폭에 의해 사용 주파수 대역이 결정되며, 사용 주파수 대역이 결정되면 전송 가능한 데이터율이 결정된다.

기본적으로 기존 협대역 시스템들과 주파수를 공유하여야 하기 때문에 상호 간섭을 고려하여 사용 주파수 대역과 송신 출력이 제한을 지켜 일정 S/N비를 유지하기 위해서는 거리가 멀어질수록 처리이득을 높여야 한다.

## (4) 멀티패스에 performance 우수

UWB 시스템은 매우 짧은 펄스를 이용하여 통신을 하기 때문에 직접파와 반사파의 경로 도달거리가 조금만 차이가 나도 두 신호는 구분될 수 있다. 이론적으로 500 [ps](pico sec)의 폭을 갖는 펄스를 이용하는 UWB 시스템의 경우 경로 차 15[cm] 이상이면 두 펄스 신호는 서로 구분될 수 있고, 상호 간섭을 야기하지 않게 된다.

## (5) 기존 협대역 시스템과의 공유

저 전력의 송신전력을 넓은 대역에 걸쳐서 송신하기 때문에 협대역 시스템 관점에서 UWB 전력 스펙트럼을 보면 기저 대역 잡음과 같이 보일 수 있으므로 기존 협대역 시스템에 심각한 장애를 야기하지 않고 동일 대역을 공유할 수 있게 된다.

## (6) 정밀한 위치 인식 및 추적이 가능

UWB 시스템은 매우 짧은 펄스를 이용한 radar 시스템에서 진화하여 통신에 적용된 방식으로 짧은 펄스에 의한 분해능을 이용하여 centimeter level의 정밀도를 구현할 수 있다.

## (7) 장애물 투과 특성이 우수

저주파수 대역에서 매우 큰 대역폭을 갖고 있기 때문에 투과 특성이 우수하여 빌딩 내부, 도심지, 삼림 지역에서도 운용이 가능하다.

[표 9-5] 무선 근거리 액세스 기술적 비교

|  | 무선 LAN | 블루투스 | ZigBee | UWB |
|---|---|---|---|---|
| 주파수 대역 | 2.4/5[GHz] | 2.4[GHz] | 868/915[MHz] 2.4[GHz] | 3.1~10.6[GHz] |
| 최대 전송 속도 | 11~54[Mbps] | 1[Mbps] | 250[Kbps] | 480[Mbps] |
| 최대 전송 거리 | 100[m] | 10[m] | 10~75[m] | 20[m] |
| 소비 전력 | 800~1,600[mW] | 50/80[mW] | 1/75[mW] | ~200[mW] |
| 망 구성 | P2P, Star | P2P, Star, ad-hoc | P2P, Star | P2P, Mesh |
| 관련 표준화 기관/단체 | IEEE 802.11 WiFi Alliance | IEEE 802.15.1 Bluetooth SIG | IEEE 802.15.4 ZigBee Alliance | IEEE 802.15.3a WiMedia Alliance |

## 9.4.3 응용 서비스

### (1) 텔레매틱스

텔레매틱스(telematics)는 무선통신과 GPS(Global Positioning System) 기술이 결합되어 자동차에서 위치 정보, 안전 운전, 오락, 금융 서비스, 예약 및 상품 구매 등의 다양한 이동통신 서비스 제공을 의미한다. 좀 더 넓은 의미에서 원격진료(Telemedicine)및 원격검침(Telemetry)를 포함하여 지칭하기도 한다.

UWB는 초광대역 주파수 특성을 가지고 있지만 자동차 및 차내 다른 전자 제품에 영향을 미치지 않을 정도로 송신 출력이 매우 낮으며 차내 초고속 데이터 전송을 제공할 수 있도록 전송속도가 480[Mbps] 정도까지를 제공할 수 있는 등 차내 무선망 적용 기술로써 여러 가지 장점을 가지고 있다.

### (2) 차량용 레이더 시스템

차량용 레이더는 충돌 방지용 전방 감시 레이더 및 후방 및 측면 감시 레이더 시스템으로 나뉠 수 있는데 충돌 방지용 전방 감시 레이더의 경우 동작거리 30[m] 이상의 차량을 검출할 수 있어야 하므로 기본적으로 고출력이 요구되어, 최근까지 76/77[GHz] 대역의 밀리미터 대역이 주로 사용되고 있다.

미국 FCC는 UWB 기기의 운용에 대한 여러 가지 기술 기준을 제정, 공시하였는데 그 주요 응용 분야로는 이미징 시스템, 옥내 및 휴대용 UWB 시스템 및 차량용 레이더 시스템을 제안하였다. 국내 자동차 산업과 이동통신 산업의 세계적인 경쟁력을 감안할 경우 차량용 레이더 시스템에 대한 UWB 응용 연구가 활발해질 전망이다.

## 9.5 IrDA(Infrared Data Association)

### 9.5.1 개념

원래 전자기기간에 적외선을 이용해 데이터를 주고받을 수 있는 통신표준을 이끌어 내기 위해 1993년에 설립된 비영리단체였다. 하지만 최근 들어선 케이블 없이 적외선으로 데이터를 전송하는 기술을 통칭하는 용어로 사용되고 있다.

적외선 통신기술이 먼저 적용된 분야는 TV, 오디오, 에어컨 등을 무선으로 제어하는 데 사용되는 리모컨이다. TV를 예로 들면 TV 리모컨 앞부분에는 적외선 송신 모듈이 달려 있고 TV 본체에는 적외선 수신 모듈이 내장돼 있어 리모컨을 누르면 TV가 이를 인식한다. 이 같은 통신 기술을 발전시킨 것이 IrDA이며 노트북 PC와 데스크톱 그리고 프린터 간 통신에 처음 사용됐다.

PC로 이용되는 주요 규격으로는 최대 데이터 전송 속도가 2.4~115.2[kbps]인 IrDA 1.0 및 1.152[Mbps]와 4[Mbps]의 IrDA 1.1이 있다. 최근까지 데이터 교환 목적으로 사용했지만 이제는 스마트폰이 상용화되어 고속으로 동일한 OS(Operating System)을 가진 스마트폰 간에 애플리케이션을 공유할 수 있게 되어 느린 속도를 구현하는 IrDA는 향후 새로운 기술이 필요하다.

## 9.5.2 장단점

### (1) 장점

① 전파가 아닌 빛을 사용하기 때문에 주파수 사용 허가가 필요없다.
② 넓은 대역폭과 높은 전송속도이다.
③ 보안성이 우수하다.
④ 무선이므로 기동성이 양호하다.
⑤ 소비 전력이 적고 부품의 가격이 저렴하다.
⑥ 데이터 통신, 음성, 화상 통신도 가능하다.
⑦ 근접 주파수에 대한 간섭이 없고 전자파 장애가 없다.

### (2) 단점

① 안개, 대기 중의 먼지 등에 의해 제한된다.
② 직사광선이나 형광등 및 백열등과 같은 여러 가지 빛들이 잡음으로 작용한다.
③ 한정된 거리에서 사용 가능하다.

## 9.5.3 응용 분야

적외선 데이터 통신은 노트북 컴퓨터와 PDA, 디지털 카메라, 휴대폰, 무선호출기 등의 대중화에 따라, 무선데이터 통신 내에서 그동안 중요한 역할을 해오고 있다.

적외선 통신에서는 쌍방의 장치에 모두 송수신기가 있어야 한다. 특별한 마이크로칩이 이 기능을 위해 제공된다. 그 외에도, 통신을 동기화시켜주는 특별한 소프트웨어가 하나 또는 모든 장치들에게 필요하다. 기존에 사용되고 있는 것들 또는 새로운 가능성이 있는 것들에는 다음과 같은 것들이 있다.

① 넷북 컴퓨터에서 프린터로 문서를 전송한다.
② 포켓용 PC를 이용하여 명함을 교환한다.
③ 데스크탑 컴퓨터와 노트북 컴퓨터 사이에 스케줄을 같게 맞춘다.
④ 노트북 컴퓨터에서 유선전화를 이용하여 떨어져 있는 팩시밀리에 팩스를 보낸다.
⑤ 디지털 카메라에서 컴퓨터에 이미지를 광선으로 보낸다.

**쉼터**

M2M(Machine to Machine)
인간의 개입이 없는 상태에서 이루어지는 데이터통신 형식으로 주로 무선통신을 통한 디바이스와 컴퓨터와의 연결을 말한다.
예 : 에너지 검침, 위치 추적분야.

T2T(Thing to Thing)
유비쿼터스 컴퓨팅 환경에서 서로 떨어져서 존재하는 도로, 다리, 터널, 빌딩 등과 같은 물리적 사물들끼리 스스로 연결되는 것으로 사물들의 인터넷화를 추구한다.
예 : 잠을 잘 때 취침 모드로 바꾸면 홈 서버가 알아서 집안에 불필요한 전등을 끈다.

# 9.6 RFID(Radio Frequency IDentification)

최근 사물에 전자태그(Radio Frequency IDentification, RFID)를 부착하여 사물의 정보를 확인하고 주변 상황정보를 감지하는 전자태그 및 센싱 기술이 등장하고 있다. 이러한 기술은 바코드를 대체하여 상품관리를 네트워크화, 지능화함으로써 유통 및 물품 관리뿐만 아니라 의료, 약품, 식품 등 다양한 분야로 적용할 수 있다.

기계와 기계 간 또는 물건과 물건 간에 서로 Communication 행위를 수행하는, 이른바 M2M(Machine to Machine) 혹은 T2T(Thing to Thing)에 관한 비유적 표현이 태동되었는데 핵심기술로서 RFID가 부각되고 있다. 궁극적으로 모든 사물에 ID를 부여하게 되어 사물의 자동 인식이 가능해지며, 이들 간에 네트워킹이 형성되어 유비쿼터스 센서 네트워크(Ubiquitous Sensor Network, USN) 형태로 발전하게 된다.

USN은 안테나가 부착된 센서와 안테나를 부착한 리더기가 네트워크와 연동됨으로써 구성되며 센서와 리더기는 전파를 이용하여 연결되며 자체 에너지원 또는 수신 전파로부터 작동할 에너지 공급을 받아 동작한다.

미국, 일본 등 선진국에서는 수 년 전부터 RFID의 이러한 특징을 개발하기 위한 다양한 프로젝트를 통하여 RFID 및 센서 기술 개발과 실용화에 적극적인 지원을 하고 있는 실정이다. 국내의 경우에는 정부 주도로 집중적으로 추진되고 있는 차세대 초고속 인프라 구축 정책으로 브로드밴드 인프라와 디지털 컨버전스 기술 발전에 의한 디바이스, 서비스, 네트워크의 진화로 무선 통합 환경에서의 다양한 서비스의 통합을 가속화하고 있다.

## 9.6.1 정의 및 구성 요소

USN에서 리더기가 센서로 전파를 송신하면 센서는 수신 전파로부터 에너지를 얻어서 활성화되며 활성화된 센서는 자신의 정보를 실어서 리더기로 송신하게 된다.

센서는 외부의 변화를 감지하는 유비쿼터스 컴퓨팅의 입력 장치로서 시청각 정보는 물론 빛, 온도, 냄새 등 물리적 및 화학적인 에너지를 전기신호로 변환한다. 센서는 어디서나 구현되고 눈에 띄지 않기 위해서는 소형화 기술이 필요할 뿐만 아니라 대량으로 보급되기 위해서는 저가화 기술이 전제되어야 하며, 궁극적으로 한번 쓰고 버리는 형태(Disposable Computing)가 되어야 한다. 또한, 상시적으로 전력을 소모하기 위해서는 저전력 기술도 관건이다.

센서는 능동형과 수동형으로 대별되는데 전자는 센서 자체가 환경 인식을 통해서 얻어진 데이터를 가공하여 정보를 획득하는 것으로써 예를 들면, 소리 센서로 사람의 음성을 분석하여 누구인지 확인하는 것이며 후자는 리더기를 통해서 식별자 칩의 정보를 획득하는 것으로써 예를 들면, 액티브 뱃지, RFID 등이 활용된다.

[표 9-6] 능동형 대 수동형 센서 시스템

| 구 분 | 수동형 | 능동형 |
|---|---|---|
| 사 례 | RFID, 액티브 뱃지 | 스마트 더스트 |
| 주체-객체 간 인터페이스 | 표준적 접근 (지능형 인터페이스 불필요) | 비표준적 접근 (지능형 인터페이스 중요) |
| 도입 시기 | 빠른 도입 예상 | 도입 지연 예상 |

### (1) 정의

수동형 센싱 시스템에는 RFID가 가장 보편적으로 사용되며, 리더기를 통해서 RFID 칩(Chip)의 정보를 획득한다. RFID는 조그마한 칩을 내장한 태그(Tag)를 제품이나 기기에 붙여 생산·유통·보관·소비 등 전 과정에 대한 정보를 담는 것으로, 이 정보는 RFID 리더기를 통해 유선은 물론 이동통신, 위성통신 등 다양한 통신 라인과 연동돼 관리 시스템에 사용될 수 있다.

RFID 태그는 전원 공급여부에 따라 자체 전원을 내장함으로써 다양한 크기의 메모리와 최대 100[m] 이내까지 판독이 가능한 능동형 태그와 내장 전원이 없어 가독거리가 짧지만 반영구적이며 비용이 저렴한 수동형 태그가 있어 여러 분야에 다양한 모양과 크기로 사용되고 있다.

주파수 대역으로 구분해보면 비용이 저렴하고 짧은 거리를 지원함으로써 보안, 자산 관리, 동물 식별 등에 사용하는 저주파 시스템과 철도 차량 추적, 자동 통행료 징수 시스템 등에 사용될 수 있는 고주파 시스템이 있다.

[표 9-7] 수동형 센싱 시스템

| 기술 대안 | 센싱 객체 | 센싱 주체 | 무선 기술 |
|---|---|---|---|
| RFID 기술 | RFID 태그 | RFID 리더기 | LF, HF, UHF |
| 액티브 뱃지 | 액티브 뱃지 | 뱃지 센서 | 적외선 |
| 바코드 기술 | 바코드 | 바코드 리더기 | 적외선 |

## (2) 구성 요소

기본적인 RFID 시스템은 세 부분으로 구성된다.

① RF 태그(Tag)라 불리는 고유 정보를 전기적으로 저장하는 트랜스폰더
② 해독기를 가진 송수신기(리더기)
③ 호스트 컴퓨터와 응용

태그를 활성화시키기 위해서 안테나는 무선 신호를 방출하고 그것을 통해서 데이터를 읽거나 쓴다. 안테나는 태그와 송수신기 사이에 시스템 데이터를 획득하거나 통신을 제어하는 통로이다. 안테나는 다양한 모양과 크기로 사용 가능하다. 그것은 문을 통과하는 사람이나 사물로부터 태그 데이터를 받거나 고속도로의 교통 상황을 감시하기 위한 요금 징수 장소에 설치된다.

종종 안테나는 송수신기와 해독기와 함께 실장된 일괄적 형태인데, 이는 휴대용이나 고정 설치 기기로 구성할 수 있다. RFID 태그가 전자장 지역을 통과할 때, 그것은 리더기의 활성화 신호를 찾아낸다. 리더기는 태그의 집적 회로에서 부호화된 데이터를 해독하고 처리용 호스트 컴퓨터에 그 데이터를 전달한다.

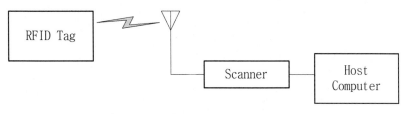

[그림 9-16] RFID 시스템의 구성

## (3) 특징

RFID 시스템이 구현하고 있는 특징은 다음과 같이 설명할 수 있다.

① 눈, 비, 바람, 먼지, 자석 등 환경의 영향이 없다.
② 통과 속도가 빠르므로 이동 중에도 인식한다.
③ 원거리에서도 인식이 가능하며 제조 과정에서 ID부여 위조가 불가능하다.

## 9.6.2 바코드(barcode)와 RFID의 비교

바코드는 컴퓨터가 판독할 수 있도록 고안된 굵기가 다른 흑백 막대로 조합시켜 만든 코드로, 주로 제품의 포장지에 인쇄된다. 이런 전통적인 형태의 바코드를 선형(1차원) 바코드라고 한다. 그러나 이 방법으로는 많은 정보를 담기 어렵기 때문에 매트릭스(2차원) 코드가 개발되었으며, 육각형이나 사각형 배열의 점으로 이루어져 있다.

바코드는 RFID 시스템과 스마트 카드와 비슷한 기능을 수행한다. 하지만 바코드 장비가 사용될 수 없는 열악한 환경에서도 RFID는 사용이 가능하며, 데이터의 위조 및 변조가 불가능하여 완벽한 보안을 유지할 수 있다.

[그림 9-17] 코드 128로 'Wikipedia' 문자를 부호화한 바코드

RFID는 비접촉식으로 근거리 인식(27[m] 이하)이 가능하고, 인식시간이 짧으며, 충돌 방지 기능이 있어 동시에 여러 개를 인식할 수 있고, 인식률에 있어서도 99.9%이상으로 높다. 또한 장애물의 투과도 가능하며, 태그에 대용량의 데이터를 저장할 수 있고 스마트카드에 비해서 가격이 저렴하고, 바코드에 비해서는 월등히 많은 정보를 축적할 수 있다.

이처럼 RFID는 사용 기간 및 데이터 저장 능력 또한 여타 매체에 비해 탁월한 특성을 가지고 있어, 기존의 바코드나 자기 인식장치의 단점을 보완하고 사용의 편리성을 향상시킬 차세대 기술로 인정받고 있으나 현재는 RFID 기술은 칩 하나의 가격이 500원 정도이지만 바코드는 5원 수준으로 거의 돈이 들지 않기 때문에, 지속적인 연구에도 불구하고 RFID가 바코드를 대체하지는 못하고 있다.

[표 9-8] 바코드와 RFID의 기술적 비교

|  | 바코드 | 자기 코드 | RFID |
|---|---|---|---|
| 인식 방법 | 비접촉식 | 접촉식 | 비접촉식 |
| 인식 거리 | ~50[m] | 리더기에 삽입 | ~27[m] |
| 투과율 | 불가능 | 불가능 | 가능(금속제외) |
| 데이터 저장 | 1~100[byte] | 1~100[byte] | 64[kbyte] 이하 |
| 데이터쓰기 | 불가 | 가능 | 가능 |
| 보안 능력 | 거의 없음 | 거의 없음 | 복제 불가 |

## 9.6.3 주파수에 따른 표준화 동향

표준화 주파수 대역은 ISO(International Organization for Standardization)와 IEC(International Electrotechnical Commission)에서 정하고 있는데 13.56[MHz], 433.92[MHz], 860~960[MHz], 2.45[GHz] 대역에 전 세계적으로 ISM 대역으로 분배되어 사용하고 있으며 앞으로 RFID 서비스 활성화에 따라 이용 증가가 예상되고 있다. 주파수 대역에 따른 이용 특성은 각 주파수 대역의 전파특성에 따라 인식속도, 환경의 영향, 태그의 크기, 주된 적용분야 등이 각각 다르게 적용되고 있다.

## (1)  13.56[MHz]  대역

전 세계적으로는 ISM 대역으로 분배되어 있으며 RFID용으로는 교통카드·신분증 등에서 이미 상용화됐으며 물류 및 제품 유통 등에 이용되고 있다. 인식거리가 수십 센티미터로 짧은 게 단점이다.

## (2)  433.92[MHz]  대역

미국 등에서 액티브 태그를 적용하여 컨테이너 관리용으로 사용하고 있으며, 안전을 위한 모든 수출입 컨테이너에 테러 방지용으로 사용하고 있다. 우리나라 및 일본은 아마추어용으로 사용하고 있어 공유 또는 재분배 검토가 필요한 주파수이다.

## (3)  860~960[MHz]  대역

전 세계적인 유통, 물류 등의 RFID 용으로 가장 적합한 대역으로 전망되고 있다. 미국은 ISM 대역으로 분배되어 있으며 비허가 무선기기를 사용하도록 규정되어 있으며 우리나라는 900[MHz] 대역의 RFID를 표준으로 채택해 정부 주도로 활성화 정책을 수립했지만 비싼 칩 가격 등의 이유로 널리 보급되지 못하고 있다.

## (4)  2.45[GHz]  대역

전 세계적으로 ISM 대역으로 분배되어 있으며 극초단파(900[MHz]대)와 함께 유통과 물류 뿐 아니라 의료, 안전, 국방 분야로 이용 폭도 넓어져 유비쿼터스 네트워크의 핵심 기반으로 발전했다.

[표 9-9] 주파수 대역별 RFID의 특성 비교

| 주파수 | 저주파 | 고주파 | 극초단파 | 마이크로파 |
|---|---|---|---|---|
| | 125[kHz]/ 134[kHz]대역 | 13.56[MHz] | 433.92[MHz]/ 868~960[MHz] | 2.45[GHz] |
| 인식 거리 | < 60[cm] | ~60[cm] | ~3.5[m]/10[m]/ 50~100[m] | ~1[m]이내 |
| 일반 특성 | - 비교적 고가<br>- 환경에 의한 성능 저하 거의 없음 | - 저주파보다 저가<br>- 짧은 인식거리 다중태그 인식이 필요한 응용분야 | - IC 기술 발달로 가장 저가 생산 가능<br>- 다중태그 인식거리와 성능이 가장 우수 | - 900[MHz] 태그와 유사한 특성<br>- 환경에 대한 영향을 많이 받음 |
| 동작 방식 | 수동형 | | 능동/수동형 | |
| 적용 분야 | - 공정 자동화<br>- 출입통제/보안<br>- 가축관리 | - 수화물 관리<br>- 대여물품 관리<br>- 교통 카드 | - 공급망 관리<br>- 컨테이너 관리<br>- 자동 통행료 징수 | 실시간 위치 추적 |
| 인식 속도 | 저속 | | 고속 | |
| 환경 영향 | 강인 | | 민감 | |
| 태그 크기 | 대형 | | 소형 | |

**쉼터**

NFC(Near Field Communication)

우리나라 말로 '근거리 무선통신'이라고 번역되는 NFC는 10[cm] 이내 거리에서 무선으로 기기끼리 서로 통신을 할 수 있는 기술 규격이다.

이러한 비접촉식 무선 통신 기술은 예전에도 있었다. 블루투스, RFID, Zigbee 등이 그것이다. 저마다 특장점이 있는데 NFC가 주목받는 가장 큰 이유는 이전의 기술들의 장점들을 대부분 수용하고 있다.

모바일 RFID의 일종으로 기존에 소개된 RFID와 다른 점은 읽기뿐 아니라 쓰기 기능도 가능하다는 점이다. 이 때문에 RFID와는 비교가 안 될 정도로 활용도가 높다. 국내에서 일부 도입된 모바일 RFID가 900[MHz] 주파수를 사용하는 반면, NFC는 13.56[MHz]의 주파수를 사용하고 있으며 전송 속도는 42[kbps]이다.

## 9.6.4  RFID 보안 기술

### (1) 도입 배경

RFID 태그에 다양한 정보가 기록되어 모든 사물에 부착됨에 따라 시큐리티나 프라이버시에 대한 문제가 다양하게 야기될 것이다. 예를 들어, 베네통이 상품관리를 위해 RFID 태그를 사용한다고 발표한 것이 화제가 되었다. 물론 베네통의 RFID 태그 사용을 통한 상품 재고관리 자체는 문제성이 없다. 그러나 일부에서 우려하는 것은 가격표가 아니라 상품 자체에 RFID 태그가 삽입되어, 판매 후에도 상품의 추적이 가능하지 않을까 하는 것이다.

### (2) 기술적 요소

#### 1) Kill Tag 방법

고객의 프라이버시 보호를 위한 가장 단순한 방법은 상품이 고객에 인도되기 전에 RFID 태그를 무효화(kill)하는 것이다. 센터가 제안한 태그 설계에서는 특별한 'kill' 명령을 보내므로 태그가 무효화된다.

#### 2) Faraday Cage 방법

Faraday Cage(어떤 범위의 무선 주파수를 차단할 수 있는 포일이나 금속 그물망으로 만들어진 용기)를 사용하여 정밀 조사로부터 차폐할 수 있다. 이러한 사실은 애완 동물 도둑이 도난 방지 시스템을 속이기 위하여 foiled-lined 가방을 이용하는 것으로 알려져 있다.

#### 3) Active Jamming Approach

태그 통신을 차폐시키는 다른 형태의 물리적인 방법으로서 고객은 부근에 있는 RFID reader의 동작을 방해하거나 차단시키기 위해 능동적으로 무선 신호를 방송하는 장치 소지 가능성을 제기할 수 있다.

## 9.6.5  응용 분야

### (1) 공공

도서관에서 장서 관리에 RFID 태그를 이용하면, 도서에 대한 실시간 현황 파악을 할 수 있어 업무 자동화와 고객 편의성을 제공할 수 있다. 행정 분야에서는 개인 신상에 대한 기본 정보를 기록한 주민등록증이나 건강보험증 등을 RFID 카드화함으로서 본인 확인이 요구되는 행정 서비스를 원스톱으로 제공할 수 있다.

### (2) 판매

RFID 태그에 제품의 제조원·원산지·제조과정·사육과정·DNA 정보·병력(육류의 경우) 정보를 기록하여, 구매 시에 태그 리더를 통하여 제품 정보를 구매자에게 제공할 수 있다.

### (3) 물류

RFID 태그는 항공화물이나 항공수하물, 택배 분야에서 출하작업의 효율화, 화물추적, 환승시간의 단축이나 오배송의 방지에 활용하고 있다. 병원이나 호텔 등의 제복을 비롯한 옷의 세탁 분야에서도 RFID 시스템이 이용되고 있다.

### (4) 방송·통신

유료 디지털방송에서 고객정보관리나 PPV(Pay Per View) 과금관리를 위하여 RFID 카드를 이용한다. 방송 사업자는 시청자의 계약정보를 RFID 카드의 개별 잠금 번호로 암호화하여 방송전파로 송신한다.

### (5) 교통

자동 통행료 징수 시스템(Electronic Toll Collection System, ETCS) 도입 목적은 버스·유료 도로(고속 도로) 등에서 캐쉬리스를 통한 운전자의 편리성 향상, 관리비용의 삭감, 요금소 무정차에 의한 요금소 부근의 정체 해소와 환경 개선을 들 수 있다.

### (6) 국방

군수물자관리, 물체식별, 상황정보취득 등을 위하여 RFID 시스템을 활용할 수 있다. 지뢰와 같은 폭발물을 지하에 매설한 후 필요에 따라 제거해야 할 경우, RFID 리더를 통하여 지뢰의 위치와 특성 정보를 취득하여 활용할 수 있다. 또한, RFID 태그를 적군과 아군의 식별자로도 활용할 수 있다.

1. 무선 LAN은 RF 기술을 이용하여 유선망 없이도 데이터를 주고받을 수 있는 기술을 제공하며 기술표준은 IEEE 802.11로 정의한다.

2. 무선 LAN은 RF 주파수에 따라 스펙트럼 확산 방식, 협대역 마이크로웨이브 방식 그리고 적외선 방식이 있으며 기존 통신 인프라의 지원 여부에 따라 Infrastructure 네트워크와 Ad-hoc 네트워크로 분류한다.

3. 무선 LAN에서는 기존에 유선에서 사용하는 매체 액세스 제어방식으로는 충돌에 효율적으로 대처할 수 없으므로 사전에 충돌을 회피하는 CSMA/CA를 사용한다.

4. OFDM 방식은 상호 직교하는 부반송파를 사용하여 각 부반송파의 간격을 촘촘하게 함으로써 높은 주파수 효율을 보이고 있으며 광대역 전송 시스템에 유리한 구조로 차세대 시스템 관련 연구에서 매우 중요하게 언급되고 있다.

5. IEEE 802.11의 MAC 부계층은 경쟁 서비스를 위한 DCF와 비경쟁 서비스를 위한 PCF로 구분된다.

6. IEEE802.11n은 기존 표준인 802.11a와 802.11g의 대역폭을 향상시키기 위한 무선 네트워킹 표준의 개정판이다.

7. 블루투스는 핸드폰, PDA, 노트북과 같은 정보기기들 간의 양방향 근거리 통신을 위해 SIG(Special Interest Group)에서 개발한 기술이다.

8. 블루투스는 피코넷과 스캐터넷(Scatternet)이라는 2종류의 무선접속 형태를 구현하고 있다.

9. Zigbee는 단거리 무선 통신의 새로운 국제 표준으로 부상하고 있는데 2.4[GHz]에서 250[kbps] 속도를 구현, 블루투스보다 느리다.

10. Zigbee는 디바이스를 목적에 따라 FFD(Full Function Device)와 RFD(Reduced Function Device)로 구분하고 있다.

11. UWB 무선기술은 무선반송파를 사용하지 않고 기저대역에서 수 [GHz]대의 매우 넓은 주파수를 사용하여 통신이나 레이더 등에 응용되고 있는 새로운 무선 기술이다.

12. 텔레매틱스(telematics)는 무선통신과 GPS(Global Positioning system) 기술이 결합되어 자동차에서 위치 정보, 안전 운전, 오락, 금융 서비스, 예약 및 상품 구매 등의 다양한 이동통신 서비스를 말하며 UWB의 응용분야이다.

13. IrDA(Infrared Data Association)는 원래 전자기기간에 적외선을 이용해 데이터를 주고받을 수 있는 통신표준을 이끌어 내기 위해 1993년에 설립된 비영리단체로서 근거리 무선 통신 기술이며 향후 THz급 기술을 이용하기 위한 기반 기술이 되었다.

14. RFID는 조그마한 칩을 내장한 태그(Tag)를 제품이나 기기에 붙여 생산·유통·보관·소비 등 전 과정에 대한 정보를 담는 것으로서 RFID 태그는 전원 공급여부에 따라 능동형 태그와 수동형 태그가 있다.

15. NFC(Near Field Communication)는 10cm 이내 거리에서 무선으로 기기끼리 서로 통신을 할 수 있는 기술 규격이다.

16. RFID 보안 기술에는 Kill Tag 방법, Faraday Cage 방법 그리고 Active Jamming Approach가 있다.

# 연습문제

1. 무선 LAN을 유선 LAN과 비교하여 서술하고 장단점을 설명하시오.

2. CSMA/CA의 도입배경과 구현방법을 설명하시오.

3. 무선 LAN의 표준화 동향을 설명하시오.

4. 블루투스의 네트워크 구성 예를 살펴보고 계층별 구성요소를 설명하시오.

5. Zigbee의 접속 형태를 서술하고 진화 서비스를 살펴보시오.

6. IrDA의 개념을 서술하고 장단점에 대하여 살펴보시오.

7. RFID 시스템의 구성요소와 특징에 대하여 설명하시오.

8. RFID 보안기술을 열거하고 설명하시오.

약 어

WPAN(Wireless Personal Area Network)

UWB(Ultra Wide Band)

ISM(Industrial Scientific Medical)

DS(Direct Sequence)

FH(Frequency Hopping)

LOS(Line Of Sight)

WMAN (Wireless Metropolitan Area Network)

CSMA/CA(Carrier Sensing Multiple Access/Collision Avoidance)

CSMA/CD(CSMA with Collision Detection)

RTS(Request to Send)

CTS(Clear to Send)

DCF(Distributed Coordination Function)

PCF(Point Coordination Function)

DSSS(Direct Sequence Spread Spectrum)

MIMO(Multiple Input Multiple Output)

PCMCIA(Personal Computer Memory Card International Association)

RFCOMM(Radio Frequency COMMunication)

TCS(Telephony Control protocol Specification)

OBEX(OBject EXchange)

WAP(Wireless Application Protocol)

WAE(Wireless Application Environment)

L2CAP(Logical Link Control and Adaptation Protocol)

FFD(Full Function Device)

RFD(Reduced Function Device)

USN(Ubiquitous Sensor Network)

IrDA(Infrared Data Association)

ETCS(Electronic Toll Collection System)

NFC(Near Field Communication)

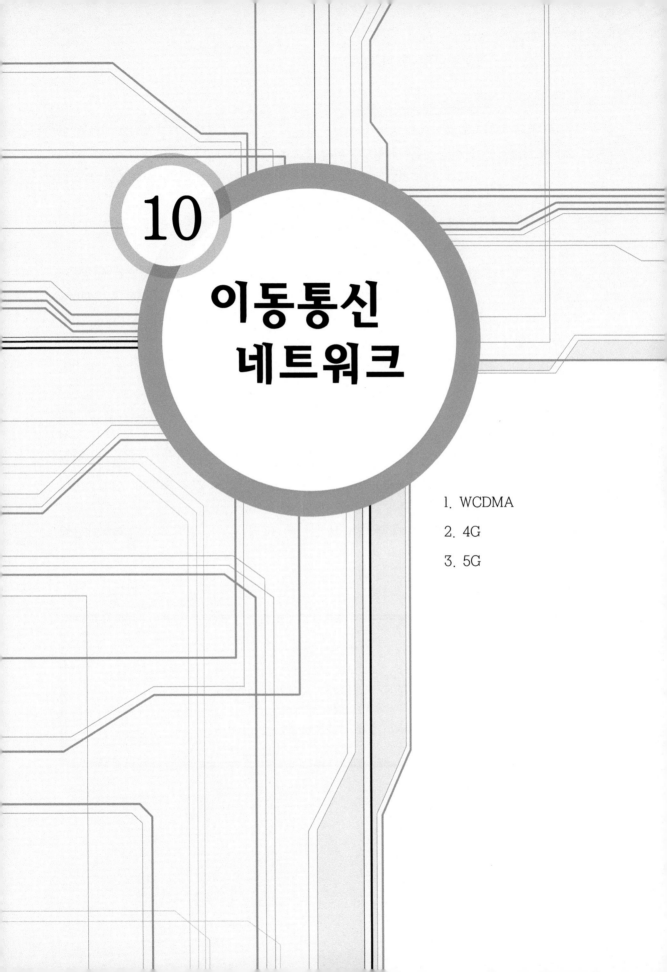

# 10

# 이동통신 네트워크

현재 무선통신 환경에서 지원하는 이동통신은 음성 서비스 위주의 서비스를 지나 데이터 및 동영상을 위주로 하는 서비스가 우리 생활에 많은 영향력을 주고 있다. 2G를 주도했던 GSM 및 cdmaOne(IS-95)들은 음성통신을 무선 환경에서 전달하는 것을 주목적으로 개발되었지만 3G 시스템은 멀티미디어 전송을 목적으로 개발되었고, 고화질 화상 서비스, 빠른 데이터 전송률 등 많은 기존 시스템과의 차별성을 가짐으로서 높은 부가가치를 계속하여 창출하고 있다.

한편, WCDMA는 가장 많은 국가들이 채택하고 있는 제3세대(3G) 이동통신 시스템이다. ITU에서는 이 제3세대 시스템을 IMT-2000(International Mobile Telephony 2000)이라 일컫고 CDMA와 TDMA를 기반으로 하는 무선 접속 규격을 정의하고 있다. 향후 이동통신서비스는 이동성과 전송속도에서 빠르게 진화하여 제4세대(4G) 초고속 멀티미디어 서비스로 통합될 것이며 이는 유비쿼터스 IT와 디지털 컨버전스의 본격적인 시작을 의미하게 된다.

한편 무선통신에 활용중인 주파수 자원 이용효율을 높이기 위한 기술로는 셀 분할에 의한 주파수 재사용, 다원접속방식 그리고 Spread Spectrum뿐만 아니라 4G에서 진행될 MIMO(Multiple Input Multiple Output)이 개발되어 사용하고 있으며 홈네트워크 서비스 등 무선 주파수를 사용하는 서비스의 폭발적인 증가로 기술 개발의 동기가 확대되고 있다.

이 장에서는 먼저 WCDMA에 대하여 살펴본 후 4G의 정의를 알아보고 기술적 내용에 대하여 자세히 고찰하도록 한다.

---

## 학습 목표

1. WCDMA의 표준화 기술과 응용분야에 대하여 살펴본다.
2. 4G의 개념과 기술적 전개에 대하여 알아본다.
3. 5G의 개념을 알아보고 이동통신의 흐름을 살펴본다.

# 10.1  WCDMA(Wideband CDMA)

## 10.1.1  개요

IMT-2000은 유럽/일본을 중심으로 한 비동기 방식과 북미 방식의 동기 방식이 있다. 표준화 기구인 3GPP(3G Partnership Project)는 유럽/일본을 중심으로 비동기 방식을 표방하고 있으며 1999년 1월부터 Release 99를 시작으로 2002년 6월 Release 5를 발표하였고 현재 Release 6의 표준화를 기반으로 제품이 출시되고 있다.

유럽이 주도하는 비동기방식인 WCDMA의 단계적 접근 방향은

▶ 2세대에서는 GSM/HSCSD(High Speed Circuit Switched Data) 규격으로 최대 전송속도를 57.6[kbps]까지
▶ 2.5세대에서는 GPRS(Genearal Packet Radio Service)/EDGE(Enhanced Data rates for the GSM Evolution) 규격으로 최대 115[kbps]/384[kbps]까지
▶ 3세대(이하 3G)에서는 광대역을 사용한 최대 2[Mbps] 전송속도를 갖는 WCDMA 규격으로 진화됐으며 4세대 기술 진입을 위해 개발하고 있는 추세이다.

3G는 디지털 기술에서 한 걸음 더 진화한 기술이며 대용량 데이터 전송과 영상통화 그리고 해외에서도 국내폰을 그대로 사용하는 글로벌 로밍이 가장 큰 특징이다. 휴대폰 팸플릿 등에 'WCDMA'라고 쓰여 있으면 3G폰이며 데이터 통신 비용이 비싼데 이는 엄청난 시설 투자비용 때문이다.

[표 10-1]  세대별 기술적 비교

|  | 1G | 2G | 3G | 4G | 5G |
|---|---|---|---|---|---|
| 서비스 | 음성 | 음성<br>저속 데이터 | 음성<br>화상 데이터 | 고속 이동<br>멀티미디어 | 인지적<br>고객 중심 |
| 통신 방식 | FDMA | CDMA<br>TDMA | WCDMA<br>cdma2000 | OFDMA | ? |
| 전송 모드 | 회선 | 회선, 패킷 | | 패킷, IP기반 | IP기반 |
| 상용화 | 1980년대 | 1996년 | 2006년 | 2012년 | 2019년 |
| 전송 속도 | 7~28.8[kbps] | 8~115[kbps] | 2[Mbps] | 100[Mbps] | 1[Gbps] |

　　표준화 초기는 단일 시스템 표준의 완성을 목표로 하고 있으며 현재는 3GPP의 HSDPA(High Speed Downlink Packet Access)와 같은 고속 패킷 전송을 위한 진화된 표준 규격이 제정되었고, IP를 지원하는 무선망인 RAN(Radio Access Network)의 구조적 진화가 단계적으로 이루어지고 있다.

　　3G 진화 시스템의 핵심은 고속 데이터 통신 서비스 지원, 높은 주파수 효율을 위한 무선 링크 향상, IP 기술을 지원하기 위한 유·무선망 구조 진화, 새로운 고품질 서비스를 위한 효율적인 구조 진화 등으로의 실현으로 요약할 수 있다.

　　애초 IMT-2000 시스템의 목적은 세계적으로 단일 무선 접속 규격을 만드는 것이었으나 여러 가지 정책적, 기술적인 문제들로 인해 어려워진 것이 사실이다. 하지만 WCDMA는 유럽의 모든 나라와 우리나라, 일본을 포함하는 많은 나라들에서 제3세대 통신을 위한 무선 접속 기술로서 채택되어 있어 부분적으로나마 ITU의 목적에 가장 부합하는 규격이라고 볼 수 있다.

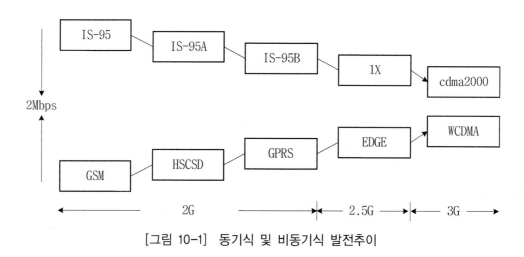

[그림 10-1]  동기식 및 비동기식 발전추이

---

### 쉼터

**IMT-2000 동기식과 비동기식의 차이점**

　　동기식은 GPS 위성을 사용한 동기화 방식을 사용하며 송·수신측의 시간대를 맞춰 데이터를 전송하는 방식이다. 단계적 접근 방식으로 2G에서는 IS-95A/B 규격으로 최대 64[kbps], 2.5G에서는 1X 규격으로 최대 144[kbps], 3G에서는 최대 2[Mbps] 전송속도를 구현한다. 한편, 비동기식은 위성을 이용하지 않고 기지국과 중계국간 동기화를 통해 데이터를 송수신하는 방식이다.

## 10.1.2  표준화 기술

WCDMA는 상·하향 데이터 속도가 최대 384[kbps]~2[Mbps]로, 기존 EVDO와 전송 속도 면에서도 큰 차이가 없다. 따라서 통신회사들은 차별적인 애플리케이션을 개발하는 데 어려움을 느끼고 있다.

> ### 쉼터
>
> EVDO(Evolution Data Only)
>
> EVDO는 퀄컴이 개발한 CDMA 기반의 무선 데이터 통신 기술이다. 각 사용자의 데이터 레이트와 전체 시스템 데이터 레이트 모두를 극대화하기 위해 시간 분할 다중 접속 (Time Division Multiple Access, TDMA)은 물론 코드 분할 다중 접속(Code Division Multiple Access, CDMA)을 포함한 다중화 기술을 이용한다.

하지만 HSDPA(High Speed Downlink Packet Access)의 경우 상향은 종전과 같이 최대 2[Mbps]이지만 하향 다운로드 속도를 10[Mbps]로 획기적으로 발전시켰다. 예전보다 고속의 멀티미디어 콘텐츠 서비스가 가능하게 된 것이다. 2008년 말부터는 HSUPA(High Speed Uplink Packet Access)를 지원하는 칩셋과 통신망의 업그레이드로 다운로드 7.2[Mbps] 업로드 5.76[Mbps]까지 업로드속도가 획기적으로 증가했다.

HSDPA에서는 전송효율의 증대를 위해 AMC(Adaptive Modulation and Coding)와 H-ARQ(Hybrid ARQ) 기법을 적용하고 있으며, 스케줄러 기능을 Node B에 추가하여 빠른 채널 적용을 수행하도록 하였다. 이에 대한 내용을 간략히 살펴본다.

### (1)  AMC 기술

#### 1)  구현 방법

무선채널에 따라 데이터 및 오류정정 부호의 부호율을 가변시키는 방법이다. 가변 변조 및 채널코딩기술은 처음 모토로라가 고속패킷서비스를 제안했을 때 제시한 기술로써 보강 페이딩(Constructive Fading)일 때 전송하고, 상쇄 페이딩(Destructive Fading)일 때 전송을 하지 않고, 전송할 때도 채널 상황에 따라 무선채널에 적응하여 전송한다.

IMT-2000 동기방식에서는 무선채널상황에 따라 전송 전력을 전력제어 알고리즘에 따라 가변시켜 이득을 얻고 있는데, 비동기방식에서는 전력제어에 의한 무선채널적응보다는 변조 및 채널코딩의 가변에 의해 이득을 얻는 것을 전제로 하고 있다. 예를 들면,

어느 노드 A에 가까운 사용자는 높은 차수의 변조 기법과 부호율이 높은 부호화 기법을 사용하고 노드로부터 원거리의 사용자는 낮은 차수의 변조 기법과 부호율이 낮은 부호화 기법을 사용한다.

3G에서 QAM은 주파수 대역폭이 제한되어 있는 시스템에서는 효율적으로 데이터를 전송하는 방법으로서 알려져 있으나, 잡음 환경이 우세한 지역에서는 QPSK 변조방식에 비해 성능 저하가 크기 때문에 사용을 고려하지 않았으나, 3.5G에서 채널상황이 좋은 경우, 고속패킷서비스에서 사용할 것을 고려하고 있다.

---

### 쉼터

**전력제어(Power Control)**

만일 이동국의 신호가 너무 약하게 기지국에 수신된다면 이동국의 작동 성능이 저하되고, 이동국의 신호가 너무 강하게 수신된다면 그 이동국의 작동 성능은 향상되지만 이로 인하여 같은 채널을 사용 중인 다른 이동국에 대한 간섭이 증대되어 최대 수용 용량을 줄이지 않는 한 다른 가입자의 통화 품질이 수준 이하로 낮아진다.

그러므로 큰 통화용량, 양질의 통화품질 및 기타 장점들을 얻기 위하여 동기식 CDMA 방식에서는 순방향 및 역방향 전력제어를 사용한다. 이동국 송신전력제어의 목적은 권역내의 모든 이동국 전송신호가 기지국 수신기에 임계값 이상으로 수신되도록 이동국 송신전력을 제어하는데 있다.

---

### 2) 특징

채널 환경의 변화에 따라 미리 정의된 MCS(Modulation and Coding Selection) 레벨 중 가장 적합한 전송 방식을 결정하는 링크 적용 기법인 AMC 기술의 장단점을 설명하면 다음과 같다.

먼저 장점으로는 ▶ 특정 위치에 있는 사용자는 더 높은 데이터 전송률을 보장(셀의 평균 처리율이 증가)하며 ▶ 전송 전력을 제어하는 변조 · 코딩 형태를 변화함으로써 간섭의 변화가 감소한다. 이어서 단점으로는 ▶ 채널 추정 오류와 지연에 민감하므로 단점을 극복할 수 있는 대안으로 H-ARQ(Hybrid-ARQ)를 사용하여 요구되는 MCS 레벨의 수와 채널 측정 오류 및 트래픽 변화에 대한 민감도를 감소시킨다.

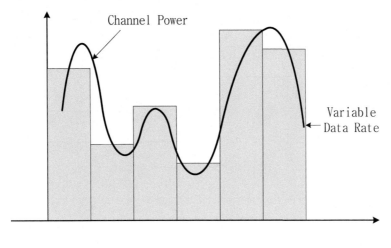

Channel Power

Variable
Data Rate

[그림 10-2]  AMC 개념

## (2) H-ARQ(Hybrid-Automatic Repeat reQuest)

### 1) 도입 배경

기존 ARQ 기법은 오류가 발생된 프레임이 도착했을 때 이에 대한 확인 신호 즉 NAK 또는 ACK를 사용하여 제어한다. 즉 수신 Packet에 오류가 발생하는 경우 재전송을 요청하여 이를 수정하는 기법으로 네트워크 프로토콜의 2 계층인 데이터 링크 계층에서 널리 사용되는 기법이다.

그러나 복조 성능을 높이기 위해서 기존의 수신 데이터와 재전송된 수신 데이터를 효율적으로 조합하는 방식이 필요한데 이것이 바로 H-ARQ 방식이다.

### 2) ARQ(Automatic Repeat reQuest) 방식

오류가 발생된 프레임이 도착했을 때 이에 대한 확인 신호 즉 NAK 또는 ACK를 사용하여 제어한다.

#### (가) Stop-and-wait ARQ

한 프레임씩 확인하여 전송로의 프레임 전송을 제어하는 방식이다. 즉 송신측에서는 1개의 프레임을 수신 측에 전송하고 수신 측에서는 수신된 프레임의 에러 유무를 판단해서 송신 측에 ACK나 NAK를 기다리는 프레임을 보내는 방식이다. 수신측으로부터 응답을 받아야 전송하는 방식이므로 전송 효율이 다른 방식에 비해 떨어지는 단점이 있다.

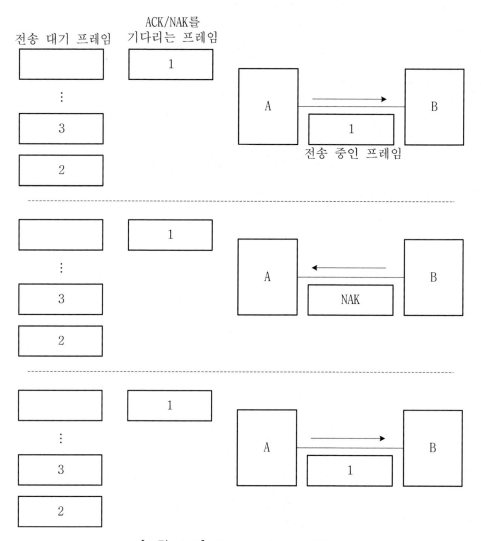

전송 대기 프레임

ACK/NAK를
기다리는 프레임

전송 중인 프레임

[그림 10-3]  Stop-and-wait ARQ

(나) Selective ARQ

윈도우에 속하는 만큼의 프레임을 보낼 때 오류가 난 프레임에 대하여 NAK를 받았을 때 그 프레임만을 재전송하는 방식으로서 수신 측에서 송신순서에 어긋난 프레임을 재조정하여야 하므로 구현방법이 복잡하다.

수신측에서는 오류가 발생된 프레임이 재전송될 때까지 그 다음의 프레임을 저장할 기억 장소와 재전송되는 프레임을 다시 삽입할 수 있는 논리 회로를 갖고 있어야 하며, 송신측에서도 재전송하기 위하여 전송 순서와는 다른 프레임을 전송할 수 있는 논리 회로를 갖고 있어야 한다는 단점이 있다.

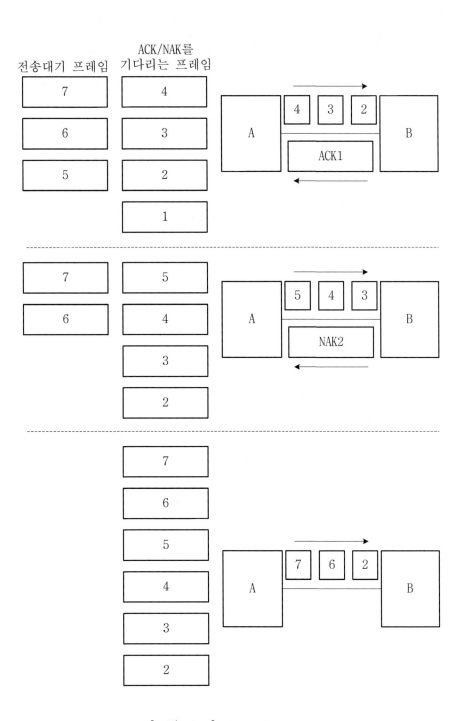

[그림 10-4] Selective ARQ

### 3) 구현 방법

H-ARQ는 ARQ기법을 물리 계층의 채널 코딩과 결합한 기술로 전송 채널의 동작 SIR(Signal to Interference Ratio)을 개선시킬 수 있는 장점이 있다. 뿐만 아니라 원래 전송된 정보와 재전송되어 온 정보를 결합하여 디코딩함으로써 재전송의 횟수를 줄인다.

3GPP 비동기방식은 선택적 재전송(Selective Repeat) 방법을 사용하고 있지만 이 방법은 상위 계층에서 관리하므로, 데이터를 처리하기 위해 물리 계층에서 상위 계층으로 이동하는데 소요되는 시간 및 상위 계층의 처리시간 때문에 시간적 지연 (delay)이 크므로, 고속패킷서비스에는 적절하지 못하여, 고속패킷서비스의 재전송은 N-채널 정지-대기 재전송방법을 사용하고 있다.

### (가) H-ARQ Type 1

Type 1은 채널 부호화된 Simple ARQ의 변형으로 오류가 포함되었다고 판정된 데이터를 버리지 않고 저장하였다가 재전송된 데이터와 결합하는 방법을 Chase Combining 이라고 한다.

오류 정정 부호를 사용하면 각 전송과 재전송 시 오버헤드가 증가되어 채널이 양호하다면 Simple ARQ 방식보다 전송 효율이 저하되지만 채널이 열악할 경우 H-ARQ Type 1은 채널 부호가 갖는 오류 정정 능력으로 Simple ARQ보다 전송 효율이 개선된다.

### (나) H-ARQ Type 2

H-ARQ Type 2는 Type 1의 단점을 보완하고 데이터를 전송할 때 채널 부호에 의한 오버헤드를 줄이기 위해 오류 정정 기능을 위한 부가 정보를 수신기의 요구에 따라 적절하게 가변하여 전송한다.

재전송시 증가된 부가정보를 전송하므로 Full IR(Incremental Redundancy)방식이라고 하며 채널 환경에 따라 적절하게 부가되는 정보의 양을 조절할 수 있으므로 효율적인 재전송을 구현한다.

그러나 송신기가 과거에 보낸 비트들에 대하여 버퍼에 저장해두었다가 수신기가 요구할 때를 대비하여야 하며 수신기도 재전송 요구 후에 오류 발생 패킷을 결합하기 위하여 앞서 수신했던 부호 비트들을 버퍼에 저장하여야 하는 단점이 있다.

### (다) H-ARQ Type 3

전송된 첫 번째 패킷에 의존치 않고 전송된 정보만으로 복호가 가능하게 되면 좀 더 개선된 성능을 얻을 수 있으므로 이를 H-ARQ Type 3라고 하며 재전송되는 부가 정보가 Self Decodable한 특성을 갖는 부호가 필요하다.

　다중 사용자에 의한 순간적인 간섭의 증가, 급격한 페이딩 상황의 변화에 다른 패킷의 손상이나 손실에 따른 성능 열화에 가장 효과적인 방식으로 HSDPA에서는 Half IR라고 한다.

### (3) Node B Scheduling

　역방향 채널은 순방향 채널과 달리 여러 사용자들의 액세스 접근에 의해 효율적인 채널 설정이 필요하다. 그러므로 순방향의 스케줄링(scheduling)의 목적이 한정된 공유 코드를 효율적으로 할당하는 것이라면 역방향은 가입자 당 전력을 효율적으로 할당하는 것이 바람직하다.

　이에 대한 대책은 기지국(Node B)에 위치한 HS-DSCH(HS-Downlink Shared CHannel) MAC에 의해 패킷 스케줄링(scheduling)이 빠르게 이루어짐으로 전송 효율을 증가시킨다.

## 10.1.3  응용 분야

### (1) 3GPP2와의 harmonization

　3GPP와 3GPP2사이의 harmonization의 궁극적인 목표는 두 시스템의 핵심 망이 IETF 계열의 프로토콜을 사용하는 공통의 패킷 데이터 망으로 진화하여 사용자들에게 IP 기반 멀티미디어 서비스를 제공하도록 하는 것이다.

　이렇게 두 시스템이 harmonization된 핵심 망으로 진화하는 경우 IMT-2000 시스템 개발 및 운용비용을 절감하고 글로밍 로밍을 보다 효과적으로 지원할 수 있게 될 것으로 예상된다. 또한 Open Service Platform을 통해 서비스 및 어플리케이션을 공동으로 연구, 개발하는 것이 가능하며 IMS(IP Multimedia Subsystem)의 도입을 가속화할 것으로 보인다.

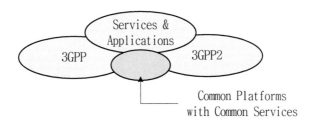

[그림 10-5]  IP 핵심망 Harmonization

---

### 용어 설명

IMS(IP Multimedia Subsystem)

인터넷과 유무선 환경을 통합하여 All-IP 화하려는 핵심망 기술을 말하며, 이동통신과 다른 IP 네트워크 간 상호 운용이 용이하면서, IP기반의 멀티미디어 서비스가 가능한 통신 플랫폼 환경을 말하며 3GPP에서 규정한 것이다.

---

### (2) UWB(Ultra Wide Band)

WCDMA는 보다 빠른 속도와 2G GSM 네트워크에서 사용하는 TDMA보다 많은 사용자를 지원하기 위해 DS(Direct Sequence) CDMA를 이용하는 광대역 확산 스펙트럼 무선 인터페이스이다.

UWB 시스템의 경우 기존 광대역 CDMA 시스템에 비해 점유 대역폭에 걸쳐 상대적으로 낮은 스펙트럼 전력 밀도가 존재하므로 향후 WCDMA 기술적 응용에 실행될 수 있는 유리한 장점을 가지고 있다.

### (3) 무선 인터넷과의 연동

3G WCDMA는 무선에 기반을 둔 기술이므로 무선 인터넷과 연동하여 가입자에게 서비스를 제공해주고 있다. 전화국에서 교환국을 거쳐 전국 각 지역에 세워져 있는 기지국까지는 유선으로 신호를 전달하고, 기지국에서 휴대폰까지는 무선으로 신호를 전달하는 방식을 취하고 있다.

WCDMA는 데이터 통신 비용이 비싼데 이는 엄청난 시설투자 비용 때문으로 통신 사업자들이 기지국이나 중계기와 같은 시설에 엄청난 경비를 투자하고 있다.

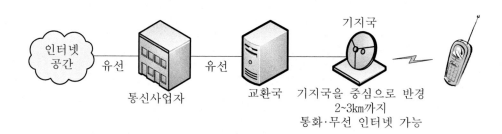

[그림 10-6] 3G를 통한 무선 인터넷 접속 경로

## 10.2 4G(4Generation)

### 10.2.1 개념

국내 통신서비스는 정보통신기술의 진화, 고객필요성의 고도화, 기업의 성장전략에 힘입어 유비쿼터스 IT와 디지털 컨버전스라는 새로운 패러다임이 주도되고 있다. 언제, 어디서나, 어떤 것을 이용하여 모든 것에 존재하는 네트워크를 의미하는 유비쿼터스 IT는 네트워크의 효과를 극대화할 것이다. 그리고 텔레매틱스, 정보가전, 홈 네트워킹을 통하여 서비스와 서비스, 산업과 산업이 경계를 허물고 상호 융합하는 디지털 컨버전스는 우리의 생활양식을 크게 변화시킬 것으로 예측되고 있다. 그리고 이러한 패러다임의 추진 기반 인프라로 이동통신서비스가 핵심 축이 되고 있다.

[표 10-3] 제3세대와 제4세대 이동통신 시스템 비교

| 비교 파라미터 | 3세대 이동통신 시스템 | 4세대 이동통신 시스템 |
|---|---|---|
| 서비스 속도 | 최대 2[Mbps] | 최대 155[Mbps] |
|  | 셀룰라 | 셀룰라 |
| 이동성 | 단말기 속도 100[km/h] | 100[km/h] |
|  | 개인 이동성 | 개인 이동성 |
|  | 셀 크기 가변 | 셀 크기 100~200[m] |
| 셀 크기 | 셀 영역 범용 | 상업 지역, 주요 도로 |

　요즘 이동통신업계에서는 제 3 세대나 제 4 세대(이하 4G), 이른 바 차세대 이동통신에 대한 이야기가 많이 나온다. 최근에는 4G 무선 통신 시스템에 대한 관심이 확대되고 있다. 4G는 1~3세대의 명칭으로부터 이어져 오는 일반적인 명칭이나 2001년 발행된 ITU-R의 PDNR(Preliminary Definition New Recommendation)에서는 전체 시스템을 총괄하는 개념으로 Systems beyond IMT-2000이라는 용어를 제정하여 사용하고 있으며, 현재 B3G라는 용어로 널리 사용되고 있다.

　4G 기술은 휴대용 단말기를 이용하여 전화를 비롯한 위성 망 연결, 무선 LAN 접속, 인터넷 간의 끊임없는(seamless) 이동 서비스가 가능하다. IMT-2000보다 전송 속도가 수십 배 이상 개선된 점 등의 빠른 통신 속도를 바탕으로 동영상 전송, 인터넷 방송 등의 다양한 멀티미디어 서비스를 지원하며, 수십~수백 Mbps의 전송 속도로 대용량 데이터를 송수신할 수도 있다. 이 장에서는 4G에서 다루는 기술적 내용에 대하여 자세히 고찰하도록 한다.

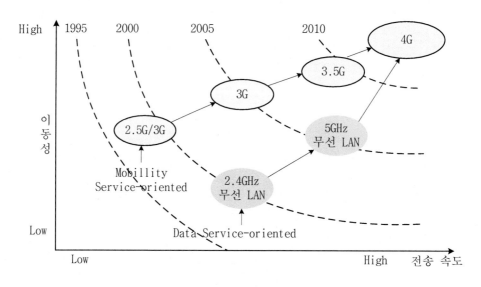

[그림 10-10] 이동통신 기술의 진화

## 10.2.2 OFDM(Orthogonal FDM)

### (1) 도입 배경

　이동통신 서비스는 상용화 초기에는 음성을 전달하는 기능에 치중했다. 아날로그에서 디지털 방식의 이동통신 서비스인 CDMA 그리고 GSM(Global Systems for Mobile communication)을 거쳐 데이터를 주고받는 WCDMA로 발전했다. 여기에 2006년에는

CDMA에 기반을 두어 영상 통화 기능이 보편화된 HSDPA가 선보였다.

목소리에 영상과 인터넷 정보까지 주고받으면서 이동통신 서비스의 데이터 처리량도 늘었다. 하지만 CDMA로 초고속 인터넷 서비스를 하기에는 한계가 있다. CDMA를 서울~부산을 연결하는 고속도로에 비유하면 이 도로에 음성통화라는 버스, 영상통화라는 자가용, 인터넷 데이터라는 화물차 등이 뒤섞여 다닌 것이다. 데이터 처리량을 높이기 위해 고속도로에 다니는 각종 차량의 속도를 높였지만 인터넷 데이터를 고속으로 전달하는 데에는 한계가 있었다. 따라서 새로운 이동통신 서비스를 개발해 인터넷 데이터의 처리량을 늘리겠다고 등장한 기술이 OFDM, 즉 직교주파수분할다중방식이다.

## (2) 원리

직교란 두 벡터가 서로 직각일 때를 말하며 다음과 같이 두 벡터의 내적의 합이 0이 된다.

$$\vec{a} \cdot \vec{b} = |\vec{a}||\vec{b}|\cos\theta$$

여기서 $\theta$는 $\vec{a}$ 와 $\vec{b}$ 의 사잇각이며 직각을 이룰 때 0이 된다.

이런 직교 성질은 다른 신호에 간섭을 주지 않으면서 주파수의 중첩을 가능하게 하여 사용 주파수 대역을 감소시켜 대역폭을 절약할 수 있는 장점으로 나타난다. 뿐만 아니라 부반송파의 중첩으로 인해 주파수 대역의 효율성을 높일 수 있고 대역확산(Spread Spectrum) 기술은 정확한 주파수에서 일정 간격 떨어져있는 많은 수의 반송파에 데이터를 분산시킨다. 바로 이 간격이 복조기가 자기 자신의 것이 아닌 다른 주파수를 참조하는 것을 방지하는 기술 내에서 직교성을 제공한다.

OFDM은 멀티캐리어 변조방식의 일종으로 다중경로 (multi-path) 및 이동 수신 환경에서 우수한 성능을 발휘한다. 이 때문에 지상파 디지털 TV 및 디지털 음성 방송에 적합한 변조 방식으로 주목을 받고 있다.

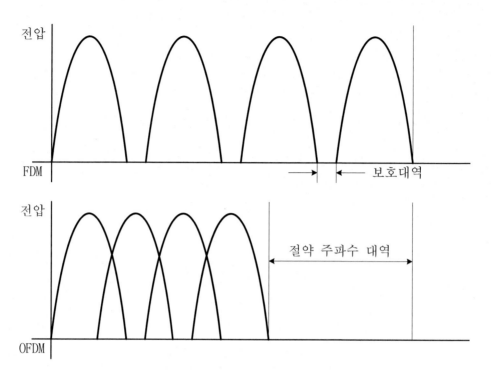

전압

FDM                                    →| |← 보호대역

전압

절약 주파수 대역

OFDM

[그림 10-11]  FDM과 OFDM의 비교

## (3) 장단점

### 1) 장점

① 다중경로로 인한 열화에 대하여 효율적으로 대응할 수 있다.

송신 데이터를 N개의 반송파에 분산하여 전송하는 경우, 데이터의 계속 시간은 단일 캐리어 방식의 N배가 된다. 이때, 부반송파가 서로 직교 관계를 유지하므로 시간 축에서 가드 인터벌(Guard Interval)을 부가하면 멀티패스(multipath)가 증가해도 전송 특성의 열화가 적다.

② 주파수 선택적 페이딩에 강하다.

주파수 선택적 페이딩 환경에서는 기존의 단일 반송파 변조 방식 시스템의 경우 심벌간 간섭(Inter Symbol Interference, ISI)을 줄여주기 위해서는 채널 등화기를 사용하여야 한다. 그러나 OFDM 전송방식을 사용할 경우 각 부반송파에 실린 신호의 대역폭이 좁아서 각 부반송파에 대해서는 거의 주파수 비선택적 페이딩으로 근사화될 수 있으므로 채널 등화기 없이 또는 매우 간단한 채널 등화기로써 심벌 간 간섭을 피할 수 있다.

③ 협대역 간섭에 강하다.

직교 방식을 사용하므로 각 반송파의 사이드 로브(Side Lobe)는 급격히 감쇠하고 대역 외로 전력 누설이 적다. 그러므로 스펙트럼 효율(Spectrum Efficiency)이 높으며 마침내 4G를 위한 표준안으로 채택되기에 이르렀다.

④ 에러에 강하다.

데이터를 전송 대역 전체에 분산하여 전송하기 때문에 특정 주파수 대역에 방해 신호가 존재하는 경우에도 그 영향을 받는 것은 일부 데이터 비트에 한정되며, 인터리버(interleaver)와 에러 정정 부호로 효과적으로 특성을 개선할 수 있다.

⑤ 방송용에 적합하다.

멀티패스에 강한 특성이 있으므로 비교적 소전력의 다수 송신국을 이용하여 단일 주파수로 서비스 영역을 커버하는 SFN(Single Frequency Network)이 가능하여 방송망에 적합하다.

---

### 쉼터

**SFN(Single Frequency Network)**

디지털 음성 방송 시스템의 하나로, 비교적 소출력의 송신소를 다수 설치하여 모든 송신소에서 동일한 주파수로 방송하여 방송 서비스 구역을 이루는 방식으로서 유럽의 디지털 오디오 방송 방식에서는 멀티패스에 강한 OFDM의 특성을 이용하여 SFN을 구성할 수 있다.

---

## 2) 단점

① 비선형 특성이 생기기 쉽다.

반송파가 같은 주파수 간격으로 정렬된 멀티 캐리어 방식이므로 전송로에 비선형 특성이 존재하고, 상호 변조가 생기기 쉽다.

② 반송파의 주파수 offset과 위상 잡음에 민감하다.

③ 상대적으로 큰 첨단 전력 대 평균 전력비(Peak to Average Ratio, PAR)를 가지며 이는 RF 증폭기의 전력 효율을 감소시킨다.

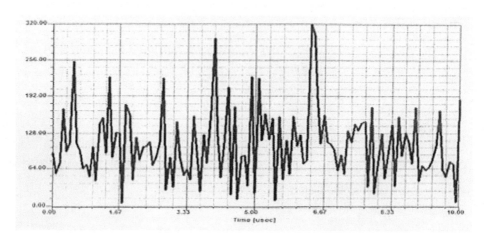

[그림 10-12] PAR 개념

## 10.2.3 인지무선(Cognitive Radio, CR)

### (1) 개념

현재의 기술로 가용할 수 있는 주파수 대역은 모두 할당되어 밀리미터파 대역인 수 [GHz]대의 높은 주파수에 대한 기술 개발이 필요한 시점으로 사용되지 않고 비어 있는 주파수를 감지해서 효율적으로 주파수를 공유하여 사용할 수 있는 CR 개념이 제시되고 있다.

CR은 지역과 시간에 따라 사용하지 않는 주파수를 자동으로 검색해 무선 통신이 가능케 하는 전파 기술이다. CR은 유휴 스펙트럼을 찾아 환경에 맞는 통신 방식 및 주파수 대역폭 등을 능동적으로 판단해 재활용함으로써 제한된 자원인 주파수를 효율적으로 사용할 수 있다.

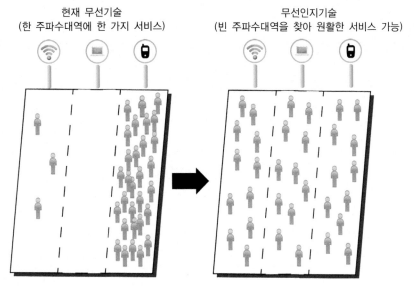

[그림 10-13] 무선 인지 (Cognitive Radio)의 개념

CR은 이동통신 수요 증가로 주파수 자원이 고갈되면서 주파수 자원의 효율성을 높일 수 있는 기술로 부상하고 있다. 특히, 무선인지 기술은 서로 다른 주파수간의 로밍을 가능케 하기 때문에 4G 이동통신의 핵심 기술이다.

이 기술이 상용화되면 800[MHz]와 같은 효율적인 주파수가 사용되지 않을 경우 타사 가입자도 해당 대역의 주파수를 활용해 통신할 수 있기 때문에 로밍 이슈가 자연스럽게 해소될 수 있다.

또한 CR 기술이 내장된 TV튜너를 사용하면 미사용 채널을 이용해 TV 수신뿐 아니라 송신도 가능하다. 해외에서는 TV방송 주파수 대역에서 미사용 채널을 이용해 글로벌 로밍이 가능한 브로드밴드 네트워크 구성도 가능하다.

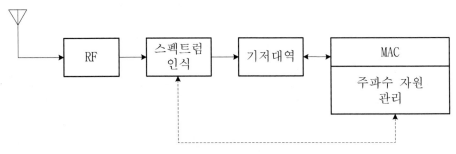

[그림 10-14] Cognitive Radio 블록도

## (2) 주요 기술

### 1) 주파수 스펙트럼 검출

에러율이 적고 S/N비가 높은 정합필터(Matched Filter)를 사용하여 스펙트럼 환경을 검출하여 채널 사용 현황을 파악한다. 이때 우선 사용자(Primary User)에게 채널을 부여함으로써 간섭을 사전에 제거할 수 있다.

---

**쉼터**

정합 필터(Matched Filter)

필요로 하는 신호는 최대로 강조하고 잡음을 억제하여 에러의 가능성을 줄이고 펄스의 유·무를 정확히 판별할 수 있는 최적필터로서 시스템 성능 분석에서 수신 신호의 에러 확률을 개선시킨다.

---

### 2) Dynamic Frequency Selection

S/N비가 높으며 간섭이 없는 주파수 대역을 검출하고 사용자의 수신감도 및 데이터 사용 요구량 등을 근거로 하여 QoS(Quality of Service)를 제공하도록 주파수 자원을 제공한다.

일반적으로 전체 시스템의 전송 효율을 고려하여 채널 상황이 좋은 사용자에게 많은 자원을 할당하며 사용자 공정성(fairness) 등을 고려하고 있다.

### 3) 잉여 주파수 대역 확보

CR이 제공하는 서비스를 사용하고 있는 사용자에게 seamless 서비스를 제공함으로써 유비쿼터스 환경에 대비할 수 있다.

### 4) 충돌 회피 방지

자원 공유 기술을 이용하는 다른 서비스 제공자가 인접에 존재할 때, 서로 비어 있는 주파수를 점유해 사용하려는 문제가 발생할 수 있다. 따라서 상호 간섭으로 인한 고조파 발생을 사전에 방지하는 프로토콜 기술이 필요하다.

## (3) 향후 과제

CR이 활성화되기 위해서는 스펙트럼 인식(Spectrum Sensing)을 통해 허가받은 주파수 대역을 사용하는 기존 사용자에게 간섭을 발생시키지 않도록 사용 환경을 감지하는 것이 필요하다. 뿐만 아니라 다른 사용자와 주파수를 간섭 없이 공유할 수 있도록 주파수 대역을 할당하기 위해서는 변조방식 그리고 송신전력 등도 함께 제어해야 한다.

현재 사용 중인 주파수대 이외에 옮겨갈 수 있는 잉여 주파수 대역도 미리 파악하여 충돌 가능성에 대한 준비가 반드시 필요하다.

이제 주파수 공유를 위한 기술적 문제와 인접 CR들 간의 상호 신호 교류 문제뿐 아니라 복잡한 시스템, 안테나의 크기, 공용 주파수 사용으로 인한 서비스의 안정성을 위하여 효율적인 스펙트럼 센싱 기술의 개발 및 관련 규약 제정이 필요하다.

## 10.2.4  MIMO(Multiple Input Multiple Output)

### (1) 도입 배경

기존의 2G CDMA 방식에서는 단말기에서 기지국으로 신호를 전송하는 역방향 링크에서 단말기에 두 개의 수신 안테나를 설치하는 공간 다이버시티를 사용하고 있으며 합성 기법으로는 최대비 합성(Maximum Ratio Combining, MRC)을 사용하고 있다. 반면에, 기지국에서 단말기로 신호를 전송하는 순방향 링크에서 2[Mbps] 이상의 높은 속도로 보다 많은 정보의 전달이 가능하도록 하기 위해서는 IMT-2000 시스템에서는 순방향 링크에도 다이버시티 기법을 적용하는 방법이 채택되었다.

---

### 쉼터

최대비 합성(Maximum Ratio Combining, MRC)
합성기의 출력이 최대 S/N비를 갖도록 정합 이득이 가중되었으며 시스템 구조는 복잡하나, 최적의 성능을 구현할 수 있다.

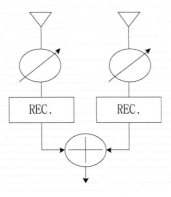

---

그러나 간단하고 가격이 저렴해야 하는 단말기에 역방향 링크에서 적용하였던 기술을 그대로 적용하는데는 많은 문제점이 있다. 그러므로 다이버시티 기술을 그대로 유지하면 서도 단말기 크기나 복잡도를 거의 증가시키지 않는 방법을 고안하게 되었는데 바로 송 신 다이버시티 기법인 STTD(Space Time Transmit Diversity) 방법이 제안되었다.

하지만 많은 데이터를 전송한다는 점에서는 이득이 있지만, 무선채널 간에 상관도 (correlation)가 큰 경우 데이터를 분리하는 데 문제가 제기될 수 있으므로 이러한 문제 점을 해소하고자 MIMO가 등장했다.

---

### 쉼터

STTD(Space Time Transmit Diversity)

두 개의 안테나를 사용하여 첫 번째 송신 안테나에서는 원래의 신호로 전송이 이루어 지고, 두 번째 송신 안테나에서 전송되는 데이터 심벌들은 원래 심벌들의 복소쌍 (Complex Conjugate) 형태로 시간적으로 순서를 바꿔서 송신하는 공간다이버시티 기법 과 시간다이버시티 기법을 복합한 방식이다.

---

## (2) 구현 방법

MIMO system은 기존의 SISO(Single Input Single Output) system을 발달시킨 형 태로 송신 측과 수신 측의 안테나를 여러 개 사용한다. 여러 개의 안테나를 통해 여러 신 호를 한꺼번에 보내고 받는 것이 기본이며 이를 통해 bandwidth는 더 이상 늘리지 않고 기존의 system보다 더욱 많은 데이터를 보내는 장점이 있다.

그러므로 전송할 때 여러 개의 안테나에 서로 다른 데이터를 보내고 같은 채널화 코드 (Channelization Codes)를 사용하며, 수신 단에서 서로 다른 안테나로 전송된 데이터를 통해 무선 채널 특성을 찾아내어 분리하는 것을 특징으로 한다.

하지만 MIMO 시스템은 고속 전송 시 발생하는 심벌간의 간섭, 주파수 선택적 페이딩 에 약하다는 단점이 있다. 이런 단점을 극복하기 위해 OFDM 방법을 함께 사용한다. OFDM은 데이터를 병렬 처리함으로써 고속의 데이터 스트림을 저속으로 분할하여, 반송 파를 사용하여 동시에 전송한다. 또한 OFDM은 여러 개의 반송파를 이용함으로써 주파 수 선택적 페이딩에 강한 장점이 있다. 결국 이 두 시스템을 결합함으로써 MIMO 시스템 의 장점은 그대로 이용하고 단점은 OFDM 시스템을 이용해 상쇄시킬 수 있다.

스마트 안테나 시스템이 안테나로 수신된 신호간의 상관성이 존재하는 특성을 이용하 는 반면에 MIMO 시스템은 안테나로 수신된 신호간의 비상관성을 이용하는 것이다.

# 쉼터

## 주파수 선택적 페이딩

 신호의 여러 가지 주파수 성분들이 페이딩에 의하여 서로 다른 영향을 받게 되는 현상으로 Coherence 대역폭보다 넓은 대역폭을 사용하는 시스템, 즉 광대역 시스템(Wideband System)에서 야기되는 페이딩이다. 이때 coherence 대역폭은 상관관계가 거의 없는 fading을 갖는 주파수 간격으로서 도심지에서는 100~300[kHz] 정도이다.

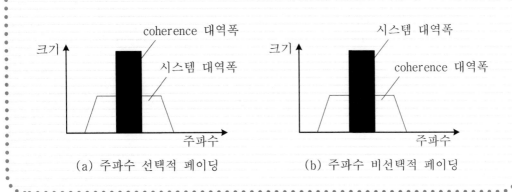

(a) 주파수 선택적 페이딩          (b) 주파수 비선택적 페이딩

노트북                          무선 액세스 포인트

[그림 10-15] MIMO 시스템

## 10.2.5 스마트 안테나

### (1) 개념

이동통신에 대한 수요가 증가함에 따라 한정된 스펙트럼을 효율적으로 이용하기 위해 모뎀 기술을 비롯하여 여러 가지 방법이 연구되고 있다. 그 중에 기지국을 증설하지 않고 진보된 안테나 기술을 적용해서 통신용량을 대폭 증가시키고자 하며 통화품질을 향상시키기 위해 스마트 안테나 기술이 지금도 연구되고 있지만 제4세대 이동통신 시스템의 핵심기술로 필요하다.

스마트 안테나 기술은 다수의 안테나와 processor로 구성되는 일종의 부궤환 제어회로로 구성되어 있으며 강한 방해 신호원 또는 간섭 신호원의 방향으로 null을 갖는 수신 패턴을 자동으로 형성하고 방해신호를 억압하여 정보신호의 수신을 가능하게 하는 것이다. 방해신호에 대하여 공간 및 주파수 영역에서 필터와 같은 역할을 수행하는 것이다.

기대 효과로는 ▶ 간섭 신호의 억제 ▶ 통신 품질 개선 ▶ 서비스 반경 확대 ▶ 동시에 이용할 수 있는 사용자수(용량) 증대 ▶ 역방향 빔 형성 및 순방향 빔 형성이 예상된다.

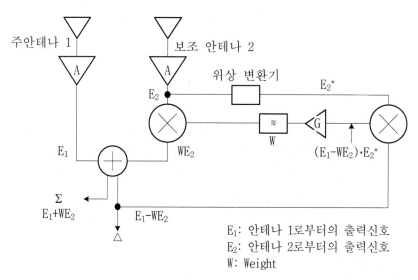

[그림 10-16] 스마트 안테나

### (2) 적용 분야

#### 1) TDMA 셀룰러 시스템에서의 스마트 안테나

① 고감도 수신 : 안테나 이득 증대, 공동 채널 간섭 경감으로 상향 링크 용량 증대, 단말기의 송신 전력 절감

② 간섭 완화를 위한 공간 여파 기능 : 스마트 안테나를 상·하향 링크에 모두 사용

할 때 양방향에서 안테나 이득을 늘리고 간섭을 크게 줄여 주파수 재사용 거리를 줄여 시스템 용량을 늘림

③ 공간분할 다중접속 : 같은 시간 및 주파수 대역을 사용하는 여러 사용자를 공간적으로 분리함으로써 시스템 용량을 늘림

## 2) CDMA 셀룰러 시스템에서의 스마트 안테나

① 많은 사용자 수용 : 기지국에 방향성 수신으로 동일 셀 안의 다중 접속 간섭 신호를 줄임.

② 공간분할 다중 접속 : 시간과 주파수 대역에서 여러 사용자가 동일 부호를 재사용하여 주파수 이용효율을 높임.

## 10.2.6  소프트웨어 무선 통신(Software Defined Radio, SDR)

### (1) 도입 배경

기존의 이동 전화는 각 지역별로 서로 표준을 정하여 사용하였기 때문에, 국제적인 로밍이 불가능하며 기지국에서 수 Km 이내에서만 서비스가 가능하기 때문에 전 지역에 서비스를 제공할 수 없다.

뿐만 아니라 가까운 미래에 새롭게 대두되는 조건은 빠른 시장의 적시성(Time-to-market)이다. 이는 기존의 단말기 설계에서도 요구되었으나, 이전에 비하여 시장 변화의 속도가 더 급격하게 빨라졌기 때문에 대두되고 있다. 그러므로 현재 사용되거나 개발 중인 다양한 규격에 적응하기 위해서는 단말기의 구조 자체가 유연성을 가져야 한다. 개발된 단말기가 유연성을 갖는다면 새로운 규격의 인식이 용이할 것이기 때문이다.

이러한 요구 조건을 만족하기 위하여 기존에 서로 다른 기기를 사용해야 했던 다양한 방식의 무선 통신 서비스를 하드웨어가 아니라 소프트웨어의 변경만으로 통합 수용할 수 있는 기술이 필요하게 되었는데 이것이 바로 SDR(Software Defined Radio)이다.

SDR은 기존의 2G와 3G를 통합하고, 나아가서는 CDMA, GSM, cdma2000, 블루투스 및 위성통신 등 다양한 통신수단을 하나의 단말기에서 구현할 수 있는 획기적인 통신기술이다.

### (2) 정의

무선 이동 통신 시스템에서 안테나 이후의 RF 영역을 포함한 대부분의 기능 블록을 프로그래밍이 가능한 고속 처리 소자에 의해 구현된 소프트웨어 모듈에 의해 수행됨으로써 하드웨어 교체 없이 필요한 소프트웨어의 재구성으로 다중 무선 접속 규격 또는 서비

스 기능을 할 수 있는 시스템을 말하며 SDR 기술을 이용하여 하나의 단말이나 기지국으로 다양한 무선 통신 서비스를 제공할 수 있으며 통신 사업자는 저렴한 망 구축비용으로 융통성 있는 망운용이 가능하게 되는 새로운 기술이다.

SDR은 재구성이 가능한 시스템 송·수신단의 변복조 구조로 인해 대역이나 모드를 선택할 수 있는 유동성을 가지고, 디버깅이나 성능 향상을 위한 업그레이드가 용이할 뿐만 아니라, 기존의 기능들을 다수 추가함으로 SDR의 기능과 용량을 향상시킬 수 있다는 장점을 가지고 있다.

따라서 SDR이 실용화되면 여러 기기를 구입해야만 가능했던 서비스들을 SDR 단말기에서 소프트웨어의 변경만으로 필요한 서비스를 받을 수 있게 된다. 뿐만 아니라, 자신의 단말기로 전 세계 어디에서든 서비스를 받을 수 있는 글로벌 로밍도 가능하게 된다.

이제 SDR 기술은 단일 하드웨어 플랫폼에서 소프트웨어적인 재구성을 통해 특정 규격 내지 특정 목적의 통신 송수신 시스템으로 변경하여 다양한 무선 규격을 하나의 시스템으로 제공할 수 있다는 점을 고려할 때 4G 이동 통신 시스템의 근간이 될 핵심 기술로 대두되고 있다.

## (3) 핵심 기술

### 1) RF Module 기술

다중 모드의 서비스를 받기 위해 2G 및 3G 모두를 수용할 수 있는 광대역 RF Module이 필요하게 되는데 이를 설계할 때 고려 사항으로 Multi-bandwidth를 수용하는 구조와 서비스 규격의 변화에 용이하게 수용할 수 있는 구조로 진행되어야 한다.

RF Module의 핵심 기술로는 RF 소자 설계 기술과 안테나 기술로 대별할 수 있으며 이들 기술은 다음 사항을 포함한다. 먼저 RF 소자 설계 기술로는

- 광대역 소형화 기술        - Homodyne 설계 기술
- 고효율/선형 RF 전력 증폭기     - IF 설계 기술

을 들 수 있으며 안테나 기술은 다음 사항을 들 수 있다.

- 스마트 안테나/chip 안테나/build-in 안테나
- 고효율 선형 안테나

**쉼터**

Homodyne 설계 기술

기저대역에서의 직접 변환에 의한 방식을 사용하므로 협대역 통신 방식과 달리 송·수신기에서의 주파수 천이 과정(carrier-free)이 필요치 않다.

## 2) Baseband DSP Module 기술

S/W는 각각 통신 방식에 따른 modulator부, channel codec부, equalizer부, 암호화부, time/phase tracking 등이 S/W library화되어 필요한 라이브러리를 baseband 하드웨어 플랫폼 상에 다운로드하여 실행하며 H/W는 고성능의 DSP(Digital Signal Processor)를 사용하는 방법, multimode에 ASIC(Application Specific Integrated Circuit)를 여러 개 사용하는 방법, 파라미터에 의해 조절 가능한 ASIC를 사용하는 방법 그리고 FPGA(Field-Programmable Gate Array)와 같은 reconfigurable logic을 사용하는 방법을 들 수 있다.

## (4) 특징

첫째, SDR은 재구성이 가능한 시스템 송·수신단의 변복조 구조로 인해 대역이나 모드를 선택할 수 있는 유동성을 가지고, 디버깅이나 성능 향상을 위한 업그레이드가 용이하다.

둘째, 3G 서비스에서 4G(또는 5G)서비스로 업그레이드할 경우 기존의 기능들을 다수 추가함으로 SDR의 기능과 용량을 향상시킬 수 있다.

셋째, SDR 하드웨어 플랫폼 개발과 전용구동 소프트웨어 개발부분만 설치하면 되기 때문에 개발과정이 단순화되고 그만큼 생산성도 높아진다.

**쉼터**

SDR의 이점
① 다양한 통신 시스템에 적용할 수 있는 표준 구조
② 현재와 향후 등장될 무선 접속 기술을 확장하여 사용자에게 무제한 로밍 서비스 제공
③ 무선 시스템의 수명 대 가격 절감
④ 이동 네트워크에서 완전 이동성을 보장하는 진보된 네트워킹 능력

## 10.2.7 협력 통신(Cooperative Communication)

### (1) 도입 배경

높은 송신 다이버시티를 가지는 MIMO, 다중 안테나 등과 같은 기술이 기지국 등에서 좋은 성능을 나타내지만 이동국 등에서 크기와 비용, 그리고 하드웨어적인 제한 등으로 다중 안테나를 구현하는 것이 쉽지 않다. 이러한 문제를 해결하기 위한 방안으로 협력 통신 또는 협력 중계망이라는 새로운 개념의 기술이 도입되었다.

이 기술은 무선 장비에 하나의 안테나가 있어도 다중 안테나 시스템의 장점 중 일부를 얻을 수 있게 하여 송신 다이버시티를 개선한 기술로서 LTE(Long Term Evolution)와 WiMAX 두 진영으로 나뉘어 4G에 이어 5G를 주도하는 기술로 평가된다.

### (2) 개념

협력 통신은 다중사용자(multi-user) 또는 중계(relay) 환경에서 하나의 안테나를 가지는 무선 장비들이 그들의 안테나를 공유함으로써 일종의 가상 다중 안테나를 구성하는 것이다. 다시 말하면 전송부에 안테나가 하나이더라도 중간에서 중계역할을 하는 무선 장비들이 가진 각각의 안테나가 다중 전송 안테나의 역할을 하여 송신 다이버시티를 얻게 한다.

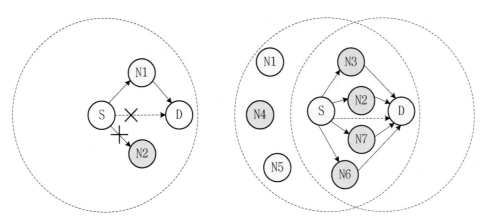

S: 소스 출발지   N: 협력 노드   D: 목적지   ----▶ : High error rate

(a) 전통적인 다중홉 통신방식                (b) 협력 통신 방식

[그림 10-17]  협력 통신의 개념도

## (3) 신호 처리 기술 방법

### 1) 증폭 전달 방법

중계지는 소스 출발지에서 송신된 잡음이 부가된 신호를 수신한 후 간단하게 증폭한 후 재전송한다.

### 2) 검파 전달 방법

중계지는 소스출발지의 협력자 비트를 검파하여 복호된 비트들을 재전송하는데 협력자는 기지국에 의해서 상호적으로 할당된다.

### 3) 부호 협력 방법

채널 부호화 내 협력 관계를 포함시키는 방법으로서 2개의 다른 페이딩 채널을 통해서 각 사용자는 협력자와 관련된 증가분 잉여비트(redundancy)를 송신하려고 하며 그렇지 않은 경우의 사용자는 비협력모드로 전환된다. 이때 사용자 사이에 어떠한 feedback도 없다.

## (4) 구현 방법

### 1) 그룹 기반 협력자 선택법

2M개의 노드, 즉 M개의 송신부와 M개의 수신부가 요구되며 어떠한 위치 정보도 가지지 않는다. 그룹기반인 경우에는 무작위 선택법, SNR 선택법 그리고 고정된 우선 순위

법이 있으며 무작위 선택법은 중계지를 무작위로 선택하는 방법, SNR 선택법은 SNR이 양호한 중계를 선택하는 방법이고 고정된 우선 순위법은 각 사용자가 가진 미리 정해진 선택 순위 목록에 따라서 중계지를 결정하는 방법이다.

### 2) 에너지 효율적 협력자 선택법

소스 출발지에서 데이터를 고정된 전력으로 중계지에 브로드캐스트하면 중계지는 이를 수신하고 트레이닝 시퀀스를 목적지에 전송한다. 이때 목적지는 채널상태정보를 중계지에 전송해주고 채널 상태가 양호한 링크를 통해서 중계지는 목적지에 데이터를 전달한다.

# 10.3   5G(5Generation)

5G는 4G까지의 데이터의 초고속 전송량으로 인한 세대 변경을 넘어서 유비쿼터스 개념을 바탕으로 한 인지적 고객 중심의 서비스를 말하며 이종 규격의 단말기들이 서로 통신할 수 있는 환경이 주어져야 할 뿐만 아니라 단말기가 any mode로 동작해야 한다.
5G에서 요구하는 기술적 특징은 다음과 같이 요약할 수 있다.

- 기능 통합
- 특성화
- 무제약

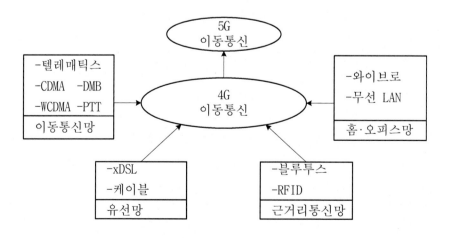

[그림 10-18]   5G 이동통신의 기술적 흐름

# 요 약

1. IMT-2000에서 동기식은 GPS 위성을 사용한 동기화 방식을 사용하며 비동기식은 위성을 이용하지 않고 기지국과 중계국간 동기화를 통해 데이터를 송수신하는 방식이다.

2. HSDPA(High Speed Downlink Packet Access)는 고속의 멀티미디어 서비스를 가능하게 하기 위해 하향 다운로드 속도를 개선시킨 기술이다.

3. AMC(Adaptive Modulation and Coding)는 무선채널에 따라 데이터 및 오류정정 부호의 부호율을 가변시키는 방법이다.

4. H-ARQ(Hybrid-ARQ)는 복조 성능을 높이기 위해서 기존의 수신 데이터와 재전송된 수신 데이터를 효율적으로 조합하는 방식을 사용하고 있다.

5. IMS(IP Multimedia Subsystem)는 인터넷과 유무선 환경을 통합하여 All-IP 화하려는 핵심망 기술을 말한다.

6. OFDM(Orthogonal FDM)은 직교 성질을 이용하여 다른 신호에 간섭을 주지 않으면서 주파수의 중첩을 가능하게 하여 주파수 대역의 효율성을 높일 수 있고 대역확산기술로 인해 정확한 주파수에서 일정 간격 떨어져있는 많은 수의 반송파에 데이터를 분산시킨다.

7. CR(Cognitive Radio)은 비어 있는 주파수를 감지해서 효율적으로 주파수를 공유하여 사용할 수 있는 기술이다.

8. MIMO(Multiple Input Multiple Output)에서는 전송할 때 여러 개의 안테나에 서로 다른 데이터를 보내고 수신 단에서 서로 다른 안테나로 전송된 데이터를 통해 무선 채널 특성을 찾아내어 분리하는 것을 특징으로 한다.

9. 스마트 안테나 기술은 강한 방해 신호원 또는 간섭 신호원의 방향으로 null을 갖는 수신 패턴을 자동으로 형성하고 방해신호를 억압하여 정보신호의 수신을 가능하게 한다.

10. SDR(Software Defined Radio)란 이동 통신 시스템에서 안테나 이후의 RF 영역을 포함한 대부분의 기능 블록을 프로그래밍이 가능한 고속 처리 소자에 의해 구현된 소프트웨어 모듈에 의해 수행된다.

11. 협력 통신은 다중사용자(multi-user) 또는 중계(relay) 환경에서 하나의 안테나를 가지는 무선 장비들이 그들의 안테나를 공유함으로써 일종의 가상 다중 안테나를 구성하는 기술이다.

12. 5G는 4G까지의 데이터의 초고속 전송량으로 인한 세대 변경을 넘어서 유비쿼터스 개념을 바탕으로 한 인지적 고객 중심의 서비스이다.

# 연습문제

1. IMT-2000 동기식 및 비동기식의 차이점에 대하여 설명하시오.

2. H-ARQ의 도입배경 및 구현방법에 대하여 서술하시오.

3. OFDM의 도입 배경을 설명하고 구현 방법에 대하여 설명하시오.

4. 인지무선(Cognitive Radio)의 개념을 설명하고 주요 기술에 대하여 알아보시오.

5. MIMO(Multiple Input Multiple Output)의 도입 배경을 설명하고 개념도를 도시하시오.

6. 다음 용어를 간단히 설명하시오.
   1) Node B Scheduling
   2) IMS(IP Multimedia Subsystem)
   3) SDR(Software Defined Radio)
   4) 스마트 안테나
   5) 5G

HSCSD(High Speed Circuit Switched Data)

HSDPA(High Speed Downlink Packet Access)

GPRS(Genearal Packet Radio Service)

EDGE(Enhanced Data rates for the GSM Evolution)

RAN(Radio Access Network)

AMC(Adaptive Modulation and Coding)

H-ARQ(Hybrid ARQ)

MCS(Modulation and Coding Selection)

IMS(IP Multimedia Subsystem)

OFDM(Orthogonal FDM)

GSM(Global Systems for Mobile communication)

SFN(Single Frequency Network)

CR(Cognitive Radio)

QoS(Quality of Service)

STTD(Space Time Transmit Diversity)

ISI(Inter Symbol Interference)

SDR(Software Defined Radio)

LTE(Long Term Evolution)

4G(4 Generation)

# 11

# 위성통신
# 네트워크

1945년 영국의 클라크가 적도 상공 36,000[km] 원 궤도에 3개의 물체를 120[°]간격으로 쏘아 올리는 것이 가능해지면 지상에선 이 물체가 마치 정지해 있는 것처럼 보이기 때문에 이 물체를 이용하여 대륙 간 전화 중계나 라디오 방송을 할 수 있을 것이라고 기고했다. 이것이 인공위성의 시초이다.

인공위성은 전자기파(Electromagnetic Wave)를 이용하여 데이터를 전송하는 무선 매체를 사용하는데 한 예가 위성 마이크로파이다. 지상 송신국에서 안테나 빔을 이용하여 위성으로 송신(상향링크)한 신호의 주파수 대역을 증폭시키거나 재생시켜 지상국으로 송신(하향링크)한다. 이때 지상의 지구국과 위성 사이에 상향 링크와 하향 링크가 서로 다른 주파수대를 사용하게 된다.

위성 서비스는 전파를 이용해서 데이터를 전송하게 되는데 달과 같은 실제 위성이 네트워크에서 중계 노드로 사용될 수 있지만, 신호 이동 중에 감소되는 에너지를 재생하는 전자장비 설치가 가능한 인공위성의 사용이 우선적으로 고려된다. 자연적인 위성을 사용하는 다른 제한점은 통신에서 긴 지연을 초래하는 지구로부터의 거리이다.

위성통신 시스템은 위성 시스템 자체와 위성관련 서비스 시스템으로 나눌 수 있다. 전자는 페이로드(payload)를 장착한 위성체와 위성체를 지상에서 제어하기 위한 지상관제 장비로 구성된다. 한편, 후자는 위성 설비를 이용하여 타인의 통신을 매개하거나 타인에게 정보를 송신하는 것(공중이 직접 정보를 수신하도록 하는 것을 포함한다)과 위성 설비 또는 지구국 설비를 타인의 이용에 제공하는 서비스이다.

우리나라도 무궁화 1호 위성이 발사되어 본격적인 위성통신 서비스가 제공된 지도 상당히 오랜 기간이 경과되었다. 무궁화 위성뿐만 아니라 과학 위성인 우리별 위성과 다목적 위성인 아리랑호 위성이 순차적으로 발사되어 위성통신에 대한 관심이 높아졌다.

이 장에서는 위성통신의 개념적 고찰, 위성통신 시스템의 구성 그리고 위성통신 방식 및 응용 서비스에 자세히 고찰하도록 한다.

---

### 학습 목표

1. 위성통신의 개념적 고찰 그리고 특성을 이해한다.
2. 위성통신 시스템의 구성에 대하여 공부하도록 한다.
3. 위성통신 방식 및 적용 이론에 대하여 고찰한다.
4. 위성통신 응용 서비스에 대하여 살펴본다.

---

# 11.1 개요

영국 클라크가 'Extra Terrestrial Relay'에서 위성을 이용하여 글로벌한 통신망을 구축할 수 있다고 예측한 후에 1957년 공산권이었던 소련이 첫 번째 인공위성인 스푸니크 1호의 발사에 성공하였다. 이어서 1962년 6/4[GHz] 중계기를 탑재한 저궤도 위성인 미국의 Telstar 1호가 발사되어 오늘날 사용되고 있는 위성의 형태로 본격적인 경쟁이 시작되었다.

국내 위성통신 관련으로는 1992년 8월에 과학위성인 우리별 1호가 남아메리카의 기아나 쿠루기지에서 우주궤도상에 발사된 이후 1999년 5월에 우리별 3호가 발사되었다.

우주 통신의 기본 형식은

① 우주국과 지구국
② 우주국과 우주국
③ 우주국을 중계로 하는 2지구국

의 사이에서 행해지는 통신으로서 이 중 세 번째의 경우를 위성통신이라고 한다.

위성통신의 구성은 우주 부분의 위성체와 지상 부분의 통신용 지구국과 위성을 관제 및 감시하기 위한 관제 시설로 되어 있다. 우주 부분의 위성체에서는 수신된 전파를 위성 중계기(transponder)로 신호를 증폭 및 주파수를 변환시킨 뒤 수신국으로 송신한다.

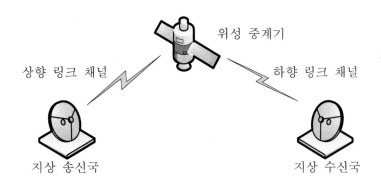

[그림 11-1] 회선 구성도

위성통신의 회선 구성에서 지상국으로부터 위성으로 신호가 향하는 회선을 상향 회선(uplink)이라고 하며, 위성으로부터 지상국으로 신호가 내려오는 회선을 하향 회선(downlink)이라고 한다. 아울러 한 위성과 다른 위성을 직접 연결하여 신호를 주고받는 회선을 위성 간 회선(Inter-Satellite Line, ISL)이라고 한다.

한편, 인공위성의 우주속도는 지구의 공전 방향으로 발사하는 경우의 속도인데 제 1, 제 2 그리고 제 3의 우주속도가 있다.

고도가 약 200[km]보다 약간 낮은 고도에서는 공기저항 때문에 실제로 영구적인 인공위성이 될 수 없으나 공기의 저항을 무시하고 이론적으로 인공위성이 될 수 있는 가상적인 속도를 구하면 7.91[km/초]가 된다. 이것을 제1우주속도라 부른다. 실제로 대기와의 마찰로 인해 적어도 고도 100[km] 이상이 아니면 인공위성은 될 수 없다. 고도가 높아지면 중력이 감소하므로 인공위성이 되기 위해 필요한 속도는 점차 감소한다.

제 1 우주속도의 1.414 배로 초속도 11.2[km]가 되면 포물선의 궤도를 그리게 된다. 이때의 초속도를 지구 탈출 속도 또는 제2우주속도라 부른다.

태양계 외의 별에 갈 때에는 태양의 인력권을 탈출해야 하는데 로켓은 매초 약 16.7[km](지구의 근처에서)의 속도로 분리된다. 이 속도를 제3우주속도라 부른다.

## 쉼터

### 극궤도 위성

1. 정의

남북 양극의 상공을 주회하는 궤도 경사각 90[°]의 궤도에 있는 위성으로서 지구의 자전을 고려하면 지구상의 모든 상공을 통과하게 되므로 각종 관측 위성에 적합하다. 과학, 자원 탐사 등 중·저궤도 위성용에 적합하다.

2. 특성

① 지구국 간에 위성이 마주 보이는 시간에만 통신할 수 있다.
② 평상시 통신망을 확보하기 위해서는 많은 위성을 사용해야 한다.
③ 극지방에서의 통신이 가능하다.
④ 고도가 낮으므로 전파지연시간이 적다.
⑤ 여러 개의 위성을 띄워야 하므로 비용이 많이 든다.

## 11.2 설계할 때의 고려사항

위성통신시스템은 전체 전송구간에서 1개의 중계소만 설치되므로 2개의 무선 구간 (Radio Hop)을 갖는 데 비해, 지상의 M/W 무선 시스템은 전송구간에 위치하는 자연적인 또는 인공적인 장애물과 지구 표면의 곡률 등과 같은 주변 환경에서 가시거리(Line of Sight)를 확보하기 위해 수~수십[km] 간격으로 중계소를 설치하므로 많은 무선구간을 포함하고 있다. 그러므로 전자는 수신점에 도달하기 위해서 많은 감쇠를 받아 도달한다. 이때 낮은 레벨의 전파신호를 수신하기 위해 지구국 안테나의 직경을 크게 제작하고, 좁은 빔 특성을 갖게 하며, 앙각(Elevation Angle)을 20[°] 이상으로 설치하여 대류권을 통과하는 경로를 짧게 한다. 그러나 지상 M/W 시스템보다 잡음이나 간섭에 취약점을 노출하지 않으므로 이와 같은 관점에서는 오히려 지상 M/W 무선 시스템에 비해 양호하다고 할 수 있다.

위성통신시스템은 지상에서의 여러 가지 인위적인 또는 자연적인 제약을 극복하여 어떤 지점에서도 대량의 정보를 전송할 수 있으며, 지상에서의 거리에 관계없이 동일한 품질과 요금으로 전송 서비스를 제공한다. 뿐만 아니라 전송 경로 상에는 자연적인 또는 인공적인 장애물이 없기 때문에 다중 경로 페이딩(Multipath Fading)이 발생되지 않는다.

위성통신시스템을 설계하는 경우, 지상 M/W 시스템과 비교하여 고려해야 할 사항은 다음과 같다.

### 11.2.1 태양 잡음 전파에 의한 수신 장애

태양이 위성 뒤에 위치하면 태양으로부터 방사되는 전파가 지구국의 수신 안테나에 직접 떨어져서 큰 위성 회선잡음이 발생되는데, 춘분과 추분에 약 6일 동안 하루에 수분씩 지속된다.

이때 지구국에서 별도의 추적 안테나를 이용하여 다른 궤도에 위치하는 위성의 예비 채널로 일시적으로 전환시켜서 방지할 수 있다.

### 11.2.2 위성 일식

지구가 위성과 태양 사이의 일직선상 중간에 위치하면 위성이 지구의 그림자에 가려져서 위성의 태양전지가 필요한 전원을 생산하지 못하게 된다.

그러므로 위성을 구성하는 부품이나 회로가 큰 온도 변화에 노출되므로 고신뢰도의 부품 사용과 회로 설계를 할 때 리던던시(redundancy) 및 예비 전환(Protection Switching) 기법이 적용되어야 한다.

### 11.2.3  비에 의한 장애

마이크로웨이브 대의 전파는 비에 의해 감쇠(attenuation), 열잡음(Thermal Noise) 그리고 편파 방지 작용(depolarization) 등의 영향을 받는다.

이러한 현상을 해결하기 위하여 심한 강우가 넓은 지역에 걸쳐 동시에 발생하지 않는 원리를 이용하여 지리적으로 떨어진 두 개의 지구국을 이용하여 공간 다이버시티(Space Diversity)를 적용함으로써 비에 의한 장애 문제를 해결할 수 있다.

### 11.2.4  잡음(noise)

온난한 지구로부터의 열적 방사(Thermal Radiation)가 위성 안테나의 전체 빔폭(Beam Width)에 걸쳐서 영향을 미치므로 위성 안테나 잡음의 중요한 발생원이 된다. 특히 지구국 안테나는 지상에 설치되므로 지구의 열적 방사에 의한 잡음에 영향을 많이 받게 된다.

이때 위성통신 시스템의 수신이 전단에 냉각장치를 설치하여 잡음 온도를 감소시켜서 신호 대 잡음비(Signal to Noise Ratio, S/N)를 개선한다.

### 11.2.5  간섭(interference)

기존의 위성통신시스템과 지상의 M/W 시스템은 사용 주파수 대역이 비슷하므로 서로 간섭을 이르게 된다. 뿐만 아니라 정지궤도 상에서 근접되어 위치하는 통신위성의 사용 주파수 대역이 동일하면 위성 간에도 간섭을 일으키게 된다.

그러므로 지구국 안테나의 앙각(elevation)을 5[°] 이하가 되지 않게 설치하여 지상 M/W 무선 시스템과의 간섭 가능성을 감소시킨다.

## 11.3 통신 위성의 종류

위성은 크게 수동위성과 능동위성으로 나눌 수 있고, 능동위성은 다시 정지 위성, 랜덤 위성 그리고 위상 위성으로 구분할 수 있는데 그 내용은 다음과 같다.

### 11.3.1 정지 위성

#### (1) 정의

지구의 자전속도와 위성의 지구에 대한 공전속도가 같을 때 위성은 지구에 대하여 정지 상태로 보인다. 따라서 1개의 안테나를 사용해서 거의 고정통신과 같은 통신을 할 수 있다. 통신 지연시간이 약 0.6초인 것을 제외하면 우수한 통신수단이라고 볼 수 있으며 INTELSAT도 정지 위성을 이용하고 있다.

#### (2) 장단점

##### 1) 장점

① 회선 구성이 유연하고 신속하다.
② 자연 재해의 영향을 상당히 적게 받으므로 신뢰성 있는 통신망 구성이 가능하다.
③ 3개의 위성으로 전 세계 통신망을 구성할 수 있다.(극지방 제외)
④ 난시청 지역을 해소할 수 있고 방송주파수 자원이 증대한다.
⑤ 통신 회선의 에러율이 적다.

##### 2) 단점

① 전파 지연 시간이 문제가 된다.
② 지구국에서의 시설비용이 증대된다.
③ 점대점(Point-to-Point) network만 구성 가능하다.

### 11.3.2 랜덤 위성

#### (1) 정의

초기의 통신 위성 방식으로 지구 고도 수백 [km]에서 수천 [km]의 궤도상을 수 시간의 주기를 갖고 날고 있는 위성을 이용하는 방식이다.

### (2) 특징

① 지구국 간에 위성이 서로 마주 보이는 시간에만 통신할 수 있다.

② 평상시 통신망을 확보하기 위해서는 많은 위성을 사용해야 한다.

③ 극지방에서의 통신이 가능하다.

④ 고도가 낮으므로 전파 지연 시간이 적다.

⑤ 여러 개의 위성을 띄워야 하므로 비용이 많이 든다.

## 11.3.3 위상 위성

### (1) 정의

지구 주위 상공에 등간격으로 복수 개의 위성을 띄우고 각 지구국의 안테나를 사용하여 차례로 위성을 추적함으로써 항상 통신망을 확보하는 방식이다.

### (2) 특징

① 정지 위성에서는 커버될 수 없는 극지점과의 통신이 가능하다.

② 고도가 낮으므로 지연 시간이 적다.

③ 지구국을 포함한 총경비가 경제적이지 못한 결점이 있다.

# 11.4 위성통신 시스템의 특징

## 11.4.1 장점

### (1) 회선구성의 유연성 및 신속성

산간오지, 외딴 섬, 사막, 광활한 국토를 가진 국가, 산과 바다가 많은 국가 등에서는 지상 통신장비로 통신망을 구성시 경제성이 없을 뿐만 아니라 시설공사의 곤란 등으로 서비스 수요자의 요구에 즉각적으로 대처할 수 없다.

### (2) 대용량

위성통신에 할당된 대역폭은 현재 상용으로 많이 이용되는 6/4[GHz]의 경우 대용량을 갖고 있으므로 음성 1회선 당 비용의 현저한 감소를 가져와 통신비용의 절감에 크게 기여를 하고 있다.

## (3) 내재해성

위성통신 시설은 전화선, 광케이블, 마이크로웨이브 시설과 같이 지상중계 시설을 필요로 하지 않기 때문에 자연재해의 영향을 상당히 적게 받으므로 신뢰성 있는 통신망 구성이 가능하다.

## (4) 광역성, 동보성, 다원접속성

통신용으로 대부분 이용하고 있는 지구 정지 궤도상에서 지구를 바라보면 위성체 1개로서 가능한 통신 범위는 지구의 1/3 까지 포함할 수 있으며, 통신가능 범위 내 어느 지점에서나 동시에 송·수신이 가능하여 통신 효율을 상당히 높일 수 있다.

## (5) 에러 향상

에러의 발생은 주로 신호가 대기 중을 전파할 때 발생하는데, 위성통신의 경우 신호의 대기 중 통과 거리는 지상 통신의 경우보다 현저히 짧게 되므로 에러의 발생이 현저히 줄어들게 된다.

## (6) 난시청 지역해소 및 방송주파수 자원증대

위성을 통해서 직접 위성방송 서비스를 제공할 경우 지역 간 난시청 문제가 일시에 해결되며 또한 지상 방송 주파수의 고갈로 추가적인 방송국 설립이 불가할 경우 지상에서 이용치 않는 초고주파를 이용한다.

## 11.4.2 단점

### (1) 전파 지연

통신위성이 적도상공 약 36,000[km] 상공에 위치한 관계로 전파경로가 지상망에 비해 비교할 수 없을 만큼 길어지므로 통신 시 0.25 초의 전파지연이 발생한다. 그래서 전파 지연이 작은 지상시설에서는 송신 측의 신호가 수신 측으로 되돌아오는 시간이 상당히 짧으므로 전화통화시 이를 느낄 수 없으나 위성통신에서는 통신경로의 원거리로 인하여 전파지연으로 반향현상이 문제된다.

### (2) 지구국 시설의 고가격

전파의 전송손실이 거리의 제곱에 비례하기 때문에 위성과 지구국간의 거리의 손실을 보상하기 위해서는 지구국에서의 고출력 송신장치, 대형안테나, 저잡음 수신장치 등 고성능 장치를 필요로 하므로 시설비용이 증대한다.

## (3) 점대점(Point-to-Point) 네트워크 구성만 가능

지상통신의 경우 장거리 구간에 일단 점대점 네트워크가 구성된 후 두 지점의 인접지역은 적은 비용의 투자로 다중점 네트워크의 구성이 가능하다. 그러나 위성통신의 경우 새로운 지구국의 건설이 요구되므로 막대한 경비가 소요된다. 이러한 단점은 지구국과 인접한 지역 사이에 별도의 지상통신로의 설치에 의해 해결되어야 한다.

[표 11-1] 위성통신의 장점과 단점

| 구 분 | 내 용 |
|---|---|
| 장 점 | - 넓은 범위의 지역에서 통신이 가능하다.<br>- 통신의 전송구간이 지상 통신 지점간의 거리에 관계없이 거의 일정하므로 통신 비용 및 품질이 균일하다.<br>- 지구국만 설치하면 회선 구성이 가능하므로 신속한 통신망의 건설이 가능하다. |
| 단 점 | - 위성체의 내용 년수가 10년 이내로 짧다. 위성체의 수명은 태양 전지의 성능과 추진체(propellent fuel)의 량에 의해 결정된다.<br>- 지상 무선 시스템과 주파수 공용에 제약이 있고 상호 간섭이 발생하지 않도록 지구국의 위치를 선정해야 한다.<br>- 통신 보안을 위해서 암호화 장치가 필요하므로 지구국의 장비 가격이 상승한다. |

용어 설명

**등가 방사 전력(E.I.R.P)**

E.I.R.P는 Equivalent Isotopically Radiated Power의 약자로서 등방성 안테나를 사용했을 때는 얼마의 전력을 공급하여야 동일 지점에서의 수신 전력 밀도가 같아지게 되는가를 의미한다.

**G/T**

위성통신용 안테나의 성능을 표시하는 것으로 G/T가 있다. 여기서 G는 이득이고 T는 잡음온도로서 단위는 [dB/K]이다. G가 크고 T는 작을수록 좋은 안테나라고 할 수 있다.

## 11.5 구성 및 기능

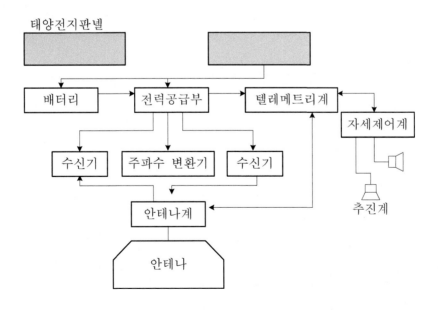

[그림 11-2]  위성체 구조의 블록 다이어그램

### 11.5.1  위성 안테나

다른 위성 시스템 또는 지상의 무선 시스템에 간섭을 주거나, 그로부터 간섭을 받지 않아야 하므로 고이득, 저잡음, 그리고 예민한 지향성 안테나가 필요할 뿐만 아니라 가볍고, 진동에 강하며, 온도 변화에 잘 견디는 재료를 사용하여야 한다. 특히 지구국용은 빔이 정확하게 위성을 향하도록 높은 정밀도의 구동 제어기능과 자기 추미 기능이 있어야 한다.

### (1) 무지향성 안테나

지향성이 없으므로 이득은 떨어지나 명령 및 텔리메트리 신호의 통신을 위하여 사용한다.

### (2) 파라볼라 안테나

좁은 지역에 대한 Spot Beam을 만드는데 사용한다.

### (3) horn 안테나

넓은 지역을 커버하는 beam을 만드는데 사용한다.

### (4) 헬리컬 안테나

비교적 낮은 주파수대(UHF 등)에서 사용한다.

### 11.5.2  위성 중계기

위성의 중계기(repeater)는 1개 이상의 트랜스폰더 (transponder) 로 구성된다. 트랜스폰더는 송수신 장치로서 지구국으로부터 송신된 상향링크 신호를 수신하여 저잡음증폭기(Low Noise Amplifier, LNA)에서 증폭한 다음에 하향링크 주파수로 변환시켜 고주파증폭기에서 고전력 증폭한 다음, 송신 안테나를 통하여 지구국에 송신하는 것을 말한다.

현용 중계기는 다음과 같이 4개 부분으로 구성된다.

① 수신부      ② 신호 증폭부      ③ 주파수 변환부      ④ 송신부

이 중 특히 중요한 부분인 신호 증폭부는 아래의 구비조건을 갖고 있다.

- 고 신뢰성                    - 경량
- 고 효율성                    - 넓은 주파수 대역

이러한 요건을 갖춘 증폭기로서 TWTA(Travelling Wave Tube Amplifier)를 일반적으로 사용하는데 TWTA의 증폭율은 그 길이에 따라 지수 함수적으로 증가하며, 그 효율은 다음 식으로 표시된다.

$$ n\% \; \frac{\text{RF 출력 전력}}{\text{동작에 필요한 AC 입력 전력}} \times 100\% $$

## (1) 신호 처리 방식에 따른 분류

### 1) 비재생 중계기
수신된 신호를 단순히 하향링크 주파수로 변환하여 송신하는 일반적인 중계기

### 2) 재생 중계기
수신된 신호를 검파해서 기저대역으로 변환하여 프로세싱한 다음 다시 변조하여 송신하는 중계기

## (2) 주파수 변환 횟수에 따른 분류

### 1) 단일 주파수 변환형 중계기
주파수 변환회수에 따라 수신된 주파수를 직접, 하향링크 주파수로 변환하여 송신하는 중계기

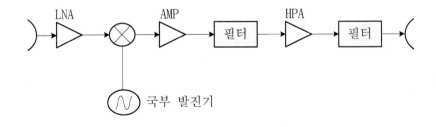

[그림 11-3] 단일 주파수 변환형 중계기
(LNA : Low Noise Amplifier, HPA : High Power Amplifier)

387

## 2) 이중 주파수 변환형 중계기

수신된 주파수를 중간주파수(Intermediate Frequency)로 변환한 다음 증폭시켜서 하향링크 주파수로 변환하는 중계기

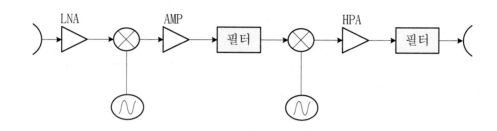

[그림 11-4]  이중 주파수 변환형 중계기

## 11.5.3  전원계

### (1) 전력 발생부

지상에서의 수신설비를 경제적으로 하기 위해서는 위성출력이 되도록 커야 한다. 따라서 정격용량이 큰 TWTA 등의 증폭관이 필요하게 되며 이를 위한 충분한 소요전력이 공급되어야 한다.

태양 전지판의 위성 장착은 다음의 2가지 형태를 갖고 있다.

### 1) 원통형 (Cylindrical Type)

태양전지의 성능은 시간의 경과에 따라 떨어지는데 그 이유는 우주공간에 떠도는 유성체나 우주진(Meteoric Dust)과의 충돌이 가장 큰 요인이라 하겠다. 궁극적으로 태양전지의 수명은 이 태양전지의 강도에 의해 결정된다고 할 수 있는데, 위의 요인을 최소화하기 위하여 얇은 유리막(약 0.1[mm] ~ 0.2[mm])을 Solar Cell에 씌운다.

위성체에는 일식(eclipse)을 대비하여 축전지를 내장하고 있다. 이 경우에 출력은 한쪽 면이 태양을 가리게 되므로 실제 cell 부착 면적에 비해 약 $1/\pi$ 밖에 태양열을 받지 못한다. 따라서 출력 용량도 같은 면적의 태양 전지판을 가진 날개형에 비하여 $1/\pi$ 만큼 떨어진다.

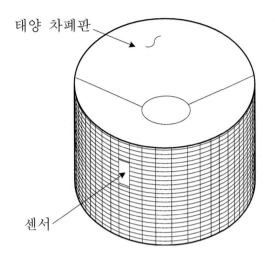

태양 차폐판

센서

[그림 11-5]  원통형 태양 전지

## 2) 날개형 (Flat Panel Type)

패널면이 항상 태양을 향하도록 되어 있고 실제면적과 실효면적이 일치한다. 패널면이 항상 태양을 향하도록 하기 위해서는 부가적으로 태양감지기 (Sun Sensor), 스텝핑모터 (Stepping Motor) 등이 필요하다.

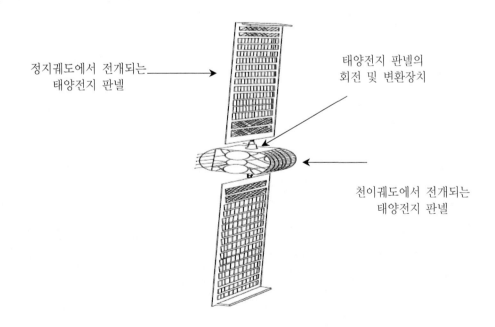

정지궤도에서 전개되는 태양전지 판넬

태양전지 판넬의 회전 및 변환장치

천이궤도에서 전개되는 태양전지 판넬

[그림 11-6]  날개형 태양 전지

## (2) 전원 공급부 (Power Conditioning Subsystem)

전원 공급기에서 공급되는 전력의 변동 (fluctuation) 을 보상하고, 각 수급부분에 알맞는 전류, 전압으로 바꿔주기 위해서 전원 공급부가 필요하다.

## 11.5.4 텔리메트리 명령계

위성체에는 그 위치 및 상태를 측정하여 지상의 관제소에 그 데이터를 보내는 텔리메트리 장치가 있고, 지상에서는 그 데이터를 받아 위성이 취할 적절한 조치를 명령토록 하는 명령신호를 위성으로 보낸다.

## 11.5.5 자세 제어계

자세 제어는 크게 2 가지로 구분될 수 있는데 위성이 발사체로부터 분리된 후 천이 궤도에서의 자세 제어와 드리프트 궤도에서의 자세 제어로 구분된다. 먼저 발사체로부터 분리된 천이 궤도에서의 자세 제어 방식은 회전 안정법을 사용하고 드리프트 궤도부터는 3축 자세 제어 방식으로 제어하게 된다.

3축 자세 제어 방식은 지구방향을 기준으로 해서 피치축 (pitch) 은 남쪽방향, 롤 (roll) 축은 동쪽방향으로 궤도에서 위성이 원심력을 가지는 방향이고 요 (yaw) 축은 위성에서 지구의 중심을 향하고 있는 것이다. 자세 제어는 이 세 개의 축 방향이 규정된 기준 축 범위에서 벗어났을 때 일정한 힘을 가하여 기준 축에 일치시키는 것이다.

## 11.5.6 추진계

위성을 천이 궤도 (Transfer Orbit) 에서 드리프트 궤도 (Drift Orbit) 로 올릴 때 원지점 모터 (Apogee Motor) 가 이용되고, 이 원지점 모터의 분사 전에 위성의 지향 방향을 조정하기 위하여 자세 제어 분사기(thruster) 가 이용된다.

## 11.5.7 열 제어계

위성의 전 임무기간 동안 위성 각 부품들이 허용온도 범위 내에 들도록 제어하는 기능을 가진 부 시스템으로서, 열 코팅, 전도 spacer, 열 파이프(Heat Pipe), 히터 온도 조절 장치(Heater Thermostat) 등으로 구성된다.

## 11.5.8 구체계

위성의 발사시 또는 궤도상에서 받는 기계적 및 열적 환경에 잘 견디도록 각 기기를 유지하는 기본체로서, 태양전지판을 전개 및 유지하는 기구와 각 부 시스템들을 지탱하는 모든 부분들로 구성된다.

[표 11-2] 통신 위성체 구성부

| 시스템 | 구성부 | | 기 능 |
|---|---|---|---|
| Communication Subsystem | 안테나 계 | | 신호의 송수신 |
| | 중계기 계 (transponder) | | – 신호를 수신한 후 주파수 변환하여 재송신함<br>– 수신부, 신호 증폭부, 주파수 변환부, 송신부로 구성 |
| Bus Subsystem | 전력계 | 전원 발생부 | – 태양 전지 판넬로 전원 생성<br>– 배터리 전원 연결 |
| | | 전원 공급부 | 발전된 전력을 각 전자 장치가 요구하는 전압으로 변환하여 공급 |
| | 텔리메트리 명령계 | | – 위성 상태를 보고하는 텔리메트리 신호 송신<br>– 위성 관제소로부터의 명령 신호 수신 |
| | 자세 제어계 | | 위성의 궤도상 위치 및 자세 제어 |
| | 추진계 | | 위성 발사시 및 자세 변동시 궤도 위치 |
| | 열제어계 | | 위성 각 부품의 열적 안정을 위한 장치 |
| | 구체계 | | 각 기기들을 유지하는 기본 구조체 |

# 11.6 다원 접속 방식

다원 접속 방식(Multiple Access)이란 가입자가 기지국에 대해 access할 때 이들을 효율적으로 접속하기 위해 행하는 방식이다. 정지위성에서는 다원접속이 쉽게 이루어 질 수 있다는 것이 특징이다.

위성통신에 이용되고 있는 한정된 가용 주파수대를 가능한 한 많은 지구국들이 활용하고, 주어진 시간에 더욱 많은 정보를 전달함으로서 중계기(transponder)의 제한된 용량을 효율적으로 활용하기 위한 여러 가지 다원접속 기술이 발전되고 있다.

이 방식에서는 FDMA, TDMA, SDMA 그리고 CDMA가 있다.

## 11.6.1 FDMA(Frequency Division Multiple Access)

### (1) 구현 방법

하나의 트랜스폰더를 여러 지구국이 공유할 수 있도록 트랜스폰더의 주파수 대역 폭을 분할하여 지구국에 분배시킴으로써 간섭 없이 서로 통신할 수 있게 하는 방식을 말한다.

### (2) 특징

1) 장점

① 변복조기의 동작속도가 낮을 경우 시스템의 성능이 양호하다.
② 다중 접속이 용이하다.
③ 동기가 간단하다.

2) 단점

① 중계기 이용효율이 제한되어 있다.
② 속도가 다른 디지털 신호전송이 어렵다.
③ 간섭에 약하다.

## 11.6.2 TDMA(Time Division Multiple Access)

### (1) 구현 방법

시간적으로 분할된 버스트를 위성 중계기에서 서로 중첩되지 않도록 사이 사이에 삽입시켜 여러 지상국들에 의해 위성 중계기를 공유하는 방식이다.

### (2) 특징

1) 장점

① 소용량 지구국에 적합하다.
② 각종 속도의 디지털 신호의 전송이 용이하다.
③ 회선용량 변경시 유연성이 있다.
④ 중계기 송신전력 및 대역의 이용효율이 높다.
⑤ 멀티 빔 통신방식에서의 빔 간의 접속이 용이하다.

2) 단점

① 타국 송신신호와의 간섭을 피하기 위해 동기가 필요하다.

② 낮은 트래픽 지구국도 TDMA 속도에 대응하는 송신전력이 필요하다.
③ 기저대역 신호처리장치가 복잡하게 구성되어 있다.

### 11.6.3 SDMA(Space Division Multiple Access)

#### (1) 구현 방법

통신 지역을 분할하여 한정된 자원을 반복하여 사용하는 방식으로 수신신호의 전력밀도를 증강시키기 위하여 위성에서 발사하는 빔을 좁게 하여 전력을 집중시키는 spot beam을 이용하여 지구국의 수신 안테나의 크기를 줄일 수 있다.

#### (2) 특징

1) 장점

① 빔 사이의 거리가 충분히 떨어지는 경우에는 동일한 주파수를 재사용할 수 있기 때문에 주파수 이용 효율이 높다.
② 지구국의 안테나가 소형이어도 된다.

2) 단점

① 빔 수가 증가하면 위성탑재 안테나수가 증가한다.
② 위성체 구조가 복잡하며 대형이다.
③ 정확한 빔의 지향성이 요구된다.

### 11.6.4 CDMA(Code Division Multiple Access)

#### (1) 구현 방법

가입자가 동일한 시간과 주파수를 사용하면서 각 가입자마다 특정한 대역 확산 부호를 삽입하여 보내는 방식으로서 유선에서의 ATM과 비교될 수 있으며 수신 측에서의 동일한 대역 확산 부호에 의해 복조된다.

#### (2) 특징

1) 장점

① 통신 내용에 대한 비밀이 보장된다.
② 주파수 및 시간 계획이 필요치 않다.
③ 많은 가입자를 수용할 수 있으며 추가적인 수용이 가능하다.

2) 단점

　① 넓은 대역폭이 소요되어 주파수의 이용효율이 낮다.

　② 고도의 전력 제어 기술이 요구된다.

# 11.7 회선 할당 방식

　FDMA, TDMA, CDMA 등의 다원접속기술이 위성 중계기를 접속하는 기술이라면, 선정된 다원접속기술의 제원을 각 지구국에 할당하는 방식이 있어야 한다. 회선 할당 방식에는 사전할당 다원접속(PAMA), 요구할당 다원접속(DAMA), 임의할당 다원접속(RAMA) 기술이 있다.

## 11.7.1 PAMA(Pre Assignment Multiple Access)

### (1) 구현 방법

　고정된 주파수 또는 시간 슬롯을 지구국에 항상 할당해주는 접속방식으로서 고정 할당 방식이라고도 한다. 지구국에 송신하고자 하는 정보 유무에 관계없이 그 슬롯은 할당되어 있기 때문에 어떠한 다른 지구국도 할당된 슬롯 외에는 사용할 수 없다.

　이러한 사전 할당 접속 방식은 일정한 트래픽의 전송이 계속적으로 요구되는 지구국에 유용하다.

### (2) 특징

　① 슬롯 할당에 필요한 제어 시설이 요구되지 않기 때문에 시스템의 구성이 간단하다.

　② 각 지구국의 전송트래픽 변화가 많을 때 부적절하며 망 확장성 등 융통성이 없다.

## 11.7.2 DAMA(Demand Assignment Multiple Access)

### (1) 구현 방법

　요구 할당 접속 방식이라고 하는 데 사용하지 않는 slot을 비워두고 원하는 다른 지구국이 활용할 수 있도록 함으로서 더욱 많은 지구국에 한정된 위성 중계기를 효율적으로 이용하기 위한 기술이다.

　DAMA 시스템에서는 PAMA 시스템의 경우와는 달리 슬롯을 할당받기 위해 신호를 교환하는 슬롯과 장비가 필요하며 중앙 제어 방식과 분산 제어 방식이 있다.

## (2) 중앙 제어 방식

중심 지구국만이 슬롯을 할당할 수 있기 때문에 각 지구국이 정보를 전송하고자 하면 제어 슬롯을 이용하여 중심 지구국에 정보 전송 슬롯을 요구함으로써 비어있는 슬롯을 할당해주는 방식이다.

중앙 제어 방식에서는 만약 중심 지구국이 고장이 날 경우 모든 통신이 단절되지 않도록 하기 위한 제2의 중심 지구국이 있어야 한다.

중앙 제어 방식에서 구현되는 특징은 다음과 같다.

① 슬롯 할당 등의 기능이 중심지구국에 집중되어 있기 때문에 망의 관리나 새로운 지구국의 가입 등이 용이하다.
② 각 지구국의 구성이 간단하여 가격의 저렴화를 실현할 수 있다.
③ 특정 지구국에 대한 통신의 우선권(priority)을 줄 수 있다.

## (3) 분산 제어 방식

중앙 제어 방식에서의 중심 지구국이 가지고 있는 슬롯 할당 기능을 각 사용자 지구국에 분산시킴으로서 모든 지구국이 유용한 슬롯을 직접 할당할 수 있게 하는 방식이다.

전송 요구가 있을 때 슬롯을 자신에게 할당함은 물론 다른 지구국에 그 slot를 사용하지 못하도록 사전에 알려주고 또한 통신이 끝난 후 release하도록 모든 지구국에게 통보해주어야 한다.

분산 제어 방식의 경우 모든 지구국이 스스로 제어를 할 수 있기 때문에 다른 지구국의 동작에 큰 영향을 주지 않는다.

분산 제어 방식에서 구현되는 특징은 다음과 같다.

① 슬롯의 요구 절차가 간단하고 할당시간이 짧기 때문에 지구국의 트래픽 처리량이 많은 지구국들로 구성된 망에 유리하다.
② 각 지구국들이 제어 시설이 필요하기 때문에 구성이 복잡하고, 망 관리의 어려움 등으로 제반 비용이 많이 든다.
③ 동일 기간에 같은 슬롯이 요구될 경우 슬롯을 재할당하여야 하기 때문에 할당 시간이 길어질 수 있다.

### 11.7.3 RAMA(Random Assignment Multiple Access)

### (1) 구현 방법

임의 할당 다원 접속이라고 하는데 데이터의 형태가 burst한 트래픽 특성을 갖고, 많은 지구국을 수용하고자 하는 망에서 주로 사전 할당 방식이나 요구 할당 방식과 혼합하여 사용하는 방식을 말한다.

이 방법은 사전 할당이나 요구 할당 방식과는 달리 전송 정보가 발생한 즉시 임의 슬롯으로 송신하는 방식으로서 다른 지구국에서 송신한 신호와 충돌이 일어날 수 있다. 전송될 정보가 실시간이 요구되지 않고 burst 특성을 갖는 많은 지구국들로 구성된 망에 적합한 다원 접속 방식이다.

이러한 임의 할당 다원 접속 방식에는 특히 패킷 전송망에 많이 활용되고 있으며 비동기식의 ALOHA 방식과 동기식 Slotted ALOHA 방식이 있다.

### (2) 프로토콜 종류

1) ALOHA(Additive Links Online Hawaii Area)

ALOHA는 하와이 대학에서 제일 처음 제시된 것으로 그 구현순서는 다음과 같다.

① 아무 때나 단말에서 전송한다.
② 충돌현상이 일어나면 충돌 패킷을 폐기시키고 일정 지연 시간 후 다시 보내는 방식이다.

2) Slotted ALOHA

채널 시간을 주기 $t$초(한 개 패킷의 전송시간)의 부분으로 나누어서 각 단말기가 패킷 전송 시간을 선택하므로 충돌가능 시간이 $2t$에서 $t$로 감소된다. 이때 각 단말기는 패킷 전송의 시작시점을 지정하는 동기화 클럭 시스템에 의해 동기가 유지된다.

## 11.8 위치 추적 기술

### 11.8.1 GPS(Global Positioning System)

#### (1) 개념

GPS는 인공위성을 이용하여 전 세계적으로 현재의 위치나 시각을 결정할 수 있는 위성 측위 시스템이다. 현재 국제적으로 이용되고 있는 대표적인 GPS로는 미 국방성이 명명한 NAVSTAR(NAVigation System with Time & Ranging)가 있는데 미국이 발사한 24 개의 인공위성과 지상국의 제어국, 사용자의 이동국 또는 고정국으로 어떤 위치에서도 평면상의 위치를 알 수 있다. 이때, 위성과 사용자의 이동국 또는 고정국간의 거리는 전파가 도달하는데 걸리는 시간으로 계산한다.

#### (2) 측정 원리

GPS는 정확한 위치를 알고 있는 인공위성에서 발사한 전파를 수신하여 관측점까지 소요 시간을 관측함으로써 관측점의 위치를 구할 수 있는데 삼각 측량법과 비슷하여 위치가 서로 다른 위성에서 지상의 한 지점에 도달하는 전파의 도달시간 차이를 비교하여 그 위치를 계산한다.

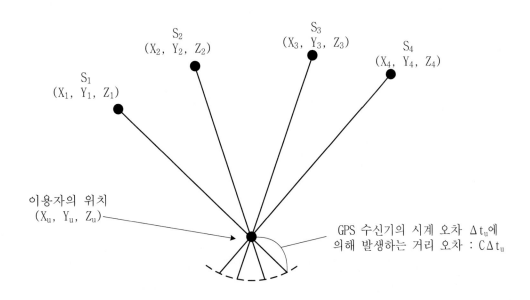

[그림 11-7]  GPS의 동작 원리

4개 이상의 위성으로부터 신호를 받으면 측정 지점의 고도까지 알 수 있기 때문에 위성에서 전파를 수신할 수 있는 곳이면 지구상 어느 곳에서나 자신의 위치를 정확히 알 수 있다. 그러므로 해양에서는 고도의 변화가 없기 때문에 3 개도 가능하다. 그러나 이 GPS도 육상에서의 고도의 불규칙적인 점 때문에 사용자에게 정확성과 신뢰도를 가져다주지 못하며 이 GPS와 함께 지하에서의 매설 상태를 알려주는 GIS(Geographical Information System)도 함께 가능하다.

GPS 위성이 발사한 시간 신호의 수신 타이밍은 다음 그림과 같다고 가정한다.

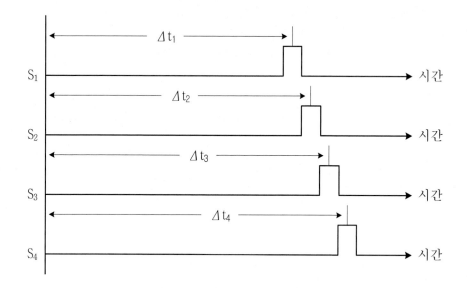

[그림 11-8]  위성이 발사하는 시간 신호의 수신 타이밍

여기서 C는 자유공간에서 전파의 전파속도에 해당되는 광속이라 할 때, 다음 관계식을 유도할 수 있다.

$$(X_1\text{-}X_U)^2 + (Y_1\text{-}Y_U)^2 + (Z_1\text{-}Z_U)^2 = (C\Delta t_1\text{-}C\Delta t_U)^2$$
$$(X_2\text{-}X_U)^2 + (Y_2\text{-}Y_U)^2 + (Z_2\text{-}Z_U)^2 = (C\Delta t_2\text{-}C\Delta t_U)^2$$
$$(X_3\text{-}X_U)^2 + (Y_3\text{-}Y_U)^2 + (Z_3\text{-}Z_U)^2 = (C\Delta t_3\text{-}C\Delta t_U)^2$$
$$(X_4\text{-}X_U)^2 + (Y_4\text{-}Y_U)^2 + (Z_4\text{-}Z_U)^2 = (C\Delta t_4\text{-}C\Delta t_U)^2$$

위의 식을 이용하면 이용자의 위치 $(X_U,\ Y_U,\ Z_U)$ 및 시간 오차 $(\Delta t_U)$ 등을 구할 수 있다.

## 11.8.2 DGPS(Differential Global Positioning System)

### (1) 개념

빠른 물살과 짙은 어둠이 지배하는 바닷속은 육지보다 수색 작업이 훨씬 어렵다. 침몰 선박을 탐색할 때마다 무인 탐색기든 다이버든 시계(視界)를 확보하지 못해 어려움을 겪는다.

어두운 바닷속을 수색하려면 육지와는 전혀 다른 새로운 시각 기술이 필요하다. 특수 시각 기술을 갖춘 무인 탐색 시스템이 이런 수색에 동원된다. 또 선박을 발견한 뒤, 정확한 위치를 파악하는 기술도 중요하다. 이 때문에 GPS보다 해상도가 훨씬 좋은 DGPS가 사용된다.

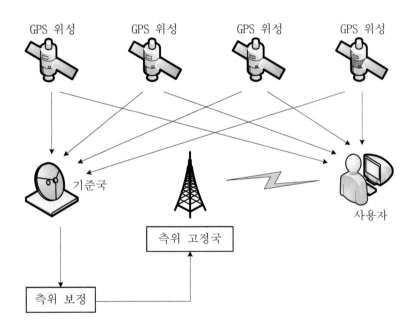

[그림 11-9]  DGPS 개념도

DGPS 체계는 기본 GPS에 수반하는 여러 오차요인을 제거함으로써 움직이는 물체에 대해서는 수 [m], 정지한 대상에 대해서는 1[m] 이내의 위치 측정을 가능하게 만들어준다. 기본 GPS에 비해 괄목할만한 정밀도를 제공하는 DGPS는 GPS가 배나 비행기의 항법에만 사용될 수 있을 뿐만 아니라 자동차 및 정밀성이 요구되는 측지 등에까지 응용될 수 있는 길을 마련하였다.

## (2) 신호 처리 방식

부호 위상이나 반송파 위상은 타이밍 측정을 위해 이용하는 신호를 가지고 구분하는 용어이다. 반송파 위상(Carrier Phase) GPS는 일반인들이 사용하는 부호 위상(Code Phase) GPS보다 매우 정밀도가 높은 반면에 장시간의 측정이 필요하고 특별한 소프트웨어가 필요하다는 단점이 있다. 일반적인 GPS 수신기는 수신기 자체에서 의사난수부호(Pseudo Random Code)를 발생시키고 그것을 수신된 위성 부호와 비교함으로써 위성 신호의 전달 시간을 측정한다. 이것들을 이용하여 측위를 보정하는 GPS 방식에 대하여 알아본다.

### 1) 후처리(Post Processing) 방식

모든 DGPS 응용분야에 있어서 실시간으로 정밀한 위치 측정을 수행해야 하는 것은 아니다. 이를테면 새로 건설한 도로를 지도에 삽입하고자 할 때는 관측이 먼저 행해지고 이때 저장했던 측량 자료를 후처리하여 위치를 계산할 경우도 있다. 이때 이동하는 수신기는 위성 신호의 수신 자료와 시간만 저장하며 기준국은 동시에 보정 값들을 계산하여 저장한다.

측량이 종료된 후 자료를 보정 값을 이용하여 후처리하면 정밀한 위치 정보를 획득할 수 있다. 이런 경우 기준 수신기와 이동 수신기간의 전파를 이용한 연결 (Radio Link)은 필요하지 않으며 근처에 직접 보정 값을 받을 수 있는 기지국이 없어도 가능하다.

### 2) 실시간(Real-time) 방식

기본적 개념은 후처리 DGPS와 같지만 차이점은 후처리에서 2 개의 수신기에서 수신된 데이터가 나중에 프로세싱을 위해 다운로드 되는 것과는 달리 수신기가 수신을 받는 즉시 기준 수신기는 보정 값을 계산해서 바로 이동 수신기로 전송을 한다.

이때 기준 수신기에서 이동 수신기로 전송 방법은 라디오 수신기를 통하거나 전송 시간은 빠르나 비용이 많이 드는 셀룰라 망을 통해서 전송하는 방법이 있다. 실시간 DGPS에서 가장 널리 사용되는 표준 형식을 RTCM SC-104(Maritime Service Special Committee 104) 또는 간단히 RTCM이라고 한다.

[표 11-3] 후처리와 실시간의 비교

| 후처리 DGPS | 실시간 DGPS |
|---|---|
| - 반송파를 이용하므로 정밀도가 높다.<br>- 무료 DGPS 보정자료를 이용하면 하나의 수신기만 필요하므로 비용이 적다.<br>- 기준 수신기를 따로 구입하면 비용이 많이 든다. | - 반송파를 사용하지 않으므로 정밀도가 떨어진다.<br>- 보정 자료를 즉각 제공할 수 있다.<br>- 필드에 인력이 필요없다. |

## 11.8.3 응용 서비스

### (1) 자동 운행 장치(Navigation System)

자동차로 처음 가는 낯선 도시 한 복판. 운전자는 길을 잃을까 걱정이 된다. 만약 길을 잘못 들게 되면 운전자는 당황할 뿐만 아니라 상황판단을 함부로 내리기 쉽다.

그러나 운전석에 장착된 액정화면에 나타나는 도로정보에 따라 가고 싶은 목적지만 정하면 화면에는 현 위치에서 목적지까지 지름길이 표시되고 가고 있는 노선이 점선으로 나타난다. 만약 길을 잘못 들게 되면 컴퓨터가 코스를 수정하도록 음성으로 들려준다. 이것이 바로 차량에서 GPS에 의해 서비스되고 있는 '자동 운행 장치(Navigation System)'이다.

하지만 아직도 자동 운행 장치는 해결해야 할 문제점이 많다. 우선 GPS 시스템의 정확도가 불안정한 점이며 하루 중 위성이 어디에 위치하는가와 차량이 통과하는 주변의 위치에 따라 위치 정보가 심하게는 수백 [m]까지 오차가 생기는 경우가 있다.

### (2) 텔레매틱스(telematics)

텔레매틱스는 통신(Telecommunication)과 정보과학(Informatics)의 합성어로 자동차와 컴퓨터·이동통신 기술이 융합된 첨단 기술 분야이다. 텔레매틱스의 기본적인 개념은 디지털 컨버전스의 대표적인 사례로서 위치정보와 이동통신망을 이용하여 이용자에게 교통 안내, 긴급 구난, 인터넷 등 'Mobile Office'를 제공하는 차량용 멀티미디어 서비스를 말한다.

텔레매틱스 서비스가 상용화되면 운전자는 자동차에 장착된 무선 모뎀 액정 단말기를 통해 뉴스 수신, 주식투자, 전자상거래, 금융거래 등을 할 수 있고 인터넷에 접속해 호텔이나 항공 예약은 물론 팩스 송수신까지 할 수 있다. 또 음성 인식 기술을 이용해 차내 창문이나 에어컨, 오디오 등 기본적으로 장착해 있는 기기들을 음성으로 조정할 수 있다.

## (3) LBS(Location Based Service)

휴대폰 단말기는 GPS 위성으로부터 신호를 받을 뿐 아니라 A-GPS 베이스 스테이션 역할을 하는 기지국으로부터 전파의 수신 세기를 동시에 사용한다. 기존의 망 방식과 결합을 통해 이를 보완한 기술이 바로 LBS에서의 A-GPS(Assisted GPS) 기술로 퀄컴의 gpsOne 칩 역시 이 기술과 맥락을 같이 한다.

# 요 약

1. 위성통신은 우주국을 중계로 하는 2지구국의 사이에서 행해지는 통신을 말한다.

2. 위성통신 시스템을 설계하는 경우, 지상 M/W 시스템과 비교하여 고려해야 할 사항은 ① 태양 잡음 전파에 의한 수신 장애 ② 위성 일식 ③ 비에 의한 장애 ④ 잡음(noise) ⑤ 간(interference)이다.

3. 정지위성(Geostationary Orbit Satellite)에서는 지구의 자전속도와 위성의 지구에 대한 공전 속도가 같을 때 위성은 지구에 대하여 정지 상태로 보인다.

4. 위성통신 시스템의 특징에서 장점으로는 ① 회선 구성의 유연성 및 신속성 ② 대용량 ③ 내재해성 ④ 광역성, 동보성, 다원 접속성 ⑤ 에러율의 향상 ⑥ 난시청 지역 해소 및 방송주파수 자원 증대가 있으며 단점으로는 ① 전파지연 ② 지구국 시설의 고가격 ③ 점대점 네트워크 구성만 가능하다는 점이 있다.

5. 통신 위성체 구성부에서 communication subsystem으로는 안테나 계와 중계기부가 있고 bus subsystem으로는 전력계, 텔레메트리 명령계, 자세 제어계, 추진계, 열제어계, 그리고 구체계가 있다.

6. FDMA(Frequency Division Multiple Access)는 하나의 트랜스폰더를 여러 지구국이 공유할 수 있도록 트랜스폰더의 주파수 대역 폭을 분할하여 지구국에 분배시킴으로써 간섭 없이 서로 통신할 수 있게 하는 방식을 말한다.

7. TDMA(Time Division Multiple Access)는 시간적으로 분할된 버스트를 위성 중계기에서로 중첩되지 않도록 사이 사이에 삽입시켜 여러 지상국들에 의해 위성 중계기를 공유하는 방식이다.

8. SDMA(Space Division Multiple Access)는 통신 지역을 분할하여 한정된 자원을 반복하여 사용하는 방식으로 수신신호의 전력밀도를 증강시키기 위하여 위성에서 발사하는 빔을 좁게 하여 전력을 집중시키는 spot beam을 이용한다.

9. CDMA(Code Division Multiple Access)는 가입자가 동일한 시간과 주파수를 사용하면서 각 가입자마다 특정한 대역 확산 부호를 삽입하여 보내는 방식을 사용한다.

10. PAMA(Pre Assignment Multiple Access)는 고정된 주파수 또는 시간 슬롯을 지구국에 항상 할당해주는 접속방식으로서 고정 할당 방식이라고도 한다.

11. DAMA(Demand Assignment Multiple Access)는 사용하지 않는 slot을 비워둠으로써 원하는 다른 지구국이 활용할 수 있도록 함으로써 더욱 많은 지구국에 한정된 위성 중계기를 효율적으로 이용하기 위한 기술이다.

12. RAMA(Random Assignment Multiple Access)는 데이터의 형태가 burst한 트래픽 특성을 갖고, 많은 지구국을 수용하고자 하는 망에서 주로 사전 할당 방식이나 요구 할당 방식과 혼합하여 사용하는 방식을 말한다.

13. GPS(Global Positioning System)는 인공위성을 이용하여 전 세계적으로 현재의 위치나 시각을

결정할 수 있는 위성 측위 시스템이다.

14. DGPS(Differential Global Positioning System) 체계는 기본 GPS에 수반하는 여러 오차요인을 제거함으로써 움직이는 물체에 대해서는 수 [m], 정지한 대상에 대해서는 1[m] 이내의 위치 측정을 가능하게 만들어준다.

15. 텔레매틱스는 통신(Telecommunication)과 정보과학(Informatics)의 합성어로 자동차와 컴퓨터·이동통신 기술이 융합된 첨단 기술 분야이다.

# 연습문제

1. 위성통신 시스템을 설계할 때 고려할 사항에 대하여 설명하시오.

2. 위성통신 시스템의 장단점에 대하여 열거하시오.

3. 위성통신 시스템의 구성에 대하여 요약하시오.

4. 트랜스폰더를 신호 처리 방식과 주파수 변환 횟수에 따른 분류를 들어 설명하시오.

5. 위성통신 시스템에서 구현되는 다원 접속 방식에 대하여 살펴보시오.

6. 위성통신 시스템에서 적용되는 회선 할당 방식에 대하여 설명하시오.

7. DGPS의 개념과 신호 처리 방식에 대하여 살펴보시오.

8. 다음을 간단히 설명하시오.
   1) 텔레매틱스                    2) LBS(Location Based Service)

## 약 어

ISL(Inter-Satellite Line)

S/N(Signal to Noise Ratio)

LNA(Low Noise Amplifier)

TWTA(Travelling Wave Tube Amplifier)

HPA(High Power Amplifier)

FDMA(Frequency Division Multiple Access)

TDMA(Time Division Multiple Access)

SDMA(Space Division Multiple Access)

CDMA(Code Division Multiple Access)

PAMA(Pre Assignment Multiple Access)

RAMA(Random Assignment Multiple Access)

ALOHA(Additive Links On line Hawaii Area)

GPS(Global Positioning System)

GIS(Geographical Information System)

DGPS(Differential Global Positioning System)

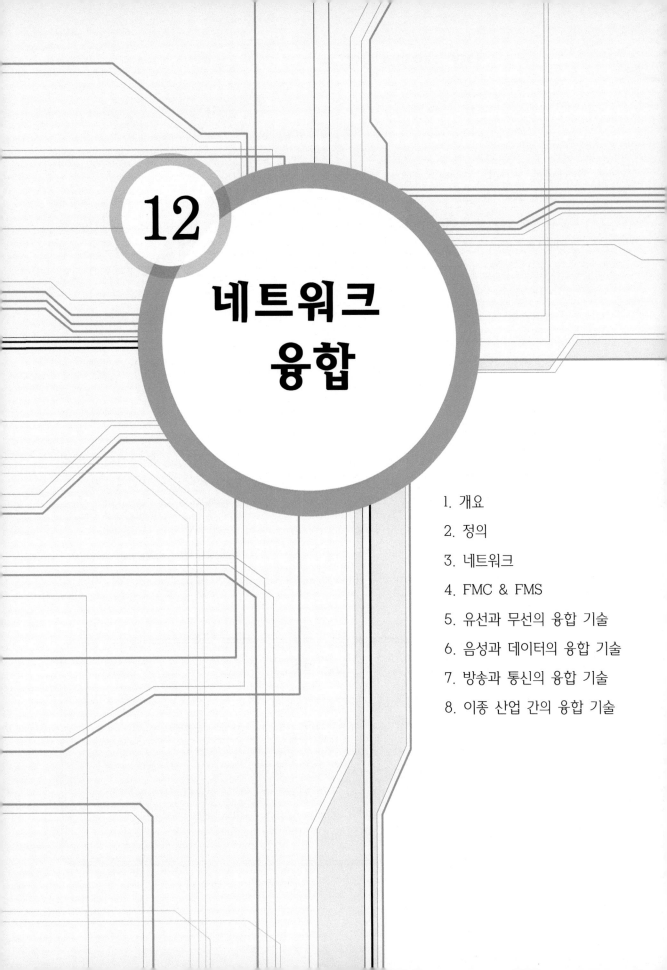

# 12

# 네트워크
# 융합

최근 화두가 되고 있는 것은 컨버전스(Convergence, 이하 융합)이다. 사전적 의미로는 '새로운 기술들을 서로 합치는 경향을 설명할 때 쓰는 표현' 또는 '컴퓨터와 통신을 묶어 데이터 통신이라고 하듯 서로 다른 분야나 기술을 한데 모으는 것' 등이다.

현대 산업 사회에서 융합이란 산업·서비스·매체의 통합을 지칭하며, 경계와 경계가 뚜렷했던 과거와 달리 모든 경계가 뚜렷하지 않고 오히려 서로 섞이는 현상을 일컫는 보통명사가 되어가고 있다. IT 업계는 물론이고 모든 산업계에서 융합은 이제 생존의 조건이 되어가고 있다. 전력기술과 IT 기술이 만난 스마트그리드, 의료기술과 IT기술이 만난 u-헬스케어, 자동차와 IT를 결합한 ITS 등의 사례가 그것이다.

서비스와 서비스, 산업과 산업 간 융합의 활발한 진행은 소규모 서비스나 각종 산업 생산 주체뿐만 아니라 소비 패턴과 산업 구조에 지대한 변화를 예고한다. 최근 들어 융·복합의 시대가 오면서 전통산업에 IT를 융합하는 IT 융합 기술 및 산업에 대한 관심이 국내는 물론 세계적으로 점차 증대하고 있다. 국내에서는 후발국의 추격을 뿌리치고 선진국의 대열로 진입하고 주력전통산업의 고부가가치화를 위하여 IT와 전통산업의 융합화를 추진하고 있다.

이는 IT 기술의 타 산업에 대한 영향력이 증대됨에 따라 산업 성장과 경쟁력 확보를 위해 기반 기술로서 IT 역할이 부각되고 있어 IT의 효과적인 활용이 필수인 시대가 되었음을 증명하고 있다. 특히 IT는 미래의 정보통신 인프라를 구축하는 기술로서 타 분야와 유기적으로 접목되면 우리가 지향하는 유비쿼터스 사회가 제대로 구축될 것이다.

이 장에서는 융합의 도입배경 및 개념을 알아보고 네트워크의 정의 및 토폴로지(topology)에 대하여 자세히 구현한 다음 융합 형태를 가진 다양한 기술 및 서비스에 대하여 설명하도록 한다.

---

### 학습 목표

1. 융합의 도입 배경 및 개념에 대하여 살펴본다.
2. 네트워크의 정의, 구성 방식 그리고 토폴로지에 대하여 설명한다.
3. FMC 그리고 FMS의 개념을 설명하고 차이에 대하여 살펴본다.
4. 유선과 무선의 융합 기술 및 서비스에 대하여 알아본다.
5. 음성과 데이터의 융합 기술인 VoIP의 개념과 응용 분야에 대하여 공부한다.
6. 방송과 통신의 융합 기술에서 적용되는 서비스 분야에 대하여 살펴본다.
7. 이종 산업 간의 융합 기술 및 서비스에 대하여 알아본다.

## 12.1 개요

동종 및 이종 간의 통합을 뜻하는 '융합'은 명확한 정의를 내리기에는 상당히 광범위하고 모호한 용어이다. 예컨대 은행이 금융과 보험을 모두 다루는 방카슈랑스라는 복합 산업으로 변화하며 고추장으로 도핑한 피자가 팔리고 디지털 카메라 기능이 포함된 휴대전화가 출현한 것이 모두 융합이라는 단어로 설명된다.

현대 산업 사회에서 융합이란 산업·서비스·매체의 통합을 지칭하며, 경계와 경계가 뚜렷했던 과거와 달리 모든 경계가 뚜렷하지 않고 오히려 서로 섞이는 현상을 일컫는 보통명사가 되어가고 있다. 휴대전화나 일반전화를 이용해 소액결제나 금융 서비스를 받고 음악을 듣는 것이 당연하게 여겨지는 데서 융합 상품, 전략, 기술 발전 그리고 저작기법 등이 현실화되고 있음을 알 수 있다.

융합의 출현 배경을 보면 먼저 공급자측 요인으로는 수익사업의 모색, 기술 라이프 단명화, 디지털 기술의 발달, 규제완화 등과 같은 사업 환경의 변화에 근거를 두고 있고 다음으로 소비자 측 요인으로는 기존 서비스에 대한 인식 재고, 편리하고 시간 절약에 대한 소비자 욕구의 변화를 들 수 있다.

디지털 기술의 발달로 다양한 미디어간의 융합은 점점 가속화되고, 규제 완화로 시장 진입과 결합이 용이하게 되었다. 소비자들은 소득 증가로 과거에 비하여 욕구가 다양화 되고 고차원화 되어서 즐거운 삶, 개성이 존중되는 삶을 추구하는 것도 융합 상품 출시에 도움이 되고 있다.

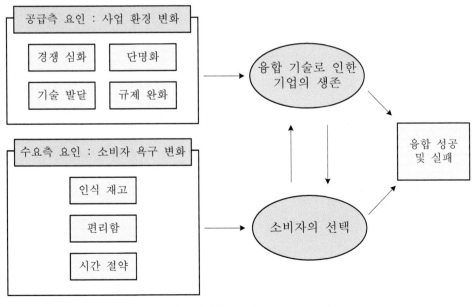

[그림 12-1] 융합 배경

## 12.2 정의

컨버전스(Convergence)는 2가지 이상의 기술과 시스템을 활용하여 목적하는 바를 달성하기 위하여 개선하는 행위, 그리고 신기술이나 신제품을 생성하기 위한 기존 기술이나 시스템의 하이브리드, 즉 융합이라고 할 수 있다. 예를 들면, OECD는 통신·방송의 융합을 '통신망의 광대역화, 방송의 디지털화 등 통신기술의 발달로 음성, 영상 및 데이터 서비스를 제공하고 있고 서로 다른 용도의 단말기를 통해 지향하고 있는 서비스를 받게 되며 신규 서비스가 창출되는 과정'으로 정의되고 있다.

먼저 기술적 융합은 디지털 기술의 발전에 기반을 두고 있다. 기술적 융합의 가장 기초적인 단계는 단일 네트워크상에 다수의 서비스가 통합되는 것으로, 음성 & 데이터, 방송 & 통신 그리고 유선 & 무선이다.

예를 들면, 방송 & 통신의 경우 방송 사업자가 프로그램을 전송하는 망을 통해서 통신 서비스를 제공하거나 통신 사업자가 자신의 통신망을 통하여 방송 및 영상 프로그램을 전송하는 형태이다.

둘째, 서비스도 융합하고 있다. 융합 서비스에 대해 명확하게 말하기는 어렵다. 서비스의 통합은 사업자가 기존에 제공하던 서비스 이외에 다른 서비스를 부가하여 제공하는 것이다. 각각의 서비스를 한꺼번에 전달할 수 있는 물리적인 네트워크를 기반으로 하여 번들링하거나 각 서비스별 네트워크를 조합하든지 아니면 타 사업자와 전략적으로 제휴하여 이질적인 서비스를 번들링하는 방식이 그 예이다.

셋째, 사업자의 물리적인 융합을 발생시킨다. 사업자끼리 M&A에 의하여 하나가 되기도 하고 한 분야에 종사하던 사업자가 다른 분야로 진출하는 것이다. 예컨대 케이블TV 사업자가 통신 사업에 진출하거나 통신 사업자를 M&A하여 두 사업을 겸할 수 있으며, 또는 방송 주파수의 여분의 대역을 통신 사업자에게 임대하여 간접적으로 통신 서비스를 제공할 수 있다.

일반적으로 하나의 단말기를 통해 유·무선을 넘나드는 다양한 통신서비스 상품을 패키지로 묶어 판매하는 이른바 '결합제품'들이 유·무선 간에 융합에서 일반적으로 볼 수 있는 형태이다. 여기서 융합과 통합 그리고 결합이 동시 다발적으로 구현되는 차세대 융합의 지향점을 예견할 수 있다.

[표 12-1] 현재 제공되고 있는 융합 서비스

| 서비스 명 | 서비스 내용 |
|---|---|
| 인터넷 전화 | 인터넷 망을 이용하여 음성 전화 서비스 제공 |
| CATV | 통신망을 이용하여 방송 서비스 제공 혹은 방송망을 이용하여 통신 서비스인 초고속 인터넷 제공 |
| 무선LAN과 관련 통합 상품 | ▶ 무선 LAN 카드가 장착된 노트북이나 PDA를 통해 인터넷에 접속할 수 있는 서비스<br>▶ 무선 LAN 서비스와 이동통신 서비스가 결합한 것으로서 핫스팟 서비스 지역에서 2~5[Mbps]급의 전송속도를, 그 외의 지역에서는 144[kbps]의 속도를 지원하는 초고속인터넷과 전국 커버리지의 장점을 결합한 무선이동통신 |
| VoD, GoD | Video on Demand, Game on Demand 서비스 |
| 멀티캐스팅 서비스 | ▶ TV 수준의 화질로 Live Streaming 및 VOD 제공 서비스<br>▶ 버퍼링에 따른 서비스 지연과 동영상 화면의 끊김 현상 등 해결하여 원활한 멀티미디어 서비스 제공 |
| 휴대폰 신용 카드 서비스 | 휴대폰에 스마트카드를 꽂아 신용카드 번호를 입력하지 않고 간편하게 전자상거래나 금융 서비스를 이용할 수 있는 서비스 |
| GPS 서비스 | GPS를 이용해 최고 10[m] 오차 내의 정확한 위치 정보를 기반으로 한 서비스 |
| 텔레매틱스 서비스 | 차량 운전자가 차내에 설치된 이동통신 단말기를 통해 주변 지형지물 안내, 실시간 교통 정보를 활용한 운행 경로 지원, 차량의 사고 감지나 도난 추적 등 자동차 생활에 유용한 정보를 제공하는 서비스 |
| 개인 화상 회의 서비스 | 화상회의를 신청하는 개인에게 URL을 발급해주고, 사용자는 발급된 URL을 입력하면 별도의 설치 없이 간편하게 화상회의를 할 수 있는 서비스 |
| 구내 무선 서비스 | 구내에서도 실외와 동일한 단말기를 이용, 무선전화 서비스를 제공 |
| 무선 전자상거래 | 이동전화 사용자들이 휴대폰에 내장된 공인 인증서를 이용, 다양한 무선 쇼핑몰을 연동하여 실시간으로 신분 확인은 물론 신용카드 번호나 개인금융 거래 정보, 증권거래 정보와 같은 정보를 암호화하여 송수신함으로써 무선 전자상거래 제공 |
| 마이 TV 서비스 | WAP, JAVA 및 동영상 등으로도 각종 정보를 받아볼 수 있는 멀티미디어 모바일 방송 서비스 |
| 3G 이동통신 | 3G 네트워크를 통해 통신 기능은 물론 VOD, 화상전화, 멀티미디어 메시지, 인터넷, TV 방송까지 즐길 수 있는 Mobile 멀티미디어 서비스 |

## 12.3 네트워크

네트워크란 지역적으로 분산된 다수의 기기들을 결합시켜 상호간에 정보 전달이 가능하도록 하는 전달매체로서 노드(Node)와 링크(Link)의 집합이다. 예를 들어 사무실에서 프린트를 공유하였다면 연결되는 노드들 간에는 서로 네트워크를 이룬다. 네트워크가 구성된 경우 각 노드들은 프로토콜을 통하여 데이터와 기기를 공유함으로써 정보처리의 효율성을 더욱 높일 수 있다.

---

### 용어 설명

**노드**
인터넷에 연결된 시스템을 가장 일반화한 용어이다. 데이터를 주고받을 수 있는 모든 시스템을 통칭한다.

---

한편, 네트워크 토폴로지란 네트워크에서 컴퓨터의 위치나 컴퓨터 간의 케이블 연결 등과 같은 물리적인 배치를 의미하며 다음과 같이 분류한다.

### 12.3.1 성(Star)형

**(1) 구현 방법**

중앙 제어 노드를 중심으로 그 주위에 분산된 단말을 연결시킨 형태로서 통신망 구성의 가장 기본적인 형태이다. 따라서 중앙 노드의 신뢰성과 성능이 전체 네트워크의 성능과 신뢰성에 영향을 많이 준다. 또한 데이터를 적절한 목적지로 전송하는 중개 기능도 중앙 노드가 독점적으로 담당한다. 일반적으로 복국지 회선망이나 시외회선망에 적당하다.

**(2) 장점**

① 보수와 관리가 용이하다.
② 전송제어 기능이 간단하다.
③ 각 단말의 전송속도에 차이를 줄 수 있다.
④ 단말 고장에 의한 영향이 적다.
⑤ 기밀성이 풍부하다.

## (3) 단점

① 중앙 제어 노드가 고장 날 때 전체 통신망이 정지된다.

② 초기 통신망의 구성이 복잡하다.

## 12.3.2 망(Ring)형

### (1) 구현 방법

컴퓨터와 단말기에는 루프를 만들어 연결하고 데이터의 전송은 중앙 제어 노드에 의한 폴링과, 데이터 전송 권리를 확보하는 토큰에 의한 방법을 이용한다.

---

**용어 설명**

**폴링**

중앙 제어 노드에서 여러 개의 단말장치에 대하여 순차적으로 송신요구의 유·무를 문의하고 요구가 있을 경우에는 그 단말 장치에게 송신을 시작하도록 지령하며 없을 때에는 다음의 단말 장치에 대하여 문의하게 되는 전송 제어 방식

---

### (2) 장점

① 공평한 통신망 서비스를 받을 수 있다.

② 통신회선이 장애가 날 때 융통성을 가질 수 있다.

③ 양방향의 데이터 전송이 가능하다.

④ 집중형과 분산형에 동시 사용이 가능하다.

### (3) 단점

① 단말 증가가 어렵다.

② 전체적인 통신 처리량이 증가한다.

③ 하나의 단말 고장이 전체의 통신망에 영향을 준다.

④ 기밀 유지가 어렵다.

[표 12-2] 성형 회선망과 망형 회선망의 비교(N :전체 호스트수)

|  | 성형 회선망 | 망형 회선망 |
| --- | --- | --- |
| 교환점 | 1 | N |
| 전송 경로수 | N-1 | N(N-1)/2 |
| 회선 품질 | 양호한 품질로 해야 한다. | 저품질이라도 된다. |

## 12.3.3 버스(Bus)형

### (1) 구현 방법

다수의 단말기가 하나의 전송매체를 공유하므로 전송 데이터를 모든 단말기에서 수신할 수 있다. 그러나 둘 이상의 단말기에서 데이터를 동시에 전송하면 데이터 충돌(Collision)이 발생할 수 있으므로 충돌에 따른 오류문제를 해결해야 한다.

### (2) 장점

① 통신회선이 1개 이므로 물리적 구조가 간단하다.
② 단말의 증가와 삭제가 용이하다.
③ 단말의 고장이 통신망 전체에 영향을 주지 않으므로 통신망의 신뢰성을 높일 수 있다.
④ 방송모드이므로 경로제어가 필요 없다.
⑤ 분산제어형에서는 제어용 컴퓨터가 필요 없다.

### (3) 단점

① 기밀 보장이 어렵다.
② 노드수가 많아지면 망의 부하가 커져 성능이 저하된다.
③ 통신 제어 기능을 가지므로 처리량이 증가한다.
④ 분산 제어형에서는 우선순위 제어가 어렵다.

## 13.3.4 그물(Mesh)형

### (1) 구현 방법

중앙의 제어노드를 통한 중계 대신에 노드 간에 점대점 방식으로 직접 연결하는 방식의 구성 형태이다. 각 노드의 연결 상태에 따라 완전 메시(full mesh)와 부분 메시(partial mesh)로 구분된다. 그물형은 특정 통신회선에 장애가 발생하더라도 다른 경로를 통하여 데이터를 전송할 수 있다. 이러한 신뢰성 때문에 링 방식과 더불어 네트워크 백본을 구성하는 방식으로 사용된다.

### (2) 장점

① 신뢰성이 좋다.
② 단말 고장에 의한 영향이 적다.
③ 집중 및 분산 제어가 가능하다.

### (3) 단점

① 단말 증가가 어렵다.
② 통신 회선 수용이 크다.

## 12.3.5 트리(Tree)형

### (1) 구현 방법

하나의 통신 회선에서 여러 회선으로 나누어지는 구조로 되어 있으며, 단방향 전송에 적합하다.

### (2) 장점

모든 데이터가 중앙 제어 노드를 중심으로 라우팅되므로 중계 과정이 간단하다.

### (3) 단점

중앙 호스트에 문제가 발생하면 전체 네트워크의 동작에 영향을 많이 준다.

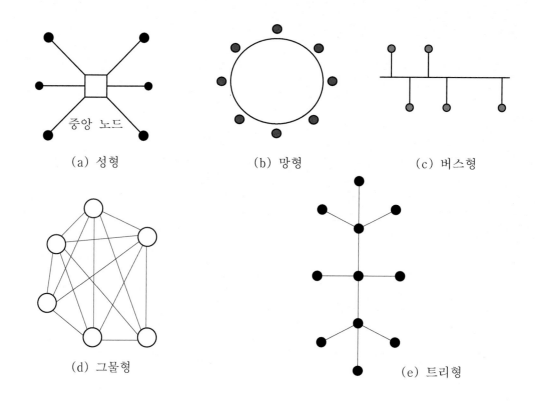

(a) 성형          (b) 망형          (c) 버스형

(d) 그물형          (e) 트리형

[그림 12-2] 네트워크 구성 형태

# 12.4 FMC & FMS

## 12.4.1 도입 배경

통신 시장에서 결합 상품 이후에 유선과 무선을 단일 단말로 제공하는 유·무선 통합 수요가 많은 관심을 끌고 있다. 결합 상품은 단일 사업자가 여러 서비스를 묶어서 다양한 플랫폼을 통해 공급하고 있는데, 가입자들은 할인된 요금으로 혜택을 받게 된다.

유선 사업자는 집 내부에서의 휴대폰 통화 서비스를 흡수하기 위한 유·무선 통합(Fixed Mobile Convergence, FMC)을, 무선 사업자는 집 내부의 휴대폰 요금을 할인하여 집 전화를 대체하기 위한 유·무선 대체(Fixed Mobile Substitution, FMS) 등과 같은 유·무선 융합이 주목을 끌고 있다.

세계 시장이 이와 같은 유·무선 융합 서비스를 도입하게 된 배경은 다음과 같다.

첫째로 이동통신 시장의 성장으로 인한 유·무선 시장의 역전 및 통신시장 경쟁 심화로 새로운 가치를 창출할 수 있는 신규 서비스의 개발이 필요하게 되었다.

둘째로 통신 서비스에 대한 소비자 욕구 및 수요의 다양화

① 단말 및 네트워크로부터 다양한 기능과 일관된 서비스 추구
② 장소에 상관없이 언제 어디서나 서비스를 제공받고 싶어 하는 욕구
③ 통신비의 증가

셋째로 이동통신서비스 보급률이 증가함에 따라 유선전화를 해지하고 이동전화 서비스만을 이용하거나 유선전화를 유지하면서도 대부분의 통화는 이동전화를 사용하는 현상이 발생하고 있다. 그러므로 유·무선 대체 현상의 글로벌화가 반드시 필요하다.

넷째로 결합상품 경쟁과 디지털 홈 전략 추진의 교두보 역할로서 유·무선 융합 기술이 등장했다.

## 12.4.2  FMC와 FMS의 비교

FMC는 하나의 휴대전화로 집이나 사무실내에서는 Wi-Fi를 활용한 인터넷 전화로, 밖에서는 휴대폰으로 함께 사용하는 개념이며 유선전화를 무선전화 하나로 대체할 수 있고 각종 데이터 서비스를 이용할 수 있다는 점에서 편리성이 높은데다 인터넷전화로 기존 휴대전화나 유선전화를 전체 또는 부분적으로 대체하는 만큼 비용절감 효과가 크다.

FMC 서비스는 추진 주체에 따라 유선전화 사업자주도형과 이동전화 사업자 주도형으로 구분하는데 전자는 전용 듀얼모드 단말을 이용하여, 옥내에서의 유선통신망에 기반을 둔 저렴한 음성 서비스와 옥외에서의 셀룰러 망을 통한 음성 서비스를 결합한 것이며 후자는 집안, 집근처, 핫스팟 주변 등에서 발생하는 트래픽을 이동망 유휴 용량을 활용해 흡수하는 것으로 가정용 브로드밴드 서비스나 가정용 소형 기지국(펨토셀)을 활용한 서비스를 예로 들 수 있다.

한편, FMS는 이동 통신 사업자들이 이동가입자 기반을 이용하여 기존 유선전화 트래픽을 이동전화 트래픽으로 대체하면서 기존 유선전화 가입자를 이동전화 가입자로 유치하기 위한 전략 및 서비스로서 특정 Cell에서 요금 인하가 수반되는 형태를 취하는 것이 보통이다.

일반적인 핸드폰이지만 특정 지역, 예를 들어 집이나 아니면 자주 가는 지역에서는 전화 요금을 싸게 내도록 되어 있어 유선 전화 대신 사용할 수 있게 해 주는 FMS 서비스가 많은 관심을 갖고 있다.

[표 12-3] FMC와 FMS의 차이

| | FMC | FMS |
|---|---|---|
| 개 요 | Bluetooth/Wi-Fi 기능을 탑재하여 가정에서의 이동전화 트래픽을 유선망으로 수용하려는 서비스 | 가정 내에서 발생하는 이동전화 트래픽에 대해서 요금할인을 제공하여 유선전화 트래픽을 이동전화 트래픽으로 대체하고자 하는 서비스 |
| 기 술 | Bluetooth/WiFi<br>3GPP | CDMA/WCDMA/HSDPA |
| 서비스<br>사업자 | – 유선통신사업자가 주도<br>– 브로드밴드와 번들링 서비스 | – 이동통신사업자가 주도<br>– 매크로셀 기반의 홈 존 서비스 |
| 특 징 | 전용 Dual Mode 단말 및 AP(또는 셋탑박스) 필요 | 기존의 일반 휴대전화 사용 주파수 간섭 및 유선망 이용대가 산정 |

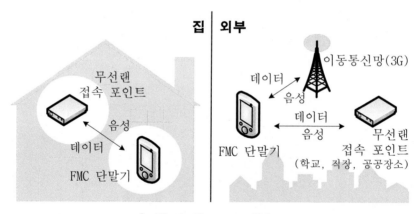

[그림 12-3] FMC 개념도

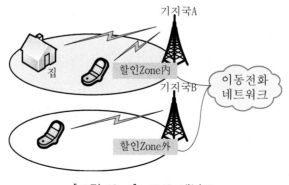

[그림 12-4] FMS 개념도

418

# 12.5 유선과 무선의 융합 기술

## 12.5.1 펨토셀

### (1) 사용 배경

FMC 서비스가 본격화되기 위해서는 이동통신 기지국 셀을 신규 설치할 때 기지국 자체적(self-organizing)으로 또는 기지국 간 협업을 통하여 용량을 극대화시키는 노력이 필요하게 되었다.

SON(Self-Organizing Network)은 이런 self-organization의 개념을 이용하여 네트워크를 더 안정적이고 효율적이면서 scalable하게 구성하는 것을 목적으로 한다. 특히 4G 도입이 가시화됨에 따라 self-organization과 같은 자동화 기능을 포함하는 SON에 대한 관심이 점점 높아지고 있다. 이는 펨토셀 같은 노드들이 스스로 주변 환경을 탐지하여 최적화를 수행하여야 한다. 따라서 이때의 SON은 노드를 옥내 및 옥외에 설치할 때 주변 환경에 따라 적절히 셀 플래닝을 수행하는 기능을 갖춘 네트워크로 정의할 수 있다.

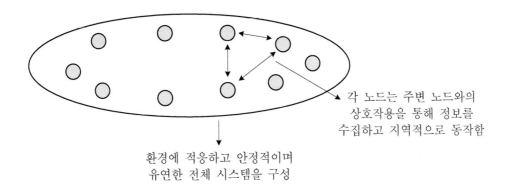

각 노드는 주변 노드와의 상호작용을 통해 정보를 수집하고 지역적으로 동작함

환경에 적응하고 안정적이며 유연한 전체 시스템을 구성

[그림 12-5] SON의 개념도

사업자들이 펨토셀에 관심을 기울이는 이유는 바로 융합 서비스를 위한 인프라로 활용할 수 있다는 점이다. 예를 들어 펨토셀에 모바일 VoIP 기능을 탑재하며, 초고속 인터넷망을 활용한 유·무선 융합 서비스 구현이 가능하다. 이는 이동통신 사업자가 유선사업자와 융합 시장에서 경쟁할 수 있는 기회를 제공할 것으로 기대된다.

## (2) 개념

펨토셀은 VoIP 및 무선 가정 전화와 더불어 FMC를 구현할 핵심기술로 기대되고 있고 소형의 Femto 기지국을 통해 WCDMA, WiBro, cdma2000 및 LTE 단말기로 고품질의 서비스를 고객에게 제공할 수 있는 유·무선 차세대 통신 네트워크 시장의 중요한 비즈니스 모델이다.

펨토셀은 1,000조분의 1을 뜻하는 펨토(Femto)와 이동 통신에서 1개 기지국이 담당하는 서비스 구역 단위를 뜻하는 셀(Cell)을 합친 이름으로 기존 이동 통신 서비스 반경보다 훨씬 작은 지역을 커버하는 기기를 말한다.

초소형 기지국을 가정 내 유선 IP망에 연결해 휴대폰으로 유·무선 통신을 자유롭게 사용할 수 있게 해 준다. 옥내 중계기를 통하지 않고 곧바로 기지국에서 교환기로 이동 통신 데이터를 전송하기 때문에 통신 사업자는 네트워크 구축비용을 절감하면서 주파수 부하를 줄이고 통화 품질까지 향상시킬 수 있다. 바로 펨토셀은 음영지역의 커버리지를 효과적으로 해소할 수 있는 '갭 필러(Gap Filler)'이다.

2.4[GHz] 대역을 사용하는 Wi-Fi는 전자레인지 등 가전과 주파수 간섭 우려가 있는 것과 달리 펨토셀은 사용 대역에 제한이 없어 남는 주파수를 활용할 수 있는 장점이 있다.

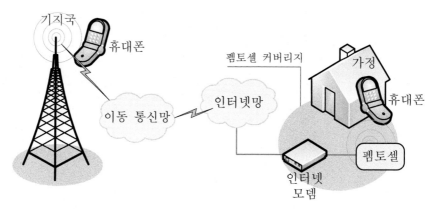

[그림 12-6] 펨토셀의 개념도

펨토셀은 영업비용 절감, 실내 무선 서비스 확장, 결합상품 제공 강화 그리고 이동통신 사업영역을 가정용 엔터테인먼트 애플리케이션으로 확장하는 플랫폼을 제공하는 등 많은 비즈니스 잠재력을 가지고 있으며 아울러 실내 커버리지 확보 방안으로 활용될 수 있으며, 홈네트워크의 게이트웨이 기능을 탑재할 수 있는 등 관련 신규 통신 서비스 확산의 기폭제가 될 수 있다.

[표 12-4] 타 서비스와 펨토셀의 비교

|  | 기존 기지국 | 펨토셀 | WiFi 무선랜 |
|---|---|---|---|
| 출 력 | High Power<br>(43dBm: 옥외기지국기준) | Low Power<br>(20dBm 미만) | Low Power<br>(20dBm 미만) |
| 단 말 | 이동통신단말 | 기존 이동통신 단말<br>(추가 기능 최소화) | Wi-Fi 모듈 탑재 필요<br>(Dual-mode) |
| Backbone | 전용선 | 댁내 초고속 인터넷<br>모뎀접속 | |
| 주파수 | 사업자 대역 | 사업자 대역이 기본 | 비허가 ISM 대역 |

## (3) 이동통신 사업자들의 옥내 진입 단계

### 1) 옥내 음성 커버리지 확장

이동통신 사업자들은 펨토셀을 이용하여 옥내에서의 음성 서비스 커버리지를 확장하고, 통화 품질을 개선할 수 있다. 그리고 옥내 음성 통화 요금을 옥외의 마이크로셀 기지국을 경유하는 통화에 비하여 저렴하게 책정함으로써 옥내에 설치되어 있는 집 전화 시장을 공략할 수 있다.

앞으로 이동통신이 더욱 브로드밴드를 지향함으로써, 주파수 대역이 더욱 높아지므로 옥내에서의 전파특성이 열악하여 펨토셀의 사용도가 개선될 것이다.

### 2) 옥내 무선 브로드밴드 확대

펨토셀 보급이 더욱 확대되어 나가고, 이동통신의 중심축이 '음성'에서 '데이터'로 전환됨에 따라 옥내에서의 브로드밴드를 실현하는 역할을 하게 된다. 이 때 펨토셀 존 내에서의 데이터 요금을 조건부 정액제를 적용할 수 있게 되고, 이로 인하여 무선인터넷의 활용도를 더욱 높일 수 있다.

### 3) 홈네트워크와의 접목

펨토셀이 더욱 확장되면 홈네트워크와의 접목을 통하여 옥내에서의 콘텐츠의 생성, 소비 그리고 융합하는 홈네트워크의 허브 역할을 하게 될 것이다.

유선 사업자는 홈네트워크 시장에서의 주도권을 잡기 위한 플랫폼으로 IPTV를 구현할 수 있고, 이동사업자는 펨토셀을 플랫폼으로 활용하게 될 것이다.

## 12.5.2 WMN(Wireless Mesh Network)

### (1) 개념

무선 AP를 통해 각종 단말기를 연결하는 기존의 무선 네트워크는 수신 범위를 벗어나면 연결이 끊어지는 데에 비해 WMN(Wireless Mesh Network)은 각 단말기들이 그물망처럼 연결되어 있으므로 네트워크를 확장할 수 있는 대표적인 유·무선 융합의 진화 형태이다.

WMN은 메시 라우터들과 메시 클라이언트이라는 노드들로 이루어지는 데 메시 라우터들은 WMN의 핵심을 이룬다. WMN 안에 있는 라우터들은 자동으로 서로를 인지함으로써 시스템 용량을 최대화하고 신호의 지연을 최소화하는 경로를 선택하는 것이 특징이다. 가령, 한 링크에 문제가 발생해도 라우터가 더 나은 경로를 찾아 트래픽을 우회시키는 것이다. 이 때문에 별도로 무선 핫스팟을 구축할 필요가 없는 것이 장점으로 평가받는 기술이다.

각 메시 노드들은 1개 이상의 홉을 거쳐 온 데이터들을 무선 전송이 되는 한도 내에서 이웃 라우터나 클라이언트에게로 전달한다. 보통 메시 라우터들은 이동성이 없다. 한편, 메시 클라이언트는 이동성을 가질 수도 있고 안 가질 수도 있다. 메시 클라이언트는 예를 들어 노트북 컴퓨터나 PDA 등이 될 수 있다. 보통 많은 수의 메시 라우터들이 무더기로 배치된다. 이것들은 벽 뒤나 건물 사이에서 서로 자동적으로 메시 연결을 하게 된다.

Wi-Fi는 각 AP마다 유선 네트워크가 연결돼야 하고, 많은 수의 AP가 필요하다는 점때문에 관리에 부담이 따를 수밖에 없다. 이에 반해, WMN은 일단 무선 기술이기 때문에 땅을 파고 매설하는 막대한 비용을 줄일 수 있고, AP마다 일일이 유선망을 연결하지 않아도 되는 장점이 있다. 또, 일반 Wi-Fi에서 1000개 정도의 AP가 필요하다고 할 때 메시는 약 1/10 정도의 AP만 있으면 되는 것으로 알려졌다.

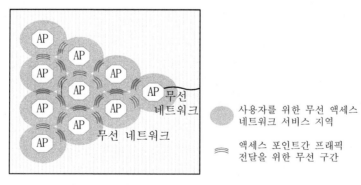

[그림 12-7] WMN의 개념도

## (2) 특징

### 1) 자동 망 구성 기능

메시형 네트워크 토폴로지를 무선 환경에서 항상 자동으로 구성할 수 있으며 생존성이 낮은 기존 점대 다점의 무선 통신 방식에 비해 다중 경로에 따른 통신의 신뢰성을 높일 수 있다.

소방 및 재난통신이나 군 통신과 같이 기존 통신 인프라가 열악하거나 상황에 따라 즉시 자동 구성해 통신이 이루어지는 응용분야에 유용하다.

### 2) 자동 망 복구 기능

통신이 이뤄지던 노드에서 물리적 절체나 트래픽의 과부하 등으로 노드에 문제가 생기면, 현 통신망에서 최적의 새로운 라우팅 경로를 찾게 된다.

이때, 망 복구를 위해 모든 노드에서 주기적으로 최적의 무선링크를 탐색하며, 자신의 노드에서 처리되는 트래픽의 양 및 지연율들을 계산, 최적의 통신망을 구성할 수 있다.

### 3) 비면허 소출력 통신을 통한 광역 커버리지 네트워크 구축

망 구성은 기존 점대 다점의 무선통신이 100이라는 전력이 필요할 때, 멀티 홉을 통해 통신 커버리지를 확장하는 WMN은 33이라는 저전력으로 3홉을 가져가면서 점대 다점의 통신방식과 같은 커버리지를 가져갈 수 있다.

### 4) 고속 로밍 기술

Wi-Fi 서비스는 핫스팟(Hot Spot) 형태로 제공되어 이동 중에 접속이 끊기거나 넓은 광역망을 가지기 위해 모든 유선망을 인입해야 하는 어려움이 있다. 그러나 WMN은 메시 노드에 전원만 공급하면 광역의 망을 구성할 수 있다.

## (3) 종류

### 1) 하드웨어 메시

액세스 포인트나 무선 라우터와 같은 장비를 사용하는 형태로서 액세스 포인트를 실내·외에 자유자재로 설치해 무선 접속 범위를 간편하게 확장할 수 있다.

특히 시·도 등의 지자체, 대단위 공장, 항만, 물류센터, 캠퍼스, 군부대 등의 무선 네트워크용으로 적합하다.

## 2) 소프트웨어 메시

이동 중인 클라이언트가 주변의 다른 클라이언트와 네이버링(neighboring)을 취해 데이터를 서로 전달할 수 있도록 한다. 주변에 가까이 있거나 가시권에 있는 이웃 클라이언트가 많을수록 트래픽을 보낼 수 있는 경로와 범위가 확장되고 전송능력도 증가하게 된다.

## 3) 하이브리드 메시

하드웨어 메시와 소프트웨어 메시를 통합한 형태로서 기본적으로 액세스 포인트와 같은 하드웨어 메시 노드를 이용하면서 클라이언트 위치 추적을 목적으로 소프트웨어 메시 기술을 사용한다.

## (4) 사용 분야

- u-City 인프라
- 재난, 교육, 창고, 의료(및 헬스케어)
- 무선 홈네트워킹
- 기업 내 통신(또는 도시 내 통신)

## 12.5.3 Mobile IP

### (1) 정의

Mobile IP는 유선 인터넷에서 IP 어드레스를 부여받아 사용 중인 개인용 컴퓨터 또는 노트북을 이동통신망에 사용하기 위하여 이동단말기와 연결하여 이동하였을 경우에도 자유롭게 데이터를 전송하기 위하여 도입된 유·무선 융합 기술이다.

Mobile IP의 기본 개념은 IP 주소의 위치에 관계없이 데이터를 전송하기 위하여 이동 관리 에이전트에서 이동한 곳으로 추정되는 임시 주소로 패킷을 전송하는 라우팅 기능을 수행한다.

Mobile IP는 Mobile Node가 이동할 때에도 접속을 유지한 상태로 데이터를 송수신할 수 있는 방법으로 위치에 관계없이 IP 주소를 부여하며 Mobile Node의 위치 정보 데이터를 관리한다.

## (2) 데이터 전송 절차

Mobile IP Service는 HA(Home Agent)에 등록되어 있는 IP주소를 이용하여 다른 지역에서도 동일한 IP 주소를 이용하여 홈 지역에서와 동일한 서비스를 제공받을 수 있는 서비스이다.

이동국에게 전달되는 데이터그램은 HA로부터 FA(Foreign Agent)로의 터널을 이용하여 FA가 받은 후에 FA가 캡슐화된 패킷을 디캡슐화하여 무선단말기에게 전달한다.

한편, 무선단말기가 신호를 송신할 경우 FA를 경유하여 AAA 서버에서 인증과정을 거쳐 승인을 득한 다음 데이터를 FA에서 HA로 송신하여 인터넷 또는 인트라넷으로 접속이 이루어지는데 FA와 HA사이에 이동단말기의 인증과정을 거쳐 형성된 루트를 터널이라고 한다.

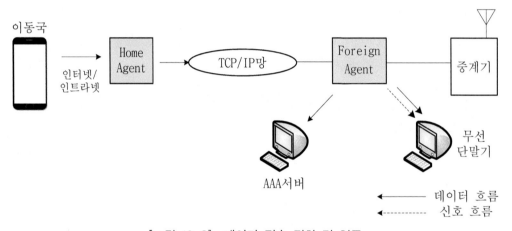

[그림 12-8] 데이터 전송 절차 및 인증

---

### 용어 설명

**AAA 서버**

유무선 이동 및 인터넷 환경에서 가입자에 대한 안전하고, 신뢰성 있는 인증(authentication), 권한 검증(authorization), 과금(accounting) 기능을 체계적으로 제공하는 서버. 모바일 IPv4/모바일 IPv6를 적용하는 동기·비동기 IMT-2000이나 공공 무선 LAN, SIP 기반의 VoIP 등이 적용 대상의 예이다.

### (3) Mobile IPv6

### 1) 출현 배경

정보가전 및 IMT-2000 개발과 관련해 각 단말기기에 하나의 IP가 포함된다고 가정할 때 나라별로 수백만 개에서 수천만 개의 추가적인 IP가 필요할 것으로 예측된다. 그러므로 IPv4 체계로는 사업의 한계에 이르며 향후 인터넷 방송, 영상 회의, 원격 진료 등의 실시간 스트리밍 위주로 이용하게 될 때 현재의 IPv4는 서비스 품질(QoS)을 보장받지 못해 실시간 데이터 이용에 한계가 있고 다양한 어플리케이션 구현이 문제가 되고 있다.

### 2) 구성 요소

Mobile IPv6는 이동 노드, 호스트 노드, 에이전트 등의 Mobile IPv4의 기본 기능 외에 COA(Care of Address), 바인딩을 수용하고 있다. 이에 대한 역할은 다음과 같다.

### (가) 이동 노드(MN : Mobile Node)

자신의 망 접속위치를 바꾸는 호스트 또는 라우터

### (나) 호스트 노드(CN : Correspondent Node)

이동 노드와 통신하고 있는 호스트 또는 라우터

### (다) 홈 에이전트(HA : Home Agent)

홈 망에 있는 라우터 중 이동 노드의 등록 정보를 가지고 있어 외부망에 있는 이동 노드의 현재 위치로 데이터그램을 보내주는 라우터

### (라) COA(Care of Address)

이동 IP망에서 이동 노드의 현재 연결점에 관한 정보를 제공하고 캡슐화하기 위한 중간 주소

### (마) 바인딩

이동한 노드가 홈 에이전트에 등록하는 COA와 해당 노드의 홈 주소를 매치시켜 놓는 것으로 일정 lifetime 내에 갱신되지 않으면 무효화된다.

# 12.6 음성과 데이터의 융합 기술

음성과 데이터의 통합 또한 융합의 한 단면을 보여준다. 이동전화는 모바일 멀티미디어 기기로 탈바꿈하면서 컨버전스의 집합체와 같은 구실을 하고 있다. 이제 음성 전달은 그야말로 기초적인 기능일 뿐이며, 다량의 데이터와 동영상을 주고받는 것은 물론 카메라 폰과 같이 '촬영'이라는 부가적 기능도 갖추고 있다.

음성 · 데이터 융합 기술로 VoIP(Voice over IP)를 들 수 있다. VoIP외에 VoATM(ATM을 통하여 음성 전송)과 VoFR(프레임 릴레이를 통하여 음성 전송)이 있다. VoATM과 VoFR은 VoIP와 달리 OSI 2 계층 기술로서 모든 데스크탑들과 연결되지 않는 단점이 있지만, 음성의 전송과 스위칭에 많은 이점을 갖는다. 따라서 VoIP는 VoATM 또는 VoFR와 함께 사용될 수 있다. 이때 VoIP의 개념 및 적용 분야에 대하여 살펴본다.

## 12.6.1 개념

VoIP(Voice over IP)란 인터넷망을 통하여 데이터뿐만 아니라 음성도 함께 전송하는 기술이다. 보다 상세하게는, VoIP는 IP를 하위 통신 프로토콜로 사용하는 통신망의 일부 또는 전체를 음성 전송을 위한 상호 연결(interconnection)에 사용하는 기술이다. VoIP는 집중형과 분산형의 두 가지 방식을 포함한다. 집중형은 클라이언트 · 서버의 구조이고, 분산형은 peer-to-peer 구조이다. 각 구조별로 운용, 시스템 확장 등에서 장단점을 갖는다.

VoIP는 소리를 디지털 신호로 변환시키는데 이때 이 신호가 인터넷과 같은 데이터망을 통해 전달된다. 이러한 변환은 개인용 컴퓨터나 특수 VoIP 전화기와 같은 기기에 의해 이루어진다. 이러한 기기들은 빠른 속도와 광대역회선, 인터넷 연결 기능을 갖추고 있다. 디지털 신호는 네트워크를 통해 그 신호의 목적지로 보내진다. 거기에서 두 번째 VoIP 기기가 그 신호를 다시 소리로 변환한다. VoIP가 갖는 디지털 성질 때문에 통화 음질은 일반 전화보다 훨씬 좋다. 또 다른 장점으로 VoIP는 기본 전화요금이나 장거리 서비스 요금이 저렴하다는 것이다.

## 12.6.2 응용 분야

(가) 인터넷 전화

인터넷 전화는 인터넷망을 통해 음성신호를 실어 보내는 기술로, 기존 회선교환 방식의 일반전화와 달리 인터넷의 근간인 IP 네트워크를 통해 음성을 패킷 형태로 전송한다.

서비스 방식은 PC와 PC 사이에 이루어지는 형태, PC와 전화기 사이에 이루어지는 형태 그리고 전화기와 전화기 사이에 이루어지는 형태이다.

인터넷에는 통화의 품질을 보장하는 기능이 없으므로 인터넷 전화는 음성 전달의 지연이나 음질의 저하가 일어날 수도 있고, 전화를 걸 수 있는 지역에도 제한이 있다.

(나) 스마트폰

스마트폰은 일반 휴대폰과 달리 운영체제를 탑재해 PC처럼 사용자가 원하는 프로그램을 설치해 사용할 수 있는 제품이다. 스마트폰은 세계 휴대폰 시장 축소에도 불구하고 급성장하고 있다. 휴대폰과 PC를 결합한 '스마트폰'은 디지털 기기간 융합의 현주소를 보여 주는 대표적인 사례다.

[표 12-5]  일반 폰과 스마트폰의 특징 비교

| 일반 휴대폰 | 스마트폰 |
|---|---|
| - 보이스 중심 서비스<br>- WIPI 기반 호스트만 접속<br>- 카메라, MP3 및 멀티미디어 기능<br>- SMS · MMS 위주 | - 윈도우즈 모바일, 리눅스 등 범용 OS<br>- 멀티 태스킹/데이터 중심 서비스<br>- Wi-Fi, 블루투스 지원<br>- 풀브라우징 서비스 |

**쉼터**

**풀브라우징**

휴대전화나 스마트폰의 무선인터넷에서도 일반 인터넷 사이트와 같은 문서와 동영상을 볼 수 있는 서비스로서 휴대전화기에서 PC상의 '인터넷 익스플로러'같은 모바일 웹 브라우저를 구동해 PC와 같은 환경의 인터넷을 사용할 수 있도록 한다.

# 12.7 방송과 통신의 융합 기술

통신은 보도 통신, 우편 통신 및 전기 통신으로 크게 구분되며 이 중 전기 통신은 전화를 비롯하여 전자적인 방식이나 광기술로 정보를 송수신하는 것을 말한다. 반면에 방송이라 함은 전기통신 기술을 기반으로 하여 불특정 다수인에게 정보를 일방적으로 보내주는 것을 말한다. 즉 방송을 수신할 수 있는 수신기를 소유하고 있는 자는 누구든지 방송국에서 송출되는 정보를 수신할 수 있는 것이다.

따라서 통신과 방송의 차이는 기술적으로는 모두 동일한 전기통신 기술을 기반으로 하고 있으며 단지 정보를 특정인들 간에 유통시키는 것인지 불특정인을 대상으로 하여 유통시키는 것인지에 차이가 있을 뿐이다. 이것은 유통되는 정보가 미치는 영향의 정도에 큰 차이를 갖게 되는데, 정보의 보호 측면에서 볼 때 방송의 경우에는 불특정 다수인에게 정보가 공개되므로 비밀스런 정보를 주고받을 수 없게 되는 것이며 통신의 경우에는 당사자 간에 주고받는 정보의 내용에 대하여 비밀을 보장받게 된다.

## 12.7.1 DMB(Digital Multimedia Broadcasting)

### (1) 개념

디지털 TV 시스템이란 문자 그대로 비디오, 오디오 및 데이터 등 모든 것을 디지털 처리를 한 후 디지털 전송 방식에 의해 전송하는 시스템을 말한다. 디지털 TV를 통해 디지털 방송을 원활하게 구현함으로써 화질 및 음향 등의 기본 시청 품질이 높아질 뿐만 아니라 양방향 서비스 등의 다양한 부가 기능이 제공되어 단순히 TV 기능이 아닌 광범위한 영역에서 새로운 비즈니스를 창출할 수 있다.

그러나 디지털 TV 방송서비스는 휴대 및 차량 단말로의 데이터 서비스 제공에 대한 어려움이 있는 것으로 나타나, 휴대 단말이나 차량 단말로 이동수신이 가능한 디지털 오디오 방송이 주목을 받고 있다.

DMB 서비스는 이동하면서도 각종 단말기를 통해 고화질로 프로그램을 시청할 수 있어 통신·방송 융합 서비스이다. 차 안에서도 흔들림 없이 깨끗한 축구경기나 드라마를 시청할 수 있고, 언제 어디서나 보고 싶은 가수가 나오는 가요 프로그램을 휴대폰으로 볼 수 있다.

DMB에는 지상파 DMB와 위성 DMB 두 종류가 있다. 위성 DMB의 경우 서비스 커버리지는 크게 위성직접 수신 지역과 음영 지역으로 나눌 수 있으며, 위성이 직접 보이는 지역은 전국 어디서나 수신 가능하며, 도심 및 지하 등 음영지역은 별도의 갭필러(Gap Filler)를 통하여 수신 가능하다.

갭필러(Gap Filler)는 기존 아날로그 AM/FM 라디오방송 및 TV 방송을 대체할 것으로 기대되고 있는 위성 DMB를 구현하는 핵심 장비 중의 하나다. 갭필러는 통신망에서 기지국과 별도로 설치돼 지하구간, 건물 밀집지역 등의 음영지역을 해소해주는 중계기와 같은 역할도 수행하기 때문에 위성 DMB용 지상중계기로도 불린다.

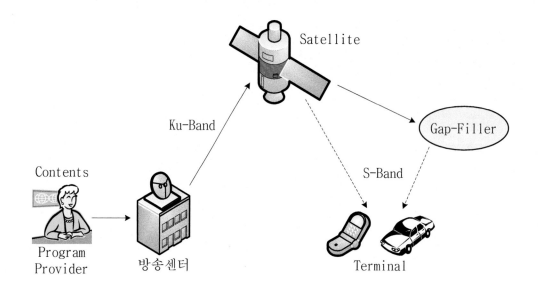

[그림 12-9] 위성 DMB 개념도

## (2) 특징

### 1) 언제 어디서나 접속 가능한 방송·통신 융합 서비스

- CD 수준의 고품질 음악 방송 및 영상 서비스 등 다양한 멀티미디어 정보를 전달
- 이동 수신을 목적으로 개발되어 고정 및 이동 수신환경에서 양질의 프로그램 수신을 보장
- 고화질 및 고음질을 추구하는 지상파 디지털 TV와 보완적 관계 구축

### 2) 다양한 데이터 서비스 제공

- 전자 프로그램 가이드(Electronic Program Guide, EPG) 정보 전달
- 프로그램과 관련된 다양한 부가정보 제공
- 독립된 정보 서비스 제공
- 대화형 서비스 제공

## 3) 복합적인 부가가치 유발
- 디지털 압축·전송 기술을 이용하여 전파 이용의 효율성 재고
- 새로운 방송·통신 서비스 창출 및 다채널화에 의한 전송 비용 절감을 통해 방송 서비스 산업의 경쟁력 재고
- 기존 라디오 기기를 대체하고 PDA 등 휴대 단말기와의 결합을 통해 기기 및 컨텐츠 산업의 활성화 촉진
- 저렴한 멀티미디어 서비스 제공을 통한 정보 격차(Digital Divide) 해소에 기여

[표 12-6] 데이터 방송 서비스의 종류

| 서비스 종류 | 서비스 내용 | 서비스 사례 |
|---|---|---|
| 프로그램 안내 서비스<br>(EPG) | 채널 및 프로그램 안내정보 | - 채널별, 주제별, 시간대별 안내<br>- 프로그램 시청 및 녹화 예약 |
| 연동형 서비스<br>(Enhanced TV) | 방송중인 프로그램의 부가정보 제공 | - 드라마 : 줄거리, 등장인물, 배경음악 등<br>- 스포츠 : 경기전적, 선수 프로필, 일정 등<br>- 가요, 쇼 : 노래 가사, 출연자 정보 등<br>- 다큐멘터리 : 용어 해설, 상세 정보 등 |
| 독립형 서비스<br>(Virtual Channel) | 프로그램과 무관한 정보 제공 | - 생활 정보, 뉴스 속보, 기상 정보<br>- 주식 정보, 부동산 정보, 홈쇼핑 |
| 대화형 서비스<br>(Interactive Service) | 쌍방향 대화형 서비스 | - 시청자 참여 퀴즈 프로그램<br>- 대화형 교육방송<br>- 실시간 여론 설문 조사<br>- T-Commerce, 인터넷 서비스 |

## (3) 응용 분야

### 1) DMB 2.0
양방향의 커뮤니케이션을 근거로 하는 DMB 서비스

### 2) 위치 기반 서비스
휴대용 통신단말기의 위치를 추적해 수요자들에게 위치정보를 제공하고 이를 기반으로 긴급구조·구난, 교통안내, 물류관리, 미아·도난차량 추적, 경호서비스 등의 다양한 응용서비스를 제공한다.

### 3) 텔레매틱스

무선 음성 데이터통신과 인공위성을 이용한 GPS를 기반으로 자동차를 이용해 정보를 주고받을 수 있는 기술이다.

### 4) ITS(Intelligent Transportation Systems)

도로, 차량, 신호 시스템 등 기존 교통체계에 전자, 제어, 정보, 통신 등의 관련 기술을 부가함으로써 차량과 도로 간의 정보의 단절이 없이 정보의 흐름을 원활히 하고, 기존 시설의 이용을 극대화하고자 하는 개념에서 도입된 시스템이다.

## 12.7.2 IPTV

### (1) 개념

통신에서는 BcN(Broadband convergence Network)이 등장하여 통합 네트워크를 통해서 패킷과 음성의 융합 서비스, 유선과 무선의 융합 서비스, 통신과 방송의 융합 서비스를 사용자에게 제공하고 있다.

---

**용어 설명**

BcN(Broadband convergence Network)
현재의 개별적인 망들이 갖고 있는 서비스 품질, 전송 용량, 서비스 수용의 용이성 등 여러 가지 한계들을 극복하고 미래에 나타날 유·무선의 다양한 접속환경에서 고품질의 음성, 데이터 및 방송이 융합된 광대역 멀티미디어 서비스를 언제 어디서나 이용할 수 있도록 하는 광대역 통합 네트워크.

---

특히 BcN의 킬러 애플리케이션으로 주목받고 있는 서비스가 통신·방송 융합 서비스인 IPTV이다. IPTV 서비스는 IP망을 통해 방송이나 동영상 콘텐츠, 정보 등을 TV와 이동 단말에 제공하는 통신·방송 융합 서비스이다.

IPTV 서비스는 양방향(interactive) 서비스가 가능하고 개인화된 서비스를 제공할 수 있다는 점에서 기존의 방송 서비스와 차별성을 가지고 있다. IPTV 서비스가 대중들이 많이 이용하는 서비스가 되기 위해서는 안정적인 품질의 서비스 제공, 다양한 콘텐츠 확보가 선결되어야 한다.

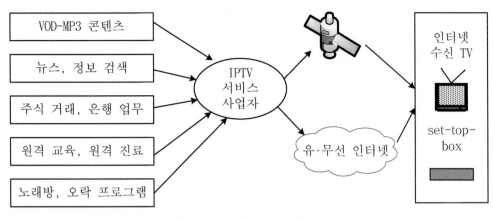

[그림 12-10]  IPTV 계통도

## (2) 서비스 형태

### 1) 실시간 쌍방향 서비스

시청자로부터 방송사까지 상향 채널이 구성되기 위해서 실시간으로 시청자가 참여할 수 있는 퀴즈 프로그램과 게임 프로그램의 제작이 필요하다. 또한 실시간 여론 조사 등이 간단하게 이루어질 수 있다.

### 2) 홈뱅킹 서비스

홈뱅킹 서비스는 TV 시청 중에 간단히 은행에 접속하여 TV 화면에 나타난 금융 정보를 보면서 거래할 수 있는 편리성을 제공한다. 이런 서비스를 제공하기 위해서는 보안 시스템의 신뢰성 확보가 전제되어야 하며, 은행 등 관련 기업과 제휴하여야 한다.

### 3) 소프트웨어 분배 서비스

PC 또는 게임기 등에 사용하는 소프트웨어를 디지털 방송의 데이터 채널을 통해 공급하는 서비스이다. 방송의 광역성을 이용하면 한 번에 다수의 사용자에게 동일한 소프트웨어를 별도의 통신비용 없이 공급할 수 있는 장점이 있다.

### 4) T-Commerce(텔레비전 전자상거래)

T-Commerce란 가상 채널을 통한 쇼핑만이 아니라, 뱅킹 서비스, 쌍방향 광고 및 기타 요금이 부과될 수 있는 모든 종류의 서비스들을 포함하는 개념이다. 그러나 일반적으로 클릭만으로 상품에 대한 정보를 검색하고 직접 구매하거나 예약까지 가능한 경우만을 T-Commerce라고 정의할 수 있다.

[표 12-7] IPTV 도입 배경

| 공급자 측면 | 수요자 측면 |
| --- | --- |
| - 초고속 인터넷 기술의 급속한 발전으로 데이터 전송속도 증가<br>- 기존 인프라 및 신규 인프라를 활용하여 경제 효과 극대화<br>- 성숙기인 통신 서비스 시장에서의 역량을 방송 서비스 시장에 진입하여 활용 | - 동일 단말기, 네트워크를 통한 방송과 통신 서비스 활용으로 편리성 증대<br>- 기존 서비스의 통합에 따른 통합 과금, 가격 할인, A/S 편리성 확대<br>- 방송의 디지털화에 따른 IPTV 인지도 증가 및 양방향 서비스에 대한 신규 수요 증가 |

## 12.8  이종 산업 간의 융합 기술

국내에서는 자동차, 조선, 건설, 섬유산업과 같은 주력산업과 국방, 기계항공, 의료, 교육 등과 같은 미래 유망 산업과 IT의 융합을 통한 'Mega Convergence' 신산업을 통하여 주력산업의 르네상스를 실현하여 미래 경제 강국으로의 도약을 계획하고 있다. 지금 선진국은 IT 기반 산업간 융합을 21세기를 이끌어갈 국가 전략 기술로 집중 육성 중이며, 개발기술의 산업화에 중점을 두고 있고, 융합기술의 육성을 통하여 국민의 복지 증진 및 자국 산업의 경쟁력 강화를 도모하고 있다.

### 12.8.1 텔레매틱스

### (1) 개념

텔레매틱스는 차량, 항공, 선박 등 운송 장비 내에서 이동하는 중에 제공되는 무선 데이터 서비스를 말하며 특히 차량 텔레매틱스 서비스가 각광받고 있는데, 이는 이동통신 기술과 GPS를 자동차에 접목, 차량 사고나 도난 감지, 운전경로 안내, 교통 및 생활편의 정보, 게임, e-메일 등을 운전자에게 실시간으로 제공하는 것이다.

자동차 안에서 이메일을 주고받고, 인터넷을 통해 각종 정보도 검색할 수 있는 오토(auto) PC를 이용한다는 점에서 '오토모티브 텔레매틱스'라고도 부른다.

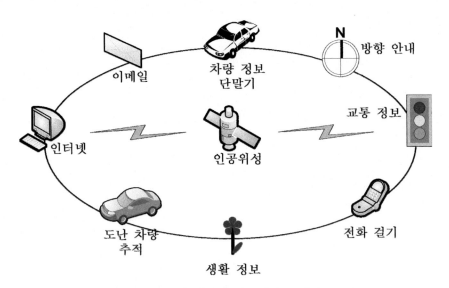

[그림 12-11] 텔레매틱스 서비스 개념도

운전자가 무선 네트워크를 통해 차량을 원격 진단하고, 무선 모뎀을 장착한 오토 PC로 교통 및 생활정보, 긴급구난 등 각종 정보를 이용할 수 있으며, 사무실과 친구들에게 전화 메시지를 전할 수 있음은 물론, 음성 이메일을 주고받을 수도 있고, 오디오북을 다운받을 수도 있다.

## (2) 필요성

① 전통산업과 첨단 산업의 결합으로 인한 전통 산업의 IT화
② 고성장의 고부가 가치 산업 육성
③ 국가 첨단 교통 체계의 기반 구축
④ 시장 개발 초기 단계의 기술 선점
⑤ 관련 시장의 파급 효과 확대
⑥ 텔레매틱스 관련 서비스에 대한 수요 증가

## (3) 요소 기술

### 1) 단말 플랫폼 기술

단말 플랫폼 기술은 운전자와 차량, 차량과 차량 외부의 정보들을 연결시키는 인터페이스로서 서버로부터 다양한 통신수단을 통해 가동되어 전달되는 각종 서비스 정보 및 응용 소프트웨어를 사용자에게 제공하기 위한 차량 내 하드웨어 및 소프트웨어에 관련된 기술이다.

## 2) 통신 기술

텔레매틱스에서는 보다 많은 양의 동영상, 지도, 데이터 등을 송수신하기 위해서는 보다 빠른 통신 환경이 요구되고 있다. 향후 이동성과 전송속도에서 빠르게 진화하여 4G 초고속 멀티미디어 서비스로 통합될 것이며 이는 이종산업 간에 컨버전스의 본격적인 시작을 의미하게 된다.

## 3) 단말기 기술

자동차를 첨단 무선 이동 통신기술, 정보화시킨 도로, 최첨단 컴퓨팅 기술과 하나의 시스템으로 묶어 텔레매틱스에서 운전자가 원하는 것을 안전하고 쉽게 얻어 사용할 수 있게 도와주는 시스템을 말한다.

단말기 응용 소프트웨어 개발을 위한 단말 플랫폼 기술, 내비게이션 기능 및 정보처리를 위한 프로세싱 유닛 등의 개발을 위한 단말기 부품 기술, 응용 소프트웨어와 콘텐츠 데이터베이스를 지원하기 위해 내재한 DBMS 기반의 On-Board DB 기술, 운전자 정보 시스템 (Driver Information System, DIS), 핸즈프리 인터페이스(Hands-Free Interface, HFI), 음성인식 등과 같이 인터페이스 등으로 구분된다.

## 4) 위치 정보 및 GIS 기술

무선 통신 인프라 기반의 측위 기술 분야에서는 GPS를 이용한 방식뿐만 아니라, GPS 와 추측항법(Dead Reckoning, DR) 또는 관성항법시스템(Inertial Navigation System, INS)과 결합한 차량용 seamless 측위 방식이 서비스되고 있다.

## (4) 응용 분야

### 1) 보안 서비스

응급 구난, 차량 도난 방지, 차량 추적, 차량 상태 원격 진단

### 2) 내비게이션(navigation) 서비스

주행 경로 및 실시간 교통 정보를 제공하는 내비게이션(navigation) 서비스

이 밖에 운전자는 자동차에 장착된 무선 모뎀 액정 단말기를 통해 뉴스수신, 주식투자, 전자상거래, 금융거래 등을 할 수 있고 인터넷에 접속해 호텔이나 항공 예약은 물론 팩스 송수신까지 할 수 있다. 또 음성 인식 기술을 이용해 차내 창문이나 에어컨, 오디오 등 기본적으로 장착해 있는 기기들을 음성으로 조정할 수 있다.

## 12.8.2 ITS(Intelligent Transportation Systems)

### (1) 개념

전자, 정보, 통신, 제어 등의 기술을 교통체계에 접목시킨 지능형 교통 시스템으로서 신속, 안전 그리고 쾌적한 차세대 교통체계를 만드는데 목적을 두고 있다.

ITS 서비스는 세부 기능별로 열거해보면 다음과 같이 분류된다.

### 1) ATMS(Advanced Traffic Management System)

도로상에 차량 특성, 속도 등의 교통 정보를 감지할 수 있는 시스템을 설치하여 교통 상황을 실시간으로 분석하고, 이를 토대로 도로 교통의 관리와 최적 신호 체계의 구현을 꾀한다. 예로 요금 자동 징수 시스템과 자동단속시스템이 있다.

### 2) ATIS(Advanced Traveler Information System)

교통 여건, 도로 상황, 출발지에서 목적지까지의 최단 경로, 소요 시간, 주차장 상황 등 각종 교통 정보를 신속, 정확하게 제공함으로써 안전하고 원활한 최적 교통을 지원한다. 예로 운전자 정보 시스템, 최적 경로 안내 시스템, 여행 서비스 정보 시스템 등을 들 수 있다.

### 3) APTS(Advanced Public Transportation System)

대중교통 운영 체계의 정보화를 바탕으로 시민들에게는 대중교통 수단의 운행 스케줄, 차량 위치 등의 정보를 제공하며 예로 대중교통 정보 시스템, 대중교통 관리 시스템 등을 들 수 있다.

### 4) CVO(Commercial Vehicle Operation)

컴퓨터를 통해 각 차량의 위치, 운행 상태, 차내 상황 등을 관제실에서 파악하고 실시간으로 최적 운행을 지시함으로써 물류 비용을 절감한다. 예로 전자 통관 시스템, 화물 차량 관리 시스템 등이 있다.

### 5) AVHS(Advanced Vehicle and Highway System)

차량에 교통 상황, 장애물 인식 등의 고성능 센서와 자동 제어 장치를 부착하여 운전을 자동화하며, 도로상에 지능형 통신 시설을 설치하여 일정 간격 주행으로 교통사고를 예방하고 도로 소통의 능력을 증대시킨다.

## (2) 단거리 전용통신(Dedicated Short Range Communication, DSRC)

DSRC는 ITS 서비스를 제공하기 위한 통신 수단의 하나로서 노변 장치라고 불리는 도로
변에 위치한 소형 기지국과 차량 내에 탑재된 차량 탑재 장치간의 단거리 전용 통신을 의미
하며 노변 기지국장치인 RSE(Road Side Equipment)와 차량 단말기인 OBE(On-Board
Equipment)간에 송수신을 구현하는 방법에 따라 능동방식, 수동방식 및 Beacon 방식으로
구분한다.

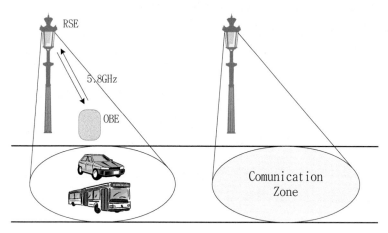

[그림 12-12]  DSRC 구성도

### 1) 능동형 DSRC

ITS의 구축 및 확장을 위한 첨단기술이며 도로변에 설치된 소형 기지국과 차량 단말기
간에 5.8[GHz] 대역의 전송속도 1[Mbps]로 데이터 통신을 하는 시스템이다.

RSE와 OBE 모두에 발진기가 내장되어 있으며, 각 차량에 장착된 차량 탑재 장치를
통하여 통신 셀의 크기가 수 [m]에서 수백 [m] 이내인 영역 내에서 교통 정보 및 지역정
보, 여행정보 등의 무선데이터 정보를 양방향으로 제공한다.

장점으로는 다음과 같은 특징을 가지고 있다.

① 높은 신뢰성
   고성능 시스템의 차량 탑재 단말기를 사용하므로 전파의 혼신 및 방해를 극소화
   하여 높은 수신감도를 유지한다.
② 확장성
   양방향 통신이 가능하며 대량의 정보를 고속으로 송수신하므로 ITS의 응용 분야
   들을 융통성 있게 취급, 통합할 수 있다.

③ 중앙집중식관리 용이

도로변에 설치된 통신 회선과 전국 초고속 기간 통신망을 통하여 중앙 센터에서 전국 각 지역 차량 탑재 장치까지 제어 및 관리가 가능하다.

④ 높은 스펙트럼 효율

주파수 재사용을 위한 노변 기지국 간 거리가 최소 60[m]이상이며 10[mW]의 소출력 전파 통신으로 인해 수동 방식에 비해서 주파수 재사용 특성이 우수하며 기지국의 가격이 저렴하고 넓은 통신 영역을 확보할 수 있다.

한편, 단점으로는 다음과 같은 특징을 가지고 있다.

① 단말기 가격의 상승

OBE에 발진기를 내장하므로 회로가 복잡해져 단말기당 가격이 다소 높지만 ASIC 개발 등 소형화를 통하여 대등한 가격을 확보할 수 있는 가능성이 존재한다.

② 복잡한 시설

별도의 전원이 필요하므로 차량의 배터리를 이용하기 위한 배선이 복잡하고, 적절한 시판 제품을 확보하기 어려우므로 한 대의 RSE가 여러 대의 OBE와 다중 접속을 지원한다.

## 2) 수동형 DSRC

단말기를 간단하게 구현하기 위해 단말기 내부에 주파수 발진기를 내장하지 않고 기지국에서 연속적으로 반송파를 송신함으로써 단말기가 수신된 연속파를 내부 주파수 발진기 신호로 사용하는 방식으로 재발신(backscattering)방식이라고도 한다.

단말기 회로가 간단하여 가격이 저렴하고 별도 전원이 불필요하지만 기지국의 연속적인 반송파의 전력이 크기 때문에 셀(cell)간 간섭으로 인한 영향으로 주파수 재사용률이 저하된다.

## 3) Beacon 방식

노변 기지국과 단말기 간에 단방향 서비스를 위주로 하는 저속 데이터 통신 시스템으로서 제한적으로 양방향 통신이 가능하며 여러 개의 차량 단말기와 다중 접속이 지원되지 않으므로 셀 내에서 2개 이상의 단말기가 동시에 무선 채널을 액세스할 때는 링크 설정이 되지 않는 단점이 있다.

### 12.8.3 IBS(Intelligent Building System)

### (1) 개념

통신과 정보처리에 덧붙여 건축기술의 결합으로 인해 업무의 효율적인 분위기로 변화시키기 위해 제기된 시스템이다. 이것이 이루어지려면 다음과 같은 전제 조건을 가져야 한다.

① 쾌적한 근무환경의 조건으로 업무의 생산성을 높여야 한다.
② 건물의 효율적인 관리로 인건비가 절약된다.
③ 건축기술의 결합으로 건물의 부가가치가 높아야 한다.

### (2) 필요성

- 임대 빌딩의 공급 과잉
- 전자산업의 급속한 발전
- 빌딩 관리의 효율화
- 통신 사업의 자유화

### (3) 구성 요소

### 1) TC(Tele Communication)

건물 내외의 통신수단을 말하는 것으로 위성 및 이동 통신에 이를 적용시켜야 한다.

### 2) OA(Office Automation)

사무실 내의 정보처리 및 통신 기술을 말하는 것으로 홈네트워킹을 들 수 있다.

### 3) BA(Building Automation)

빌딩 자동화로 빌딩 관리 시스템, Security System 그리고 에너지 절약 시스템을 들 수 있다.

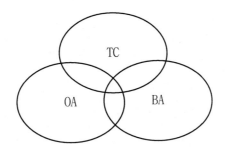

[그림 12-13]  IBS의 시스템 모델

## 12.8.4  스마트 그리드

### (1) 개념

스마트 그리드는 에너지 네트워크와 통신 네트워크가 합쳐진 지능형 전력망으로 '똑똑한'의 스마트와 전기, 전력을 뜻하는 그리드가 합쳐진 용어이다. 다시 말하면 발전→송배전→판매에 이르는 기존 전력망에 IT를 융합시킨 전력망이다.

지능형 전력망이라는 뜻을 가진 스마트 그리드는 전력회사의 통합제어 센터와 발전소, 송전탑, 전주 그리고 가전제품 등에 설치된 센서가 쌍방향으로 실시간 정보를 교환하며, 최적의 시간에 전력을 주고받음으로써 가장 효율적인 전력의 생산과 소비가 가능할 수 있다.

### (2) 도입 배경

#### 1) 노후화된 전력망의 교체

전력망의 노후화는 시간이 갈수록 큰 문제로 자리 잡아 개인적·국가적인 손실을 점점 더 심화시킨다. 전력망이 노후화되면 그만큼 에너지 손실이 증가하고 필요한 전력량은 높아지게 되기 때문이다.

그러므로 교체의 필요성을 고려할 때, 가까운 시기에 새로운 배전망 시스템을 갖추는 것은 효율적인 선택이다.

#### 2) 직류 전류의 필요성

직류 전류의 수요 증가는 에너지 효율은 높이고 설비비용은 감소시키지만 장거리 송전이 힘들어 현재의 배전망은 교류 전류를 사용하고 있다. 하지만, 장거리 송전은 전력용 반도체를 사용하면 실현 가능하다.

### 3) 자체 전력 생산의 실현화

긴급한 상황이나 전력 사용량이 피크를 이룰 때는 제대로 공급할 수 없을 경우 전력을 생산하는 소규모 네트워크, 이른바 마이크로 그리드(Micro Grid)의 존재성이 요구된다.

### 4) 그린 환경의 에너지 생산화

현재의 전력 공급 시스템으로는 미래의 녹색 에너지 시대로 갈 수 없는 것이다. 전력 수요에 따라 전기 생산량을 조절할 수 있고 전기가 남는 지역에서 모자라는 지역으로 옮길 수 있는 효율적인 전력관리 시스템이 필요하다.

## (3) 핵심 기술

### 1) AMI(Advanced Metering Infrastructure)

스마트 그리드의 핵심기술인 AMI는 오픈 아키텍처(Open Architecture)를 통하여 수요자와 공급자 간에 정보의 전달을 가능하게 하는 기술로 소비자의 전력 사용정보 등을 보내주는 스마트메터(Smart Meter)와 스마트메터가 생성한 자료를 전송하는 네트워크 시스템 등으로 구성된다.

### 2) 수요 반응(Demand Response , DR) 기술

DR은 계약 혹은 자의에 의해서 전력 피크가 발생할 때 전력 사용을 축소시키는 기술 혹은 시스템으로 스마트그리드의 핵심 분야 중의 하나이다.

전력 거래 시장에서 실시간 전력 가격이 형성돼 전력 수요가 급증할 때 바로 가격이 상승 및 소비자에게 전달되고 소비자는 전력 피크일 때 전기 사용을 줄이게 되며 시장 원리에 따라 전력 사용량을 감소시킨다.

### 3) 전력 저장 기술

초전도 플라이휠(Flywheel)은 여분의 전기 에너지를 회전자의 회전 에너지로 저장하는 기술로 저장하는 기술로 초전도체를 이용하여 회전자를 부상시키고 마찰을 없애 변환 효율이 97[%]에 이를 새로운 전력 저장 기술이다.

### 4) 전력선 통신(Power Line Communication, PLC )

전력선 통신은 스마트 그리드에 필수적인 기술로서 가정이나 사무실에 이미 포설되어 있는 전력선을 통하여 통신 신호를 대역 신호로 바꿔 실어 보내고 이를 대역 필터를 이용, 따로 분리해 신호를 수신하는 방식이다.

## 5) 분산전원 전력 변환 장치

태양광, 풍력 등 분산전원에 장착되는 주요 설비로서, 직류를 교류로 바꿔주는 Inverter가 기반이 된다.

## 6) 전력 IT용 제어·통신 장치

각종 부하 설비의 전원이나 기능을 제어해주는 제어 장치이다.

## 요 약

1. 컨버전스(Convergence)는 2가지 이상의 기술과 시스템을 활용하여 목적하는 바를 달성하기위하여 개선하는 행위, 그리고 신기술이나 신제품을 생성하기 위한 기존 기술이나 시스템의 하이브리드이다.

2. 네트워크란 지역적으로 분산된 다수의 기기들을 결합시켜 상호간에 정보 전달이 가능하도록하는 전달 매체로서 노드(Node)와 링크(Link)의 집합이다.

3. 성형은 중앙 세어 노드를 중심으로 그 주위에 분산된 단말을 연결시킨 형태로서 통신망 구성의 가장 기본적인 형태이다.

4. 망형에서는 컴퓨터와 단말기에는 루프를 만들어 연결하고 데이터의 전송은 중앙 제어 노드에의한 폴링과 토큰에 의한 방법을 이용한다.

5. 버스형에서는 다수의 단말기가 하나의 전송매체를 공유하므로 전송 데이터를 모든 단말기에서수신할 수 있다.

6. 트리형은 하나의 통신 회선에서 여러 회선으로 나누어지는 구조로 되어 있으며, 단방향 전송에적합하다.

7. FMC(Fixed Mobile Convergence)는 하나의 휴대전화로 집이나 사무실내에서는 Wi-Fi를 이용한인터넷전화로, 밖에서는 휴대폰으로 함께 사용하는 개념이다.

8. FMS(Fixed Mobile Substitution)는 이동통신 사업자들이 이동통신 가입자 기반을 이용하여 기존유선전화 트래픽을 이동전화 트래픽으로 대체하면서 기존 유선전화 가입자를 이동전화 가입자로유치하기 위한 서비스이다.

9. 펨토셀은 1,000조분의 1을 뜻하는 펨토(Femto)와 이동 통신에서 1개 기지국이 담당하는 서비스구역 단위를 뜻하는 셀(Cell)을 합친 이름으로 기존 이동 통신 서비스 반경보다 훨씬 작은 지역을커버하는 기기를 말한다.

10. WMN(Wireless Mesh Network)은 각 단말기들이 그물망처럼 연결되어 있으므로 네트워크를확장할 수 있는 대표적인 유·무선 융합의 진화 형태이다.

11. Mobile IP는 유선 인터넷에서 IP 어드레스를 부여받아 사용 중인 개인용 컴퓨터 또는 노트북을이동통신망에 사용하기 위하여 이동단말기와 연결하여 이동하였을 경우에도 자유롭게 데이터를전송하기 위하여 도입된 유·무선 융합 기술이다.

12. VoIP는 IP를 하위 통신 프로토콜로 사용하는 통신망의 일부 또는 전체를 음성 전송을 위한상호 연결(interconnection)에 사용하는 기술이다.

13. DMB 서비스는 이동하면서도 각종 단말기를 통해 고화질로 프로그램을 시청할 수 있어 통신·방송융합 서비스이다.

14. IPTV 서비스는 IP망을 통해 방송이나 동영상 콘텐츠, 정보 등을 TV와 이동 단말에 제공하는

통신·방송 융합 서비스이다.

15. 텔레매틱스는 차량, 항공, 선박 등 운송 장비 내에서 이동하는 중에 제공되는 무선 데이터 서비스이다.

16. ITS(Intelligent Transportation Systems)는 전자, 정보, 통신, 제어 등의 기술을 교통 체계에 접목시킨 지능형 교통 시스템이다.

17. IBS(Intelligent Building System)는 통신과 정보처리에 덧붙여 건축기술의 결합으로 인해 업무의 효율적인 분위기로 변화시키기 위해 제기된 시스템이다.

18. 스마트 그리드는 에너지 네트워크와 통신 네트워크가 합쳐진 지능형 전력망으로 '똑똑한'의 스마트와 전기, 전력을 뜻하는 그리드가 합쳐진 용어이다.

# 연습문제

1. 융합(convergence)의 정의와 출현 배경에 대하여 설명하시오.

2. 토폴로지에서 성형의 구성 형태를 설명하고 장단점을 서술하시오.

3. 유·무선 융합 기술에서 FMC와 FMS의 차이점에 대하여 설명하시오.

4. 펨토셀의 개념을 설명하고 진화단계를 서술하시오.

5. WMN(Wireless Mobile Network)의 개념과 특징에 대하여 설명하시오.

6. Mobile IP의 데이터 전송 절차에 대하여 설명하시오.

7. DMB(Digital Multimedia Broadcasting)의 개념 및 특징에 대하여 설명하시오.

8. 자동차와 IT를 융합한 기술에 대하여 종류를 들어 설명하시오.

9. 다음 용어를 간단히 설명하시오.
   1) 스마트 그리드　　　　　　　　　2) 그린 IT
   3) VoIP　　　　　　　　　　　　　4) 네트워크 구성에서의 Ring형

## 약 어

FMC(Fixed Mobile Convergence)

FMS(Fixed Mobile Substitution)

SON(Self-Organizing Network)

WMN(Wireless Mobile Network)

COA(Care Of Address)

MN(Mobile Node)

CN(Correspondent Node)

HA(Home Agent)

VoIP(Voice over IP)

DMB(Digital Multimedia Broadcasting)

EPG(Electronic Program Guide)

ITS(Intelligent Transportation Systems)

ATMS(Advanced Traffic Management System)

ATIS(Advanced Traveler Information System)

APTS(Advanced Public Transportation System)

CVO(Commercial Vehicle Operation)

AVHS(Advanced Vehicle and Highway System)

DSRC(Dedicated Short Range Communication)

IBS(Intelligent Building System)

AMI(Advanced Metering Infrastructure)

DR(Demand Response)

RSE(Road Side Equipment)

OBE(On-Board Equipment)

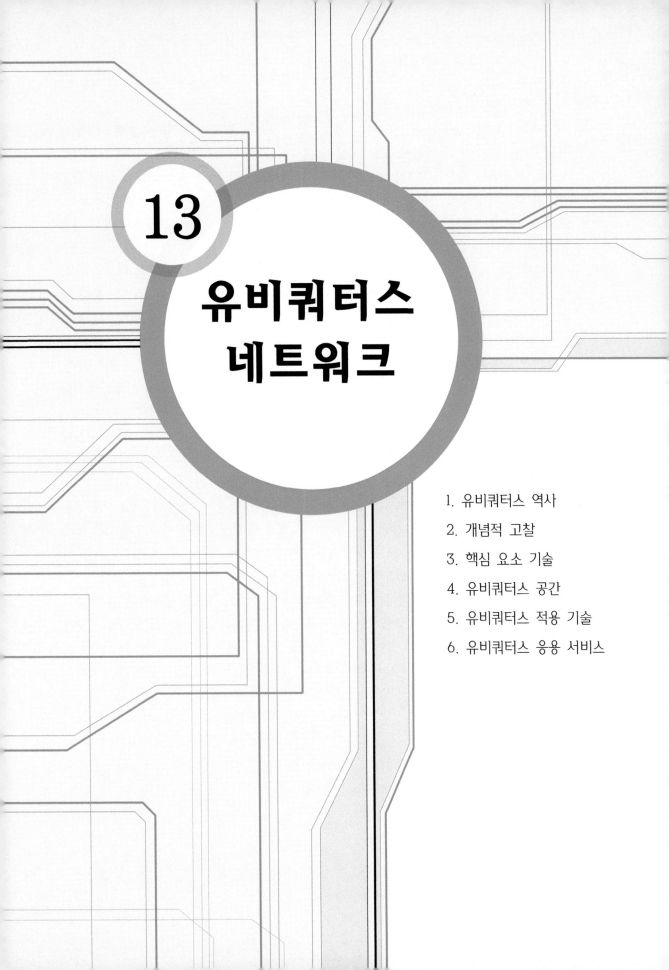

# 13

# 유비쿼터스 네트워크

# 13장  유비쿼터스 네트워크

유비쿼터스 컴퓨팅이란 도로, 다리, 터널, 빌딩 그리고 빌딩벽 등 모든 물리공간에 보이지 않는 컴퓨터를 집어넣어 모든 사물과 대상이 지능화되고 전자공간에 연결돼 서로 정보를 주고받는 공간을 만드는 개념으로 기존 홈네트워킹, 모바일 컴퓨팅보다 한 단계 발전된 컴퓨팅 환경을 말한다. 유비쿼터스란 라틴어로 '언제 어디서나 있는'을 뜻하는 말로서 사용자가 컴퓨터나 네트워크를 의식하지 않는 상태에서 장소에 구애받지 않고 자유롭게 네트워크에 접속할 수 있다.

유비쿼터스 네트워크를 위해서는 모든 전자기기에 컴퓨팅과 통신 기능이 부가돼야 한다. 이를 위해서는 각 전자기기가 고유한 주소를 가져야 하며 유선 혹은 무선을 통해 광대역 네트워크에 접속될 수 있어야 한다. 유비쿼터스 컴퓨팅을 실현하기 위해 유비쿼터스 네트워크는 유연하고도 확장 가능한 유·무선 통신망, 끊김 없는 이동성 인터페이스, 상황 인식, IPv6, 각종 초소형 칩·센서 인프라와의 연동 등의 기술을 확보해야 한다. 특히 IPv6은 인터넷의 주소 부족을 타개하기 위해 만들어진 새로운 인터넷 주소체계로 32비트의 주소체계로 이뤄진 현재의 인터넷은 주소 고갈의 상황에 직면했다. IPv6은 기존 주소 체계의 4배인 128비트로 주소를 구성하기 때문에 주소의 숫자가 사실상 무한대에 가깝기 때문에 지구상의 모든 기기에 독립적인 주소를 부여할 수 있도록 해준다.

유비쿼터스 네트워크는 IPv6 프로토콜을 사용하는 백본망을 기반으로 기존 IPv4 프로토콜 기반 인터넷망과 무선 액세스 기반의 기업망, 가정망 등이 연동돼 단말 이동성과 개인 이동성을 보장함으로써 각종 유·무선 멀티미디어 통신서비스를 가정과 직장은 물론 야외까지 제공할 수 있다. 즉 모든 정보기기가 광대역 망에 이어지고 언제 어디서나 안전하게 정보를 주고받을 수 있는 체제가 선행되어야 한다.

이제 유비쿼터스는 단순히 컴퓨팅 환경을 개선하는 것에만 그치는 것이 아니라 인류의 사회 문화까지 송두리째 바꿔놓을 것으로 예상된다. 유비쿼터스 환경에서 사용자는 구체적으로 원하는 것을 명시하지 않아도 필요한 서비스를 접속 방식과 무관하게 저렴한 가격으로 제공받을 수 있다. 인터넷의 빠른 확산은 언제 어디서나 접근 가능한 유비쿼터스 네트워킹의 필요성을 제기하고 있다.

먼저 유비쿼터스 컴퓨팅의 정의 및 특징을 살펴본 뒤 적용되는 유비쿼터스 컴퓨팅 기술을 구현한 뒤 지금 진행 중인 유비쿼터스 응용 서비스에 대하여 서술하고자 한다.

## 학습 목표

1. 유비쿼터스가 탄생하게 된 배경에 대하여 살펴본다.
2. 유비쿼터스의 개념적 고찰에 대하여 공부한다.
3. 유비쿼터스 컴퓨팅 환경 구축을 위한 기반 기술을 살펴본다.
4. 제3공간에서의 전자공간과 물리공간에 대하여 알아본다.
5. 유비쿼터스 환경을 실현하는 데 필요한 기술적 내용을 고찰한다.
6. u-Health의 개념과 구성요소에 대하여 공부한다.
7. u-City의 개념과 인프라 기술에 대하여 알아본다.
8. u-Learning의 개념과 핵심 기술에 대하여 살펴본다.

# 13.1 유비쿼터스 역사

유비쿼터스는 원래 라틴어에서 유래한 단어로 '신이 언제나, 어디에나 존재한다.'는 뜻이다. IT 용어로 사용되기 시작한 것은 1991년 미국의 마크 와이저 박사가 '기술이 배경으로 사라진다.'고 주장하며 '유비쿼터스 컴퓨팅'이란 말을 사용하면서부터다.

와이저 박사는 당시 전문지 기고 논문(21세기를 위한 컴퓨터)을 통해 '복잡한 컴퓨터가 미래에는 소형화되면서 모든 제품(사물) 속으로 들어가 사람들이 컴퓨터 존재를 전혀 의식하지 못할 것'이라고 예언했다. 전기 모터가 소형화되면서 자동차와 카세트 플레이어 속에 들어가 사람들이 모터의 존재를 느끼지 않고도 모터의 혜택을 입는 것과 같은 이치다. 컴퓨터 기술이 일상생활 속에 녹아들 것이라는 설명이다.

마크 와이저가 유비쿼터스 컴퓨팅 개념을 제시하게 된 동기는 두 가지 관점에서 살펴볼 수 있다.

첫째로, 기존의 컴퓨팅 시스템이 컴퓨터 중심적인 것을 비판하기 위해서이다. 기존의 정보기술과 달리 사용자가 전혀 불편함이 없이 정보 기술을 사용할 수 있도록 언제 어디서나 우리 주변의 생활환경 도처에 존재하고, 대상에 맞는 특수한 기능을 보유한 작은 컴퓨터들을 자연스럽게 통합하여야 한다.

둘째로, 전자공간과 물리공간의 통합이다. 실제 세계의 각종 사물들과 물리적 환경 전반에 컴퓨터들을 효과적으로 삽입하여 사용자들에게 보이지 않으면서 여러 사물, 컴퓨터, 사람 간의 정보 흐름이 이루어져야 한다.

마크 와이저에 의해 제3의 물결로 불리고 있는 유비쿼터스는 많은 컴퓨터에 의해 인간 친화적인 환경을 제공한다. 초기 컴퓨터의 등장은 고가의 컴퓨터를 여러 사람이 공동으로 사용하는 환경으로 제1의 물결로 구분할 수 있다. 이어서 PC의 등장과 함께 한 사람이 한 대의 컴퓨터를 사용할 수 있게 되었다. 이 시대는 제2의 물결로 구분할 수 있다. 이 시대의 핵심은 제한적인 장소에서 컴퓨터를 활용하는 것이다. 제3의 물결로 대변되는 유비쿼터스 컴퓨팅 시대에는 수많은 정보기기, 단말기 및 컴퓨터 등이 한 명의 사용자를 위해 동작하며 여러 장소에 내장된 컴퓨터를 이동 중인 사용자가 컴퓨팅 환경에 대한 특별한 인식 없이 사용할 수 있게 된 것이다.

[표 13-1] 유비쿼터스 시대의 부문별 변화

| | 현상황 | 유비쿼터스 컴퓨팅 시대 |
|---|---|---|
| 컴퓨터 위치 | PC, 서버 등으로 존재 | 물체 내에 컴퓨터 내장 |
| 네트워크 | 일부 컴퓨터만 접속 | 모든 컴퓨터가 항상 유·무선으로 네트워크 접속 |
| 가 정 | 일부 사이버 아파트에서만 디지털 홈 구현 | 대부분 가정이 홈네트워크로 가전 제품 제어 가능 |
| 사무실 | 일부 업체만 지문인식시스템 채용 | 네트워크화한 음성 인식 컴퓨터, 홍채 인식 출입문 등 등장 |
| 도로, 자동차 | 일부 자동차 항법 장치 설치 | 무선 인터넷 가능한 자동차 등장, 자동차와 톨게이트 사이의 정보 교류 가능 |

유비쿼터스는 많은 면에서 가상현실(Virtual Reality)과 반대되는 개념이다. 가상현실은 컴퓨터가 만드는 가상 속에 사람을 끌어들여 현실 속의 사람을 가상 속에서 활동하게 하는 것이지만, 유비쿼터스 세계는 현실 세상에 컴퓨터를 침투시켜 현실 속에 있게 한다.

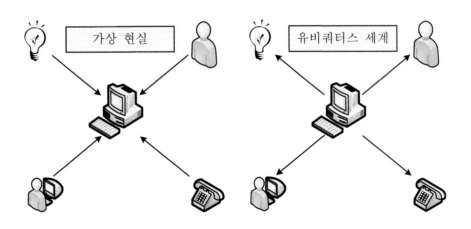

[그림 13-1] 가상 현실과 유비쿼터스 세계

최근에는 유비쿼터스 컴퓨팅과 비슷한 개념으로 주로 '생활 속의 컴퓨팅(Pervasive Computing)', '눈에 보이지 않는 컴퓨팅(Invisible Computing)', '끊김 없는 컴퓨팅(Seamless Computing)' 등 여러 개념이 사용되고 있다.

# 13장 유비쿼터스 네트워크

인터넷 물결은 이제 '90년대 구세대 흐름의 맨 끝 줄기, 과거 한때의 유행어'로 전락하고 있다. 유비쿼터스가 2000년대 초반부터 새로운 물결의 중심에 자리잡고 세계 곳곳에서 거대한 변화를 일으키고 있기 때문이다. 유비쿼터스는 통신·반도체·소프트웨어 등 각 분야에서 축적돼 온 첨단기술이 표준화되고 저렴해지면서 우리도 모르는 사이 첨단 기술의 혜택을 값싸고 쉽게 누리게 되는 흐름을 뜻한다.

[표 13-2] 기존 IT와 유비쿼터스 IT의 특징 비교

| 구 분 | 정보화시대(기존 IT) | 유비쿼터스 시대(u-IT) |
|---|---|---|
| 처리 대상 | 정보/지식 | 사물 |
| 목 표 | 정보/지식의 유통 및 공유 | 기능 최적화 |
| 주요 분야 | 정보/지식관리 | 공간(환경/사물) 관리 |
| 핵심 기술 | 인터넷 네트워크 | 센서, Mobile |
| 경제 원리 | 네트워크/지식 기반 경제 | 공간 간 시너지 경계 |
| 사용자 | 기존 사용자 중심 | 원격 사용자 지향 |
| 정보 제공 서비스 | One-Stop(통합), Seamless 서비스 | 보이지 않는 실시간 맞춤 서비스 |
| 기업 관련 활동 | 거래(지물) 정보화 | 생산, 유통, 재고 관리 전분야 무인화 |
| 개인이 추구하는 서비스 | 표준화된 서비스 | 지능형 서비스 |

## 13.2 개념적 고찰

Ubiquitous 사회가 실현되면 이동통신의 발달로 언제, 어디서나 통신서비스를 제공받을 수 있다. Ubiquitous는 any Where, any Time, any Network, any Device, any Service의 의미를 가지며 그 내용은 다음과 같다.

### 13.2.1 any Where(어디에든지)

휴대전화를 지니고 있으면 어느 장소에 있더라도 통신이 가능하다. 인간의 이동성으로 인해 통신의 절단은 이제는 옛날이야기가 되어 버렸다. 등산을 위해 산을 오를 때도 회사나 집으로 걸려오는 유선 전화를 호전환하여 이동 중에도 수신이 가능하다. 1인 기업도 머지않아 등장할 것이다.

### 13.2.2 any Time(어느 시간이든지)

유선 전화 중심의 사회에서는 저녁 늦은 시간대에는 전화를 할 수 없었다. 집에 부모님이 계시기 때문에 늦은 시간에 전화하기가 쉽지 않았다. 그러나 이제는 자기 방에서 직접 전화를 걸고 받을 수 있기 때문에 늦은 시간뿐만 아니라 새벽시간에도 통화를 한다. 24시간 근무체계에 맞추어 활용해야 한다.

### 13.2.3 any Network(어느 통신망이든지)

지금은 이동전화 사업자에 관계없이 전화번호를 부여받고 있다. 010을 이용하면 어느 사업자이든지 관계없이 통화가 가능하다. 이것은 통신망이나 통신 사업자에 무관하게 통신서비스 제공을 받을 수 있게 된다.

### 13.2.4 any Device(어느 단말장치이든지)

종전에는 유선전화는 유선전화기로 이동전화는 휴대단말기로, 유선 인터넷은 고정형 개인용 컴퓨터, 무선 인터넷은 이동형 노트북 컴퓨터로 각각 서비스를 이용했다. 그러나 지금은 단말장치에 무관하게 모든 서비스를 한 개의 단말기로 가능하다.

### 13.2.5 any Service(어떤 서비스이든지)

유선전화는 시내, 시외, 국제전화 서비스를 제공하고, 무선전화는 개인용 휴대전화 서비스, 기업용 상업무선통신 서비스를 제공한다. 데이터 통신은 데이터 통신 전용회선이나 인터넷 회선을 이용했고 팩스서비스는 유선전화망을 이용했지만 지금은 한 개의 통신망에서 이 모든 서비스들을 제공하게 된다. 이를 BcN(Broadband convergence Network)이라 하며 소프트 스위치가 중심 통신망이다.

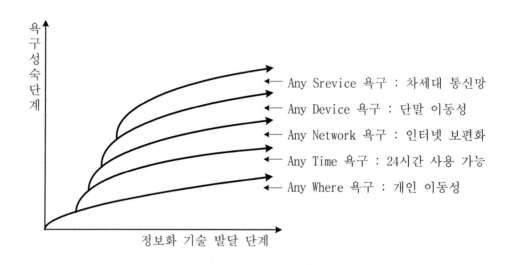

[그림 13-2] 유비쿼터스 개념적 단계

---

### 용어 설명

**소프트 스위치**

회선 교환망과 패킷 교환망의 가교 역할을 하는 게이트웨이들의 호 처리를 제어하는 소프트웨어 중심의 지능형 교환 장비.

## 13.3 핵심 요소 기술

유비쿼터스 환경은 모든 사물에 컴퓨팅과 네트워킹 기능을 이식하는 작업에서 출발한다. 유비쿼터스 컴퓨팅 환경 구축을 위한 기반 기술을 요약하면 ① 디바이스 기술 ② 네트워크 접속기술 ③ 센싱 기술 ④ 인터페이스 기술 ⑤ 암호화 기술을 들 수 있다.

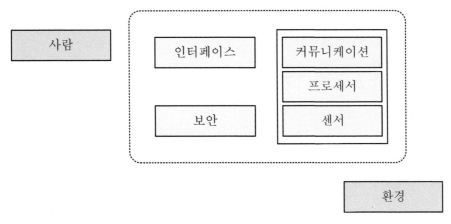

[그림 13-3] 5대 핵심 기술

### 13.3.1 디바이스 기술

여러 장소에서 멀티미디어 서비스를 받으려면 고성능의 처리장치가 필요하다. 또한 다양한 장치에 처리장치가 내장되려면 칩의 소형화, 저소비 전력화 기술도 필요하다. 이러한 디바이스를 구성하는 기술 분야로서 다음과 같은 기술 요소가 필요하다.

### (1) MEMS(MicroElectroMechanical Systems)

#### 1) 정의

MEMS는 미세 기술로서 기계 부품, 센서, 전자 회로를 하나의 실리콘 기판 위에 집적화 한 장치를 가리킨다. 한 개의 칩에 복수 개의 기능 소자 및 신호 처리부 등을 집적화할 수 있어 고성능·고신뢰성을 얻을 수 있다. 또한 동시에 다량으로 제조하여 가격을 낮출 수 있다.

#### 2) 특징

(가) 광범위한 산업 분야와의 연계

의료, 가전, 운수, 군사 등 산업 전반의 광범위한 분야와 연관되어 시스템의 구성 요소

457

로 차지했으며, 향후에는 더욱 더 많은 분야에서 더 큰 비중을 차지할 것으로 예상된다.

### (나) 기술의 혁신성

MEMS는 기존 제품의 대체도 가능하지만, 특히 인간 생활의 근본적인 변화를 일으킬 수 있는 인슐린 펌프 생체삽입 의료기기, 마이크로 로봇, 미세구동장치, 웨어러블 컴퓨터 등과 같은 새로운 제품 또는 새로운 시장의 창출이 가능하다.

### (다) 미세효과에 대한 확대효과

MEMS는 비행기 날개 표면의 압력 및 유속 측정에 기초한 작은 공기 흐름을 바꿈으로써 커다란 유동변화를 일으킨다든지, DNA 조작 및 분석 등의 작은 것에 미세변화를 가함으로써 결국 확대 효과를 야기할 수 있는 요인으로 작용한다.

### (라) 초기 설비 투자의 요구

반도체 산업과 같이 수조 원의 투자를 필요로 하지는 않지만, 수백억 원 정도의 초기 설비투자를 필요로 하는 장치 산업이다. 그러나 반도체 산업과 같이 마이크로 이하의 정밀도가 아닌 마이크로 단위의 정밀도로 가능하므로 기존 생산 설비, 노후 설비의 활용도 가능하다.

## (2) IT SoC(System on Chip)

정보 · 통신기기의 핵심기능을 수행하는 부품으로서, 정보를 저장하는 메모리, 아날로그 및 디지털 신호를 제어 · 가공 · 처리하는 신호처리부와 내장 소프트웨어로 구성되어 있으며, 사용자의 요구를 만족시키기 위한 시스템 솔루션을 반도체 수준에서 직접 제공하는 기술 및 제품을 가리킨다.

IT SoC 이용의 대표적인 예는 이동통신 단말기로, 기본적인 음성통화 기능 이외에도 데이터 송수신, 멀티미디어 데이터 재생 등이 가능하고 카메라 모듈이 장착되어 있다. 개별 칩에 의한 구성에 비해 IT SoC는 저렴한 가격과 크기의 축소, 전력 절감 등의 효과로 현재의 휴대 전화뿐만 아니라 PDA, 휴대용 비디오 단말기, 비디오 게임 콘솔, 홈 서버 등으로 광범위하게 사용되고 있다.

## (3) 차세대 전지

유비쿼터스 환경에서 이동성을 요하는 기기의 전원으로 차세대 전지가 많은 관심을 가지고 있다. 이것이 나오게 된 배경은 현재 휴대용 2차 전지의 크기로는 그 한계가 뚜렷하여 소형화, 고용량, 고성능 휴대기기에 적용하기는 어려움이 있다. 뿐만 아니라 지구의 환경 문제로 인한 그린 IT의 실현이다.

앞으로 에너지 자원 문제와 환경 문제로 인하여 현재 전지가 가지고 있는 단점인 폐기물 처리와 자원의 한계성을 동시에 해결할 수 있는 연료전지가 그 대표적인 예이다. 지구상에 있는 유한한 자원을 이용한 전지에 비해서, 태양의 빛을 이용한 무한한 자원을 이용한 태양 전지도 이에 속한다.

## 13.3.2 네트워크 접속 기술

지리적으로 분산된 가용한 모든 자원들을 네트워크를 통해 상호 공유할 수 있도록 하기 위해서는 센서, 칩 그리고 RFID 태그들 간의 접속이 끊김없이 이루어져야 하며, 동시에 다발적으로 발생하는 대용량의 정보 흐름을 효과적으로 처리할 수 있어야 한다.

이를 위해서 유비쿼터스 네트워크의 핵심기술, 근거리 무선 액세스 기술 그리고 슈퍼컴퓨팅을 확보하기 위한 네트워크 기술이 필요하다.

### (1) BcN(Broadband convergence Network)

유비쿼터스 환경에서의 네트워크 서비스는 모든 형태의 정보통신 서비스에 대해 지원할 수 있도록 개방성을 가져야 할 뿐만 아니라 각각 다른 네트워크에 대하여 공통의 구조를 채택하여 통합하여야 한다.

그러므로 광대역 통합망(Broadband convergence Network, BcN)이 필요한데 패킷 기반 전송 기술을 이용하여 다양한 형태의 통신 서비스를 모두 수용하고 전송할 수 있어야 하며, 각 서비스들은 표준화된 개방형 프로토콜로 상호 유기적으로 동작하며 음성과 데이터의 통합, 인터넷, 멀티미디어 등 각종 서비스가 하나의 통합 인프라 상에서 제공되어야 한다.

향후 '언제, 어디서나 매체와 무관하게 오디오, 음성, 영상 데이터가 복합된 고품질의 멀티미디어 서비스를 제공하는' 유비쿼터스(ubiquitous) 개념이 구현될 것으로 예상된다.

현재 통신망과의 차이점은 ① 기존의 통신망에서는 개별 서비스마다 각각 다른 접속 노드를 사용했으나 BcN은 하나의 접속 노드를 통해 개별 서비스들을 통합 수용할 수 있다는 점 ② BcN에서는 기존의 통신망에서 불가능했던 서비스 제어 및 운용관리의 통합으로 인한 망구축·운용의 효율화 및 비용 절감을 꾀하고 다양한 서비스들을 통합해서 제공할 수 있게 되는 점이다.

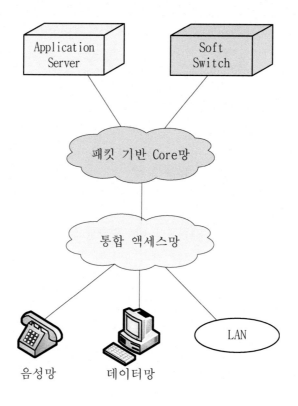

[그림 13-4] BcN 개념도

## (2) IPv6

32비트 주소 체계를 사용하는 IPv4는 논리적으로 약 40억 개의 주소 공간을 제공할 수 있으나 인터넷 초기 시절, 무분별한 클래스(A, B, C) 단위의 할당으로 인하여 실제 사용 가능한 주소의 수는 그보다 훨씬 적은 상태이다.

이러한 인터넷의 한계 상황 극복을 위해 새롭게 등장한 기술이 IPv6로 일컬어지는 차세대 인터넷 프로토콜로서, IPv6은 충분한 인터넷 주소 공간의 제공뿐만 아니라 IPSec (IP Security)의 필수 사용으로 인하여 향상된 보안 기능을 제공할 수 있다는 특성을 가진다. 이 외에도 자동 구성(Auto-Configuration) 및 이동성을 고려한 설계로 인하여 IPv4에 비하여 효율적인 네트워킹 환경을 구성할 수 있다는 특성을 지닌다.

[표 13-3] IPv6와 IPv4의 특성 비교

| | IPv6 | IPv4 |
|---|---|---|
| 패킷 헤더 | 고정 사이즈 | 변동 사이즈 |
| 주소 할당 방법 | 순차적 할당 | 사전적 할당 |
| 헤더 필드수 | 8 | 12 |
| 이동성 | 가능 | 상당히 곤란 |

---

**용어 설명**

CIDR(Classless Inter-Domain Routing)
IP 주소 할당 방법의 하나로, 통신망부와 호스트부를 구획하지 않는 방법으로서 한정된 자원인 IP 주소를 쓸데없이 사용하는 것을 방지하거나 라우터의 처리 부하를 경감시킬 목적으로 개발되었다.

---

## (3) 근거리 액세스 기술

유비쿼터스 환경이 구축되면서 근거리 무선 액세스 기술이 급속도로 부각되고 있다. 이는 정보 통신 기술이 발전하면서 사용자들이 유선의 불편함을 인식하게 함에 따라 이들의 요구를 충족시키기 위해 업체들이 경쟁하여 무선 서비스를 제공하고 나섰기 때문이다.

근거리 액세스 기술이란 전파를 정보의 전송 매체로 이용해서 가까운 거리에 있는 각종 정보처리 기기들 간에 정보를 주고받게 하는 기술을 말한다. 지금까지의 근거리 통신은 통신 기기들 간에 선으로 연결된 유선 통신이었다. 하지만 케이블 배선이 필요 없고 단말기의 이동성, 한정된 거리 안에서 이동하면서 사용할 수 있다는 장점으로 인해, 무선 통신이 유선 통신의 자리를 꿰차고 들어선 상태다.

근거리 무선 통신에 사용되는 기술 중에서는 컴퓨터를 활용해 네트워크에 접속하는 분야인 무선 LAN, 이동통신 기기와 주변의 정보 기기들과 정보를 교환하는 블루투스, 적외선을 활용해 가까운 거리의 정보 기기들 간의 데이터를 교환하는 IrDA(Infrared Data Association) 그리고 수 [GHz]대의 매우 넓은 주파수를 사용하여 레이더 등에 사용되고 있는 UWB(Ultra Wide Band)가 대표적인 예이다.

이처럼 이들 기술은 서로 다른 특성을 가지고 각기 다른 분야에서 개발됐으나, 기술 각각의 기능들이 확장, 발달함에 따라 서로간의 기능 및 활용분야가 중복됐고, 최근 들어선 근거리 액세스 분야에서 우위를 점하기 위해 상호 경쟁 관계를 구축케 됐다.

## 1) 특징

① 목적지 주소와 목적지 위치가 동일하지 않다.

② 무선 매체는 설계에 영향을 준다. 즉, 무선 매체는 그 경계가 모호하며, 유선 매체보다 전송 에러 발생률이 높다. 외부 신호로부터 간섭을 받기 쉬우며, 공유자원을 이용하여 통신을 하기 때문에 다른 스테이션의 통신내용을 들을 수가 있다.

③ 무선 주파수 자원이 유한하다는 점이다. 즉 유선의 경우는 전송로가 차폐되어 있기 때문에 이용을 자유롭게 할 수 있으며 주파수 유효 이용을 고려한 필요가 없었지만, 무선의 경우는 한정된 대역폭을 공유하여 이용하기 때문에, 사용되는 프로토콜은 높은 처리량을 실현할 수 있어야 한다.

④ 단말기가 이동을 한다는 점이다. 이동성은 크게 portable과 mobile로 나눈다. portable이란, 위치의 이동은 가능하지만 통신을 할 때에는 정지된 상태에서 하는 것인데 반하여, mobile이란 이동 중에도 액세스하는 것을 말한다. 단말기가 이동한다는 것은 전지의 사용을 의미하며, 단말기에서의 전력 관리는 중요한 요소가 된다. 또한 단말기가 이동을 하기 때문에 망구조는 Dynamic Topology를 갖는다.

## 2) 설계할 때 고려해야 할 사항

① 복수의 물리 계층 수용

사용되는 물리매체(마이크로파, 준밀리파, 적외선 등)를 선정할 때 전송 속도와 전송 에러율을 고려해야 한다.

② 스테이션의 이동성

서비스 제공 영역의 범위와 서비스 영역 내에서의 단말기의 통신 형태(고정, 반고정, 이동) 및 이동속도를 고려해야 한다.

③ security

정보의 암호화 방법(통신 프로토콜 상에서 하는 방법과 응용 계층에서 이루어지는 방법 등)과 허가 받지 않은 스테이션으로부터의 액세스를 방지해야 한다.

## (4) 그리드 컴퓨팅(Grid Computing)

그리드 컴퓨팅은 지리적으로 분산된 PC, 고성능 컴퓨터, 대용량 저장 장치, 데이터베이스, 첨단 실험 장비, 나아가 인력 자원 등의 가용한 모든 자원들을 인터넷을 통해 상호 공유할 수 있도록 해 주는 디지털 신경망 구조의 차세대 인터넷 서비스이다. 그리드 컴퓨팅은 단일 문제를 풀기 위해 네트워크상에 있는 수많은 컴퓨터들의 자원을 동시에 이용하는 것을 말하는데, 대개 엄청난 컴퓨터 처리 사이클을 요하거나 많은 양의 데이터 접근을 요하는 과학 기술에 관한 문제들이 여기에 해당된다.

그리드라는 용어가 새롭게 등장했지만, 그리드 컴퓨팅 기술 자체가 새롭게 등장한 것은 아니다. 그리드 컴퓨팅 기술은 그 동안 발전되어 온 인터넷 기술을 한 단계 더 발전시키기 위한 것이다. 그리드 기술은 웹 기술, 그 다음 세대의 인터넷 서비스를 위한 기술이다. 인터넷 속도가 빨라지고, 인터넷의 이용이 폭발적으로 증가하다 보니, 이제는 텍스트 정보뿐만 아니라 데이터 저장 장치, 첨단 실험 장비 등의 여러 자원들, 나아가 인력 자원들까지 공유하게 되었다.

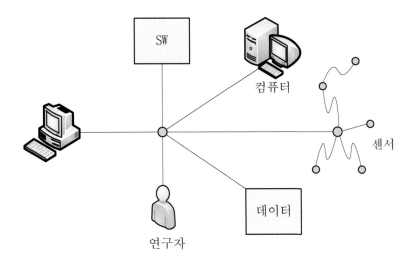

[그림 13-5] 그리드(Grid) 개념도

## 13.3.3 센싱 기술

센싱 기술은 유비쿼터스 사회를 구현하기 위한 기반 인프라로서 사람 중심의 정보화에서 사물의 정보화로 확대되도록 하고 있다. 센서 네트워크 기술은 필요한 사물이나 장소에 전자 태그를 부착하여 주변 상황 정보를 획득하고, 실시간으로 정보를 전달하는 핵심 요소 기술로서 응용 영역도 확대되고 있다.

외부의 변화를 감지하는 유비쿼터스 컴퓨팅의 입력장치에 해당하는 기술 분야로서 RFID 그리고 USN(Ubiquitous Sensor Network) 등과 같은 기술요소가 필요하다.

USN의 개념은 ▶ 필요한 모든 것(곳)에 RFID를 부착하고 ▶ 이를 통해 기본적인 사물의 인식정보는 물론, 주변의 환경정보(온도, 습도, 오염정보, 균열정보 등)까지 탐지해 ▶ 이를 실시간으로 네트워크에 연결하고 그 정보를 관리하는 것을 말한다.

이는 궁극적으로 모든 사물에 컴퓨팅 및 커뮤니케이션 기능을 부여해 anytime, anywhere, anything과 통신이 가능한 환경을 구현하는 것이다. USN은 우선 인식정보를 제공하는 RFID를 중심으로 발전하고, 이에 센싱(Sensing) 기능이 추가되면서 이들 간 네트워크가 구축되는 형태로 발전할 것이다. 그 핵심이 되는 기술이 RFID이다.

앞으로는 극초단파(900[MHz])와 마이크로파(2.4[GHz])를 중심으로 인식거리가 늘어나고 가격이 저렴해지면서 유통, 물류, 환경 감지, 교통 등 다양한 분야에 적용될 것이다. 나아가, 현재의 단순 인식 기능에 센싱 기능이 추가되어 의료, 안전, 국방 분야 등으로 이용이 확대되면 본격적인 유비쿼터스 네트워크의 핵심 기반으로 발전될 것으로 전망된다.

[표 13-4] 매체별 특성 비교

| 구 분 | Barcode | 자기 카드 | RFID |
|---|---|---|---|
| 인식 방법 | 비접촉식 | 접촉식 | 비접촉식 |
| 인식 속도 | 4초 | | 0.01~0.1초 |
| 투과 여부 | 불가능 | | 가능(금속 제외) |
| 보안 능력 | 거의 없음 | | 복제 불가 |
| 재활용 | 불가능 | 1만 번(4년) | 10만 번(60년) |

## 13.3.4 인터페이스 기술

과거에는 컴퓨터를 사용한다는 자체가 대단한 일로 여겨왔으므로 사용상의 까다로움이 그것을 사용하는 사람들에게는 자부심을 부여하는 계기가 되었다. 그러나 하드웨어의 가격이 떨어지고, 많은 사람들이 컴퓨터를 사용함에 따라 불편함을 반드시 제거해야 할 요소로 인식하게 되었다. 그러므로 사용자의 편리성을 고려하여 컴퓨터와 인간의 상호작용을 위한 사용자 인터페이스(User Interface)는 인간과 컴퓨터가 어떤 방식으로 이루어지는 가에 대해 인간들이 연구하는 분야가 되었다.

인간과 컴퓨터 상호작용(Human Computer Interaction, HCI)은 한마디로 사람들이 쉽고 편하게 컴퓨터 시스템과 상호작용할 수 있는 가에 관련한 학문이라고 할 수 있다. HCI는 매우 다양한 요소들을 포함하며, 그 중에서 인간, 컴퓨터, 상호작용, 태스크(Task) 그리고 상황인지가 주요 구성 요소가 된다.

전통적인 초기의 컴퓨터는 키보드나 일반적인 커맨드 방식인 텍스트에 의존하였다. 이후에 키보드 외에도 마우스, 아이콘 등이 등장하게 되었고 2000년 이후 인공지능 기법이 많이 활용되었으며 대표적인 것이 사람의 음성을 인식하고 합성하는 방식이다.

과거의 컴퓨터 작업은 키보드에 의존하는 순차적 방식에 의존하였지만 멀티모달 인터페이스(Multi-Modal Interface)는 입력을 동시에 받을 수 있게 함으로써 마우스의 입력을 받고 사용자의 얼굴 표정을 읽을 수 있다. 멀티모달 인터페이스란 사용자가 음성, 키보드, 펜 등으로 정보를 입력하고 음성, 그래픽, 음악 및 멀티미디어나 3차원 영상 등을 통하여 출력을 받게 하는 인터페이스이다.

[표 13-5] HCI 구성 요소의 주요 특징

| 구 분 | 주요 특징 |
|---|---|
| 인 간 | - 자발적인 인지 능력을 가지고 있으며 컴퓨터와 조화롭게 일하고 있다.<br>- 자신의 감성이 외부의 자극에 대해 어떻게 영향을 받는지 판단할 수 있다. |
| 컴퓨터 | 인간과 협업하는 HCI의 구성 요소로서 노트북이나 디지털 TV와 같은 단말기를 말한다. |
| 상호 작용 | 컴퓨터와 인간의 상호 작용, 컴퓨터를 매개로 인간과 인간 사이에 발생하는 상호 작용을 포함한다. |
| 태스크 | 작업 현장에서 제품의 제조 과정을 통제하는 것과 같은 기능적인 태스크와 인터넷에서 보고 싶은 엔터테인먼트를 다운로드받는 감성적인 태스크를 말한다. |
| 상황 인지 | 인간이 태스크를 수행하기 위해 컴퓨터와 상호 작용하는 과정을 제공하는 환경으로 동일한 상호 작용일지라도 어떠한 환경조건에서 그 상호 작용이 진행되는 가에 따라 전혀 다른 결과를 발생시키는 것을 확인할 수 있다. |

---

### 쉼터

**사용자 인터페이스(User Interface, UI)**

사람(사용자)과 사물 또는 시스템, 특히 기계, 컴퓨터 프로그램 등 사이에서 의사소통을 할 수 있도록 일시적 또는 영구적인 접근을 목적으로 만들어진 물리적, 가상적 매개체를 뜻한다. 사용자 인터페이스는 사람들이 컴퓨터와 상호 작용하는 시스템이다.

---

## 13.3.5 보안 기술

기존의 보안 요건을 그대로 적용할 경우 유비쿼터스 컴퓨팅 환경에서의 적합한 해결 방안이 될 수 없다. 유비쿼터스 환경에서는 모든 정보가 공유될 수 있고, 누구나 악의적으로 쉽게 접근할 수 있는 가능성을 가지고 있다. 즉 개인의 정보가 다른 사람에게 쉽게 유출되어 개인적인 사생활의 보장이 유실될 가능성이 많다. 그 외 해커에 의한 정보 유출, 바이러스, 컴퓨터 범죄, 프라이버시 침해, 저작권 침해 등 각종 부작용들의 증가로 이어질 수도 있다.

지금까지 언급한 위협적인 요소에 대응하기 위해서 요구되는 기본사항은 ① 기밀성(security) ② 무결성(integrity) ③ 가용성(availability)의 세 가지로 구분된다.

### (1) 기밀성

기밀성은 정보의 소유자가 원하는 대로의 정보의 비밀이 유지되어야 한다는 원칙으로 하며 허가되지 않은 사용자에게 민감하거나 중요한 정보가 노출되어서는 안되며 비밀성이 노출되지 않도록 반드시 인가된 자에 의해서만 접근이 가능해야 한다. 비밀성을 보장하기 위한 메커니즘에는 접근통제와 암호화가 있다.

접근 통제에 실패하더라도 데이터가 암호화되어 있다면 침입자가 이해할 수 없으므로 비밀성은 유지될 수 있다. 첫째, 시스템이 설치되어 있는 건물이나 사무실에 자물쇠를 설치하여 정당한 열쇠를 가진 자만이 시스템에 접근할 수 있도록 하는 접근통제이다. 둘째, 시스템에 일단 인가된 방식으로 로그인한 상태에서 자신에게 허가되지 않은 파일이나 장치에 접근하지 못하도록 하는 접근 통제를 말한다. 셋째, 네트워크를 통하여 원격 접속을 할 때 외부 네트워크에서 내부 네트워크로 인가된 접근만을 허용하는 접근 통제이다.

## (2) 무결성

무결성은 비인가된 자에 의한 정보의 변경, 삭제, 생성 등으로부터 보호하여 정보의 정확성, 완전성이 보장되어야 한다는 원칙이다. 정보가 정확하게 유지되는 문제는 비밀성보다 중요도가 높다. 무결성을 보장하기 위한 정책으로 ① 정보 변경에 대한 통제 ② 오류나 태만으로부터의 예방이 있다.

정보는 공용의 통신망을 통해 교환이 이루어질 경우, 의도적이든, 우발적이든 간에 허가 없이 변경되어서는 안된다. 이것은 정보의 왜곡뿐만 아니라 정보 시스템의 신뢰에 관한 문제이므로 반드시 지켜져야 한다. 무결성을 통제하기 위한 메커니즘은 ① 물리적인 통제 ② 접근 통제이다.

## (3) 가용성

정당한 방법으로 권한이 주어진 사용자에게 정보 서비스를 거부해서는 안된다는 것을 말한다. 시스템의 사용을 완전히 배제하는 보안성과 시스템의 사용을 자유로이 허용하려는 가용성 간에는 상호 이율배반적인 면이 있으므로 적절한 수준에서 균형을 이루도록 절충하는 것이 바람직하며 사용자가 사용하고 있는 정보를 적시에 적절하게 사용할 수 없다면 그 정보는 이미 소유의 의미를 잃게 되거나 정보 자체의 가치를 상실하게 된다. 가용성을 확보하기 위한 통제 수단에는 ① 데이터의 백업 ② 중복성의 유지 ③ 물리적 위협 요소로부터의 보호 등이 있다.

# 13.4 유비쿼터스 공간

유비쿼터스는 우리 생활 속에서 언제 어디서나 우리가 필요할 때 상황에 적합한 정보를 제공하여 우리가 살고 있는 물리적 공간을 전자 공간과 융합한다. 이것이 바로 물리적 공간과 전자공간의 결합된 제3공간이다.

유비쿼터스 공간에서는 물리적 환경과 사물 간에 정보가 이동하며, 지능적으로 정보를 모으고 해석하여 사람들이 필요로 하는 활동을 수행하게 될 것이다. 이는 물리공간과 전자공간의 장점을 공유하고 단점을 보완하여 나타나게 된다. 즉, 사람, 컴퓨터, 사물이 하나로 연결되고 최적화된 기능을 발휘하게 되는 공간이 바로 유비쿼터스의 살아있는 공간이다.

제3공간은 전자공간과 물리공간의 융합에 의한 완전히 새로운 공간이 될 것이다. 이러한 관점으로 보면 두 공간의 유기적 연계와 통합이 필요하다. 두 공간의 통합은 물리공간의 비효율성과 전자공간의 불안정성을 최소화 시키는 방법으로 이루어질 것이다. 따라서 두 공간은 더 이상 상호경쟁적인 공간이 되는 것이 아니라 상호 의존적인 공간으로 인식하여야 할 것이다.

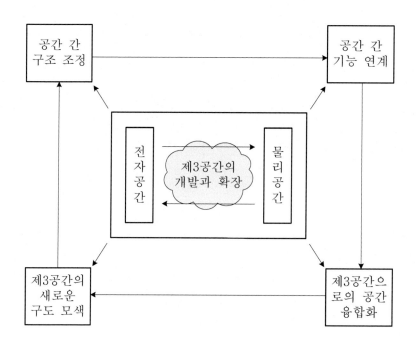

[그림 13-6] 제 3 공간

## 13.4.1 구성

### (1) 물리공간(Physical Space)

원자로 구성된 만질 수 있는 공간이며, 유클리드 공간(Euclid Space)으로서 실제적인 공간이다. 물리공간의 기능은 기능을 갖는 사물이 용도가 정해진 공간에 만들어짐으로써 형성된다.

---

**쉼터**

유클리드 공간(Euclid Space)

유클리드 공간은 유클리드가 연구했던 평면과 공간을 일반화한 것이다. 이 일반화는 유클리드가 생각했던 거리와 길이와 각도를 좌표계를 도입하여 임의 차원의 공간으로 확장한 것이다. 이는 표준적인 유한차원, 실·내적 공간이다.

---

물리공간 중심시대에서의 컴퓨터 활용은 메인프레임이 주종을 이루고 있다. 물리공간의 네트워크는 도로망이나 철도망과 같은 네트워크형 사회간접 자본들이며, 개발핵심은 토목 및 건축기술이다.

## (2) 전자공간(Electronic Space)

비트를 원소로 하기 때문에 만질 수 없는 공간이며, 논리적이고 가상적이다. 전자공간은 인터넷과 웹 서비스와 같은 가상적 요소로 구성된다. 전자공간의 기능은 전자박물관처럼 컴퓨터에 가상화된 사물이 심어짐으로써 형성된다.

전자공간을 구축하는 인터넷은 이미 정보화 사회에서는 가장 중요한 사회 경제적 기반으로 위치하고 있으며 특히 융합 환경에서는 전자공간이 네트워크의 중요한 기반으로 자리를 잡고 있다. 전자공간의 개발과 발전은 네트워크 기반 및 이용자 확산 그리고 디지털 격차 해소가 중요한 과제이다.

[표 13-6] 물리공간과 전자공간의 비교

| 구 분 | 물리공간 | 전자공간 | 유비쿼터스 공간 |
|---|---|---|---|
| 공간 원소 | 원자 | 비트 | 원자+비트 |
| 공간 형식 | 현실공간 | 논리적공간 | 지능적공간 |
| 기능 형성 | 물리공간에 사물이 심어짐 | 컴퓨터에 가상 사물이 심어짐 | 컴퓨터가 사물 속으로 침투됨 |
| 기반 네트워크 | 교통망 | PC와 PC를 연결하는 인터넷 | 사물과 사물을 연결하는 인터넷 |
| 주소 체계 | 번지수 | IPv4 | IPv6 |
| 발전 과제 | 기간 산업 육성과 지역 간 격차 해소 | 디지털 격차 해소 | 전자-물리공간 간의 기능 연계와 격차 해소 |

## 13.4.2 특성

유비쿼터스 공간에서는 마크 와이저의 '고요한 컴퓨팅(Calm Technology)' 개념처럼 사람-사물-공간 간의 연계와 네트워크에 대한 접속 과정은 사람의 의도적인 접속이나 조작 없이도 가능하다. 그러므로 물리공간과 전자공간은 끊임없이 상호 소통하며 사람과 사물, 환경과 상황에 따라 유연하게 대응하고 있다.

능동성이 극대화된 유비쿼터스 기술은 살아있는 신체처럼 공간과 시간의 간격 없이 동시에 이루어지며 인체의 생명체 네트워크와 유사하다. 이때, 유비쿼터스 공간의 특성은 소통성, 유연성 그리고 동시성이 수반되어야 하는데 이에 대한 내용은 다음과 같다.

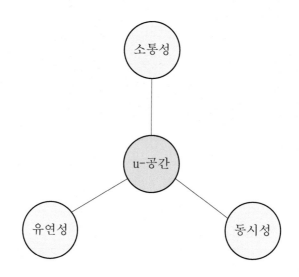

[그림 13-7]  유비쿼터스 공간의 특성

① 소통성 :  물리공간과 전자공간, 공간 내의 사람과 사물, 사물과 사물이 끊임없이 소통함으로써 생성되고 있다.
② 유연성 : 인간의 신체처럼 살아있는 공간으로서 유연하게 작동하며, 물리공간의 환경과 기능에 따라 능동적으로 대응하고 있다.
③ 동시성 : 유비쿼터스 공간 내에서 네트워크와 센서, 구동체와 설비 시스템 등은 인체의 신경 체계처럼 정보 전달과 작동이 동시적으로 이루어지고 있다.

이때, 공간 구조에 대한 특성은 뉴런 구조와 리좀 구조를 가지고 있는데 전자에서는 유비쿼터스 공간이 가진 지능화된 센서, 네트워크, 실행머신 등이 신체의 신경조직인 뉴런과 같이 작동해야 하고 후자에서는 유비쿼터스 공간이 능동적이고 자율적으로 작동하기 위해서는, 다수의 접점을 가진 리좀과 같이 작동되어야 한다는 의미를 가지고 있다.

# 13.5 유비쿼터스 적용 기술

유비쿼터스화가 실현되면 현실공간과 가상공간 사이의 경계가 사실상 무의미해지며 가상공간이 네트워크로 편입되면서 현실공간과 가상공간은 점점 격차를 좁혀지면서 사람들이 이러한 환경을 의식하지 못하면서 서비스를 제공받고 있다.

이와 같은 유비쿼터스 컴퓨팅을 구현하기 위해서는 다양한 시스템, 네트워크 및 응용 기술들의 결합으로 가능하다. 유비쿼터스 구현에 필요한 응용 기술 중 RFID나 USN에 대하여 이미 근거리 액세스 기술에서 언급했으며 본 장에서는 사용자 환경 중심의 유비쿼터스 실현에 필수적인 상황인지뿐만 아니라 이동성을 가지고 있는 웨어러블 컴퓨터 (Wearable Computer) 그리고 상황인식기술을 응용하고 있는 위치기반서비스나 가상화 개념을 가지고 있는 로봇, 즉 URC(Ubiquitous Robot Companion)에 대하여 살펴보도록 한다.

## 13.5.1 상황 인식 컴퓨팅

상황 인식 컴퓨팅(Context-Aware Computing)은 1994년 Schilit와 Theimer에 의하여 논의되었다. 여기에서 상황 인식 기술을 '사용 장소, 주변 사람과 물체의 집합에 따라 적응적이며, 동시에 시간이 경과하면서 이러한 대상의 변화까지 수용할 수 있는 기술'로 정의하였다.

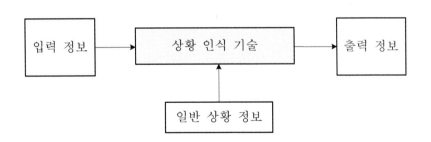

[그림 13-8] 상황 인식 기술 개념도

상황에 대한 정의는 사용자와 관계를 갖는 정보를 말한다. 즉, 사용자를 둘러싸고 있는 정보를 의미한다. 유비쿼터스의 사용자는 지속적으로 이동을 하고 사용자와 관계를 갖는 환경 역시 변경된다. 과거의 컴퓨터의 수행 환경에서 사용자의 상황 정보는 사용자 자신이 입력함으로써 유지되었다. 그러나 유비쿼터스 컴퓨팅에서는 인간이 느낄 수 있는 모든 것이 상황이 된다.

　　상황 인식 기술에서의 자율 제어 기능은 여러 네트워크들의 융합 형태를 가지고 있으며 시스템이 점점 복잡해지고 상호 연동되면서 하나의 중앙 집중적인 controller가 제어함으로써 자발적으로 환경 적응을 위한 새로운 질서를 만들어 내어 시스템이 새로운 변화에 매우 유연하게 대응을 해야 할 것이다.

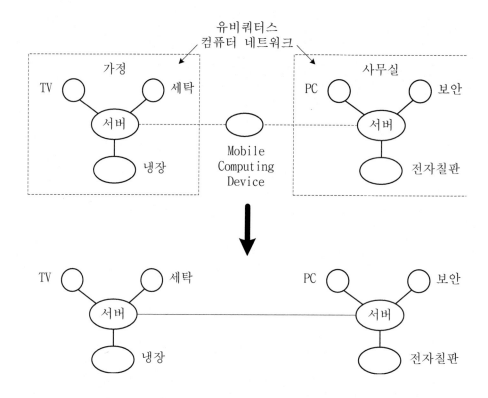

[그림 13-9]  유비쿼터스 컴퓨팅 네트워크의 진화

일반적인 상황 정보는 다음과 같이 분류할 수 있다.

▶ 사용자 상황(정상, 병환, 사고피해, 장애발생)
▶ 물리적 환경 상황(실내, 자동차, 실외, 야외)
▶ 컴퓨팅 시스템 상황(전원 On/Off, 인터넷 On/Off-line, 로그 In/Out)
▶ 사용자-컴퓨터 상호 작용 이력
▶ 건축물 및 내부 구성 물체의 IPv6 운영 상황

최근에 개선된 상황 인식 기술의 정의는 "사용자의 작업과 관련 있는 적절한 정보 또는 서비스를 사용자에게 제공하는 과정에서 '상황'을 사용하는 경우, 이것이 상황인식 기술"이다. 상황 인식 기술은 인간 세계의 의사소통과 거의 동일한 수준으로 인간과 컴퓨터간의 의사소통이 가능하도록 한다는 동기와 목표에서 출발하고 있다. 이러한 상황 정보의 수집 및 교환을 통해 인식하고, 해석 및 추론과 같은 처리 과정을 거쳐, 사용자에게 상황에 적절한 서비스를 제공하는 상황 인식 서비스는 특히 유비쿼터스 환경과 맞게 의료, 교육, 재난, 구호, 쇼핑 등 사회 전 분야에 걸쳐 많은 영향을 줄 수 있는 서비스로 발전될 것이다.

## 13.5.2 웨어러블 컴퓨터(Wearable Computer)

### (1) 정의

Wearable Computer는 일반적으로 '몸에 지니고 다닐 수 있는 컴퓨터'라고 하는 데 휴대하고 다니면서 언제 어디서나 간편하게 사용할 수 있으며, '입는 컴퓨터'라고도 한다. 이 컴퓨터는 PDA 등 팜톱 컴퓨터의 기본 기능 외에 착용하고 있는 동안 계속 작동한다. 이용자가 요구하지 않았을 때도 수시로 정보를 알려 주기 때문에 기억 장치의 용량이 많이 필요하다. 이 컴퓨터는 대형 컴퓨터나 데스크톱 컴퓨터, 팜톱 컴퓨터로 이어지는 컴퓨터 변천사에서 중요한 자리를 차지할 것으로 보인다.

컴퓨터를 휴대할 수 있는 방법은 사람의 행동을 나타내는 동사를 이용하여 다음과 같이 분류할 수 있다.

[표 13-7] 웨어러블 컴퓨터의 기본 기능

| 기능 | 내용 |
|---|---|
| 착용감 | 일상생활에서 사용하는 의복, 액세서리와 같이 착용을 의식하지 않을 정도의 무게감과 자연스러운 착용감 제공 |
| 항시성 | 사용자 요구에 즉각적인 반응을 제공하기 위하여 컴퓨터와 사용자간 끊임없는 통신을 지원할 수 있는 채널 존재 |
| 사용자 인터페이스 | 인간의 신체적, 지적 능력의 연장선상에 있어야 하므로 사용자와의 자연스러운 일체감과 통합감 제공 |
| 안정성 | 장시간 착용에 따른 불쾌감과 신체적 피로감을 최소화하고 전원 및 전자파 등에 대한 안정성 보장 |
| 사회성 | 착용에 따른 문화적 이질감을 배제하고 사회문화적 통념에 부합되는 형태와 개인의 프라이버시 보호 |

'입는 컴퓨터'는 미국 MIT에서 1960년대부터 본격적으로 연구되기 시작하였다. '입는 컴퓨터'의 역사는 기원전 2600년경의 중국의 주판에서부터 시작되었다. 그리고 1900년 초의 손목시계의 제작, 1966년 MIT에서 최초의 아날로그형 '입는 컴퓨터' 개발, 1970년 대의 손목시계 계산기 등장과 디지털 '입는 컴퓨터' 발명, 1990년대의 노트북 및 PDA 등의 복합형 정보통신기기 등이 '입는 컴퓨터'의 범주에 속한다.

## (2) 적용 서비스

### 1) 생체 신호 모니터링

웨어러블 시스템은 사용자가 직접 착용함으로써 개인의 생체신호를 지속적으로 측정하기 좋은 조건을 가지는 반면, 사용자의 움직임으로 인해 정확한 데이터 추출이 어렵다는 양면성을 가진다. 열, 움직임, 착용 시 압력 변화, 측정 신체 부위 등에 의해 데이터가 달라지기 때문이다.

생체신호 송수신 서비스가 가능한 무선 트랜시버를 단일 칩화하기 위해서는 기존의 디지털 IC와 더불어 RF IC의 집적화가 매우 중요하며, 이를 위한 구체적 방안으로서 RF MEMS 기술의 개발에 많은 연구 노력이 투입되고 있다.

단말기를 구성하는 기존의 RF 반도체 중에서 스위치(Relay 및 Switching Matrix, Reconfigurable Antenna), 튜너블 컴포넌트(Variable Capacitor, Inductor, Filter Bank)와 필터(Resonant Comb-drive, Resonant Beam) 등이 MEMS로 대체될 경우, 저가격, 낮은 삽입 손실, 양호한 소자분리, 광대역 칩 크기의 소형화, 작은 중량과 낮은 전력 소모, 그리고 단순한 회로 설계 등의 많은 장점을 가지고 있다.

RF 응용을 포함하는 MEMS 소자의 집적도는 현재 매우 낮은 수준에 불과하지만 가까운 장래에 각각의 응용 분야별로 크게 발전할 것으로 예상된다.

### 2) 증강현실(Augmented Reality, AR)

한 마디로 증강현실이란 실제 세계에 가상 물체를 겹쳐 보여주는 기술이다. 사용자가 눈으로 보는 현실 세계에 실시간으로 가상 세계를 합쳐 하나의 영상으로 보여줘 혼합현실(Mixed Reality)이라고도 불린다.

1968년에 유타 대학의 Sutherland에 의해서 Head Mounted Display(머리 부분 탑재형 디스플레이)가 제안된 것이 최초의 증강현실이라고 된다. 시각을 이용한 증강현실로서는, 1991년에 일리노이 대학에서 제안된 CAVE(Cave Automatic Virtual Environment, 몰입형의 투영 디스플레이)가 유명하다.

증강현실은 3차원의 공간성, 실시간의 상호 작용, 자기 투사성의 세 요소를 수반한다.

인터페이스는 일반적으로 시각과 청각을 이용하지만, 촉각, 힘의 감각 등 다양한 인터페이스를 이용한다. 영화 '마이너리티 리포트'의 주인공이 손가락을 허공에 현란하게 움직이면 거기에 맞춰 사진과 각종 정보가 배열되는 것은 증강현실의 의미를 반영하고 있다.

증강현실이 주목받는 이유는 궁금한 것, 원하는 것, 필요한 것은 그 자리에서 빨리 해소해야 직성이 풀리는 스마트폰 시대 소비자 트렌드와 맞아 떨어지기 때문이다. 현장에서 실시간으로 유용한 정보를 제공하는 해결사 역할을 한다.

### 3) 디지털 의류

2000년대에 들어오면서 가젯(gadget) 형태의 디지털 기기를 옷에 착용(on-cloth)하는 단계를 넘어서 옷에 디지털 기능을 내장(in-cloth)하는 단계로 발전하고 있다.

디지털 의류는 넓은 의미에서 섬유와 IT가 융합된 웨어러블 인터랙티브 일렉트로닉 텍스타일(wearable interactive electronic textile)을 지향한다. 이러한 디지털 의류를 제작하기 위해서는 기존과 다른 섬유 및 IT 융합기술이 요구된다.

초기에는 MP3 스노보드 재킷과 같이 의복 단계에서 통합이 이루어졌다. 하지만 단순히 IT 부품을 옷 안으로 넣는 형태는 착용과 사용의 번거로움이 존재한다. 이후 착용감을 높이기 위해 디지털 기기를 직물에 통합하는 직물 단계의 통합 연구가 이뤄지고 있다.

## 13.5.3  URC(Ubiquitous Robot Companion)

### (1) 개념

대부분의 기존 로봇들은 관련 기술들을 모두 한 대의 로봇에 탑재한 형태로 개발되어 가격이 비싼 반면 특화된 기능만을 가지고 있어 소비자가 선뜻 구매하기 어렵다. 또한, 고정된 기능과 콘텐츠를 내장하고 있어 단기간에 내장된 콘텐츠의 특성이 분석되어 사용자의 관심을 잃어버리는 단점을 가지고 있다.

이는 어린이들이 장난감을 구입한 직후에는 많은 관심을 가지고 놀지만 점차 장난감의 기능들에 익숙해지면 흥미를 잃는 것과 비슷하다. 이런 관점에서 로봇의 상품화를 위해서는 낮은 가격의 로봇을 개발하여 핸드폰과 같은 단말기 형태로 보급하고 이 로봇을 통해 다양한 서비스 콘텐츠를 제공할 수 있는 새로운 개념의 URC의 개념이 새롭게 제시되고 있다.

URC는 IT 기반 지능형 서비스 로봇의 새로운 패러다임으로서 '언제 어디서나 나와 함께 하며 나에게 필요한 서비스를 제공하는 로봇'이다. 기존 로봇에 네트워크 및 정보 기술 등의 IT 인프라를 최대한 활용함으로써 기존 로봇의 차별성과 더불어 편리성을 제공하고자 하는 목표이다. 이러한 URC 개념이 구현되기 위해서는 유비쿼터스 네트워크 또는 센서 네트워크, 고성능 로봇용 서버 등과 같은 하드웨어 인프라가 구축되어 있어야 하며, 이러한 인프라 상에서 구동되는 소프트웨어 인프라 또한 필요하다.

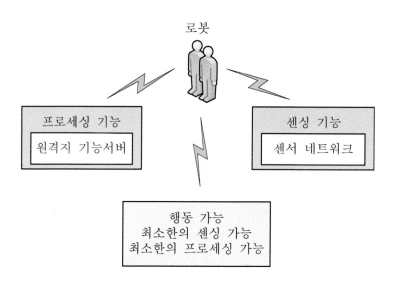

로봇

| 프로세싱 기능 | 센싱 기능 |
| 원격지 기능서버 | 센서 네트워크 |

행동 가능
최소한의 센싱 가능
최소한의 프로세싱 가능

[그림 13-10] URC의 개념

## (2) 인프라 시스템

인프라시스템은 산업체 주도로 개발돼 온 다양한 네트워크 로봇 하드웨어 플랫폼에 고성능 연산능력을 부여하고 다양한 서비스와 콘텐츠를 지원해주기 위한 개념상 중요한 기술로서 다음과 같이 구분할 수 있다.

### 1) URC 프로토콜

URC 프로토콜은 크게 Front End, URC Header, URC Profile Set 등으로 구성되는데 Front End는 URC Server나 클라이언트에서 프로토콜을 이용하기 위한 인터페이스 부분으로 원하는 기능을 명령하는 부분을 실제로 수행하는 부분이다. URC Header는 공통 메시지 헤더에 해당하며, URC Profile Set는 특정 기능 수행을 위한 URC 클라이언트와 로봇 간의 통신 데이터를 포함한다.

### 2) 클러스터링 서버

동시 100명 이상의 사용자에 대한 URC 서비스의 QoS 보장을 위한 고가용성 서버이다.

## 3) 소프트웨어 로봇

유비쿼터스 네트워크 환경에서 실세계 객체와 통신하며 사용자의 위치나 단말기에 관계없이 호출되거나 스스로 사용자의 위치를 파악하여 사용자가 원하는 서비스를 능동적으로 제공한다.

## 13.5.4 LBS(Location Based Service)

### (1) 개념

LBS는 위치확인기술을 이용해 이용자의 위치를 파악하고 관련된 애플리케이션을 부가한 서비스를 가리키는 것으로 다방면에 걸친 이용이 가능하다.

즉 LBS는 ① 사용자의 위치 획득 ② 서비스 제공을 위한 위치정보의 이용이라는 중요한 2가지 특징을 갖고 있으며 이러한 특징을 이용하여 사용자, 기기, 단말 그리고 차량 등의 위치를 파악하여 사용자의 위치정보 활용 요구를 만족시킬 수 있는 서비스를 의미한다.

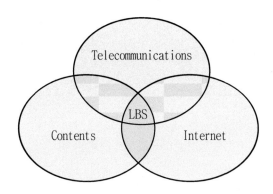

[그림 13-11] LBS 개념도

LBS를 구현하는데 가장 필수적인 요소는 현재 휴대폰의 위치를 파악하는 위치 측위 기술이다. 이러한 위치 측위 기술을 크게 대별하면 기지국 위치를 활용하여 단말기의 위치를 파악하는 방식과 GPS 위성의 신호를 이용, 기기의 위치를 추적하는 방식으로 나누는 데 사용되는 위치 측위 기술은 다음과 같다.

## 1) E-CGI (Enhanced Cell Global Identity)
### (가) 구현 방법
 GSM 방식의 휴대폰에서 사용된 위치 측위 기술로 기지국망을 이용한다. 기지국의 전파 도달 반경을 하나의 셀로 규정해 해당 휴대폰의 전파를 수신하는 기지국을 통해 대략적인 위치를 추정하는 방식으로 정확도는 떨어진다.
 고객의 위치를 정확히 파악해야 하는 분야에서의 위치기반 서비스로는 적합하지 않으며, 해당 지역의 다수를 대상으로 한 메시지 전달 등 제한된 분야에서의 사용이 가능한 방식이다.

### (나) 장점
 기존의 휴대폰에 별다른 부가 장치나 소프트웨어 업그레이드 없이 적용될 수 있다

### (다) 단점
 지방이나 교외 등 하나의 기지국이 커버하는 지역이 넓을 경우 그 정확도는 현저히 떨어진다는 단점이 있다.

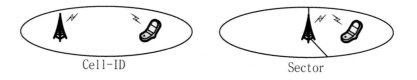

Cell-ID          Sector

[그림 13-12] E-CGI 방식

## 2) E-OTD (Enhanced Observed Time Difference)
### (가) 구현 방법
 측위 방식은 2개 이상의 기지국에서 휴대폰으로 전파를 보내 다시 이 전파가 되돌아오는 시간의 차이를 측정하는 방식이다. 이 기술은 3G에서의 Observed Time Difference of Arrival 기술과도 연관성을 가진다.

### (나) 장점
 ① 정확도는 최소 50[m]에서 최대 200[m]로 E-CGI 방식에 비해 뛰어나다.
 ② 기지국 간의 거리가 먼 교외나 기지국간 거리가 짧은 도심 지역이나 정확도의 편차가 크지 않다.

(다) 단점

기존의 휴대폰에 새로운 소프트웨어를 탑재하는 등의 업그레이드 작업이 선행되어야 한다.

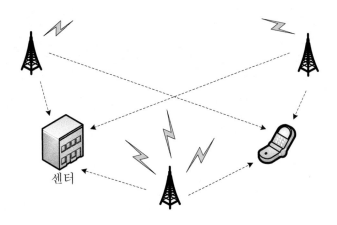

[그림 13-13]  E-OTD 방식

### 3) A-GPS (Assisted Global Positioning System)

(가) 구현 방법

휴대폰 단말기는 GPS 위성으로부터 신호를 받을 뿐 아니라 기지국으로부터 전파의 수신 세기를 동시에 사용한다. 기존의 망 방식과 결합을 통해 이를 보완한 기술이 바로 A-GPS 기술로 퀄컴의 gpsOne 칩 역시 이 기술과 맥락을 같이 한다.

(나) 장점

도심 지역에서 건물 등을 통해 전파가 반사되면서 발생되는 오차를 현저히 줄여 신뢰도가 높다.

(다) 단점

GPS 칩이 내장된 별도의 휴대폰을 필요로 한다는 점과 기존의 기지국에 GPS 신호를 수신할 수 있는 설비가 추가되어야 한다.

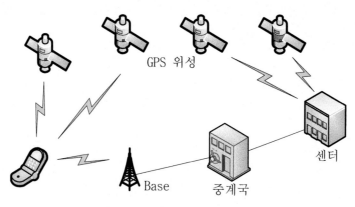

[그림 13-14] A-GPS 방식

# 13.6 유비쿼터스 응용 서비스

## 13.6.1 u-Health

### (1) 개념

u-Health는 정보통신과 보건의료를 연결해 '언제, 어디서나' 예방, 진단, 치료, 사후 관리 등 다양한 보건의료 서비스가 행해지는 것을 통칭한다. 이 서비스는 고도의 USN과 첨단 바이오센서를 기반으로 인간의 건강상태를 실시간으로 모니터링하며, 질병진단 및 간단한 처방 등을 원격으로 실행하여 병원에 입원하지 않아도 병원에 있는 것처럼 의료 서비스를 제공받을 수 있게 하는 고도화된 맞춤형 서비스이다.

이제 u-Health 서비스를 통해 의사가 가능한 시간에 지정된 장소에만 건강관리가 가능하던 전통적인 의료형태에서 사용자가 가능한 시간에 어디에서나 건강관리가 가능한 형태로 변화되고 있다.

또한 일상생활에서 사용자가 자신의 건강을 적극적으로 관리하는 사용자 중심의 건강관리를 가능토록 해 질병 치료가 아닌 질병 예방 중심의 의료 형태로 변경될 것이다. 기존의 의료지식은 질병의 발생에 즈음한 징후 및 상태에 기반하고 있어 u-Health를 위한 의료지식이 충분히 축적되지 않은 상황이다. 따라서 u-Health를 위한 기술개발과 함께 u-Health에 기반을 둔 의료지식의 축적이 u-Health 서비스 활성화를 위한 중요한 요인이 될 것이다.

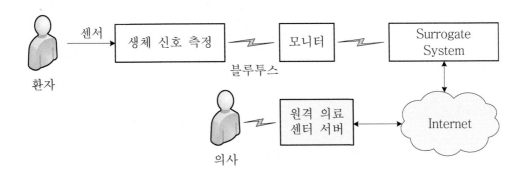

[그림 13-15] u-헬스케어 개념도

## (2) 구성 요소

### 1) 마이크로 센서

센서는 근거리에서 환자의 건강을 검진하는 기술로 다음과 같이 세 가지 단계를 거쳐 발전하고 있다.

첫 번째 단계는 센서가 병원공간에 확산되는 단계다. 정보가전을 비롯해 침대 그리고 도로 곳곳에도 작고 저렴하며 소비 전력이 낮은 센서들이 내장된다. 이들은 독립된 센서로서 고유의 기능을 수행한다. 두 번째 단계는 이들 센서가 연결되는 단계다. 즉 의료영상기기 속에 숨어 있던 센서들은 단일 네트워크로 통합되어 각자의 정보를 주고받는다. 마지막 발전 단계는 각종 센서들의 정보가 종합화되는 단계다. 센서들이 제공하는 개별적인 정보만으로는 판단할 수 없었던 종합적인 문제에 관심을 기울이는 단계다.

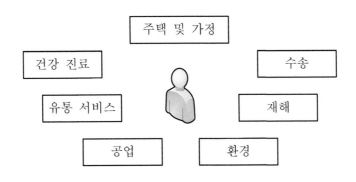

[그림 13-16] 센서의 응용 범위

## 2) 블루투스

블루투스란 휴대용 장치간의 양방향 근거리 통신을 복잡한 케이블 없이 저가격으로 구현하기 위한 근거리 무선통신 기술, 표준, 제품을 총칭하는 용어이다.

## 3) 지그비

지그비(ZigBee)는 단거리 무선 통신의 새로운 국제 표준으로 부상하고 있는데 2.4[GHz]에서 250[kbps] 속도를 구현, 블루투스보다 느리다. 이 때문에 블루투스의 저속도 버전이라고 부르기도 하며 이런 저속도 단점을 극복하기 위해 전력 소모를 최소화하도록 설계됐다. 전문가들은 지그비가 블루투스와 같은 양의 전력을 소모할 경우 훨씬 통신 거리가 확대될 수 있다고 주장한다. 게다가 가격도 블루투스에 비해 훨씬 싸다.

## 4) USB(Universal Serial Bus)

USB는 컴퓨터와 주변기기를 연결하는 데 쓰이는 입출력 표준 가운데 하나이다. 대표적인 버전으로는 USB 1.0, 1.1, 2.0 등이 있다.

USB는 다양한 기존의 직렬, 병렬 방식의 연결을 대체하기 위하여 만들어졌다. 의료기관에서 키보드, 마우스, 원격진료장치와 같은 다양한 기기를 연결하는데 사용하고 있다. 이러한 기기의 연결 대부분은 표준 연결 방식을 이용하여 이루어지고 있다.

## 5) WBAN(Wireless Body Area Network)

### (가) 개념

WBAN은 IEEE802.15에서 표준화 규격을 정하고 있으며 인체 내에 이식된 의료장치나 사람이 착용하는 옷 또는 인체에 부착된 여러 장치들 그리고 몸을 중심으로 약 3미터 이내에 장착된 장치들을 무선으로 연결하여 상호 통신을 하는 네트워킹 기술이다.

WBAN은 장치의 장착 형태에 따라 장착형(wearable)과 이식형(implant)으로 구분하여 연구를 진행하고 있다.

전자는 신호 감쇄나 차단에 의한 다중경로 문제와 사람의 이동성에 대해 주로 관심을 가지고 있다. 또한 휴대성이 보장되어야 하기 때문에 전원 연결보다는 배터리를 사용해야 하며 이를 위해서는 반드시 전력소모량을 줄여야 한다.

후자는 다른 네트워크와 구별되는 큰 특징 중 하나로서 의료용 장치 혹은 인체 내부에 이식되는 implant 장치에 대한 응용이다. 현재 세계적으로 수백만의 인구가 활동형 의료용 이식 장치에 의존하며 살아가는데, 이러한 활동형 이식 장치들은 심장박동 조절, 통증 조절, 약물투여, 당뇨병 인슐린 조절 등과 같이 광범위한 치료적 기능을 수행한다.

Implant 장치의 경우 신호 감쇄, 안테나의 크기 등 여러 가지 제약 사항을 가지고 있기 때문에 기존의 무선 통신 기술을 그대로 적용할 수 없다. 또한 인체의 특성에 따라 전파의 감쇄 정도가 달라질 수 있으므로 인체 영역에서의 채널 모델링을 위해 여러 가지 사항을 복합적으로 고려해야 한다.

[표 13-8] 기존의 IEEE 802.15 표준과 BAN 비교

| 구 분 | 기존 802 표준 | BAN |
|-------|-------------|-----|
| 전송 제어 기술 | 15.3, 15.4 MAC | 신뢰성 향상을 위한 단일 확장형 MAC |
| 전력 소모 | 저전력 | 초저전력 |
| 전력원 | 일반 전력원 | 초저가, 초소형 전력원 |
| 요구 사항 | 낮은 지연 | 응용에 따른 지연 보장 |
| 주파수 대역 | ISM | 인체 통신을 위해 승인된 주파수 대역 |
| 채널 | 공중 | 공중과 인체 내외부 |

(나) WPAN(Wireless Personal Area Network)과의 비교

홈 헬스케어에 사용되는 WBAN은 서비스 범위 측면에서 WPAN 기술과 비교해서 주로 사람의 몸과 가까운 곳(3m 내외)에서 일어나는 무선통신 네트워크이다. 더 구체적으로는 몸 속(in-body), 몸 위(on-body), 몸 주위(off-body)에 있는 기기들 사이의 통신 및 통신망을 가리킨다.

WPAN은 몸 위(on-body)에 있는 기기와 10여 미터 떨어져 있는 다른 기기와의 통신 문제를 해결하는 것이기 때문에 정작 몸을 통한 전송은 주요 목표 전송 환경이 아닐뿐더러, 몸으로 인한 전파 전송 환경 방해 요인도 크게 문제되지 않는다.

이에 비해 WBAN은 인체를 통신 채널로 사용하게 되므로 전자파 흡수로 인한 인체 영향에 대한 고려가 필요하고, 전달 정보의 내용도 때에 따라서는 생명과 직결되는 중요한 정보일 수 있어 전송의 신뢰성 확보가 매우 중요할 수도 있다. 또한 체내에 이식된 기기의 수명을 늘리기 위하여 전력소모를 최소화하는 방안도 고려해야 한다.

(다) 적용 사례
 - 원격 의료 서비스
 - 방문 간호 서비스

- 운동량 측정 및 관리
- 휴대전화로 다이어트 관리

## 13.6.2  u-City

### (1) 개념

u-City는 가정과 사회에서 HA(Home Automation)와 GIS(Geographic Information System)의 차원을 넘어, IT 기반 시설과 유비쿼터스 정보서비스 등을 도시공간에 융합하여 크게는 원스톱 행정 서비스, 실시간 교통안내 시스템, 자동방법방제시스템, 작게는 무인 주정차 단속, 범인 도주로 추적 시스템 등을 실현시킴으로써 인간의 풍요로운 생활을 촉진하는 도시모델이다.

개념적으로 설명하면 첨단 IT 인프라와 유비쿼터스 정보 서비스를 도시 공간에 융합하여 생활의 편의 증대와 삶의 질 향상, 체계적 도시 관리에 의한 안전 보장과 시민 복지 향상, 신산업 창출 등 도시의 제반 기능을 혁신시키는 차세대 정보화 도시이며 국내의 발전된 정보 기술의 역량이 총체적으로 결집되고 건설, 가전, 문화와의 컨버전스를 실현하는 21세기 한국형 신도시를 뜻한다.

[표 13-9]  u-City 특성

| 구 분 | 내 용 |
|---|---|
| Smart (지능화) | - 도시 인프라와 기반 시설 등을 유비쿼터스 환경으로 관리<br>- 도시 기능의 지능화를 위해서 IT ,BT, NT 등 연동 사업이 필수적 |
| Network (네트워크) | - 자율적 · 무의식적 정보 서비스와 상황 인식의 공간 정보화 구현<br>- 물리적 공간을 전자 공간으로 구현하는 기반 |
| Platform (통합) | - 일반적인 유비쿼터스 서비스를 구현하기 위한 공통 플랫폼 필요<br>- 안전하고 편리한 서비스 활용을 보장하기 위해 데이터 센터 인프라 필요 |
| Application (적용 서비스) | - 실제 도시의 기능을 전자적 공간에서 그대로 이용할 수 있는 규격<br>- 공간과 기능 측면에서 유비쿼터스 환경 구현 가능 |

## (2) 인프라 기술

### 1) 광대역 유선 네트워크

u-City 인프라에서는 광가입자망 기술이 관심을 끌고 있는데 이 기술은 음성 전화용 동선, 케이블 TV용 동축케이블, 무선 주파수 등 전통적인 전송매체가 아닌 이론적으로 거의 무한대의 데이터를 전송할 수 있는 광섬유 케이블과 레이저 송수신 방법을 이용해 각 가입자들에게 광대역 접속서비스를 제공할 수 있는 액세스 기술을 말한다.

따라서 동선이나 동축 케이블, 무선 주파수 등의 매체를 사용하는 xDSL, 케이블 모뎀 등의 전송 기술은 광가입자망 기술에 포함되지 않으며 광액세스 장비인 PON (Passive Optical Network)이 도시영역에서 널리 사용되고 있다.

도시 내에서 언제 어디에 있더라도 광가입자 네트워크 인프라는 도시 구성원에게 유비쿼터스 서비스를 제공하기 위해 u-Networking을 지원해야 하며 다양한 서비스를 제공하는 ONU(Optical Network Unit)를 공유함으로써 경제적인 네트워크를 구축할 수 있도록 해야 한다.

전형적인 구조는 FTTH(Fiber To The Home), FTTC(Fiber To The Curb) 그리고 FTTO(Fiber To The Office)의 접속망 구조의 공통 부분은 CO(Central Office)에 위치하는 OLT(Optical Line Terminal)에서 다수의 ONU(Optical Network Unit)를 연결하는 구조로 구성되어 있다.

---

### 용어 설명

FTTO(Fiber To The Office)
광가입자 접속 장치(ONU)를 가입자 가정마다 설치하여 각 가정 내의 ONU까지를 광 케이블로 연결하는 형태를 말한다.

---

### 2) 광대역 무선 네트워크

도시 내에서 도시 구성원이 언제 어디에 있더라도 수많은 정보가 항상 주위에 있도록 하기 위해서 광대역 유선 네트워크와 연동되는 광대역 무선 네트워크가 반드시 필요한데 특히 IoT(Internet of Things)를 활용한 유비쿼터스 네트워킹은 고려해 볼 만하다.

u-City에서는 도시 기능과 관련된 다양한 상황을 지능적으로 관리하고 최적화하는 도시 기능의 지능화를 기반으로 하여 전자적 공간 구현의 근거가 되는 무선 통신 네트워크 연결로 인해 유비쿼터스 기술이 접목된 실용적인 서비스가 제시되어야 한다.

## (3) 적용 서비스

### 1) BMS(Bus Management System) 서비스

도시 내에서 제공되는 BMS(Bus Management System) 서비스는 GPS와 무선송수신기를 장착하고 자신의 운행위치 및 상태와 배차간격, 도착 예정시간이 실시간으로 제공되며 원하는 목적지까지의 소요시간과 노선정보 등의 각종 정보를 스스로 수·발신하는 유비쿼터스 컴퓨팅 환경이다.

이제 BMS가 구축되어 시내버스는 더 이상 승객만을 싣고 달리는 단순한 교통수단이 아니다. GPS와 무선송수신기를 장착하고 자신의 운행 위치 및 상태와 배차간격, 도착 예정시간 등 각종 정보를 스스로 수발신하는 첨단 커뮤니케이션 수단으로 탈바꿈할 수 있다.

정류장에 설치된 정보단말기와 인터넷은 물론이고 휴대폰, PDA, ARS 등 각종 정보매체를 통해 버스 도착 예정시간이 실시간으로 제공된다. 원하는 목적지까지의 소요시간과 노선정보도 직접 확인해 볼 수 있다. 더 이상 영문도 모른 채 버스정류소에서 몇 십 분씩이나 기다려야 할 이유가 없어지게 되었다.

버스 운전자는 앞에 설치된 정보단말기로 앞·뒤차간의 배차 간격을 확인하고 도착 시간을 조정하며 운행할 수 있다. 버스 운행 상태가 그대로 파악돼 과속 운전이나 난폭 운전 습관은 이제 버려야 한다. 무정차 통과와 같은 불법 운행은 더 이상 꿈도 꿀 수 없다.

버스 사업자 입장에서는 배차 간격 유지 등 계획적인 버스 운행으로 승객이 증가해 더 많은 수익을 올릴 수 있다. 정확한 배차 관리, 운행 간격 유지, 배차 인력 절감 등으로 경영합리화를 꾀할 수 있으며 과속·난폭 운행 통제가 가능해져 사고율이 줄어들고 보험료를 절약할 수 있다.

### 2) UFID(Unique Feature IDentifier) 서비스

건물, 도로, 교량, 하천 등 인공 및 자연 지형지물에 부여될 전자식별자(UFID)는 쉽게 말해 사람의 주민등록번호와 같다. 새로운 아파트형 공장이 들어선다면 UFID가 부여될 수 있는데 여기에는 행정구역과 공장의 지형지물 분류코드, 도엽번호, 각 기관별 지형지물 식별자, 오류확인 등 다양한 정보들이 수록된다. 또 이 32자리의 UFID는 ASCII 또는 이진(Binary) 형태로 저장할 수 있다. 더욱이 건물, 문화재, 철도, 도로, 하천, 호수, 해안, 행정경계, 측량기준점, 지적, 등고선 등 국가 기본지리정보에 포함되는 모든 지형지물에는 UFID가 부여된다.

따라서 UFID 활용체계가 구축되면 항목, 위치, 행정구역, 지도 도엽, 관리기관 등 개별 식별자만으로도 원하는 종류의 각종 속성 정보를 검색하고 출력할 수 있다.

실제로 UFID는 좌표가 아닌 지리적 식별자로서 위치 판단을 할 수 있기 때문에 LBS를 위한 필수적인 위치 식별자로도 활용된다.

또 지형지물 관리 기관별로 관리해온 데이터베이스에 UFID를 주 검색기로 사용함으로써 국가기반 시설물들을 통합 및 관리할 수 있다. 개별 관리되는 데이터베이스에 동일 지형지물의 정보를 중복 입력하지 않게 돼 정보의 일관성을 유지하고 정보 수집 및 입력 시 중복 투자도 막을 수 있다.

국가 기반시설 관리 차원을 넘어 UFID를 일반 생활에 활용하면 그 편리함은 상상을 초월한다. 숫자 ID 하나로 전 세계의 모든 기관, 기업, 상점, 가정 등의 위치 정보와 홈페이지를 검색할 수 있게 된다. 택시를 타고 목적지를 말하기 어려울 때에도 숫자 ID만 알려주면 작은 골목의 집 앞까지 타고 갈 수 있다. 휴대폰을 통해서도 숫자 ID를 입력해 원하는 상점의 위치 정보를 검색하고 전화 연결이나 홈페이지 접속으로 예약주문 등 전자상거래도 가능해진다.

사람의 주민등록번호처럼 모든 사물과 지형지물에도 조만간 숫자 코드가 부여되고 결국 이 전자식별자가 유비쿼터스 혁명 속에서 현실공간과 사이버공간의 융합을 이끌어내는 중요한 코드로 활용된다.

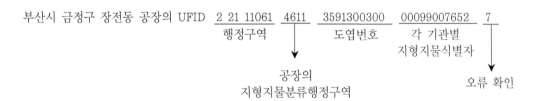

[그림 13-17]  UFID의 예

## 3) 텔레매틱스 서비스

u-City에서의 텔레매틱스 서비스는 단순히 통신 서비스의 진화 수준에만 머무르지 않는다. 자동차라는 물리적인 공간을 운전자가 능동적으로 선택할 수 있는 여러 개의 가상 공간으로 변화시킨다. 자동차가 영화, 콘서트 및 연극을 공연하는 달리는 문화 공간으로 탈바꿈했다가 사이버 공간을 들을 수 있는 대학 강의실이 되기도 한다. 자동차 안에서 증권 거래를 하고 회사의 인트라넷에 접속해 업무를 처리하는 모바일 오피스 구현도 가능하다. 운송 수단이라는 자동차의 본래 기능도 차세대 텔레매틱스로 더욱 강화된다.

## 4) 원격 신고 · 원격 비상 처리

사이버 아파트에서 화재 경보 벨이 울릴 때 이를 발견한 가족이 119를 소리치자 음성 인식 장치를 통해 아파트의 위층과 아래층의 가스, 전력 그리고 수도의 상황을 종합 감시하고 통제하고 있던 시스템이 차단에 들어갔고 신속히 출동한 119 소방대원들이 이를 진압하였고 화재 원인을 경찰이 원격으로 조사 처리하였다.

## 13.6.3 u-Learning

### (1) 개념

최근에는 유비쿼터스의 머리글자를 따서 만들어진 u-Learning이 등장했는데 웹기반 외에 무선 단말기를 활용하여 학습을 한다는 의미이다. 유비쿼터스는 일반적으로 언제 어디서나 유 · 무선을 모두 활용하여 생활에 편의를 줄 수 있는 모든 IT 기술 기반의 시스템이나 장비, 서비스 등을 말한다. 그래서 u-Learning은 이런 기반기술을 활용 하여 학습할 수 있는 형태이다. 단적으로 핸드폰이나 PDA 특히 요새는 DMB를 통한 학습이나 PMP를 통해 학습 콘텐츠를 받아 학습을 하는 형태를 말한다.

현재 u-Learning 속에 e-learning이 포함되어 e-learning→m-learning(모바일 학습)→u-Learning으로 용어가 변경되어 가고 있는데 다시 e-Learning으로 통합되어 부를 수도 있다.

[표 13-10] 전통적 교육체제와 u-learning의 비교

| 구 분 | 전통적 교육 체제 | u-learning 학습 체제 |
|---|---|---|
| 범위 | 초등 교육부터 고등 교육까지 형식적 학교 교육 | 전 생애에 걸친 학습(학교, 직장, 퇴직 후) |
| 내용 | - 지식 내용의 습득과 반복<br>- 교육 과정 중심형 | - 지식의 창조, 습득, 활용<br>- 학습자의 학습 선택권 강화<br>- 핵심 능력 중심 |
| 전달 체제 | - 학습 방식과 모델이 제한적<br>- 공식적 교육기관<br>- 획일적인 통제형 관리<br>- 공급자 주도형 | - 학습방식, 상황, 모델의 다양화<br>- 정보통신 기술 기반형 학습 지원체제<br>- 다양하고 유연한 분권적 원리<br>- 학습자 주도형 |

## (2) 핵심 기술

[표 13-11] 형태별 학습 모델 동향 비교

| 구 분 | e-learning | m-learning | u-learning |
|---|---|---|---|
| 학습 공간 | 학습자가 안정된 물리적 공간에 위치하고 사이버 공간을 통해 학습 | 물리적공간에서 이동하면서 사이버 공간을 통해 수행하는 학습 | 물리적공간에 내재되어 있는 사이버 공간을 의식하지 않으면서 일상적인 물리적 공간에서 하는 학습 |
| 주된 기기 | PC 단말기 | PDA 모바일 전화기, 태블릿 PC 등 물리적으로 움직이면서 사용 가능한 모바일 기기 | 입거나 들고 다니는 컴퓨터와 같은 다양한 차세대 휴대기기 |
| 주요 기술 | 인터넷, 유선망, 웹 기술 활용 | 무선 인터넷 활용 | 무선 인터넷, 웹 현실화(Web Presence), 증강현실(Augmented Reality) 기술 활용 |
| 학습 활동 시점 | 접속하고 있을 때(일상생활과 학습공간의 분리) | | 생활하고 있을 때(일상생활과 학습공간의 일체화) |

u-learning을 구축하기 위하여 필요한 기술은 크게 4가지로 분류할 수 있는데 그 내용은 다음과 같다.

(가) 단말기 기술
대학 구성원이 언제, 어디서나 서비스를 제공받을 수 있게 정보 자원 접근을 지원하는 사용자 인터페이스

(나) 네트워크 기술
u-learning 환경을 구성하는 물리적인 하드웨어, 일반적으로 네트워크 장치나 전송제어 장치, 그리고 이를 관리·운용하는 소프트웨어

(다) 플랫폼 기술
u-learning 애플리케이션이 실행되어 서비스가 제공될 수 있게 기반을 형성하는 것으

로 운영체계, 보안기술, 미들웨어 등으로 구성

(라) 서비스

대학 구성원들에게 제공되는 u-learning 응용 환경으로 애플리케이션, 어플라이언스 등과 같이 사용자들에게 직접 서비스를 제공하는 프로그램

1. 유비쿼터스는 원래 라틴어에서 유래한 단어로 '신이 언제나, 어디에나 존재한다.'는 뜻이며 미국의 마크 와이저 박사가 '기술이 배경으로 사라진다.'고 주장하며 '유비쿼터스 컴퓨팅'이란 말을 사용하면서부터다.

2. 가상현실은 컴퓨터가 만드는 가상 속에 사람을 끌어들여 현실 속의 사람을 가상 속에서 활동하게 하는 것이지만, 유비쿼터스 세계는 현실 세상에 컴퓨터를 침투시켜 현실 속에 있게 한다.

3. 유비쿼터스 컴퓨팅 환경 구축을 위한 기반 기술은 ① 디바이스 기술 ② 네트워크 접속기술 ③ 센싱 기술 ④ 인터페이스 기술 ⑤ 암호화 기술이다.

4. MEMS(MicroElectroMechanical Systems)는 기계 부품, 센서, 전자 회로를 하나의 실리콘 기판 위에 집적화 한 장치를 가리킨다.

5. 광대역 통합망(Broadband convergence Network, BcN)이 필요한데 패킷 기반 전송기술을 이용하여 다양한 형태의 통신 서비스를 모두 수용하고 전송할 수 있어야 한다.

6. IPv6은 충분한 인터넷 주소 공간의 제공뿐만 아니라 IPSec(IP Security)의 필수 사용으로 인하여 향상된 보안기능을 제공할 수 있다.

7. CIDR(Classless Inter-Domain Routing)은 통신망부와 호스트부를 구획하지 않는 방법으로서 한정된 자원인 IP 주소를 쓸데없이 사용하는 것을 방지하거나 라우터의 처리 부하를 경감시킬 목적으로 개발되었다.

8. 그리드 컴퓨팅은 지리적으로 분산된 가용한 모든 자원들을 인터넷을 통해 상호 공유 할 수 있도록 해주는 디지털 신경망 구조의 차세대 인터넷 서비스이다.

9. 인간과 컴퓨터 상호작용(Human Computer Interaction, HCI)는 사람들이 쉽고 편하게 컴퓨터 시스템과 상호작용할 수 있는 가에 관련한 학문이다.

10. 유비쿼터스 환경에서 위협적인 요소에 대응하기 위해서 요구되는 기본사항은 비밀성(security), 무결성(integrity) 그리고 가용성(availability)의 세 가지로 구분된다.

11. 유비쿼터스는 상황에 적합한 정보를 제공하여 물리적 공간과 전자공간을 결합하는 데 이것이 바로 제 3공간이다.

12. 물리공간은 원자로 구성된 만질 수 있는 공간이며, 유클리드 공간으로서 실제적인 공간이다.

13. 전자공간(Electronic Space)은 비트를 원소로 하기 때문에 만질 수 없는 공간이며, 논리적이고 가상적이다.

14. 유비쿼터스 공간의 특성은 소통성, 유연성 그리고 동시성이 수반되어야 한다.

15. 상황 인식 기술이란 사용 장소, 주변 사람과 물체의 집합에 따라 적응적이며, 동시에 시간이 경과하면서 이러한 대상의 변화까지 수용할 수 있는 기술이다.

16. Wearable Computer는 일반적으로 '몸에 지니고 다닐 수 있는 컴퓨터'라고 하는데 휴대하고

다니면서 언제 어디서나 간편하게 사용할 수 있으며, '입는 컴퓨터'라고도 한다.

17. 증강현실은 사용자가 눈으로 보는 현실 세계에 실시간으로 가상 세계를 합쳐 하나의 영상으로 보여주며 혼합현실(Mixed Reality)이라고도 불린다.

18. URC(Ubiquitous Robot Companion)는 IT 기반 지능형 서비스 로봇의 새로운 패러다임으로서 '언제 어디서나 나와 함께 하며 나에게 필요한 서비스를 제공하는 로봇'이다.

19. LBS(Location Based Service)는 위치확인기술을 이용해 이용자의 위치를 파악하고 관련된 애플리케이션을 부가한 서비스를 가리키는 것으로 다방면에 걸친 이용이 가능하다.

20. WBAN(Wireless Body Area Network)은 인체 내에 이식된 의료장치나 사람이 착용하는 옷 또는 인체에 부착된 여러 장치들 그리고 몸을 중심으로 약 3미터 이내에 장착된 장치들을 무선으로 연결하여 상호 통신을 하는 네트워킹 기술이다.

21. BMS(Bus Management System) 서비스는 GPS와 무선송수신기를 장착하고 자신의 운행위치 및 상태와 배차 간격, 도착 예정 시간이 실시간으로 제공되며 원하는 목적지까지의 소요시간과 노선정보 등의 각종 정보를 스스로 수·발신하는 유비쿼터스 컴퓨팅 환경이다.

22. 건물, 도로, 교량, 하천 등 인공 및 자연 지형지물에 부여될 전자 식별자(UFID)는 쉽게 말해 사람의 주민등록번호와 같다.

# 연습문제

1. 유비쿼터스의 개념을 설명하고 적용 서비스에 대하여 나열하시오.

2. 유비쿼터스 환경을 구축하는데 필요한 핵심기술 5가지를 설명하시오.

3. BcN(Broadband convergence Network)의 개념을 설명하고 기존 통신망과의 차이를 자세히 서술하시오.

4. USN(Ubiquitous Sensor Network)의 개념과 적용 기술에 대하여 자세히 설명하시오.

5. 제3공간의 구체적 의미를 자세히 설명하시오.

6. URC(Ubiquitous Robot Companion)의 개념과 인프라 시스템에 대하여 설명하시오.

7. LBS(Location Based Service)가 구현되는 방법에 대하여 서술하시오.

8. WBAN(Wireless Body Area Network)의 개념에 대하여 설명하고 WPAN과 비교하시오.

9. u-Learning의 개념과 핵심기술에 대하여 서술하시오.

10. 다음 용어를 간단히 설명하시오.
    1) 그리드 컴퓨팅
    2) 가상 현실
    3) HCI(Human Computer Interaction)
    4) 멀티모달 인터페이스(Multi-Modal Interface)
    5) 상황 인식 컴퓨팅
    6) UFID(Unique Feature IDentifier)

## 약 어

BcN(Broadband convergence Network)

IT SoC(System on Chip)

MEMS(MicroelEctroMechanical Systems)

CIDR(Classless Inter-Domain Routing)

USN(Ubiquitous Sensor Network)

AR(Augmented Reality)

URC(Ubiquitous Robot Companion)

E-CGI(Enhanced Cell Global Identity)

E-OTD(Enhanced Observed Time Difference)

A-GPS(Assisted Global Positioning System)

WBAN(Wireless Body Area Network)

WPAN(Wireless Personal Area Network)

PON(Passive Optical Network)

ONU(Optical Network Unit)

BMS(Bus Management System)

UFID(Unique Feature IDentifier)

FTTH(Fiber To The Home)

FTTC(Fiber To The Curb)

FTTO(Fiber To The Office)

# 참고 문헌

[1] 정진욱 외 3인, 데이터 통신의 이해, 생능출판사, 2010년 02월.

[2] 고응남, 정보통신 개론, 한빛미디어, 2009년 02월.

[3] 노재성 외 2인, 통신이론 및 시스템, 知 & book, 2009년 2월.

[4] 강철호 외 2인, 신호 및 시스템, 생능출판사, 2009년 02월.

[5] 임승각 외 5인, 디지털 통신, 복두출판사, 2008년 02월.

[6] 이해선 외 2인, 통신이론 및 시스템, 복두출판사, 2008년 03월.

[7] 양승인 외 1인, 현대 통신이론, 세진사, 2006년 02월.

[8] 차균현, 통신시스템, 동명사, 2008년 02월.

[9] 강창언, 디지털 통신 시스템, 복두출판사, 2008년.

[10] 이준택, 정보보호학 개론, 생능출판사, 2007년.

[11] 이재수 외 7인, 정보통신 개론, 대학교육문화원, 2008년

[12] 양재수 외 1인, 홈 네트워킹 서비스(유비쿼터스), 전자신문사, 2008년 1월.

[13] 양순옥 외 2인, 유비쿼터스 컴퓨팅 개론, 한빛미디어, 2008년 6월.

[14] 유준석 외 2인, "Mobile IPv6 표준화 및 기술동향", IITA, 주간기술동향 1131호, 2월, 2004년.

[15] 김대건, "통방 융합 서비스(IPTV) 국내외 현황", 한국통신학회지 24권 2호, 2007년 2월.

[16] 박종현 외 1인, "텔레매틱스 기술 개발 동향", 제27권 제9호, 정보처리학회지, 2009년 9월.

[17] 키움증권, "스마트그리드", 산업 분석 2009년 6월 2일.

[18] BU IT 디비젼, 유비쿼터스 환경에서 IT 기술, 홍릉과학출판사, 2010년.

[19] 양순옥 외2 인, 유비쿼터스 컴퓨팅 개론, 한빛미디어, 2008년.

[20] 박승창, "RFID/USN 실증실험 및 시범서비스의 기술개발 방향", 전자정보센터, 전자부품연구원, 2004년 11월.

[21] 김창환, "u-센서 네트워크에서의 RFID 역할", 전자정보센터, 전자부품연구원, 10월 2004년.

[22] 이동하 외 1인, "인간과 컴퓨터 상호작용(HCI) 기술 정책 동향", 전자공학회지, 2007년 6월.

[23] 박승창, "USN 상황인식 컴퓨팅 기술의 최근 동향 분석", 주간기술동향, IITA, 2004년 7월.

[24] 손미숙, "u-Health 서비스 지원을 위한 웨어러블 시스템", 전자통신동향분석 제21권 제3호 2006년 6월.

[25] 배현기, u-러닝 사회와 학교교육, 세진사, 2005년.

[26] 김재윤 외, 유비쿼터스 컴퓨팅 환경에서의 교육의 미래 모습, 한국교육학술정보원 연구보고서, 2004년.

[27] J.G.Proakis, Digital Communications, McGraw-Hill, Inc., 2009.

[28] William C. Lindsey & Marvin K. Simon, Telecommunication Systems Engineering, Prentice-Hall, Inc., 2006.

[29] Floyd M. Gardner, Phaselock Techniques, John Wiley, Inc., 2008.

[30] H.L.Van Trees,Detection,Estimation,and Modulation Theory, Part I, John Wiley & Sons, Inc., 2008.

[31] R.E.Ziemer & R.L.Peterson, Digital Communications and Spread Spectrum Systems, Macmillian Publishing Company, 2009.

[32] A.J.Viterbi, Principles of Coherent Communication, McGraw-Hill, Inc., 2008.

[33] M.Schwartz, W.R.Bennett, and S.Stein, Communication Systems and Techniques, McGraw-Hill Book Company, New York, 1966년.

[34] 전자신문(http://www.etnews.co.kr)

[35] 디지털 타임즈(http://www.dt.co.kr)

[36] 한국정보통신신문(www.koit.co.kr)

[37] http://ko.wikipedia.org/wiki/RFID

[38] http://www.seri.org

# 찾아보기

저자와의
협의에 의해
인지 생략

# 데이터통신 길라잡이

| 4판 2쇄 | 2022년 7월 15일 |
|---|---|

저 자   김창환 / 이종두
발행인   송광헌
발행처   복두출판사
주 소   서울특별시 영등포구 경인로82길 3-4
        센터플러스 807호
        (우) 07371
전 화   (02) 2164-2580
 FAX   (02) 2164-2584
등 록   1993. 11. 22. 제 10-902 호

## 정가 : 28,000원
ISBN : 979-11-5906-612-2  93560

 한국과학기술출판협회 회원사